"十二五"普通高等教育本科国家级规划教材
首届全国教材建设奖全国优秀教材(高等教育类)

21世纪高等学校计算机类专业
核心课程系列教材

Java 语言程序设计

(第4版)

◎ 郎波 编著

清華大学出版社
北京

内容简介

本书第1版于2005年出版。第2版于2010年出版，是"十一五"普通高等教育本科国家级规划教材。第3版于2016年出版，是"十二五"普通高等教育本科国家级规划教材。

本书在介绍Java语言的同时，更注重Java语言的知识体系，系统地分析了Java核心机制与基本原理。全书分为核心基础篇、应用技术篇与实践篇。核心基础篇介绍了面向对象程序设计的基本概念、Java语言基础（包括运算符与表达式、程序流控制、数组）、Java面向对象特性、异常处理方法、基于Swing的图形化用户界面构造方法、输入/输出、Applet概念与应用。应用技术篇介绍了开发Java的高级应用技术，包括多线程、网络编程、JDBC数据库连接、J2EE技术、功能驱动的Java程序开发方法以及Java编程规范。实践篇针对各个重要知识点及它们的综合应用精心设计了上机实训题目，并给出了解答。另外，书中还提供了大量实例。

本书具有系统性、知识性、实用性强的特点，可以作为大专院校计算机相关专业"Java语言程序设计""面向对象程序设计"等课程的教材，也可作为Java编程爱好者的参考书。

图书在版编目(CIP)数据

Java语言程序设计/郎波编著. —4版. —北京：清华大学出版社，2021.1(2025.1重印)
21世纪高等学校计算机类专业核心课程规划教材
ISBN 978-7-302-56194-1

Ⅰ. ①J… Ⅱ. ①郎… Ⅲ. ①JAVA语言－程序设计－高等学校－教材 Ⅳ. ①TP312.8

中国版本图书馆CIP数据核字(2020)第143456号

策划编辑：魏江江
责任编辑：王冰飞
封面设计：刘 键
责任校对：梁 毅
责任印制：曹婉颖

出版发行：清华大学出版社
　　网　　址：https://www.tup.com.cn，https://www.wqxuetang.com
　　地　　址：北京清华大学学研大厦A座　　**邮　　编**：100084
　　社 总 机：010-83470000　　**邮　　购**：010-62786544
　　投稿与读者服务：010-62776969，c-service@tup.tsinghua.edu.cn
　　质量反馈：010-62772015，zhiliang@tup.tsinghua.edu.cn
　　课件下载：https://www.tup.com.cn，010-83470236
印 装 者：大厂回族自治县彩虹印刷有限公司
经　　销：全国新华书店
开　　本：185mm×260mm　　**印　　张**：30.75　　**字　　数**：744千字
版　　次：2005年4月第1版　2021年1月第4版　　**印　　次**：2025年1月第12次印刷
印　　数：124501～127500
定　　价：69.80元

产品编号：088896-01

第4版前言

党的二十大报告指出：教育、科技、人才是全面建设社会主义现代化国家的基础性、战略性支撑。必须坚持科技是第一生产力、人才是第一资源、创新是第一动力，深入实施科教兴国战略、人才强国战略、创新驱动发展战略，开辟发展新领域新赛道，不断塑造发展新动能新优势。高等教育与经济社会发展紧密相连，对促进就业创业、助力经济社会发展、增进人民福祉具有重要意义。

Java语言在计算机硬件发展与应用需求的推动下，不断引入新的特性，功能和性能都在不断完善和提高。作为Java语言的教材，本书随着语言自身的发展而不断完善和充实。本书的第1版、第2版和第3版，分别在2005年、2010年、2016年出版。本书第2版是“十一五”普通高等教育本科国家级规划教材，第3版被列入“十二五”普通高等教育本科国家级规划教材。第4版针对Java的最新发展，加入了Java SE 9～Java SE 14增加的主要语言新技术，并补充了Java SE 5 ～ Java SE 8中的注解（Annotation）、try-with-resources机制。另外，为了帮助读者更好地掌握书中的知识点，第4版增加了以上机指导为主要内容的实践篇。第4版在撰写思路上仍然沿袭了本书一贯的风格，注重Java语言核心知识点之间的内在联系，强调整体性、系统性、知识性与实用性。

全书分为3篇，即核心基础篇、应用技术篇以及实践篇。核心基础篇包含由数据处理、输入/输出、图形化用户界面等构成的Java语言基本功能。应用技术篇包含面向复杂应用的高级功能。书中将核心基础篇和应用技术篇的知识点与面向对象方法和Java语言独有特性有机地融合，建立了知识体系。实践篇包含针对重要知识点与综合练习的10个实训。本书内容结构如下所示。

<table>
<tr><td rowspan="3">核心基础篇</td><td rowspan="3">1. 绪论
2. 面向对象程序设计基本概念
3. Java语言基础
4. Java面向对象特性
5. Java高级特征
6. 异常处理
7. 输入/输出
8. 基于Swing的图形化用户界面
9. Applet程序设计</td><td>基本语言特征
数据类型和基本数据处理、数据输入/输出以及图形化用户界面</td><td rowspan="4">实践篇
实训1～8</td><td rowspan="4">基本要求</td></tr>
<tr><td>面向对象特征
面向对象程序设计的基本概念与思想、类与对象、继承与多态、抽象类与接口</td></tr>
<tr><td rowspan="2">Java特有性质
简单性与安全性机制、分布式、可移植性、多线程和动态性等</td></tr>
<tr><td rowspan="2">应用技术篇</td><td>10. 线程</td></tr>
<tr><td>11. Java网络程序设计
12. JDBC技术
13. Java EE入门
14. Java编程规范
15. 功能驱动的Java程序设计方法</td><td>应用支持功能</td><td>实践篇
实训9～10</td><td>较高要求</td></tr>
</table>

第 4 版具体修改如下:

(1) 在 Java 高级特征部分,增加了 var 局部变量类型推断内容。

var 局部变量类型推断是 Java SE 10 中引入的重要语言特性。可以使用 var 标识符声明带有初始化的局部变量、增强 for 循环中的索引变量,以及传统 for 循环中的局部变量,从而使代码更简洁易读。

(2) 在 Java 语言基础部分,增加了 switch 语句扩展与 switch 表达式。

针对传统 switch 存在的一些不方便的地方,在 Java SE 12 和 Java SE 13 中,对 switch 进行扩展,并引入了 switch 表达式,解决了传统 switch 语句存在的标签之间的控制流贯穿问题,调整了 switch 中各语句块的默认作用域,并能够利用 switch 表达多分支条件的表达式。这些扩展,使得 switch 语句用法更加灵活、方便。

(3) 在 Java 高级特征部分,增加了接口中的默认方法与静态方法。

在 Java SE 8 中,为了解决接口发布后的扩展问题,引入了一种有效的机制——默认方法(default method)。默认方法使人们可以向接口中增加新方法而对已存在的实现类不产生任何影响。另外,Java SE 8 还允许在接口中定义静态方法(static method)。接口中的静态方法可以用来定义接口的通用功能。

(4) 在异常处理部分,增加了异常处理中的 try-with-resources 语句。

Java SE 7 在异常处理部分引入了 try-with-resources 语句。它是一种 try 语句,可以确保在 try catch 语句结束时,自动关闭在 try-catch 语句块中使用的输入/输出等各种资源对象,使得异常处理更简便合理。

(5) 在 Java 高级特征部分,增加了注解(Annotation)。

注解是从 Java SE 5 开始引入的对程序代码的一种注释或标注机制。Java 中,类、接口、方法、变量、参数等都可以被标注。注解是在代码中添加的可以被编译器、虚拟机或某些框架获取的信息,利用这些信息可以进行代码检查、生成帮助文档、支持代码部署配置等操作,对于代码安全性、代码文档建立等都具有重要意义。

(6) 第 4 版中最大的变化是增加了由上机指导构成的实践篇。

为了给读者在 Java 语言实践环节提供更好的支持,本书增加了包含上机指导的实践篇。上机指导分为 10 个部分,其中 9 个部分是针对书中重要章节和知识点的练习题目,另外一个部分是综合练习。除了综合练习部分,其他每个部分有 2～3 个练习题。书中给出了参考实现代码以及部分题目的难点提示。

本书配套资源丰富,包括教学大纲、教学课件、习题答案和程序源码。

资源下载提示

课件等资源:扫描封底的"课件下载"二维码,在公众号"书圈"下载。

素材(源码)等资源:扫描目录上方的二维码下载。

本书第 4 版的修订得到了多方帮助。感谢广大读者给予的意见和建议,感谢清华大学出版社的大力支持,还要感谢本人研究生的协助和亲人的关心。

在本书修订过程中,阅读了大量国内外文献资料以及 Oracle 的 Java 最新文档,努力使修订内容更科学合理,通俗易懂。由于 Java 技术涵盖面广并且发展迅速,本人水平有限,书中必有很多不足之处,欢迎广大读者批评指正。

郎　波

2020 年 8 月

第3版前言

互联网与移动互联网应用发展迅猛。Java以其优良的可移植性、安全性、卓越的并行处理能力，以及健壮、健康的开源生态体系，已经成为网络应用开发的首选语言，并且成为非常流行的Android移动操作系统的开发语言。TIOBE编程语言社区排行榜是编程语言流行趋势的一个指标，每月更新，在2015年11月的TIOBE排行榜上，Java超过了C成为当前最流行和最受欢迎的语言。因此，掌握和熟练使用Java语言，正逐渐成为计算机专业学生的一项必须具有的技能。

Java语言在计算机硬件发展与应用需求的推动下，不断引入新的特性，功能和性能都在不断完善和提高。作为Java语言的教材，本书需要随着语言自身的发展而不断完善和充实。本书第1版在2005年出版，出版后得到广大读者的好评，多次印刷并被多所高校选为教材。本书第2版在2010年出版，是“十一五”普通高等教育本科国家级规划教材。本书第3版被列入“十二五”普通高等教育本科国家级规划教材。第3版中，结合Java语言的最新发展，对原书的知识体系进行了扩展，纳入了Java 8的新功能，同时增强了实用性。撰写思路上仍然沿袭了本书一贯的风格，注重Java语言核心知识点之间的内在联系，强调整体性、系统性、知识性与实用性。

本书将程序设计语言的基本特征、面向对象方法与实现机制以及Java语言的独有特性这三方面的知识点有机地融合起来，建立Java语言的核心知识体系。Java基本语言特征包括数据类型和基本数据处理、数据输入/输出以及图形化用户界面。Java面向对象特征包括面向对象程序设计的基本概念与思想、类与对象、继承与多态、抽象类与接口。以Java面向对象特征为基础，本书突出Java特有的性质，包括与C++相比的简单性与安全性机制、分布式、可移植性、多线程和动态性等。全书共有15章，分为核心基础篇与应用技术篇。核心基础篇包括Java技术与Java语言概述、面向对象程序设计的基本概念、Java语言基础（包括运算符与表达式、程序流控制、数组）、Java面向对象特性、Java高级语言特性、异常处理、输入/输出、基于Swing的图形化用户界面构造方法、Applet概念与应用。应用技术篇包括多线程、网络编程、基于JDBC的数据库应用开发方法、Java EE技术介绍、Java编程规范以及Java程序的开发方法等。

第3版针对Java语言的发展，以及教材使用中教师和学生的反馈信息进行了修改。首先增加了Java语言的新技术与新机制，主要包括Java 8中最重要的特性——Lambda表达式。另外，学习和掌握Java语言不等于具有Java应用开发能力，为了使初学者能够比较快地掌握Java应用的开发方法，提升应用程序的开发能力，本书在应用技术篇中增加了Java

程序开发方法相关内容。具体修改如下:

(1) 在核心基础篇中,增加了关于 Lambda 表达式以及针对 Java 集合框架的并行化处理内容。

Lambda 表达式是 Java 8 中引入的最重要的语言特性。它的意义不仅仅在于解决原来匿名类存在的语法冗杂等问题,而是增强了 Java 并行处理能力,使 Java 和 Python、Ruby、Scala、C#、C++等语言一样,能够在多核 CPU 硬件平台上更好地支持细粒度程序并行化。本书介绍了 Lambda 表达式的由来、Lambda 表达式的语法、Lambda 表达式的类型以及变量作用域,以及基于 Lambda 表达式的集合并行处理方法。

Lambda 表达式与匿名类的概念直接相关,因此,本书中增加了一个小节,对匿名类进行比较完整的介绍。

(2) 在应用技术篇中,增加了功能驱动的 Java 程序设计方法一章。

在学习并基本掌握 Java 语言之后,可以进行 Java 程序的设计与开发。但是初学者,面对系统的功能需求,对于要建立哪些类和对象,每种对象需要具有什么特性与行为,以及对象间如何交互,常常感到无从下手。为此,本书在分析面向对象程序设计方法的基础上,采用 Rebecca Wirfs-Brock 等人提出的职责驱动面向对象程序设计方法(Responsibility-Driven Design)的思想,给出了功能驱动的 Java 程序设计方法。本书介绍了以类和对象构成的面向对象程序架构、功能驱动的系统级的架构设计以及类的设计方法。本章能够引导读者初步掌握 Java 程序的开发过程与一些实用方法,为他们进入大型复杂 Java 应用开发殿堂铺垫道路,奠定良好的基础。

本书第 3 版的修订得到了很多帮助。感谢广大读者给予的意见和建议,感谢清华大学出版社的大力支持,还要感谢学生和亲人的关心和支持。

在本书修订过程中,阅读了大量国外文献资料以及 Oracle 的 Java 最新教程,努力使修订内容科学合理,通俗易懂。由于 Java 技术涵盖面广并且发展迅速,本人水平有限,书中必有很多不足之处,欢迎广大读者批评指正。

郎 波

2016 年 3 月

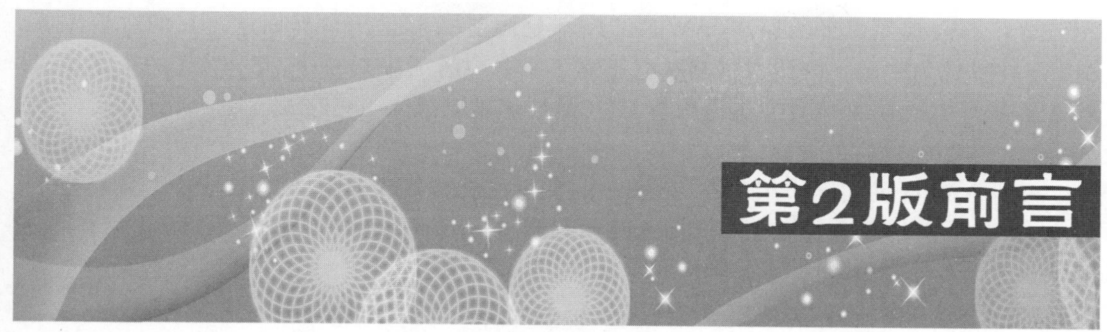

第2版前言

随着互联网技术的飞速发展，作为互联网应用重要使能技术的Java技术也在不断更新和扩展。Java语言是Java技术体系的基础，在应用开发需求的驱动下，在功能与性能设计上不断提高。作为Java语言的教材，本书也需要随着语言自身的发展而不断充实和完善。本书第1版在2005年出版，得到广大读者的好评，多次印刷并被多所高校选为教材。本书第2版是“十一五”普通高等教育本科国家级规划教材。第2版中结合Java语言的最新发展，对原书的知识体系进行了扩展与适当调整，撰写思路上仍然注重Java语言核心知识点之间的内在联系，强调整体性、系统性与知识性，保证本书的先进性、科学性和实用性。

本书不仅介绍Java语言的语法机制，更重要的是深入系统地分析了Java语言机制的基本原理，注重知识点之间的内在联系与连贯性，从而层次清晰地展示了最新的Java语言知识体系，使读者能够对Java语言深入理解。全书共有14章，分为核心基础篇与应用技术篇。核心基础篇包括Java技术与Java语言概述、面向对象程序设计的基本概念、Java语言基础(包括运算符与表达式、程序流控制、数组)、Java面向对象特性、Java高级语言特性、异常处理、基于Swing的图形化用户界面构造方法、输入/输出、Applet概念与应用。应用技术篇包括多线程、网络编程、JDBC数据库连接、Java EE技术介绍以及Java编程规范等。

第2版针对Java语言的发展与应用现状进行了比较大的修改。首先根据Java技术的最新发展与应用现状，扩展与完善了本书的Java语言知识体系；增加了Java语言的新技术与新机制，包括泛型、枚举类型等；结合Java技术应用水平的变化，对原书中的某些知识点的论述进行了一定调整。具体修改如下。

(1) 在核心基础篇中，增加了泛型、枚举类型、自动装箱与拆箱等新的语言机制。

泛型是在JDK 1.5中引入的重要机制。本书中介绍了泛型的基本思想及其定义、泛型子类的概念、通配符、泛化方法以及泛型的实现原理，还结合泛型技术介绍了Java集合类。

本书论述了Java枚举类型的作用，给出了枚举类型的定义、枚举类型所包含的常用方法，以及枚举类型的使用方法。

本书还介绍了Java对基本类型数据处理中的自动装箱与拆箱机制，并在本书的相应章节增加了可变参数列表、静态成员引入、增强的for循环等内容。

(2) 增加了断言与Java NIO的介绍。

在异常处理部分，增加了断言机制的介绍。在输入/输出部分，考虑到目前开发高性能应用服务器等需要，增加了对Java NIO的介绍。

(3) 在图形化用户界面技术的论述中，突出了Swing技术。

随着Java应用水平的提高,AWT已经不是构造图形化用户界面(GUI)的主要工具,Swing技术成为主流。因此本书删减与压缩了原书中的AWT部分。在GUI的论述中,以Swing技术为主线,把AWT作为构造GUI的技术基础融入Swing技术的介绍中。

(4) Applet内容的调整。

根据Applet的实际应用情况,Applet的安全控制与外界通信等并不是基本常用技术,因此,本书对这些内容进行了删减,增加了利用Swing技术构建Applet图形化用户界面部分。

(5) 在应用技术篇中,增加了对JDBC与Java EE最新规范的介绍。

在Java SE 6中支持JDBC 4.0,本书增加了对JDBC 4.0新特性的介绍。在对Java EE的介绍中,采用最新的Java EE 6,增加了对Java EE 6中的新技术与API的论述。

此外,全书所有示例都使用JDK 1.6进行了修改与调试,都能够在JDK 1.6上正常运行。

在本书修订过程中,作者阅读了Sun发布的关于Java语言的各种最新规范与教程,也参考了国内外优秀的Java教材,努力优化本书的知识体系,加强知识点的透彻分析。由于Java技术发展很快,本人水平有限,书中难免有很多不足之处,欢迎广大读者批评指正。

郎 波
2010年6月

第1版前言

Java 语言虽然发展历史比较短，但却是优秀的面向对象编程语言。它以 C/C++语言为基础，同时对 C/C++语言进行了成功改造，在具有强大功能的同时，又具有突出的简单性、可移植性、安全性以及支持并发程序设计等优良特性，使 Java 语言成为基于 Internet 的网络应用开发的首选语言。

本书是一本 Java 语言的教材。与一般 Java 书籍不同的是，它不仅介绍 Java 语言的语法机制，更重要的是深入系统地分析了 Java 语言机制的基本原理，从而层次清晰地建立了 Java 语言的知识体系，使读者能够对 Java 语言深入理解。例如对面向对象特征从方法论到 Java 的支持机制都进行了系统论述，使读者能够对 Java 的面向对象特征融会贯通。在多线程、网络编程、JDBC 技术的介绍中，首先介绍这些知识的相关理论基础，然后引入并分析 Java 中的实现机制，从而可以加深读者对于这些知识的理解。同时书中还介绍了多媒体、Applet 的安全控制、Swing、网络、JDBC 等应用开发技术。因此本书具有系统性、知识性、实用性的特点。目前学习 Java 语言的人很多。能够利用 Java 语言编写程序并不难，但针对实际问题充分、恰当利用 Java 各种特性，编写出高质量的 Java 程序却并不容易。本书的目标是帮助读者深入、细致、系统地学习 Java 语言，能够理解 Java 语言的精髓，掌握 Java 语言的基本应用技术，为编写优质 Java 程序奠定基础。

作者于 1999 年在北京航空航天大学计算机系首先开出了本科生与研究生 Java 语言及相关课程，至今每年都为北航本科生和研究生讲授，并曾在北京广播电视大学、北京航空航天大学软件学院等单位讲授该课程。本书是在作者授课讲稿的基础上整理、扩充而成的。其中融入了多年授课过程中获取的学生的反馈信息，突出重点和难点。本书撰写过程中也吸取了 Java 技术的最新技术发展，在介绍 Java 语言的同时，对 Java 技术体系也进行了整体介绍，尤其对 J2EE 技术进行了概要讲解，为读者进一步学习高级 Java 技术做了铺垫。另外，书中为了配合知识的讲解提供了大量的程序实例，所有这些用例都是经过作者调试通过的。

全书共有 15 章，分为核心基础篇与应用技术篇。核心基础篇包括面向对象程序设计的基本概念、语言基础(包括运算符与表达式、程序流控制、数组)、Java 面向对象特性、Java 高级语言特性、异常处理、基于 AWT 的图形化用户界面、输入/输出、Applet 概念与应用。应用技术篇包括多线程、Swing、网络编程、JDBC 数据库连接、J2EE 技术介绍等。具体内容如下所述。

(1) 第 1 篇：核心基础篇。

核心基础篇系统介绍了 Java 语言的基本机制与语法元素。在第 1 章“绪论”中，介绍

Java 技术的起源与发展、Java 的特征以及 Java 技术体系的构成。第 2 章“面向对象程序设计基本概念”,从面向对象基本概念入手,对面向对象数据抽象、封装、继承与多态等基本特征进行系统论述,并介绍对象的生命周期与面向对象的程序设计方法。第 3 章“Java 语言基础”,对 Java 语言的基本语法成分进行介绍,包括标识符、数据类型、表达式、语句、程序流控制与数组等。第 4 章“Java 面向对象特性”,在第 2 章面向对象程序设计基本概念的基础上,介绍 Java 语言中类和对象的含义与定义方式,并介绍 Java 中对 OOP 3 个关键特征的支持机制。第 5 章“Java 高级特征”,在第 4 章 Java 面向对象特征的基础上,进一步介绍 Java 的高级面向对象特征,包括抽象类、接口(interface)、package、类及其成员的访问控制,以及类变量、类方法和初始化程序块、final 关键字、内部类等。第 6 章“异常处理”,介绍 Java 的异常处理机制,包括异常的基本概念,如何进行异常处理以及自定义异常的实现方法。第 7 章“输入/输出”,对 Java 的 I/O 系统进行介绍,包括 Java 流式 I/O、文件的随机读写、Java 的文件管理以及对象 I/O 等。第 8 章“AWT 及 AWT 事件处理”,介绍 Java 图形化用户界面 GUI 设计基础——AWT(Abstract Window Toolkit,抽象窗口工具集)的基本原理,包括利用 AWT 构建 GUI 的方法,以及 AWT 事件处理模型等。第 9 章“Applet 基础与高级编程”,介绍 Applet 的基本概念、Applet 的编写方法,并进一步介绍如何使用 AWT 组件构建 Applet 的图形化用户界面、Applet 对多媒体的支持、Applet 的安全控制等方法与技术。

(2) 第 2 篇:应用技术篇。

应用技术篇介绍了 Java 语言在实际应用开发中的常用技术,并对 J2EE 技术进行了概要介绍,为读者进一步学习 J2EE 相关技术奠定基础。在第 10 章“线程”中,介绍了 Java 中多线程的概念与基本操作方法,以及线程的并发控制、线程同步等技术。第 11 章“Java 网络程序设计”,简要介绍有关网络通信的基础知识以及 Java 对网络通信的支持,并重点介绍 Java 基于 URL 的 3W 资源访问技术,以及基于底层 Socket 的有连接和无连接的网络通信方法。第 12 章“基于 Swing 的 GUI 开发”,Swing 是 Java 为开发 GUI 提供的更加实用的新技术。与 AWT 相比,Swing 提供了更加丰富的组件,并且增加了很多新的特性与功能。本章比较详细地介绍基于 Swing 的 GUI 框架以及常用 Swing 组件的使用方法。第 13 章“JDBC 技术”,JDBC 是 Java 数据库应用开发中的一项核心技术。本章首先介绍 JDBC 的相关概念以及 JDBC API,重点介绍利用 JDBC 开发数据库应用的一般过程和方法。第 14 章“J2EE 入门”,J2EE 是以 J2SE 为基础的面向企业级应用开发的平台,是 Java 的高级技术。本章对 J2EE 技术体系进行概要介绍,包括 J2EE 的体系结构、重要概念术语以及 J2EE 应用的开发、装配与部署方法。第 15 章“Java 编程规范”,总结了一些 Java 语言的编程规范,在读者开发 Java 应用时可以参考这些规范,编写良好的程序。

读者在学习本书的过程中,可以结合书中的例子与习题加强实际编程操作,以加深对 Java 语言核心原理与方法的理解。

本书的完成要感谢广大同学的关心和厚爱,感谢亲人的理解和支持,同时要感谢很多优秀 Java 语言书籍或文献的作者。由于时间紧迫、水平有限,书中难免有不少僻陋之处,欢迎广大读者批评指正。

作　者

2004 年 9 月

源码下载

第1篇　核心基础篇

第 2 篇　应用技术篇

第3篇 实 践 篇

核心基础篇

第 1 章

绪　论

视频讲解

视频讲解

Java 技术已经成为当今 Internet 应用开发的核心与主流技术。其中一方面是因为 Java 语言具有面向对象、可移植性、强壮性与安全性等优良特性，另一方面是由于 Java 技术对各个层次的分布式应用（包括电器设备的嵌入式计算、桌面计算与企业级计算）提供了全面的系统的方法与技术。因此，目前 Java 已经从单纯的程序设计语言发展成为支撑 Internet 计算的庞大技术体系，进入了发展与应用的高级阶段。本章将介绍 Java 技术的起源与发展、Java 技术体系的构成，并对 Java 技术进行概要介绍。

1.1　Java 的起源与发展

1.1.1　Java 的发展历史

1991 年，Sun 成立了由 James Gosling 领导的 Green 小组，研究与开发面向家电市场的软件产品。研究小组原想扩充 C++作为编程语言，但发现 C++在简单性和安全性方面无法满足集成控制软件运行可靠、高效的要求。另外 C++程序必须针对特定的计算机芯片和软件库进行编译，而消费类设备控制芯片的更新十分频繁，这将使 C++编写的控制程序频繁进行重编译与调试，给设备的更新换代带来很大的负担。因此在研究小组成立不久，James Gosling 就着手设计一种新的语言。考虑到 C/C++的优良特性与应用的广泛性，James Gosling 便决定主要以 C++为基础进行新语言的设计，从而创建了新的程序设计语言 Oak（橡树）。该语言与 C/C++等传统程序设计语言不同，具有突出的平台独立性、高度的可靠性和安全性特点。

1992 年 8 月，Oak 与一种称为 GreenOS 的操作系统、用户接口模块、硬件模块一起集成为一种类似于个人数字助理（PAD）的设备 Star Seven。Star Seven 成功地表现了高效的小程序代码技术，获得了 Sun 公司决策层的好评，从而使 Green 小组升级为 First Person 子公司。First Person 的初衷是将 Star Seven 的技术移植到合适的商业产品中，然而由于种种商业原因，1994 年，First Person 遭到接连失败，最终因毫无业绩而解体。

此时，Internet 上的 WWW 的发展方兴未艾，已经从字符界面发展到了图形界面。但 WWW 上传输的是静态的信息，不具有交互性和动态性。Sun 的决策层意识到用 Oak 编写的小程序正好可以弥补 WWW 的上述不足：运行于浏览器中 Oak 小程序可以实现与用户的交互，使 WWW 具有交互性和动态性。于是 Sun 决定将 Oak 技术与 WWW 技术结合起来，并采用允许用户在 Internet 上免费使用的策略。

1995 年 1 月，James Gosling 和 Patrick Naughton 完成了 Oak 的新版本和第一个基于

Oak 的应用程序 Web Runner。Oak 从此更名为 Java；Web Runner 也更名为 HotJava，它是第一个支持 Java 的第二代 WWW 浏览器。在 Java 和 HotJava 通过 Internet 免费发布之后，Java 的发展终于步入坦途。众多 WWW 厂商宣布支持 Java。Microsoft、IBM、HP、Netscape、Novell、Apple、DEC、SGI 等著名的计算机公司纷纷购买了 Java 语言的使用权，使 Java 语言能够在多种平台中运行。

1995 年夏，Sun 公司在 Internet 上发起的 Java 编程竞赛，参加者踊跃；1995 年秋，Netscape 公司获 Sun 公司批准在 Navigator 2.0 的 32 位版中支持 Java。现在，大部分 WWW 浏览器都能支持 Java，使用 Java 开发 Internet 和 Intranet 应用也蔚然成风。

从此 Java 走上了快速发展的轨道。1996 年 1 月，Sun 发布了第一个 Java 开发工具包 JDK 1.0；1997 年 2 月，Sun 发布了 JDK 1.1；1998 年 12 月，Sun 发布了 Java 2 平台及 JDK 1.2。Java 2 平台是 Java 技术发展的新的里程碑，标志着 Java 技术发展的新阶段。

1999 年 6 月，Sun 重新定义了 Java 技术的架构，将 Java 2 平台分为 3 个版本：标准版(Java 2 Standard Edition，J2SE)、企业版（Java 2 Enterprise Edition，J2EE)和微缩版(Java 2 Micro Edition，J2ME)。其中，J2SE 为桌面开发和低端商务应用提供了可行的解决方案；J2EE 为开发企业级应用程序提供了一套技术；J2ME 是致力于消费产品和嵌入式设备的开发人员的最佳选择。

2004 年 10 月，Sun 推出了 JDK 1.5，同时也将 J2SE、J2EE 和 J2ME 平台改称为 Java Platform Standard Edition——Java SE、Java Platform Enterprise Edition——Java EE 和 Java Platform Micro Edition——Java ME。JDK 1.5 或 J2SE 1.5 就相应改称为 Java SE5。JDK 1.5 增加了一些新的特性，如泛型、增强的 for 语句、可变数目参数、注释、断言以及自动装箱和拆箱功能。同时，Sun 也发布了新的 Java EE 规范，如 EJB 3.0 规范、MVC 框架规范等。目前 Java 语言已经发展到 Java SE 14。本书中包含了 Java SE 14 以来重要的 Java 语言特性。

Java 技术除了沿着 Java SE、Java EE、Java ME 3 种技术为主脉络迅速发展外，还密切关注 Internet 环境下各种新型信息技术的发展，并能够迅速与这些新技术融合，积极支持这些新技术应用的开发。例如 Sun 在 Java 技术中发布了对 XML，Web Services 以及 P2P (Peer to Peer)等应用开发的支持工具。因此 Java 技术已经渗透到 Internet 应用开发的很多方面，成为 Internet 应用发展的重要支撑技术，并且具有强大的生命力。

1.1.2 Java 技术体系

目前，Java 已经发展成为庞大的技术体系。这个技术体系中主要有如下 3 个分支。

(1) Java Platform Standard Edition——Java SE；

(2) Java Platform Enterprise Edition——Java EE；

(3) Java Platform Micro Edition——Java ME。

1. Java 平台标准版 Java SE

Java SE 的最早版本是 JDK 1.2。目前 Java SE 仍然可以称为 JDK。本书中对于 JDK 1.5 及以后的版本，将主要使用 Java SE x 或 JDK x 表示相应的 Java SE 版本，其中 x 为版本号。Java SE 为 Java 桌面和工作组级应用的开发与运行提供了环境。它的实现主要包括 Java SE Development Kit(JDK)和 Java SE Runtime Environment(JRE)。Java SE 是 Java EE

和 Java Web Services 技术的基础。

Java SE 提供了编写与运行 Java Applet 与 Application 的编译器、开发工具、运行环境与 Java API。图 1-1 中显示了 Java SE8 中包括 Java 语言在内的所有组成部分。

1) Java 开发工具(Tools & Tools APIs)

包括 Java 语言的编译器、调试器以及文档工具等。

2) Java 部署技术(Deployment)

提供了部署与运行 Java 应用的支持,包括以 Web 方式加载与运行 Java Application 的 Java Web Start 和支持 Applet 在 Netscape Navigator 和 Microsoft Internet Explorer 浏览器中运行的 Java Plug-in。

3) 用户界面工具集(User Interface Toolkits)

包括图形化用户界面工具 AWT 和 Swing;二维图形和图像的显示与操作工具 Java 2D;声音捕获、处理与播放的 Java Sound API;支持多种语言如中文、日文与朝鲜语等输入的输入法框架 Input Method Framework;开发面向残疾人的 Java 应用的相关技术 Accessibility,如屏幕识读器、语音识别系统和盲文显示系统等。

4) 集成 API(Integration Libraries)

包括分布式对象操作支持,如 Java RMI(Remote Method Invocation,远程方法调用)技术与 CORBA 技术;数据库连接 API——JDBC;向 Java 应用提供命名和目录服务的 JNDI API 等。

5) Java 基本库(lang and util Base Libraries,Other Base Libraries)

Java 核心 API 包含了实现 Java 平台基本特征与功能的类和接口,包括以下类别:输入/输出、网络通信、核心语言包 java.lang 和工具包 java.util、安全机制、国际化应用的支持、Java 组件模型——JavaBeans API、处理 XML 文档和数据、记录应用系统安全及应用配置等方面信息的日志功能、存储与获取应用系统用户配置数据的 Preferences API、集合操作类(collection)、调用本地方法的 Java Native Interface(JNI)等。

6) Java 虚拟机(Java Virtual Machine)

Java SE 中包含了如下两种 Java 虚拟机 JVM 的实现。

(1) Java HotSpot Client VM:是 Java 运行环境(Java Runtime Environment,JRE,有时也称为 Java 运行系统)默认的 Java 虚拟机。它最适于在客户端环境中运行 Java 应用,能够使应用的运行得到最佳的性能。

(2) Java HotSpot Server VM:是为在服务器端运行 Java 应用而设计的,可以使这种环境下的应用系统得到最快的运行速度。通过在命令行使用-server 参数启动这种类型的 Java 虚拟机,如 java-server MyApp。

2. Java 平台企业版 Java EE

Java EE 定义了基于组件的多层企业级应用的开发标准,面向企业级和高端服务器的 Internet 应用开发。它基于 Java SE,包括 Enterprise JavaBeans(EJB),Java Servlets API 以及 Java Server Pages(JSP)等技术,并为企业级应用的开发提供了各种服务和工具。

Java EE 的应用程序模型是一种多层模型(multi-tier model),如图 1-2 所示。多层模型的各个层次分别是客户端表示层、服务器端表示层、应用逻辑层、企业信息系统层。Java EE 应用系统的用户可以通过浏览器或 Java Application 等方式访问 Java EE 应用。客户的操

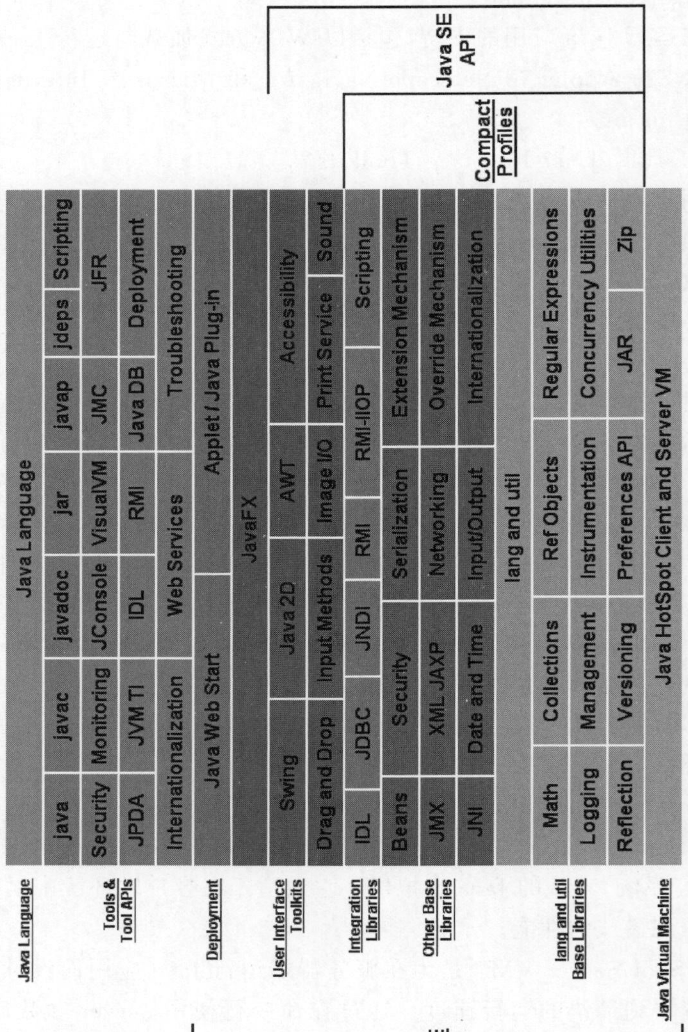

图 1-1　Java SE8 的组成

作请求被首先发送到服务器端表示层。该层由 Web 服务器构成，JSP 和 Servlet 是 Web 服务器的重要组件。这些组件解析客户端发来的请求，并驱动后端应用逻辑层中实现相应应用逻辑的 EJB 组件完成用户请求的服务。EJB 组件在实现服务操作时会根据需要存取企业信息系统中的数据，并把操作结果原路返回服务器表示端的 JSP/Servlet，由 JSP/Servlet 把结果表达为 HTML 格式返回给客户端并在浏览器中显示，或由 Servlet 将结果返回给客户端的 Java Application。

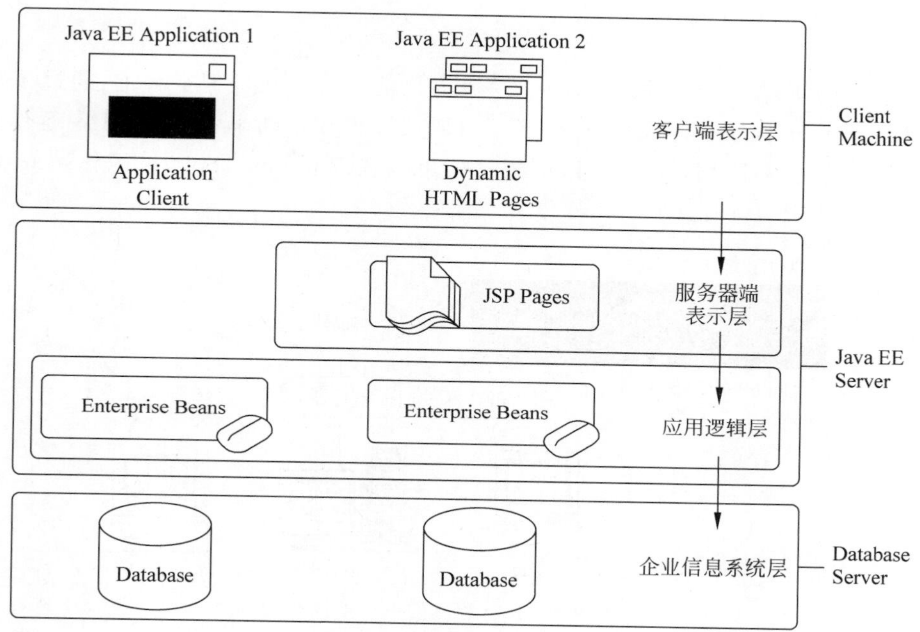

图 1-2 Java EE 应用模型

3. Java 平台微缩版 Java ME

Java ME 是针对消费类电子设备如移动电话、电视置顶盒、汽车导航系统等的嵌入式计算的一组技术和规范。它在 Java SE 的基础上，结合这类设备计算资源的限制对 Java SE 进行了语言精简，并对运行环境进行了高度优化。

1.2 什么是 Java 技术

1.2.1 Java 语言

对于多数程序设计语言，其程序运行要么采用编译执行方式，要么采用解释执行的方式。而 Java 语言的特殊之处在于，程序运行既要经过编译又要进行解释，如图 1-3 所示。首先，Java 程序由编译器进行编译，产生一种中间代码，称为 Java 字节码(Java bytecodes)。字节码是 Java 虚拟机(Java Virtual Machine，JVM)的代码，是平台无关的中性代码，因此不能在各种计算机平台上直接运行，必须在 JVM 上运行。Java 解释器是 JVM 的实现，它把字节码转换为底层平台的机器码，使 Java 程序最终得以运行。无论是 Application 还是嵌入在浏览器中的 Applet，都需要通过解释器才能运行。

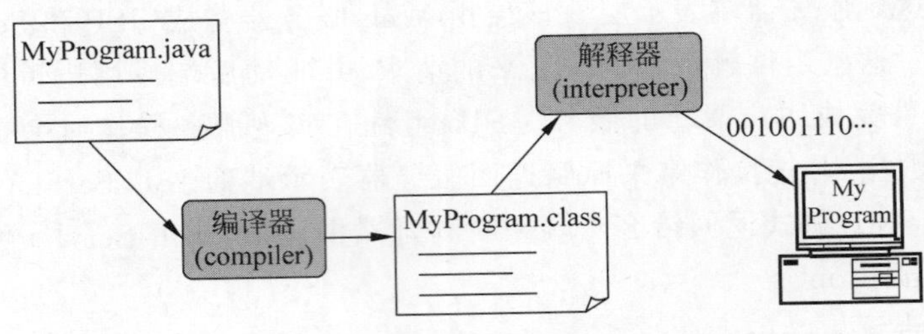

图 1-3 Java 语言的运行

Java 字节码使得"一次编程,到处运行"成为可能。可以在任何平台上,通过该平台的 Java 编译器把 Java 程序编译成字节码,该字节码便可以在任何平台的 JVM 中运行。这意味着只要计算机上有 JVM,同一个 Java 程序就可以在 Windows,Solaris 工作站或 MacOS 等机器上运行,如图 1-4 所示。

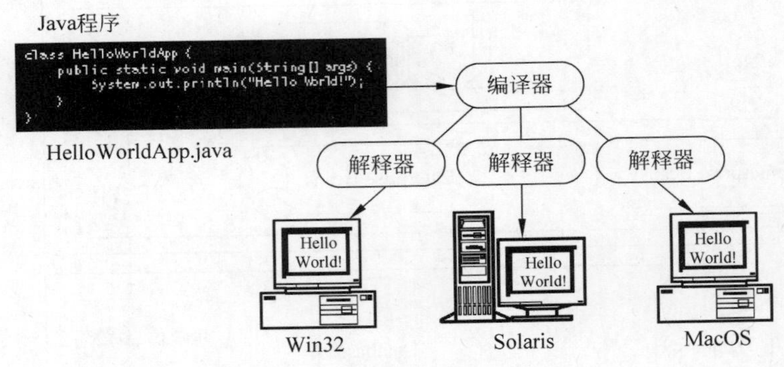

图 1-4 Java 程序的可移植性

1.2.2 Java 平台

所谓平台(platform)是指支持应用程序运行的硬件或软件环境。大多数平台如 Windows,Solaris 等指的是操作系统与硬件组成的整体。Java 平台是完全由软件构成并运行在其他硬件平台之上,支持 Java 程序的运行,如图 1-5 所示。

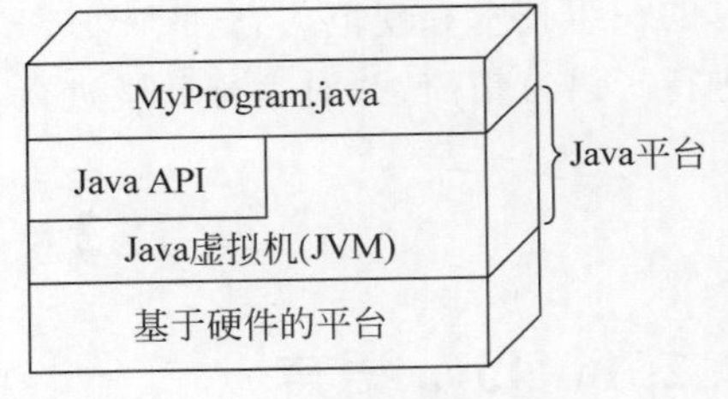

图 1-5 Java 平台

Java 平台使 Java 程序与底层平台隔离。Java 平台有两个组成部分:Java 虚拟机与 Java API。

1. Java 虚拟机(Java Virtual Machine,JVM)

JVM 是 Java 平台的基础,并且与各种基于硬件的平台相连。它提供了 Java 程序运行的必要环境。

因为 Java 的目标代码是字节码,不是位码,不直接针对某个具体平台,所以在执行之前,需要将字节码转换为本机代码。另外,为了实现语言的动态性与安全性,Java 编译器没有将变量和方法的引用直接编译为内存的引用,也没有确定程序运行中的内存布局,而是将符号引用信息保留在字节码中,这样类的装载和符号引用的消解都要在运行时进行。为此,在 Java 平台中专门引入 JVM 以支持字节码的运行。

关于JVM以及JVM的具体实现——Java运行系统，将在1.4节中进一步介绍。

2. Java应用编程接口(Java API)

Java API是一个很大的Java类库集合，这些类以包(package)的形式组织，它们提供了丰富的功能，如图形化用户界面、输入/输出等。Java API既能使应用系统访问底层平台服务，又能保证Java应用系统不依赖于具体的底层平台。因此，在支持和简化应用系统开发的同时，使应用程序具有可移植性。

作为一种平台无关的运行环境，Java平台中字节码的运行速度可能要比直接在底层平台上运行的本地代码稍慢。但Java技术中，通过巧妙设计编译器和采用及时编译技术可以在维护Java程序可移植性的同时，达到与本地代码接近的运行速度。

1.2.3 Java的特征

在由James Gosling和Henry McGilton等人撰写的Sun公司Java白皮书中指出，Java是一种"简单(simple)、面向对象(object oriented)、分布式(distributed)、解释型(interpreted)、强壮(robust)、安全(secure)、体系结构中立(architecture neutral)、可移植(portable)、高性能(high performance)、多线程(multithreaded)和动态(dynamic)"的编程语言。对这些特征的理解，是领会Java语言精髓的关键。

1. 简单性

Java语言句法和语义都比较单纯，容易学习和使用。另外，Java对C++中容易引起错误的成分进行了相当成功的改造，例如去掉指针，取消多重继承和运算符重载，内存管理由程序员移向Java内嵌的自动内存回收机制等，从而简化语义，减少出错机会，减轻程序员负担。Java还提供大量功能丰富的可重用类库，简化了编程工作量。例如，访问Internet资源，在C++中需要编写大量复杂的程序，但使用Java只需数行代码，其余工作由Java类库完成。

2. 面向对象

作为一种面向对象的编程语言，Java不仅最为"纯洁"，同时，它对面向对象方法学的支持也最为全面。与C++一样，Java的对象有模块化性质和信息隐藏能力，满足面向对象的封装要求。Java支持面向对象的继承性。另外，Java通过抽象类和接口(interface)支持面向对象的多态性要求，即一个对外接口，多种内部实现。

3. 分布式特征

Java具有支持分布式计算的特征。分布式计算中，"分布"具有两层含义：一是数据分布，即应用系统所操作的数据可以分散存储在不同的网络节点上；二是操作分布，即应用系统的计算可由不同的网络节点完成。Java实现如下两种层次上的分布。

- 数据分布支持：通过Java的URL类，Java程序可以访问网络上的各类信息资源，访问方式完全类似于本地文件系统。
- 操作分布支持：Java通过嵌在WWW页面中的Applet(小应用程序)将计算从服务器分布至客户机。Applet由WWW浏览器在客户端执行，从而避免了网络拥挤，提高了系统效率。

4. 半编译、半解释特征

Java应用程序的执行过程具有半编译、半解释的特征。如图1-3所示，即采用编译器对程序进行编译，但编译得到的是一种中性的字节码，并不是本机代码，编译没有进行彻底，所以称为“半编译”。字节码的执行采取解释执行方式，这种解释执行与传统的解释执行的差别是：不是以源码为输入的，而是以程序编译后产生的字节码为输入，所以称为“半解释”。

Java 的半编译、半解释特征带来的主要优点如下所述。

- 提高了 Java 的可移植性。不仅源程序可移植，编译后的中间代码也可移植，而且字节码的移植还有利于程序源代码的保密。解释过程必然降低部分执行效率，但可以通过多种方法弥补，如研制以字节码为机器指令系统的 Java 芯片。
- 这种半编译、半解释的过程兼具编译执行的效率优势和解释执行的灵活性。

5. 强壮性

Java 提供自动垃圾收集来进行内存管理，防止程序员在管理内存时出现容易产生的错误。通过集成的面向对象的例外处理机制，在编译时，Java 提示出可能出现但未被处理的例外，帮助程序员正确地进行选择以防止系统的崩溃。另外，Java 是一种强类型语言，程序编译时要经过严格的类型检查，防止程序运行时出现类型不匹配等问题。

6. 安全性

在分布式环境中，安全性是一个十分重要的问题。Java 在语言和运行环境中引入了多级安全措施，其采用的主要安全机制有如下两种。

(1) 内存分配及布局由 Java 运行系统规定。

首先内存布局并不是像 C 和 C++ 一样由编译器决定，而是由运行系统决定，内存布局依赖于 Java 运行系统所在的软硬件平台的特性。其次，程序中内存引用关系不是用内存单元指针，而是用符号代表。Java 并没有传统 C 和 C++ 意义上的内存单元指针，Java 编译器是通过符号指针来引用内存，由 Java 运行系统在运行时将符号指针解释为实际的内存地址，Java 程序员不能强制引用内存指针。因此，Java 的内存分配和引用模型对于程序员是透明的，它完全由底层的运行系统控制，Java 程序无法破坏不属于它的内存空间。

(2) 运行系统执行基于数字签名技术的代码认证、字节码验证与代码访问权限控制的安全控制模型。

Java 的运行系统对 Java 应用程序尤其是 Applet 依据安全模型进行全面的控制。通过类加载器、字节码验证器等保证运行 Java 程序对运行主机内存的安全，进一步通过建立保护域、访问控制策略、访问控制机制，对代码的来源进行确认并对代码的本地资源（如文件、网络端口等）的访问进行严格的权限控制，以保证主机本地资源的安全。下面简单介绍字节码验证器的安全功能。

Java 编译器虽然保证了 Java 源代码不违背安全规则，但在浏览器中的 Java 小程序是从其他地方引入的代码段，Java 运行系统并不知道这些代码是否满足 Java 语言的安全规则，网络病毒和其他形式的入侵者可以绕过 Java 编译器生成有危险的字节代码，因此 Java 运行系统并不应该信任这些外来的代码，需要对它们进行字节码的验证。因此在 Java 运行系统中引入了字节码验证器。在字节码执行前，字节码验证器将每个输入代码段送给一个简单的规则验证程序，以确保代码段遵循如下规则。

- 不存在伪造的指针。
- 未违反访问权限。
- 严格遵循对象访问规范来访问对象。
- 用合适的参数调用方法。

• 没有栈溢出等。

通过语言的内在安全机制，再加上字节码的验证过程，Java 建立了一套严密的安全体系。

7. 体系结构中立

Java 语言的设计不是针对某种具体平台结构的。Java 为了做到结构中立，除了上面提到的编译生成机器无关的字节码外，还制定了完整统一的语言文本。如 Java 的基本数据类型不会随目标机的变化而变化，一个整型总是 32 位，一个长整型总是 64 位。像 C 和 C++这样的现代程序设计语言并不满足这一点，不同的编译器和开发环境之间总会有一些细微的不同。

为了使 Java 的应用程序不依赖于底层具体的系统，Java 语言环境还提供了一个用于访问底层操作系统功能的可扩展类库，例如核心语言类库 java.lang、实用工具类库 java.util、输入/输出类库 java.io、网络通信类库 java.net、图形用户界面工具类库 java.awt、支持 Applet 的类库 java.applet 等。当程序使用这些库时，可以确保它能运行在支持 Java 的各种平台上。

8. 可移植性

Java 是迄今为止对可移植性支持最佳的编程语言。Java 的最大特点是“一次编程，处处运行”。任何机器只要配备了 Java 解释器，便可运行 Java 程序。这种可移植性源于两方面：一方面是 Java 的半编译、半解释特征；另一方面是 Java 体系结构中立，采用标准的独立于硬件平台的数据类型，对数据类型都有严格的规定，并且不会因为机器的不同而改变。

9. 高性能

Java 语言虽然采取字节码解释运行方式，但由于字节码与机器码十分接近，使得字节码到机器码的转换十分快捷。另外，Java 还提供了即时编译技术，即将要执行的字节码一次编译为机器代码，再全速运行，提高了 Java 应用的运行速度。这些使得 Java 语言在实现了可移植等特性的同时，又具有高性能。

10. 多线程

线程是比进程更小、开销更少的并发执行单位，它与进程的主要差异在于它不拥有单独的资源，而是与其他线程共享所属进程的资源。在 Java 语言出现之前，线程机制已经在操作系统领域广泛使用，并在改善系统运行效率方面取得了明显的效果。像 Windows，OS/2 等新型操作系统，都支持多任务的并发处理。Java 的特点是在语言级嵌入了多线程机制，支持程序的并发处理功能。从程序的角度看，一个线程就是应用程序中的一个执行流。一个 Java 程序可以有多个执行线程。

多线程程序设计的最大问题是线程的同步。其基本原理是 C. A. R. Hoare 提出的，并在许多新型操作系统中广泛使用临界区保护规则。Java 将这些原理集成到语言中，使这些规则的使用更加方便有效。

如果底层的操作系统支持多线程，Java 的线程通常被映射到实际的操作系统线程中，这意味着在多机环境下，用 Java 写的程序可以并行执行。

11. 动态特性

Java 的动态特性是其面向对象设计的延伸。Java 程序的基本组成单元是类，而 Java 的类又是运行时动态装载的，这使得 Java 可以动态地维护应用程序及其支持类之间的一致性，而不用像 C++那样，当其支持类库升级之后，相应的应用程序都必须重新编译。

1.3 Java 语法机制概述

Java 的基本语法机制，例如数据类型、表达式、程序流控制、结构化异常处理等，都基于 C++，但又具有明显区别于 C++的语法机制，包括类（class）、接口（interface）、程序包（package）、多线程以及取消指针。

1. 类

类是 Java 中最基本、最重要的语法元素。Java 中类的定义与类的继承都与 C++类似。它们之间的区别主要有如下两点。

- Java 不允许一个类同时继承多个父类。在 Java 中，多重继承必须通过接口来实现。
- 除 C++的修饰词 public、protected 和 private 之外，Java 还引进了 abstract 和 final 修饰词。

带 abstract 的类称为抽象类。抽象类的抽象方法只定义方法的声明（函数名、参数及其类型），没有方法体。抽象类只能供其他类作为父类使用，不能直接通过 new 运算符产生抽象类的对象。final 可修饰类、属性或方法。带 final 的类不能作父类被继承，带 final 的属性在赋初值或第一次赋值后将不允许改变，成为常量。在方法定义时，使用 final 修饰词可以防止子类重写该方法。

2. 接口

接口是一种"抽象类"，接口中只能出现静态常量或抽象方法的定义。Java 引进接口的主要目的是实现多重继承功能，同时又避免 C++多重继承在语义上的复杂性。类可以通过实现一个或多个接口来实现多重继承。

3. 程序包

程序包是一些相关类或接口的集合。Java 系统提供的可重用类都以包的形式供软件开发人员使用，例如 Java 语言包 java.lang 等。无论是使用 Java 系统提供的标准程序包，还是使用自定义程序包，在程序中都是通过 import 语句将相应的包引入的。

4. 多线程

为了让软件开发人员在程序中利用操作系统的多线程处理能力，操作系统通常提供有关线程管理的 API 函数供开发人员使用。但 Java 直接在语言级支持多线程。这将使开发人员不必考虑不同操作系统平台多线程处理机制的差异，从而使应用软件具有好的可靠性和可移植性。

5. 取消指针

C++的指针是一种有争议的语法机制。一方面，它非常灵活，程序员可利用它指向任意内存块；另一方面，它也是公认的较易引发程序错误和内存泄漏的语法元素。Java 取消了指针类型，所有动态内存的申请均通过 new 运算符进行，连数组内存空间的申请也不例外。在 Java 中通过 new 得到的不是指针，而是引用（reference），通过该引用能够找到目标对象。Java 程序只能通过引用访问数组元素或对象，不能像使用 C++指针那样通过修改引用的值来指向另一内存区。这样既减少了出错机会，也使系统能够自动判别某块内存是否可以回收。

上述 Java 语法机制将在后续相关章节中详细论述。

1.4　Java 的运行系统与 JVM

1.4.1　Java 运行系统

Java 运行系统是各平台厂商对 JVM 的具体实现。对于 Java 中的两类应用程序，存在两种不同类型的运行系统：对于 Java 应用，运行系统是 Java 解释器；而对于 Java Applet，运行系统是指 Java 兼容的 Web 浏览器，该浏览器中包含了支持 Applet 运行的环境。

Java 运行系统一般包括以下几部分：类装配器、字节码验证器、解释器、代码生成器和运行支持库，如图 1-6 所示。

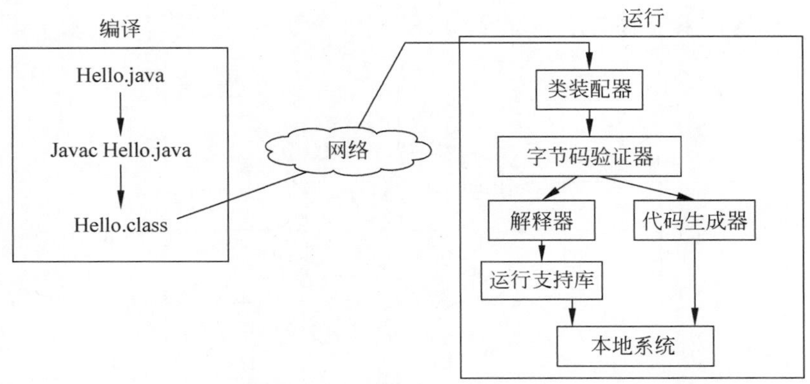

图 1-6　Java 运行系统的构成

Java 运行系统运行的是字节码即.class 文件。执行字节码的过程可分为如下 3 步。

(1) 代码的装入。

由类装配器装入程序运行时需要的所有代码，其中包括程序代码中调用到的所有类。当装入了运行程序需要的所有类后，运行系统便可以确定整个可执行程序的内存布局。

(2) 代码的验证。

由字节码检验器进行安全检查，以确保代码不违反 Java 的安全性规则，同时字节码验证器还可发现操作数栈溢出、非法数据类型转化等多种错误。

(3) 代码的执行。

Java 字节码的运行可以有如下两种方式。

- 即时编译(Just-in-Time)方式：由代码生成器先将字节码编译为本机代码，然后再全速执行本机代码。这种运行方式效率高。
- 解释执行方式：解释器每次把一小段代码转换成本机代码并执行，如此往复完成 Java 字节码的所有操作。

1.4.2　Java 虚拟机 JVM

Java 的目标代码在执行时需要有 Java 运行系统的支持。Java 运行系统是建立在各种不同的平台上，与具体平台有关。为了做到 Java 的可移植性，各个平台上的 Java 运行系统的功能要求是统一的。为此 Java 引入了 Java 虚拟机。

Sun 的 Java 虚拟机规范把 JVM 定义为：An imaginary machine that is implemented by emulating it in software on a real machine. Code for the Virtual Machine is stored in. Class files, each of which contains code for at most one public class. 即 Java 虚拟机是一种在真实计算机上通过软件仿真实现的虚构机器。虚拟机的代码存储在.class 文件中，并且每个.class 文件最多包含一个 public class 类的代码。

从概念上看，Java 虚拟机是一个想象中的、能运行 Java 字节码的操作平台。而 JVM 规范提供了这个平台的严格的规范说明，包括指令系统、字节码格式等。JVM 进一步可用软件在不同的计算机系统上实现或用硬件实现。有了这样的虚拟机规范，才使 Java 应用达到平台无关：不同平台上的 Java 编译器，把 Java 程序按 JVM 规范编译为 JVM 的目标代码，即用 JVM 指令系统表达的指令码，称为 Java 字节码。Java 字节码可以在各种平台上，在实现 JVM 的 Java 运行系统的支持下运行，如图 1-7 所示。

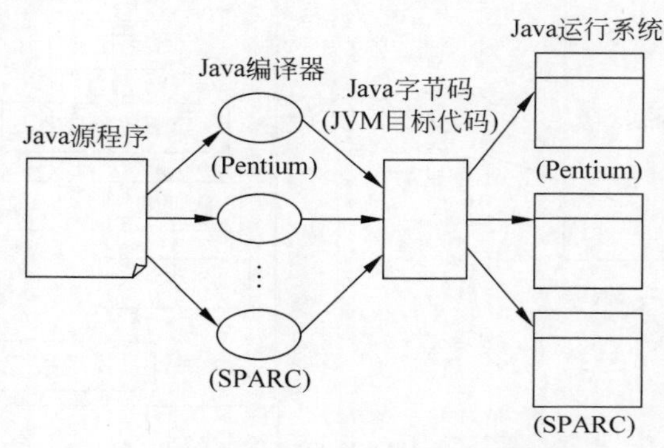

图 1-7　Java 程序的编译与执行

JVM 的实现包括字节码验证、解释器、内存垃圾回收等，是上述 Java 运行系统的核心，Java 运行系统是各供应商对 JVM 的具体实现。所有这些供应商在实现上都有各自独特的特性，但最重要的是他们必须支持 Sun 对.class 文件结构、字节码定义等虚拟机的规范，这使得所有 Java 运行系统的功能是统一的，并且执行统一的字节码。

JVM 规范定义了一组抽象的逻辑组件，包括下列部分。

(1) 指令集。

(2) 寄存器组：包括程序计数器、栈顶指针、指向当前执行方法的执行环境的指针和指向当前执行方法的局部变量的指针。

(3) 类文件的格式。

(4) 栈结构：栈用于保存操作参数、返回结果和为方法传递参数等。

(5) 垃圾收集程序：用来收集不用的数据堆，使内存有效利用。

(6) 存储区：用于存放字节码的方法代码、符号表等。

JVM 对这些组件进行了严密的规定，尤其对字节码的格式做了明确的规定，但它没有规定这些组件的具体实现技术，它们可以采用任何一种技术实现，用软件或芯片实现。但是无论采用什么具体的实现技术，Java 虚拟机的功能必须是统一的，只能执行 JVM 规范中规定的统一格式的字节码。

1.5　Java 程序开发

1.5.1　Java API

Java API——Java 应用程序编程接口，是 Sun 提供的使用 Java 语言开发的类集合，是 Java 平台的重要组成部分。Java API 中的类被分成许多包，每个包可以包含若干相关类。Java API 中的包形成了树状结构，包括 3 类包：核心包 java、各种扩展功能的类库：javax 和 org。

下面简要介绍一些重要的包。

(1) java. lang：由 Java 语言的核心类组成，包括了基本数据类型和出错处理方法等。

(2) java. io：Java 语言的标准输入/输出库，提供系统通过数据流、串行化和文件系统的输入和输出。

(3) java. util：包含集合(collection)类，如 Map、Set、List，日期与时间相关的类等。

(4) java. net：提供实现网络应用所需的类。

(5) java. awt：是抽象窗口工具集(abstract window toolkit)，提供了创建用户界面和绘制图形、图像所需的所有类。

(6) java. awt. event：图形化用户界面中的事件处理。

(7) java. applet：提供创建 Applet 以及实现 Applet 相关操作所必需的类。

(8) java. sql：支持通过 JDBC 的数据库访问操作。

Java API 给程序员提供了大量可重用的类。为了便于程序员全面理解、正确使用这些类，Sun 在 Java SE 的每个版本中，都同时发布一个 Java API 的文档。该文档中对对应版本中的 Java API 进行了详细的说明，包括全部的包、包中类的层次、类的完整定义(成员变量、构造方法、成员方法等)。在下载与安装 JDK 时，应该同时下载该文件并进行解压缩，以便在以后的编程过程中随时查阅。Java API 文档如图 1-8 所示。

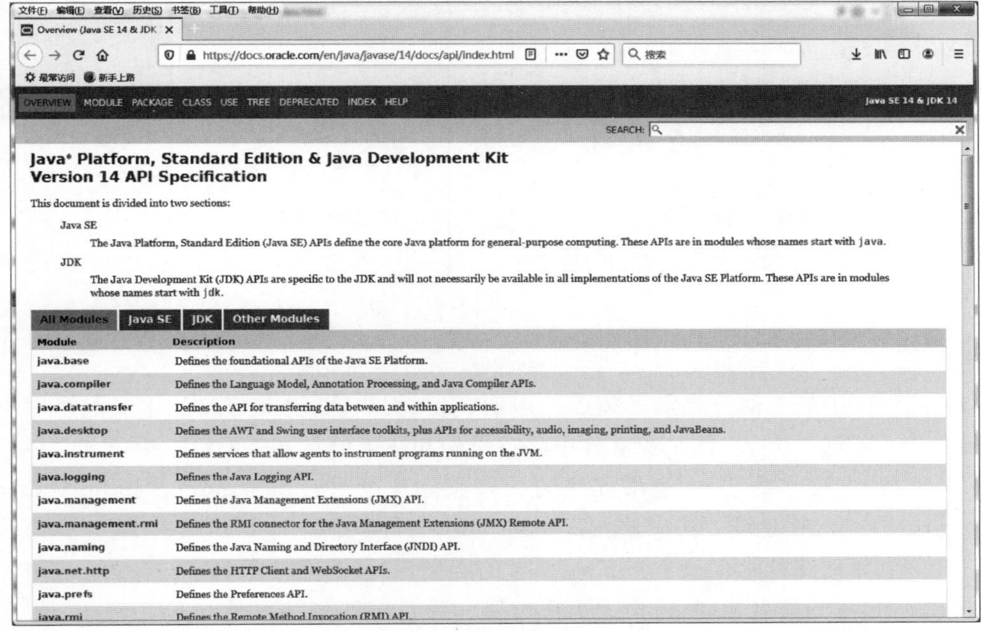

图 1-8　Java API 文档

1.5.2 Java程序的编写与编译过程

1. 简单的Java应用程序举例

与其他语言类似,在学习Java时,编写的第一个程序也是在屏幕上显示“Hello World!”,这是最短的Java应用程序。程序的代码如例1-1所示。

例1-1 在屏幕上打印输出"Hello World!"。

```
public class HelloWorld{
    public static void main (String args[ ]){
            System.out.println("Hello World!");
    }
}
```

例1-1的运行结果如图1-9所示。

图1-9 例1-1的运行结果

2. Java源程序的结构

Java源程序结构如图1-10所示。

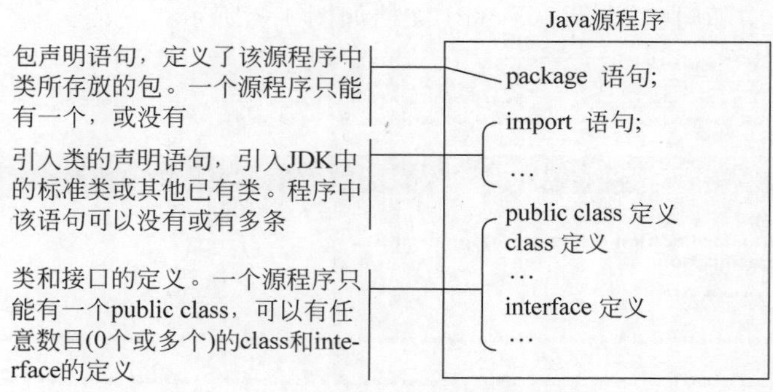

图1-10 Java源程序结构

说明:

(1) 源程序中的3部分要素必须以包声明、引入类声明、类和接口的定义的顺序出现。如果源程序中有包语句,只能是源文件中除空语句和注释语句之外的第一个语句。

(2) main方法作为Java应用程序的入口点。其声明必须是public static void main (string args[]){},并且该方法应放在程序的public class中。

(3) 一个源文件只能有一个public class的定义,并且源文件的名字与包含main()方法的该public class的类名相同(包括大小写也要一致),扩展名必须是.java。例如,例1-1程序的名称为 HelloWorld.java。

3. Java 程序的编译与运行

如果使用 JDK，则在 Windows 的 DOS 命令窗口中通过命令行方式进行 Java 程序的编译与运行。JDK 的编译器为 javac。例如对例 1-1 的程序进行编译，如图 1-9 所示，在命令行中输入下列命令：

```
javac HelloWorld.java
```

在编译通过后，将在当前目录下生成 HelloWorld.class 文件。

JDK 中 Java 解释器是 java。例如对于例 1-1 的程序在上述编译通过后，就可以在命令行中输入下列命令进行程序的运行：

```
java  HelloWorld
```

运行结果如图 1-9 所示。

Java 程序的开发，也可以选用其他不同的工具。各种工具的特点及如何选用，将在下节中介绍。

1.5.3 Java 开发工具

目前有很多种 Java 程序的开发工具，应该根据自己的不同目的进行选择。

对于学习 Java 语言，最好选择 Sun 的 JDK 为主要工具。JDK 不是集成的开发环境，它采用命令行方式进行程序的编译与运行。所以使用 JDK 时，需要有程序编辑软件与 JDK 配合使用。可以采用下面两种方式。

(1) 用普通文本编辑器如 Notepad、Edit、UltraEdit 等作为 Java 程序的编辑软件。

在编辑器中将 Java 程序编写好后，按照 Java 程序命名规范将程序保存，然后采用命令行方式对 Java 程序进行编译、调试、运行。

(2) 用能够与 JDK 配合使用的具有简单开发与调试的环境，如 JCreator。

JCreator 在安装时需要配置 JDK 的路径，它是与 JDK 配合使用的一种"轻型"集成开发环境，如图 1-11 所示。JCreator 不但提供了图形化的 Java 程序的编辑环境，还可以在该工具中直接进行程序的编译，编译的结果将在工具最下面的窗口中显示。所以程序员可以在 JCreator 中直接进行调试并可以在该工具中直接运行程序。JCreator 中不提供 JDK 之外的类库，也没有所见即所得的程序开发工具。Java 程序的所有代码都需要程序员进行书写。

上述基于 JDK 的程序开发虽然不如集成环境简单、方便，但一方面使读者不会被集成环境本身的复杂性困扰，能够专心于 Java 语言的学习与使用。另一方面，集成开发环境的简单性与方便性会隐藏很多实现细节，例如应用程序的图形化用户界面的开发，而这不利于 Java 语言的学习。对于 Java 语言读者必须理解掌握语言的各种机制，包括各种底层机制，这样才能对 Java 语言有全面、整体、系统的认识和理解，为 Java 程序开发奠定坚实的基础。

如果要进行实用 Java 应用系统的开发，最好选择功能丰富、支持大型应用开发的主流集成开发环境(Integrated Development Environment，IDE)，如 Eclipse、Sun 的 NetBeans、Borland JBuilder、IBM 的 Visual Age、Oracle 的 JDeveloper 等。

Eclipse 是一个开源的、基于 Java 的可扩展开发平台，是目前 Java 应用的主流 IDE。Eclipse 的下载地址为：https://www.eclipse.org/downloads/。Eclipse 具有灵活的扩展

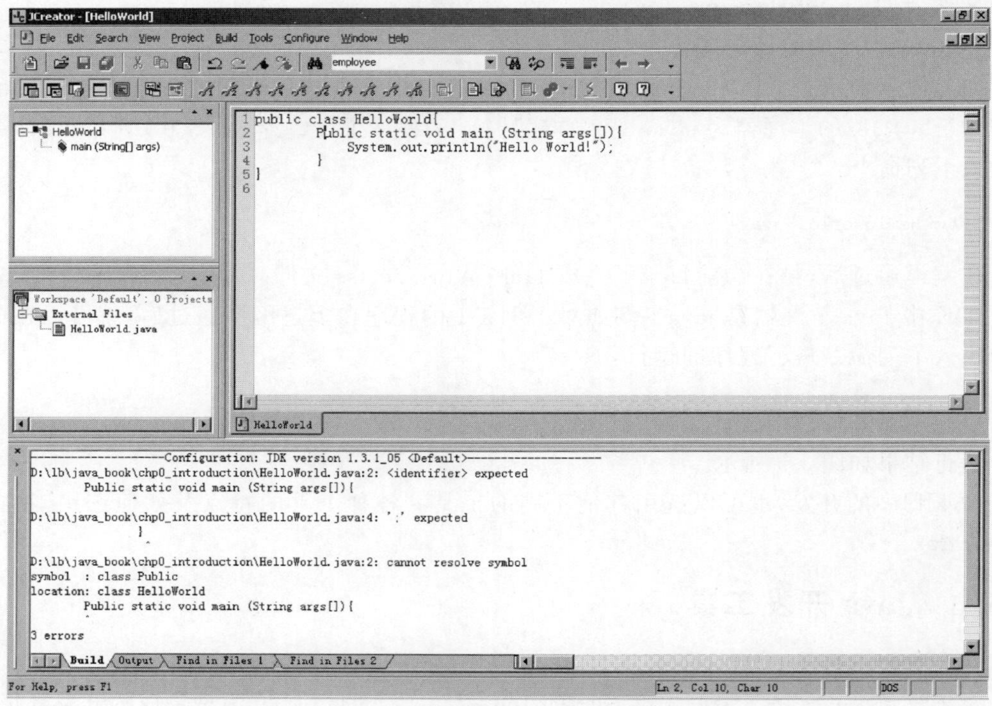

图 1-11 JCreator 2.0

能力和良好的性能,除了可作为 Java 应用的开发环境,还支持其他语言如 C++、Ruby 等的应用开发。因此,受到了广大 Java 开发人员的喜爱。

1.6 小 结

本章概述了 Java 语言的发展历史与现状,介绍了 Java 技术的含义,并对 Java 语言语法机制特点、Java 运行系统与 Java 虚拟机等进行了论述。这些内容中,Java 语言与 Java 平台的特征和 Java 虚拟机的概念是本章的重点。通过本章的学习将使读者全面了解 Java 技术,并建立 Java 技术的相关基本概念,为在后续章节中深入学习 Java 奠定基础。

习 题 1

1. 简述 Java 技术体系的组成。
2. Java 的特征有哪些?简述这些特征的含义。
3. Java 语言的语法机制与 C 和 C++有何异同?
4. Java 运行系统由哪些部分组成?Java 程序的运行过程是怎样的?
5. 什么是 JVM?
6. 下载并安装 Java SE8 以及 Java API 文档,编译并运行例 1-1。
7. 编写一个 Java 程序,在屏幕上输出"欢迎学习 Java 语言!"的字符串。

第2章

面向对象程序设计基本概念

面向对象方法是 20 世纪计算机技术发展的重要成果，也是 21 世纪信息技术领域重要理论之一。Java 语言是一种面向对象的程序设计语言，它支持并严格遵守面向对象的方法论，被称为是最纯洁的面向对象语言。深入理解面向对象程序设计的基本理论，是掌握并利用 Java 的面向对象特性很好解决实际问题的基础。因此，本章将从面向对象基本概念入手，对面向对象数据抽象、封装、继承与多态等基本特征进行系统论述，并介绍对象的生命周期与面向对象的程序设计方法。

2.1 面向对象程序设计方法概述

2.1.1 面向对象问题求解的基本思想

所有的程序设计语言都基于一种抽象机制进行问题求解。汇编语言是对底层机器的轻度抽象；面向过程的高级语言如 FORTRAN、BASIC 和 C 是对汇编语言的抽象。虽然这些高级语言比汇编语言有了很大进步，但仍然要求程序员以机器世界中的数据结构去想象现实世界中的问题，建立机器世界的问题模型，并将“机器空间”与“问题空间”进行关联与映射。而机器世界的问题模型与现实世界问题本质存在的结构有很大差异，因此这两种不同结构空间的映射往往是很复杂的，导致程序编写与维护都存在很大难度，迫使人们专门研究程序方法学来解决这些问题。

在某些程序设计语言中，人们也试图通过建立现实世界中的问题模型对问题进行求解。早期的语言如 LISP 和 APL 就选取了现实世界的不同视图。LISP 将所有问题都归结为列表，而 APL 则将问题都归结为算法，PROLOG 将所有问题都表达为决策链。这些语言对于它们所适用的问题领域是有效的，但在特定问题之外却表现出了很大的局限性。

面向对象方法在基于问题的求解方法上前进了一大步。它向程序员提供了通用的方法和工具来表达现实世界中的各种问题。表示客观存在并可区分的实体——“对象”的概念是现实世界很普通的概念。在面向对象方法中，以“对象”的概念作为建立“问题空间”与“机器空间”模型的基本元素，即人们基于现实世界中对象以及对象之间的关联建立问题空间的问题模型，在程序中建立对象并通过对象之间的互操作机制建立了机器世界问题模型，从而使问题得以解决。因此，面向对象的问题求解方法中，通过在机器世界中引入现实世界中的对象概念，使得问题的“问题模型”与“机器模型”能够具有统一的表达。程序员可以根据面向对象的“问题模型”，能够容易地、完整地得到问题的面向对象“机器模型”，从而使程序易于编写并且易于维护。

2.1.2 面向对象程序设计方法的内涵

Alan Kay 总结提出了 Smalltalk 的 5 个基本特征。Smalltalk 被认为是第一种成功的面向对象语言，也是 Java 语言的基础。通过这些特征，读者可以深入理解纯粹的面向对象程序设计方法的内涵，如下所述。

- 程序中所有事物都是对象。可以将对象想象成一种新类型的变量，它保存着数据，对外提供服务，对自己的数据进行操作。
- 程序是一系列对象的组合。对象之间通过消息传递机制组合起来，相互调用彼此的方法，实现程序的复杂功能。
- 每个对象都有自己的存储空间，可以容纳其他对象。利用封装机制，可以以现有对象为基础构造出新的对象。因此，虽然对象的概念很简单，但程序中可以实现任意复杂度的对象。
- 每个对象都有一种类型。每个对象都是某个类的一个实例，其中类(class)是类型(type)的同义词。类最主要的特征是对外接口。
- 同一类型的所有对象都能够接收相同的消息。子类与父类具有“同一类型”。例如类型为 Circle 的对象与类型为 Shape 的对象是同类对象，所以 Circle 对象可以接收 Shape 对象的消息。这意味着，在程序中可以统一操纵 Shape 类体系(包括 Shape 及其所有子类)，这就是面向对象程序语言中的多态性。

上述对 Smalltalk 基本特征的分析，实际上指出了面向对象方法的核心概念：对象、数据抽象、封装、继承和多态。

下面进一步对建立“问题模型”与“机器模型”中涉及的对象等核心概念进行论述，最后论述面向对象的问题求解的具体方法。

2.2 对象与类

2.2.1 对象的含义与结构

对象是面向对象方法中的核心概念，也是理解面向对象技术的关键。人们对于对象并不陌生。在我们的周围存在着许多对象，如电视机、自行车等。现实世界的对象具有两个特征：状态与行为。面向对象程序设计语言中的对象是以现实世界的对象为模型构造的，也具有状态与行为，其中状态保存在一组变量中，而对象的行为通过方法实现。因此对象是由变量和相关方法组成的软件体。可以用软件对象(对象)表示现实世界中的对象，也可以表达抽象的概念。

每个对象都有自己专用的内部变量，这些变量的值表示了对象的状态，例如每辆自行车都具有轮子数目、齿轮数目、踏板节奏与当前挡。当对象经过某种操作和行为改变状态时，对应的变量值也要改变。通过检查对象变量的值，就可以了解对象的状态。行为又称为对象的操作。操作的作用是设置或改变对象的状态。例如自行车具有刹车、加速、减速、换挡等操作，这些操作将改变自行车的踏板节奏与当前挡等变量的值。

对象的结构与状态和行为之间的关系如图 2-1 所示。对象的方法一方面把对象的内部变量包裹、保护起来，使得只有对象自己的方法才能操作这些内部变量；另一方面，对象的方法还是对象与外部环境和其他对象交互、通信的接口，外界对象通过这些接口驱动对象执行指定的行为，提供相应的服务。

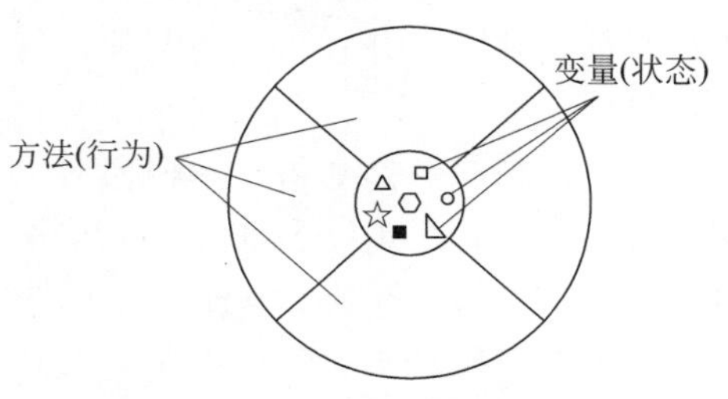

图 2-1　对象的结构示意图

因此，在面向对象方法中，对象是现实世界实体或概念在计算机世界中的抽象表示，是具有唯一对象名、固定对外接口的一组变量/属性和方法的集合，是用来模拟组成或影响现实世界问题的一个或一组因素。其中：

- 对象名是对象区别于其他对象的标志。
- 对象对外接口是对象与外界通信的通道。
- 对象的变量/属性表示它所处的状态。
- 对象的操作用来实现对象的特定行为或功能，并改变对象的状态。

对象是集数据和对数据操作的独立的自包含的逻辑单位。面向对象的问题求解思想，就是从实际问题中抽象出各种对象，通过定义对象变量和操作来表达它们的特征和功能，通过定义接口来描述它们与其他对象之间的关系，最终形成广泛联系的、可扩充的、反映问题本质结构的动态对象模型。

2.2.2　对象之间的互操作

单个对象能够实现的功能是有限的。应用程序往往包含很多对象，通过这些对象之间的相互作用，程序可以实现更高级、更复杂的功能。自行车在生产中，只是合金和橡胶的组合体，不能产生任何行为，只有人(另一个对象)踩着踏板骑上它，才能发挥它的作用。对象之间是通过发送消息进行交互和通信的。当对象 A 需要对象 B 执行其某个方法时，A 向 B 发送一个消息。同时，为了能够让 B 精确完成指定的动作，需要将一些细节信息作为消息参数一起发往对象 B。因此一个消息由 3 部分构成(如图 2-2 所示)，包括消息所属的对象、消息名称和消息所需要的参数。

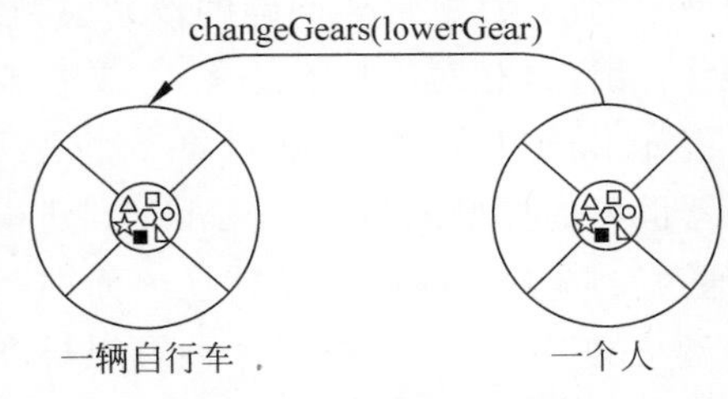

图 2-2　对象间的消息通信机制

基于消息机制实现对象的互操作主要有如下两点好处。

- 因为一个对象的行为是以方法表达的，消息传递机制可以支持对象间所有可能的互操作。
- 通过消息传递机制不要求互操作的对象在同一个进程甚至在同一台机器上。因此，这种对象互操作机制也是分布式对象互操作的基础。

2.2.3　类的概念

现实世界中的所有对象都归属于某种对象类型。同一类型的对象具有共同的特征与行为。例如，很多人都有自行车，你的自行车就是“自行车”这类交通工具中的一个实例。自行车都有相同的状态，例如两个轮子、脚踏板速度等，也有共同的行为，如刹车等。每辆自行车的状态都是独立的并且可能与其他自行车的状态不同。对象类型就是同种类型对象的集合与抽象。

对象类型的概念在第一个面向对象语言 Simula-67 中得到直接运用。因为对象类型在英语中称为 Class of Objects，所以采用 class——“类”这个关键字进行对象类型的定义。使用 class 定义的类在程序中称为一种抽象数据类型，它是面向对象程序设计语言的基本概念。一个类在定义后，就可以像使用其他数据类型一样，声明该类的变量并创建该变量所指向的对象，然后通过该变量调用对象的方法实现对对象的操作。

对象在创建时，是以所属的类为模板的。所以在面向对象程序语言中，类是一种模板或原型，它定义了某种类型所有对象都具有的变量和方法。类的结构如图 2-3 所示。

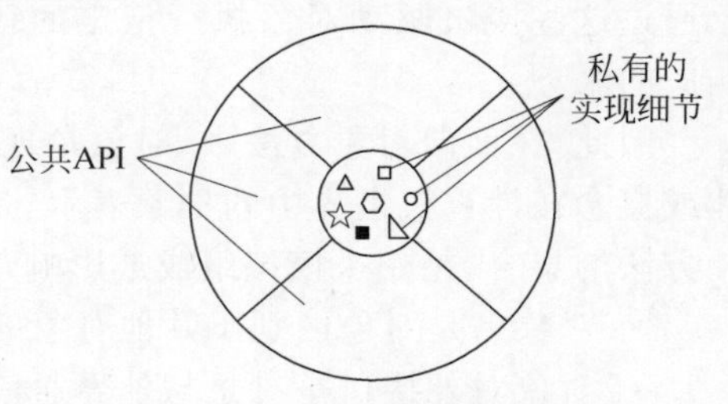

图 2-3　类的结构

2.2.4　基于类与对象的面向对象问题求解方法

面向对象方法与其他方法相比不同之处是：在建立问题的现实世界模型与机器世界模型中，使用了相通的概念——对象，使得机器世界的面向对象模型非常贴近于现实世界中问题的存在形态（现实世界模型），从而本质上大大简化了两种模型之间的映射。因此面向对象的问题求解方法具有简单、有效、易实现、易维护等特点。

在面向对象的问题求解方法中，为了更准确地建立复杂问题的面向对象机器模型，在现实世界与机器世界之间引入了概念世界，如图 2-4 所示。首先对现实世界的问题域进行语义抽象，从各类对象中抽象出对象类型，并得到对象类型之间的关联，形成问题的概念模型。接下来，进行概念模型到机器（程序）模型的转换。转换的过程是相对简单的过程，主要将概念模型中的对象类型转换为某种面向对象程序设计语言如 Java 中的类，并把对象类型之间的关系转换为类之间的包含、继承等关系，从而得到机器世界的模型。目前常用 UML 建模语言描述概念模型，而概念模型到机器模型的转换可通过支持工具进行自动转换。面向对象问题求解方法中，通过引入概念世界，使机器模型的建立更加准确、简单。这种思想早在数据库系统的设计中已经得到成功的应用。

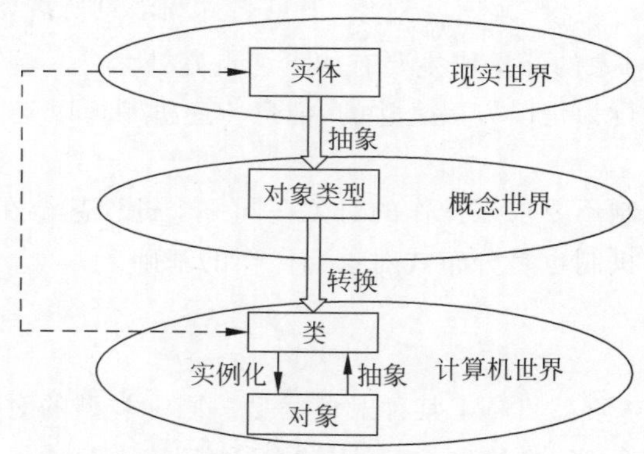

图 2-4　面向对象的问题求解方法

面向对象方法最终得到的机器模型，是由计算机能够理解和处理的类构成的。将类实例化就得到了现实世界实体的面向对象的映射——对象，在程序中对对象进行操作，就可以模拟现实世界中的实体及实体之间相互作用，解决由这些实体构成的现实世界中的问题。

面向对象技术的基本设计思想就是要让计算机逻辑来模拟现实世界的客观存在，即让计算机世界向现实世界靠拢。这一点与传统的程序设计中把现实世界中的问题抽象成计算机可以理解和处理的数据结构的思路，即使现实世界向计算机世界靠拢的思路是完全不同的。面向对象技术提出的这种新的解决问题的思路，使得我们可以用更接近于人类自然思维模式和更接近于现实问题本来面目的方法来设计解题模型。这使得应用程序易于设计、维护和扩充，避免了面向过程的问题求解方法所面临的多种问题。

2.3 封装与数据隐藏

图 2-3 表明了对象的一般性结构。“公共 API”是指对象的对外接口，由对象的方法构成，其他对象通过这些接口向对象发消息，请求对象的服务。在这种对象结构中，对象的变量与实现构成了对象的内核，对象的方法包裹着对象的内核，使对象的内核能够对程序中其他对象隐藏。使用对象的方法将对象的变量与实现保护起来，就称为封装。外界只能通过对象的接口(方法)访问对象的服务，而对对象其他成员都无法访问，因此对象的用户可以把对象看作是提供服务的“黑盒子”。只要对象对外的接口不变，就可以保证在增加或减少对象的变量和方法时，使用对象服务的程序不变。

从封装的定义可以认识到，对象中的数据封装同时也实现了对象的数据隐藏。对象的这种结构可以称为是对象的理想结构，也是面向对象系统的设计人员努力追求的。但在实际系统中并非如此，对象可能需要暴露一些变量或隐藏它的一些方法。数据隐藏是通过对象成员的访问控制实现的。在 Java 语言中提供了 4 种不同层次的访问控制，即 public、protected、default 和 private，从而实现了对象 4 种不同程度的数据隐藏。

通过封装和数据隐藏机制，将一个对象相关的变量和方法封装为一个独立的软件体，封装虽然简单但却具有如下重要意义。

1. 模块化

这使得对象的代码能够形成独立的整体，单独进行实现与维护，并使对象能够在系统内方便地进行传递。

2. 保证对象数据的一致性并易于维护

对象有一个公共接口，其他对象可以利用这个接口与该对象进行通信。对象的变量和实现通过对象的接口进行封装，实现了隐藏。这使得对象的私有信息被有效保护起来，防止外界对对象私有信息的修改，保证了信息的一致性。另外，开发者可以随时改变对象的私有数据和方法，而不会影响到调用对象接口的其他程序。

2.4 继　　承

现实世界中对象之间主要存在 3 种关系：包含、关联和继承。

当对象 A 是对象 B 的一个组成部分时，称对象 B 包含对象 A。例如，每个汽车中都包含一个发动机。在程序中汽车对象与发动机对象之间就是包含关系,或称为 has-a,例如 a car has a engine。被包含对象将被保存在包含它的对象的内部,例如发动机对象被保存在汽车对象的内部,作为汽车对象的一个组成部分。像这样利用一个已有对象构造另一个对象,在面向对象程序语言中称为合成(composition),是代码重用的一种重要方式。

当对象 A 中需要保存对象 B 的一个引用而不是对象 B 本身时,称对象 A 和对象 B 之间是关联关系。此时表示对象 B 表达对象 A 的某种属性,但不是对象 A 的一个组成部分。例如汽车与汽车制造厂家之间就是一种关联关系。在汽车对象中有一个引用指向内存汽车对象之外的另一个对象——汽车制造厂家。

当对象 A 是对象 B 的特例时,称对象 A 继承了对象 B。例如山地车是自行车的一种特例,赛车也是自行车的一种特例。则程序中山地车对象与赛车对象都将继承自行车对象。

对象的上述 3 种关系中,继承关系是其中最重要的一种。它是面向对象程序设计语言的主要特征之一,也是面向对象的多态性的基础。下面重点介绍面向对象程序设计语言中继承的含义与作用。

如果一个类 A 是另一个类 B 的特例,或类 A 和类 B 之间存在 is-a 关系,则类 A 称为类 B 的子类,而类 B 称为类 A 的父类,例如山地车与自行车,可以说"山地车是一种自行车",则山地车、赛车等都是自行车的子类,它们之间的关系如图 2-5 所示。因此在测试类之间是否存在父子类关系时,可以通过体会 a A is a B 是否符合语义或事实来判断。

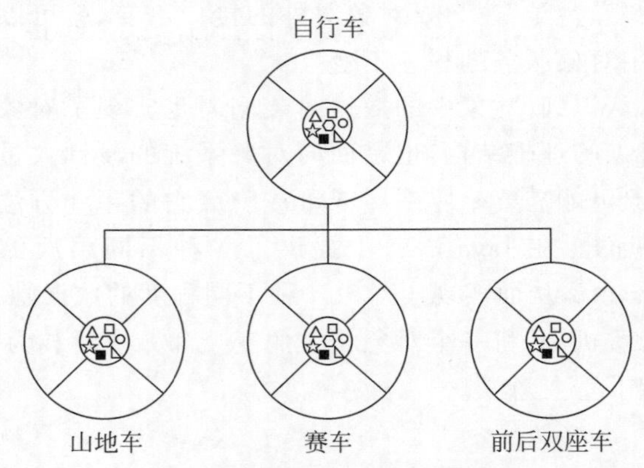

图 2-5 类之间的继承关系

父子类之间具有继承关系,子类可以以父类为基础进行定义。即每个子类都继承了其父类的状态(变量)和行为(方法),子类重用了父类中的这部分代码。而更重要的是子类继承并具有父类的接口,使得发送给父类对象的消息可以同样发送给子类的对象,子类对象可以作为父类对象使用。因为我们一般由类能够接收的消息来了解一个类的类型,所以这意味着子类与父类具有"相同的"类型。这种通过类之间继承关系而得到的这种类型的等价性,是理解面向对象程序设计含义的关键之一。

子类与父类的差异主要体现在两个方面:一方面,子类往往对父类进行了扩充,增加了新的变量和方法,所以在 Java 中继承关系的定义采用 extends 关键字;另一方面,也是更重要的一方面,是子类可以改变从父类继承而来的方法,这称为方法的重写(overriding)。重写意味着子类使用与父类相同的接口,但实现不同的行为。

2.5 多 态

2.5.1 多态的含义

面向对象的多态特征,简而言之就是"对外一个接口,内部多种实现"。面向对象程序设计语言支持两种形式的多态:运行时多态和编译时多态。编译时多态主要是通过重载(overloading)技术实现的,即在一个类中相同的方法名可用来定义多种不同的方法。运行时多态是在面向对象的继承性的基础上建立的,是运行时动态产生的多态性,是面向对象的重要特性之一,也是比较难以理解的特性。下面主要对运行时多态的概念进行介绍,文中运行时多态将简称多态。

在上文中介绍类之间的继承关系时,我们曾提到:子类与父类具有类型的"等价性",子类对象可以作为父类对象看待。这种把子类当作父类处理的过程叫作上塑造型(upcasting)。因为在类的继承体系图中,一般是子类在父类的下面,根类在继承类体系的顶部,如图 2-6 所示,所以上溯造型的含义是子类沿着类继承体系向上,将其类型塑造为父类类型。

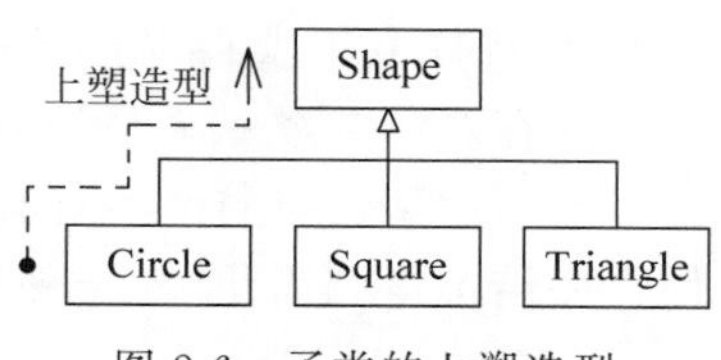

图 2-6 子类的上溯造型

在图 2-6 所示的例子中,Circle、Square 和 Triangle 都是 Shape 的子类,它们都可以通过上溯造型使其类型对外呈现出其父类 Shape 类型。

上溯造型技术是面向对象程序实现多态的关键技术之一。由于子类的对象可以作为父类的对象使用,使得我们对整个类的体系中的所有类采取一致的接口(顶层父类或基础类的接口)进行访问。这意味着对一个类体系中对象的访问,只需编写单一的代码。这些代码将不涉及类体系中各个子类的信息,只调用基础类的接口。而当程序运行时,会根据运行时刻基础类对象的具体类型(子类类型)调用该子类对象中相应的接口实现。由于一个基础类可能有很多子类,上述模式体现了"对外一个接口,内部多种实现"的特点,因此称为多态。

下面通过一个例子对多态概念进一步理解。以图 2-6 中几何形状体系为例,假设用 Java 编写了如下的方法 doStuff():

```
void doStuff(Shape s) {
    s.erase();
    …
    s.draw();
}
```

在 Java 程序的其他代码中,可以对 doStuff()方法进行如下调用:

```
…
Circle c = new Circle();
Triangle t = new Triangle();
Squre s = new Squre();
doStuff(c);
doStuff(t);
doStuff(s);
…
```

doStuff()方法的参数是几何形状类体系中的基础类 Shape,所以 doStuff()能够处理 Shape 类及其所有子类的对象。因此上述程序会正常运行,创建了一个圆、一个三角形和一个正方形,并通过调用 doStuff()方法将这 3 种图形显示出来。

在 doStuff()方法中对 Shape 及其子类的多种对象的处理,只是简单地调用 Shape 类的方法,没有对传递进来的对象变量的具体类型进行判断,然后根据判定的结果调用具体子类的方法。并且,当需要对 Shape 类及其所有子类的对象进行处理时,都是以各具体对象为参数调用 doStuff()方法。因此可以看出,利用多态机制进行程序设计具有以下优点:

1. 使程序具有良好的可扩展性

对于一个类体系可以动态增加新的类型或减少类型,已经存在的访问这个类体系对象的代码依然可以正常工作。例如,可以派生 Shape 类的新子类如直线 Line,则上述 doStuff()方法也可以对 Line 对象进行处理,即如果有 Line 类型的对象 l,则 doStuff(l)仍能正确运行。

2. 使程序易于编写,易于维护,并且易于理解

因为在对具有继承关系的一组类进行处理时,只要根据这组类中的基础类接口编写一个方法就可以了,不用针对不同的子类专门编写代码。因此将简化程序的编写并易于维护,也使程序结构得到简化,易于理解。

2.5.2 晚联编

多态机制使得程序可以只向类继承体系的基础类发消息,却可以在运行时得到恰当子类所提供的服务。例如在上述 doStuff()方法的代码体中,没有代码对 Shape 的不同类型子类进行区分并相应做不同处理,却能够保证实现的操作是完全正确和恰当的。这表明实际上调用 Circle 对象的 draw()方法与调用 Square 或 Triangle 对象的 draw()方法时所执行的代码是不同的。我们知道,在 Java 语言编译器编译 doStuff()方法时,无法确定要操作的准确对象类型,它只可以确定要为 Shape 类型的对象调用 erase()和 draw()方法,但在程序运行时,却可以正确地调用 Circle、Square 或 Triangle 对象的相应方法,这是如何实现的呢?

面向对象的程序设计语言实现多态的技术是动态绑定或晚联编(late binding)技术。与晚联编相对的是非面向对象语言编译器所采用的早联编(early binding)方式。早联编方式中由编译器产生对一个特定函数名称的调用,由连接器把该方法调用解析为该方法所对应代码的绝对地址。面向对象语言因为程序直到代码运行时才能确定代码的地址,所以早联编方式是不适用的,因而要采用晚联编方式。在晚联编方式中,当向一个对象发消息时,所调用的代码直到运行时刻才确定。语言的编译器可以保证该方法存在并且执行参数与返回结果的类型检查,但却不知道要执行的准确代码。在运行时刻,Java 运行系统根据对象变量当时所指向对象的实际类型,调用该对象的相应方法。

C++语言为了提高程序运行效率,方法默认是不采用晚联编的,必须对采用晚联编的方法用 virtual 关键字显式说明。而在 Java 语言中,晚联编是默认的方式,因此为了实现多态不需要在方法说明中增加任何关键字。

2.6 基于服务的面向对象程序设计思想

应用面向对象概念进行成功的程序设计并不是轻而易举的事情。尤其是初学者往往觉得无从下手,不知程序中需要建立哪些类型的对象,如何确定对象的对外接口,不能建立恰当的对象模型。本节以 Bruce Eckel 提出的一种基于服务的面向对象程序设计思想为基础，介绍一种如何针对问题得到程序中对象模型的思想。

我们设计的程序最终要为用户提供某些服务，而这些服务在面向对象的程序中是通过使用各个对象提供的服务实现的，所以在开始一个程序的设计时，可以把对象看成是某种服务的提供者。面向对象程序设计的目的，就是要定义或重用能够提供解决问题所需服务的一系列对象。实现这一目的的主要方法是将程序要实现的服务逐步分解，最后将得到一组能够提供各种服务的对象。

程序提供的服务可以被分为几种相关的子服务，每种子服务可以对应一种对象。其中某些子服务可能找到提供服务的相关对象，而另外一些服务可能比较复杂，不能通过简单地定义一个对象解决问题，这就需要进一步分析。此时需要确定：提供所需要服务的对象的结构是怎样的？它们需要准确提供哪些服务？为实现这些服务又需要什么对象？这样的过程需要一直进行，直到对于所有的服务都能够直接定义提供这些服务的对象或定位到某种已存在的对象。

例如，要开发一个图书记账程序。经过初步分析可以确定需要一些对象提供如下服务：图书账目输入服务，图书账目计算服务，利用多种打印机进行支票与发票的打印等。对于图书账目输入服务和图书账目计算服务都是比较单纯的服务，可以分别定义两个对象提供上述服务。而对于打印服务就不是那么简单了。如果由一个对象提供这些打印服务，则该对象将很复杂，不易设计实现。通过对打印服务的分析，可以得到如下的分解结果：由一个对象专门管理并提供支票与发票的各种布局信息；由一个对象提供通用打印服务，它能驱动各种打印机；另外再设计一个对象利用前两个对象的服务完成支票与发票的打印任务。最后的设计结果如图 2-7 所示。

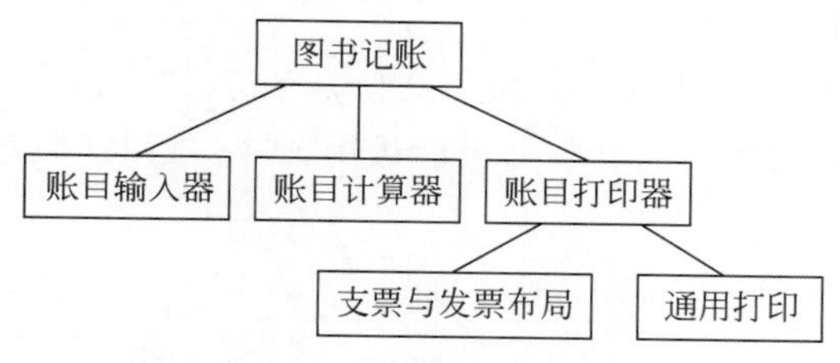

图 2-7 图书记账程序对象模型

注意：在面向对象的程序设计中，应该努力使每个对象的服务单一化，而不要使一个对象提供太多的服务。

2.7 面向对象程序设计的优势

本节将在上述面向对象程序设计基本概念的基础上，进一步具体总结这种方法与传统的程序设计方法相比的优势。面向对象程序设计方法的主要优势是具有更好的可重用性、可扩展性、可管理与维护性。

面向对象程序设计语言的最大优势之一是代码重用。代码重用对于软件的开发具有重要意义，主要体现在如下几点。

- 由于使用大量可重用的类库，提高了开发效率，缩短了开发周期，降低了开发成本。

- 由于采用了已经被证明为正确、有效的类库，提高了程序代码的可靠性，减少了程序的维护工作量。
- 提高了程序的标准化程度。

在面向对象程序设计中，可重用的代码是类和对象。面向对象中的数据抽象、封装、继承、多态等特征都围绕和体现了代码重用的思想。其中数据抽象的特点使得类能够抓住事物的本质特征，因而具有普遍性；封装使得类能够建立并保护内部数据，保证对象的独立性并保证对象可以工作在不同的环境中；继承使得一个类可以利用已经存在的类进行定义，重用该类中已有的代码。多态提供了程序的抽象程度，使得一个类在使用其他类的服务时，不必了解类的内部细节，只需明确它所提供的对外接口，这种机制为类的重用和类间的相互调用、合作提供了有利条件。因此，面向对象方法的主要特征和以对象为核心的内涵实质，保证类和对象成为软件开发中十分重要的可重用的模块，对各种软件的开发发挥重要作用。

面向对象的封装、继承和多态使得程序可以对一个类的内部变量和方法进行修改或增加新的变量和方法，可以按照需要派生新的子类，但仍可以保证调用这些类接口的程序不做改动，从而使程序具有很强的可扩展性与易维护性。而面向对象的数据抽象与封装，使程序具有模块化特性，这简化了程序中代码之间的关联，使程序更易于管理和控制。

2.8 小 结

数据抽象、封装、继承与多态被认为是面向对象程序设计的 4 个基本特征。这些特征使得面向对象程序设计方法与传统程序设计方法相比，具有更好的可重用性、可扩展性、可管理与维护性，满足了现代软件开发规模扩大、复杂性增加和标准化程度日益提高的要求，成为目前主流的软件开发技术。

Java 语言中对面向对象的基本特征都有很好的支持，并且面向对象特征是 Java 语言的核心，因此对 Java 面向对象特征的理解与灵活运用，是学习和掌握好 Java 语言的关键。

习 题 2

1. 什么是对象？什么是类？什么是实体？它们之间的相互关系是怎样的？试举例说明。
2. 什么是对象的状态与行为？设有对象“学生”，试给出这个对象的状态和行为。
3. 什么是封装数据与隐藏？
4. 什么是上溯造型？什么是晚联编？多态的含义是什么？
5. 怎样理解面向对象程序设计方法的内涵？
6. 面向对象程序设计有哪些优点？

第3章

视频讲解

Java语言基础

本章将对Java语言的基本语法成分进行介绍，包括标识符、数据类型、表达式、语句、程序流控制与数组等。

3.1 标识符与数据类型

3.1.1 Java基本语法

1. 语句与语句块

Java中是以"；"为语句的分隔符。一个语句可写在连续的若干行内。例如下面的两个语句是等价的：

```
x = a + b + c + d + e;
x = a + b+
      d + e;
```

一对大括号"{"和"}"包含的一系列语句称为语句块。语句块可以嵌套，即语句块中可以嵌套子语句块。

Java源程序中允许在变量、标识符、表达式、语句等代码元素之间出现任意数量的空白。空格、Tab键和换行符都是空白。在程序中适当使用空白可以使程序层次清晰，增加程序的可读性。

2. 注释

程序中适当加入注释，会增加程序的可读性。程序中允许加空白的地方就可以写注释，编译器将忽略所有注释。

Java中有如下3种注释。

(1) //：注释一行。表示从//开始到行尾都是注释文字。

(2) /*　　　*/：注释一行或多行。表示/*和*/之间的所有内容都是注释。

(3) /**　　　*/：文档注释。表示在/**和*/之间的文本，将自动包含在用javadoc命令生成的HTML格式的文档中。javadoc是JDK中API文档生成器。该工具解析一组Java源文件中的声明与文档注释，生成一组HTML页面描述这些源程序中定义的类、内部类、接口、构造方法、方法与属性。JDK的API文档就是用javadoc工具生成的。

3.1.2 标识符

1. 标识符的定义规则

在 Java 语言中,采用标识符对变量、类和方法进行命名。对标识符的定义需要遵守以下规则。

- 标识符是以字母,"_"(下画线),或"$"开始的一个字符序列。
- 数字不能作为标识符的第一个字符。
- 标识符不能是 Java 语言的关键字,但可用关键字作为标识符的一部分。
- 标识符大小写敏感,且长度没有限定。

例如,username、user_name、_sys_var、$change、thisOne 均是合法的标识符。

Java 不采用通常计算机系统采用的 ASCII 代码集,而是采用 Unicode 这样一个国际标准字符集。在这种字符集中,每个字母用 16 位表示,整个字符集中共包含 65536 个字符。其中,ASCII 代码集中的字符如英文字母 A～Z、a～z 和数字 0～9 在 Unicode 字符集中还是用十六进制的 0x0041～0x005a、0x0061～0x007a 和 0x30～0x39 来表示,以表示对 ASCII 码的兼容。另外,Unicode 字符集涵盖了像汉字、日文、朝鲜文、德文、希腊文等多国语言中的符号。这样,Java 中的"字母"和"数字"这两个术语涵盖的范围要广得多。其中,字母被定义成 A～Z、a～z 或国际语言中相当于一个字母的任何 Unicode 字符。

一般情况下,标识符中使用的字母包括下面几种。

(1) A～Z。

(2) a～z。

(3) Unicode 字符集中序号大于等于 0x00c0 的所有国际语言中相当于一个字母的任何 Unicode 字符。

为了准确起见,可以使用 Character 类中的 isJavaIdentifierStart(char ch)方法和 isJavaIdentifierPart(char ch)方法测试参数变量 ch 中的 Unicode 字符是否可以作为标识符的开始字符或后续字符。

2. 标识符风格约定

(1) 对于变量名和方法名,_和 $ 不作为标识符的第一个字符,因为这两个字符对于内部类具有特殊含义。

(2) 类名、接口名、变量名和方法名采用大小写混合的形式,即每个单词的首字母大写,其余小写。但变量名和方法名第一个单词的首字母小写,例如 anyVariableWord。而类名和接口名第一个单词的首字母大写,例如 HelloWorld。

(3) 常量名完全大写,并且用下画线_作为标识符中各个单词的分隔符,例如 MAXIMUM_SIZE。

(4) 方法名应该使用动词,类名与接口名应该使用名词。例如:

```
class Account                       //类名
interface AccountBook               //接口名
balanceAccount()                    //方法名
```

(5) 变量名应该能够表示一定的含义,因此应尽量不使用单个字符作为变量名。但临时性变量如循环控制变量可以采用 i、j、k 等。

3.1.3　关键字

在表 3-1 中列出了 Java 的关键字，这些单词是 Java 语言的保留字。Java 编译器在词法扫描时，需要区分关键字和一般的标识符，因此，用户自定义的标识符不能与这些关键字重名，否则会产生编译错误。另外，true、false 和 null 虽然不是关键字，但也被 Java 保留，同样不能用来定义标识符。

表 3-1　Java 语言的关键字

abstract	continue	for	new	switch
assert	default	goto	package	synchronized
boolean	do	if	private	this
break	double	implements	protected	throw
byte	else	import	public	throws
case	enum	instanceof	return	transient
catch	extends	int	short	try
char	final	interface	static	void
class	finally	long	strictfp	volatile
const	float	native	super	while

3.1.4　基本数据类型

Java 语言定义了 4 类共 8 种基本类型。

- 逻辑型：boolean。
- 文本型：char。
- 整型：byte、short、int 和 long。
- 浮点型：double 和 float。

1. 逻辑型——boolean

boolean 类型数据有两种取值 true 和 false，在机器中只占 1 位。boolean 型变量的默认初始值为 false。例如：

```
boolean truth = true;                //定义 truth 为 boolean 类型,且初始值为 true
```

注意：与其他高级语言不同，Java 中的布尔值和数字之间不能来回转换，即 false 和 true 不对应于任何零或非零的整数值。

2. 文字型——char 和 String

char 是文字型的基本数据类型，而 String 是类不是基本类型，但很常用，所以在此一并介绍。

1) char

char 是一个 16 位的 Unicode(国际码)字符，用单引号引上。例如：

```
char mychar = 'Q';                   //mychar 变量的初值被置为 Q 字符对应的 16 位 Unicode 值
```

字符型变量的默认初始值是\u0000。

Unicode 字符集可以支持各类文字的字符,总数达 34168 个字符。通过将国际标准的 Unicode 字符集作为字符变量的取值范围,使 Java 能极为方便地处理各种语言,例如可以将汉字作为字符型变量的值,这为程序的国际化提供了方便。

一些控制字符不能直接显示,Java 与 C/C++一样,利用转义序列来表示这些字符。还有一种直接以八进制或十六进制代表字符值的表示方法,在反斜杠后跟 3 位八进制数字或在反斜杠后跟 u,后面再跟 4 位十六进制数字都可代表一个字符常量,如“\141”和“\u0061”都代表字符常量“a”。表 3-2 是 Java 中的转义字符。

表 3-2 Java 中的转义字符序列

转义字符	描　述	转义字符	描　述
\ddd	1～3 位八进制数所表示的字符	\r	回车
\uxxxx	1～4 位十六进制数所表示的字符	\n	换行
\'	单引号字符	\f	走纸换页
\"	双引号字符	\b	退格
\\	反斜杠字符	\t	水平制表(Tab 键)

一般情况下,char 类型的十六进制 Unicode 编码值可自动转换成等值的 int 类型值,并可与 int 类型数值进行运算。而 int 类型到 char 类型需要通过强制类型转换,如例 3-1 所示。

例 3-1　char 类型的值到 int 类型的转换。

```
public class CharToInt{
    public static void main(String args[ ]){
        int intResult, intVar = 10;
        char charVar = '语';
        intResult = intVar + charVar;
        System.out.println("The char is :  " + charVar);
        System.out.println("The char's Unicode is :  \\u" + Integer.toHexString(charVar));
        System.out.println ("The int value corresponding to the char is :  "
                        + new Integer(charVar).toString());
        System.out.println("Int " + intVar + " adds the char, the result is :  " + intResult);
    }
}
```

例 3-1 中,字符变量 charVar 的值是“语”字。程序中输出了该字符的 Unicode 值以及 Unicode 对应的十进制数值,并打印输出了 charVar 与一个 int 型变量做加法运算后的值。例 3-1 的运行结果如图 3-1 所示。

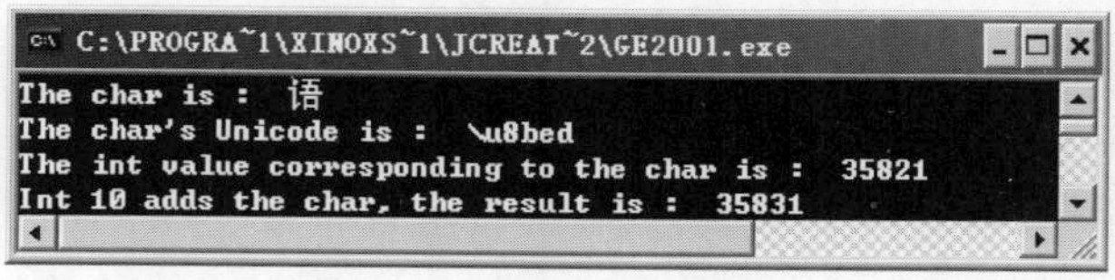

```
C:\PROGRA~1\XINOXS~1\JCREAT~2\GE2001.exe
The char is :  语
The char's Unicode is :  \u8bed
The int value corresponding to the char is :  35821
Int 10 adds the char, the result is :  35831
```

图 3-1　例 3-1 的运行结果

2）String

String 不是基本类型而是一个类。字符串在 Java 中是对象，在 Java 中有两个类可以表达字符串：String 和 StringBuffer。一个 String 的对象表示一个字符串，字符串要放在双引号("")中。字符串中的字符也是 Unicode。与 C 和 C++不同，Java 中的字符串不以'\0'为结束符。例如：

```
//声明了两个字符串变量并初始化
String greeting = "good morning! \n";
String anotherGreeting = "How are you?";
```

注意：String 对象表示的字符串是不能修改的。如果需要对字符串修改，应该使用 StringBuffer 类。

3. 整数类型：byte，short，int 和 long

Java 提供了 4 种整数类型：byte、short、int 和 long。由于 char 类型的值可以转换为 int 型，所以表 3-3 将这 4 种类型和 char 类型的长度与取值范围一起列出。

表 3-3　Java 整数类型和 char 类型长度与取值范围

类　型	长　度	取 值 范 围
byte	8 位	$-2^7 \sim 2^7-1$，即 $-128 \sim 127$
short	16 位	$-2^{15} \sim 2^{15}-1$，即 $-32\ 768 \sim 32\ 767$
int	32 位	$-2^{31} \sim 2^{31}-1$，即 $-2\ 147\ 483\ 648 \sim 2\ 147\ 483\ 647$
long	64 位	$-2^{63} \sim 2^{63}-1$，即 $-9\ 223\ 372\ 036\ 854\ 775\ 808 \sim 9\ 223\ 372\ 036\ 854\ 775\ 807$
char	16 位	'\u0000' ～ '\uffff'，即 0～65 535

注意：Java 中所有的整数类型都是有符号的整数类型，Java 没有无符号整数类型。

所有整型变量的默认初始值为 0。

int 类型是最常使用的一种整数类型。它所表示的数据范围足够大，而且适合于 32 位和 64 位处理器。但对于大型计算，常会遇到很大的整数，超出 int 类型所表示的范围，这时要使用 long 类型。

由于不同的机器对于多字节数据的存储方式不同，可能是从低字节向高字节存储，也可能是从高字节向低字节存储，这样，在分析网络协议或文件格式时，为了解决不同机器上的字节存储顺序问题，用 byte 类型来表示数据是比较合适的。而通常情况下，由于其表示的数据范围很小，容易造成溢出，因此要尽量少使用。

如果一个数超出了计算机的表达范围，称为溢出；如果超出最大值，称为上溢；如果超过最小值，称为下溢。将一个整型类型数的最大值加 1 后，产生上溢而变成了同类型的最小值；最小值减 1 后，产生下溢而变成了同类型的最大值。

整型常量可以有 3 种形式：十进制、八进制和十六进制。八进制整数以 0 为前导，十六进制整数以 0X 或 0x 为前导。整型常量的默认类型是 int。对于 long 型常量，则要在数值后加 L 或 l，建议使用 L，因为小写的 L 看起来与数字 1 很相像。表 3-4 是整型常量示例。

表 3-4　整型常量示例

类　型	十进制	八进制	十六进制
int	24	030	0x18
long	24L	030L	0x18L

4. 浮点型：float 和 double

Java 提供了两种浮点类型：float 和 double，如表 3-5 所示。

表 3-5　Java 浮点类型长度与取值范围

类　型	长　度	取 值 范 围
float	32 位	1.4e－45～3.402 823 5e＋38
double	64 位	4.9e－324～1.797 693 134 862 315 7e＋308

双精度类型 double 比单精度类型 float 具有更高的精度和更大的表示范围，但 float 类型具有速度快、占用内存小的优点。

浮点型变量的默认初值是 0.0。浮点数在运算过程中不会因溢出而导致异常处理。如果出现下溢，则结果为 0.0；如果上溢，则结果为正或负无穷大。此外，如果出现数学上没有定义的值，如 0.0/0.0，则结果将被视为非法数，表示为 NaN(Not-a-Number)。

浮点类型的常量默认是 double 类型。如 3.14 是 double 型，在机器内存中占 64 位。浮点型常量还可以用科学记数法表达，用 E 或 e，如 6.02×10^{23} 可表达为 6.02e23。另外可以用 F 或 f 表示 float 类型的常量，如 6.02e23F；用 D 或 d 表示 double 型的常量，如 2.718D。

下面的例 3-2 说明 Java 基本数据类型的使用，例 3-3 显示了 Java 定义基本数据类型相关的常量值，包括各种类型的最大值、最小值以及浮点型中的无穷大与非法数的定义等。

例 3-2　基本数据类型的声明与赋值。

```
public class Assign {
    public static void main (String args[]) {
        int  x, y;                          //声明整型变量
        float  z = 3.414f ;                 //声明并赋值 float 型变量
        double  w = 3.1415;                 //声明并赋值 double 型变量
        boolean  truth = true;              //声明并赋值 boolean 型变量
        char  c;                            //声明字符变量
        String  str;                        //声明 String 类变量
        String  str1 = "bye";               //声明并赋值 String 类变量
        c = 'A';                            //给字符变量赋值
        str = "Hi out there";               //Java 中所有字符串都作为 String 类的对象实现
                                            //所以可采用这种方式给 String 变量赋值
        x = 6;
        y = 1000;                           //给 int 型变量赋值
        System.out.println("x = " + x);
        System.out.println("y = " + y);
        System.out.println("z = " + z);
        System.out.println("w = " + w);
        System.out.println("truth = " + truth);
```

```
        System.out.println("c = " + c);
        System.out.println("str = " + str);
        System.out.println("str1 = " + str1);
    }
}
```

例 3-2 的运行结果如下：

```
x = 6
y = 1000
z = 3.414
w = 3.1415
truth = true
c = A
str = Hi out there
str1 = bye
```

例 3-3　输出 Java 基本数据类型相关的一些常量。

```
public class SomeConstTest{
    public static void main(String args[]){

        //输出 byte 型的最大值与最小值
        System.out.println("Byte.MAX_VALUE = " + Byte.MAX_VALUE);
        System.out.println("Byte.MIN_VALUE = " + Byte.MIN_VALUE);
        System.out.println();

        //输出 short 型的最大值与最小值
        System.out.println("Short.MAX_VALUE = " + Short.MAX_VALUE);
        System.out.println("Short.MIN_VALUE = " + Short.MIN_VALUE);
        System.out.println();

        //输出 int 型的最大值与最小值
        System.out.println("Integer.MAX_VALUE = " + Integer.MAX_VALUE);
        System.out.println("Integer.MIN_VALUE = " + Integer.MIN_VALUE);
        System.out.println();

        //输出 long 型的最大值与最小值
        System.out.println("Long.MAX_VALUE = " + Long.MAX_VALUE);
        System.out.println("Long.MIN_VALUE = " + Long.MIN_VALUE);
        System.out.println();

        //输出 float 型的最大值与最小值
        System.out.println("Float.MAX_VALUE = " + Float.MAX_VALUE);
        System.out.println("Float.MIN_VALUE = " + Float.MIN_VALUE);
        System.out.println();

        //输出 double 型的最大值与最小值
        System.out.println("Double.MAX_VALUE = " + Double.MAX_VALUE);
        System.out.println("Double.MIN_VALUE = " + Double.MIN_VALUE);
        System.out.println();

        //输出 float 型的正无穷大与负无穷大
```

```
        System.out.println("Float.POSITIVE_INFINITY = " + Float.POSITIVE_INFINITY);
        System.out.println("Float.NEGATIVE_INFINITY = " + Float.NEGATIVE_INFINITY);
        System.out.println();

        //输出 double 型的正无穷大与负无穷大
        System.out.println("Double.POSITIVE_INFINITY = " + Double.POSITIVE_INFINITY);
        System.out.println("Double.NEGATIVE_INFINITY = " + Double.NEGATIVE_INFINITY);
        System.out.println();

        //输出 float 型 0/0
        System.out.println("Float.NaN = " + Float.NaN);
        System.out.println();

        //输出 double 型 0/0
        System.out.println("Double.NaN = " + Double.NaN);
        System.out.println();
    }
}
```

例 3-3 的运行结果如图 3-2 所示。

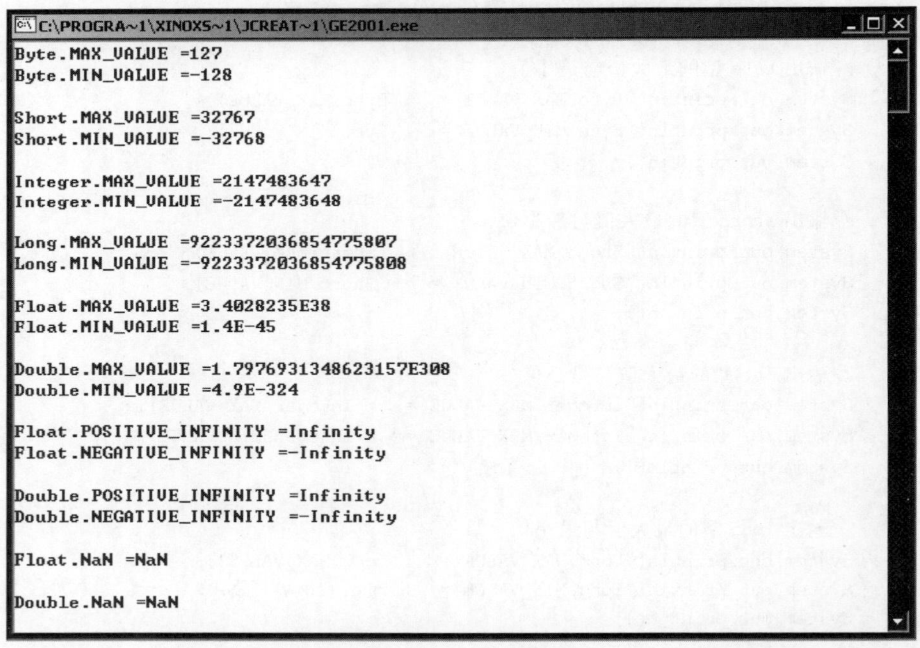

图 3-2　例 3-3 的运行结果

3.1.5　复合数据类型

3.1.4 节介绍的 4 类 8 种基本数据类型，是 Java 的内置类型。在很多应用程序的开发中，仅使用这几种类型是远远不够的。例如，如果要处理日期，则要独立声明 3 个整数，分别代表日、月、年：

```
int  day, month, year ;
```

该语句有个含义：表明 day、month、year 的类型是整数类型，另外还为这些整数分配了存储空间。用这种方式表示日期，虽然容易理解，但存在明显不足。首先如果程序要处理多个日期，则需声明很多变量。例如要保存两个日期，则需如下定义：

```
int  day1, month1, year1;
int  day2, month2, year2;
```

这种方法因使用了多个变量而使程序显得混乱，并且容易出错。另外，这种定义方法忽略了日期的年、月、日之间的联系，把这些变量孤立起来，它们之间将毫无联系，各自的取值范围将只受整数类型取值范围的限制。而在概念上，日、月、年之间是有联系的，它们是同一事物"日期"的各个组成部分，三部分的取值是有约束的。例如，日的取值范围为 0～31，月的取值范围是 1～12，并且对于一般的月份，日的取值上限又有 30 和 31 的差别，而 2 月份的天数又与年有关系。如果要在程序中维护日期的 3 个元素之间的约束，则需要编写程序，并注意在使用日期的这些变量时启动约束检查。这样，不仅增加了程序编写的复杂度，还可能由于程序员的疏忽而造成错误。

如果程序设计语言能够允许用户定义新的数据类型，则上述问题就可以得到很好的解决。而实际上目前很多种语言都具有这种扩展能力，有些语言提供结构或记录来定义新的类型。一般地将用户定义的新类型称为复合数据类型。Java 是一种面向对象的语言，基于面向对象概念，以类和接口的形式定义新类型。因此在 Java 中类和接口是两种用户定义的复合数据类型。

在上述日期的例子中，将日期相关的 3 个变量进行封装，用 class 关键字创建了一个日期类。这个用 class 定义的日期类在 Java 语言中是一种新创建的数据类型。日期类的定义如下：

```
class MyDate{
    int day ;
    int month;
    int year;
}
```

使用语言内置类型定义变量时，因为每种类型都是预定义的，所以无须程序员指定变量的存储结构。例如通过整型变量 day 的定义，Java 运行系统就可以知道要分配多大的空间，并能够解释所存储的内容。对于新的数据类型，需要指定该类型所需的存储空间以及如何解释这些空间中的内容。新类型不是通过字节数指定空间大小，也不是通过位的顺序和含义定义该存储空间的含义，而是通过包含在类定义中的已有数据类型来提供这些信息的。例如，上述类 MyDate 的定义，表明为了表示一个日期，需要保存 3 个整数所需的空间，并且这些整数分别表示了一个日期中的日、月、年。

复合数据类型由程序员在源程序中定义。一旦有了定义，该类型就可像其他类型一样使用。可以声明 MyDate 类的变量，并且日期的年、月、日三部分也都由该变量表示。例如：

```
MyDate  a,b;
```

对于一个日期的年、月、日各组成部分的使用，都是通过 MyDate 类型的 a、b 变量进行，例如：

```
a.day = 30;
```

```
a.month = 12;
a.year = 1999;
```

在定义了 MyDate 类后,对于一个日期的定义只需要声明一个变量,并且日期中的 3 个组成部分被封装为一个有机的整体,它们之间的取值约束关系可以通过在 MyDate 类内部定义方法实现,操纵 MyDate 变量的程序员不需关心这些问题。因此在 Java 中使用类或接口这样的复合数据类型,不仅反映了现实世界事物的本质形态,还使程序简练并且更可靠。

3.1.6 基本类型变量与引用类型变量

Java 中数据类型分为两大类:基本数据类型与复合类型。相应地,变量也有两种类型:基本类型与引用类型。Java 的 8 种基本类型的变量称为基本类型变量,而类、接口和数组变量是引用类型变量。这两种类型变量的结构和含义不同,系统对它们的处理也不相同。

1. 基本类型与引用类型变量

1) 基本类型(primitive type)

基本数据类型的变量包含了单个值,这个值的长度和格式符合变量所属数据类型的要求,可以是一个数字、一个字符或一个布尔值,如图 3-3(a)所示。例如一个整型值是 32 位的二进制补码格式的数据,而一个字符型的值是 16 位的 Unicode 字符格式的数据等。

2) 引用类型(reference type)

引用类型变量的值与基本类型变量不同,变量值是指向内存空间的引用(地址)。所指向的内存中保存着变量所表示的一个值或一组值,如图 3-3(b)所示。

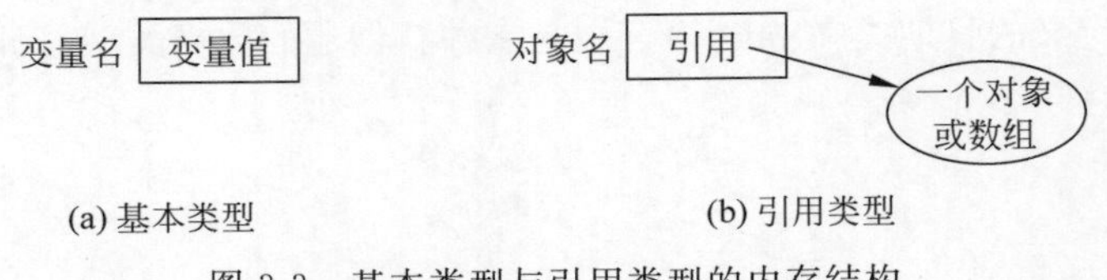

(a) 基本类型 (b) 引用类型

图 3-3 基本类型与引用类型的内存结构

引用在其他语言中称为指针或内存地址。Java 语言与其他程序设计语言不同,不支持显式使用内存地址,而必须通过变量名对某个内存地址进行访问。

2. 两种类型变量的不同处理

在 Java 中基本类型变量声明时,系统直接给该变量分配空间,因此程序中可以直接操作。例如:

```
int a;                          //声明变量 a 的同时,系统给 a 分配了空间
a = 12;
```

引用类型(或称为引用型)变量声明时,只是给该变量分配引用空间,数据空间未分配。因此引用型变量声明后不能直接引用,下列第二条语句是错误的。

```
MyDate  today;
today.day = 14;                 //错误!因为 today 对象的数据空间未分配
```

引用型变量在声明后必须通过实例化开辟数据空间,才能对变量所指向的对象进行访问。通过对引用型变量声明与实例化语句的执行过程分析,可以理解系统对引用型变量的

上述处理。例如有如下语句：

```
1        MyDate  today;
2        today = new Date();
```

第 1 条语句的执行，将给 today 变量分配一个保存引用的空间，如图 3-4(a)所示。第 2 条语句分两个步骤执行，首先执行 new Date()，给 today 变量开辟数据空间，如图 3-4(b)所示，然后再执行第 2 条语句中的赋值操作，结果如图 3-4(c)所示。

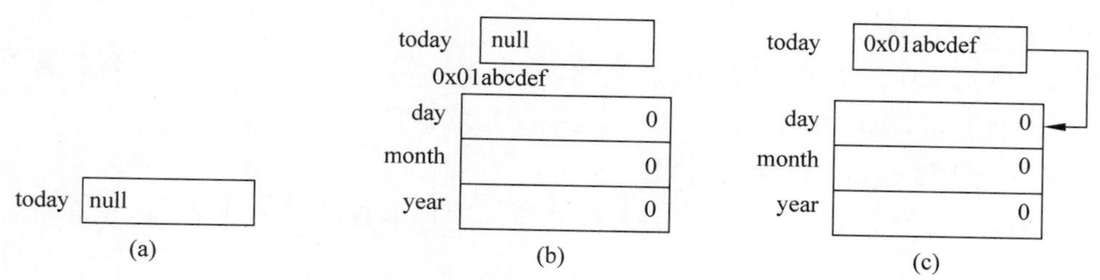

图 3-4 引用型变量的声明与实例化过程

3. 引用型变量的赋值

Java 中引用型变量之间的赋值是引用赋值。例如，下列语句执行后，内存的布局如图 3-5 所示。

```
MyDate  a, b;                //在内存开辟两个引用空间
a = new MyDate();            //开辟 MyDate 对象的数据空间，并把该空间的首地址赋给 a
b = a;                       //将 a 存储空间中的地址写到 b 的存储空间中
```

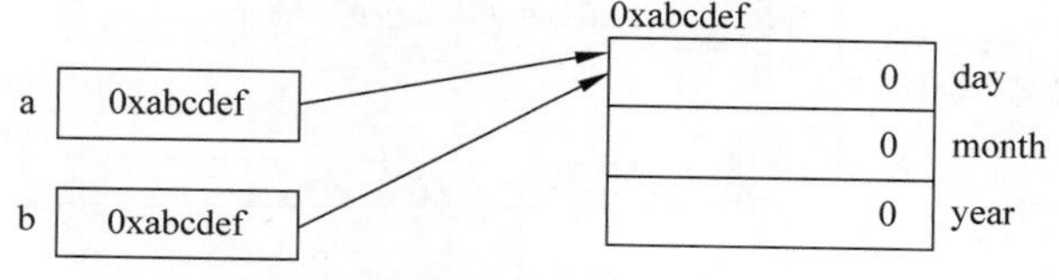

图 3-5 引用型变量之间赋值示例

3.2 表达式与语句

3.2.1 变量

1. 变量及作用域

变量有基本类型与引用类型。同时变量按照作用域来分，有局部变量、类成员变量、方法参数和异常处理参数。

1）局部变量

在一个方法或由一对{}表示的代码块内定义的变量称为局部变量，有时也称为自动变量、临时变量或堆栈变量。局部变量的作用域是所在的方法或代码块，当程序执行流进入所在方法(或代码块)时创建，在方法(或代码块)退出时消亡，因此也称为自动变量或临时变量。

2）类成员变量

在方法外进行声明且属于一个类的定义体的变量称为类成员变量。类成员变量的作用域是整个类,具体可以有两种类型：一种是用 static 关键字声明的类变量,该变量在类加载时创建并且只要所属的类存在,该变量就将一直存在；另一种是声明中没有 static 关键字的变量,称为实例变量。实例变量在调用类的构造方法(new *XXX*())创建实例对象时创建,并且只要有引用指向变量所属的对象,该变量就将存在。

3）方法参数

方法参数定义了方法调用时传递的参数,其作用域就是所在的方法。当方法被调用时创建方法参数变量,而在方法运行结束时,这些变量就消亡了。

4）异常处理器(catch 语句块)参数

异常处理器参数是 catch 语句块的入口参数。这种参数的作用域是 catch 语句后由{}表示的语句块。

各种变量及其作用域如图 3-6 所示。

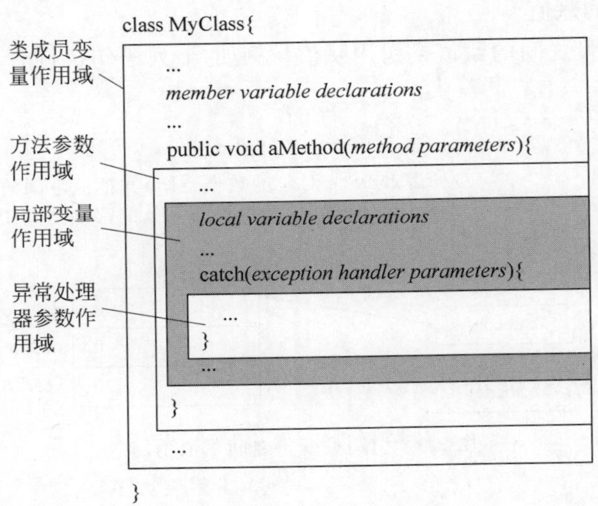

图 3-6　变量及其作用域

2. 变量的初始化

在 Java 程序中,变量在使用前必须经过初始化。当创建一个对象时,对象所包含的实例变量在存储空间分配后就由系统按照表 3-6 列出的值进行初始化。

表 3-6　各种类型变量的初始值

变量类型	初始值	变量类型	初始值
byte	0	double	0.0D
short	0	char	'\u0000'
int	0	boolean	false
long	0L	所有引用型(类、接口、数组)	null
float	0.0F		

因此,类成员变量是系统自动进行初始化,而局部变量必须在使用前手工赋初值进行初始化。如果编译器确定局部变量没有经过初始化,就将产生编译错误,如例 3-4 所示。

例 3-4 局部变量的初始化。

```
1  public class TestInit{
2        int x;
3
4     public static void main(String args[ ]){
5        TestInit init = new TestInit();
6
7        int x = (int)(Math.random() * 100);
8        int z;
9        int y;
10
11       if (x > 50){
12          y = 9;
13       }
14
15       z = x + y + init.x;
16
17       System.out.println("x = " + x + " y = " + y + " z = " + z);
18    }
19 }
```

例 3-4TestInit.java 的编译结果如图 3-7 所示。

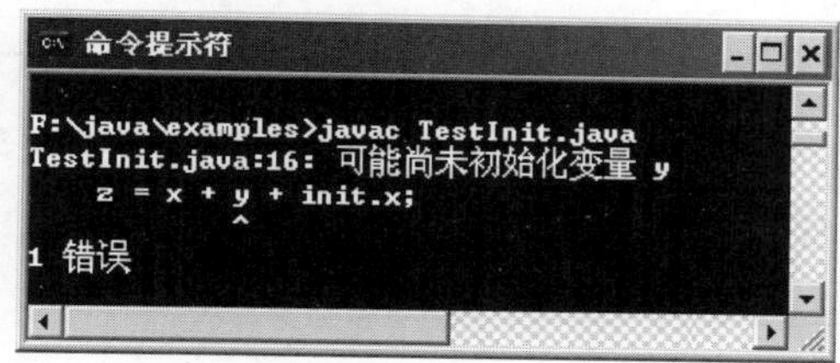

图 3-7 例 3-4 的编译结果

将例 3-4 中的第 9 行语句改为 int y=0;或在第 15 行语句前能够给变量 y 赋值,则程序可以通过编译并运行。例如,将第 9 行语句改为 int y=0 后,例 3-4 的运行结果为:

```
x = 81 y = 9 z = 90 init.x = 0
```

3.2.2 运算符与表达式

Java 的运算符与标准 C 基本相同,C 语言中提供的运算符几乎完全适合于 Java,但有两方面不同。首先,Java 是强类型语言,其类型限制比 C 语言严格,表现在表达式上就是运算符的操作对象类型会受到更多的限制。其次,C 语言提供的指针运算符等,在 Java 中不再提供,而 Java 增加了对象操作符 instanceof、字符串运算符“+”和零填充的右移“>>>”等。

1. 概述

Java 中,操作符可以分成如下的类别:算术运算操作符、关系和条件操作符、位操作符、逻辑操作符和赋值操作符。

(1) 算术运算符：+、-、*、/、%、++、--。

(2) 关系运算符：>、>=、<、<=、==、!=。

(3) 逻辑运算符：&、|、!、^、&&、||。

(4) 位操作符：>>、<<、>>>、&、|、^、~。

(5) 赋值操作符：=、+=、-=、*=、/=、%=、&=、|=、^=、<<=、>>=、>>>=。其中<变量><赋值运算符><表达式>等价于<变量>=<变量><运算符><表达式>，例如 a+=6 等价于 a=a+6。另外，赋值运算符遵循从右向左的结合性。例如 a=b=c=5 等价于 a=(b=(c=5))；a=5+(c=6)-(d=2)的执行结果是：d=2，c=6，a=9。

2. 算术运算符和算术表达式

算术表达式由操作数和算术运算符组成。在算术表达式中，操作数只能是整型或浮点型。Java 的算术运算符有两种：二元算术运算符和一元算术运算符。

二元算术运算符涉及两个操作数，共有 5 种：+，-，*，/，%，如表 3-7 所示。这些算术运算符适用于所有数值型数据类型。

表 3-7 二元算术运算符

运算符	表达式	名称及功能
+	op1+op2	加
-	op1-op2	减
*	op1 * op2	乘
/	op1/op2	除
%	op1%op2	模数除(求余)

整型、浮点型经常进行混合运算。运算中，不同类型的数据先转换为同一类型，然后进行运算。这种转换是按照如下优先关系自动进行的。

低 ——————————————————→ 高

byte → short → char → int → long → float → double

按照这种优先级关系，在混合运算中低级数据转换为高级数据时，自动进行类型转换。转换规则如表 3-8 所示。

表 3-8 低级数据向高级数据的自动转换规则

操作数 1 类型	操作数 2 类型	转换后类型
byte 或 short	int	int
byte，short 或 int	long	long
byte，short，int 或 long	float	float
byte，short，int，long 或 float	double	double
char	int	int

注意：

(1) 即使两个操作数全是 byte 型或 short 型，表达式的结果也是 int 型。

(2) /运算和%运算中除数为 0 时，会产生异常。

(3) 与 C 和 C++ 不同，取模运算符%的操作数可以为浮点数，如 9.5%3=0.5。

(4) +运算符可以用来连接字符串。例如，

```
String  salutation = "Dr.  ";
String  name = "Peter" + "Symour";
String  title = salutation + name;
```

则 title 值为：Dr. Peter Seymour。

下面给出一些混合算术运算的例子，如表 3-9 所示。

表 3-9　混合算术运算示例

操作数 1	操作数 2	算术运算表达式	表达式结果及其类型
8	3	8/3	2,int
5	2.0	5/2.0	2.5,double
byte i=4	byte j=7	i*j	28,int
long r=40L	int a=2	r/a	20L,double
float x=6.5f	float y=3.1f	x+y	9.6f,float
double b=2.5	int a=2	b%a	0.5,double
float x=6.5f	int c=28	x−c	−21.5f,float
'a'	60	'a'+60	157,int

一元算术运算符所涉及的操作数只有一个，共有 4 种：+、−、++、−−。各种一元算术运算符用法以及功能如表 3-10 所示。

表 3-10　Java 一元算术运算符

运算符	用法	功能描述
+	+op	如果 op 是 byte、short 或 char 类型，则将 op 类型提升为 int 型
−	−op	取 op 的负值
++	op++	op 加 1，先求 op 的值再把 op 加 1
++	++op	op 加 1，先把 op 加 1 再求 op 的值
−−	op−−	op 减 1，先求 op 的值再把 op 减 1
−−	−−op	op 减 1，先把 op 减 1 再求 op 的值

下面举一个一元算术运算符使用的例子。

例 3-5　一元算术运算符的使用。

```
public class TestUnary{
    public static void main(String args[]){
        int a = 9;
        int b =- a;
        byte bb = 9;
        int ib = + bb;
        int x = 4, y = 8;
        int z;
        int i = 0;
        int j = i++ ;
        int k = ++ j;
```

```
        z = (x++) * (--y);

        System.out.println("a = " + a);
        System.out.println("b = " + b);
        System.out.println("bb = " + bb);
        System.out.println("ib = " + ib);
        System.out.println("i = " + i);
        System.out.println("j = " + j);
        System.out.println("k = " + k);
        System.out.println("x = " + x);
        System.out.println("y = " + y);
        System.out.println("z = " + z);
    }
}
```

例 3-5 的运算结果如下。

```
a = 9
b = -9
bb = 9
ib = 9
i = 1
j = 1
k = 1
x = 5
y = 7
z = 28
```

另外,Java 中没有幂运算符,必须采用 Java.lang.Math 类的 pow()方法。该方法的定义如下:

```
public static double pow(double a,double b);     //返回值是 a^b
```

Java.lang.Math 类提供了大量数学和工程函数。例如,π 和 e 均由常数表示,而且为双精度类型,所以非常精确。Math 类包含了平方根、自然对数、乘幂、三角函数等数学函数。另外,它也包含了一些基本函数,如可对浮点数进行四舍五入运算,计算同样类型两个数字的最大值和最小值,计算绝对值等。

3. 关系运算符与关系表达式

关系运算符用来比较两个操作数,由两个操作数和关系运算符构成一个关系表达式。关系运算符的操作结果是布尔类型的,即如果运算符对应的关系成立,则关系表达式结果为 true,否则为 false。关系运算符都是二元运算符,共有 6 种,如表 3-11 所示。

例如:

表达式 3>5 的值为 false;

表达式 3<=5 的值为 true;

表达式 3==5 的值为 false;

表达式 3!=5 的值为 true。

表 3-11 关系运算符

运算符	表达式	返回 true 值时的情况
>	op1 > op2	op1 大于 op2
<	op1 < op2	op1 小于 op2
>=	op1 >= op2	op1 大于或等于 op2
<=	op1 <= op2	op1 小于或等于 op2
==	op1 == op2	op1 等于 op2
!=	op1 != op2	op1 不等于 op2

Java 中,任何类型的数据(包括基本数据类型和复合类型)都可以通过==或!=来比较是否相等(这与 C 和 C++不同)。

4. 逻辑运算符与逻辑表达式

逻辑表达式由逻辑型操作数和逻辑运算符组成。一个或多个关系表达式可以进行逻辑运算。Java 中逻辑运算符共有 6 种,即 5 个二元运算符和 1 个一元运算符。这些运算符及其使用方法、功能与含义,如表 3-12 所示。

表 3-12 逻辑运算符

运算符	用　法	返回 true 时的情况
&&	op1&&op2	op1 和 op2 都为 true,并且在 op1 为 true 时才求 op2 的值
||	op1||op2	op1 或 op2 为 true,并且在 op1 为 false 时才求 op2 的值
!	!op	op 为 false
&	op1&op2	op1 和 op2 都为 true,并且总是计算 op1 和 op2 的值
|	op1|op2	op1 或 op2 为 true,并且总是计算 op1 和 op2 的值
^	op1^op2	op1 和 op2 的值不同,即一个取 true,另一个取 false

注意:表 3-12 中,有两种“与”和“或”的运算符:&&、||以及 &、|。这两种运算符的运算过程有所差别,如下所述。

&&、||:称为短路与、或运算。表达式求值过程中先求出运算符左边的表达式的值,对于或运算如果为 true,则整个布尔逻辑表达式的结果确定为 true,从而不再对运算符右边的表达式进行运算;同样对于与运算,如果左边表达式的值为 false,则不再对运算符右边的表达式求值,整个布尔逻辑表达式的结果已确定为 false。

&、|:称为不短路与、或运算,即不管第一个操作数的值是 true 还是 false,仍然要把第二个操作数的值求出,然后再做逻辑运算求出逻辑表达式的值。

5. 位运算符

对于任何一种整数类型的数值,可以直接使用位运算符对这些组成整型的二进制位进行操作。这意味着可以利用屏蔽和置位技术来设置或获得一个数字中的单个位或几位,或者将一个位模式向右或向左移动。由位运算符和整型操作数组成位运算表达式。

位运算符分为位逻辑运算符和位移位运算符。

1) 位逻辑运算符

位逻辑运算符有 3 个二元运算符和 1 个一元运算符。二元运算中,是在两个操作数的

每个对应位上进行相应的逻辑运算。一元运算符是对操作数按位进行相应的运算。位逻辑运算符以及操作描述如表 3-13 所示。表 3-14 给出了位逻辑运算 &、|、^、~ 的表达式取值。

表 3-13　位逻辑运算符的操作规则

运 算 符	位运算表达式	操 作 描 述
&	op1&op2	按位与
|	op1|op2	按位或
^	op1^op2	按位异或
~	~op2	按位取反

表 3-14　位逻辑运算表达式取值规则

op1	op2	op1&op2
0	0	0
0	1	0
1	0	0
1	1	1

op1	op2	op1|op2
0	0	0
0	1	1
1	0	1
1	1	1

op1	op2	op1^op2
0	0	0
0	1	1
1	0	1
1	1	0

按位取反运算符 ~ 对数据的每个二进制位取反，即把 1 变为 0，把 0 变为 1。

下面是几个位逻辑运算的例子：

00101101&01001111＝00001101；

00101101|01001111＝01101111；

00101101^01001111＝01100010；

~01001111＝10110000。

2）移位运算符

Java 使用补码来表示二进制数。因此移位运算都是针对整型数的二进制补码进行。在补码表示中，最高位为符号位，正数的符号位为 0，负数为 1。补码的规定如下。

（1）对正数来说，最高位为 0，其余各位代表数值本身（以二进制表示），如＋42 的补码为 00101010。

（2）对负数来说，把该数绝对值的补码按位取反，然后对整个数加 1，即得该数的补码。如－1 的补码为 11111111（－1 绝对值的补码为 00000001，按位取反再加 1 为 11111110＋1＝11111111）。用补码来表示数，0 的补码是唯一的，为 00000000。

移位运算符把它的第一个操作数向左或向右移动一定的位数。Java 中的位运算符及其操作的描述，如表 3-15 所示。

表 3-15　移位运算符

运 算 符	用　　法	操 作 描 述
>>	op1 >> op2	将 op1 向右移动 op2 个位
<<	op1 << op2	将 op1 向左移动 op2 个位
>>>	op1 >>> op2	将 op1 向右移动 op2 个位（无符号）

注意：

（1）右移运算中右移一位相当于除2取商；在不产生溢出的情况下，左移一位相当于乘2，并且用移位运算实现乘除法比执行乘除法的速度要快。例如：

$-256 >> 4$ 结果是 $-256/2^4=-16$

$128 >> 1$ 结果是 $128/2^1=64$

$-16 << 2$ 结果是 $-16*2^2=-64$

$128 << 1$ 结果是 $128*2^1=256$

（2）右移运算符>>和>>>之间的区别。

- >>称为带符号的右移。进行向右移位运算时，最高位移入原来高位的值，即移位操作是对符号位的复制。例如：

1010…>> 2 结果是 111010…

- >>>称为无符号右移。进行向右移位运算时，最高位以0填充。例如：

1010…>>> 2 结果是 001010…

下面是移位运算的例子：

1357＝00000000 00000000 00000101 01001101

－1357＝11111111 11111111 11111010 10110011

则：

1357 >> 5＝00000000 00000000 00000000 00101010

－1357 >> 5＝11111111 11111111 11111111 11010101

1357 >>> 5＝00000000 00000000 00000000 00101010

－1357 >>> 5＝00000111 11111111 11111111 11010101

1357 << 5＝00000000 00000000 10101001 101000000

－1357 << 5＝11111111 11111111 01010110 01100000

（3）逻辑运算的运算符 &、|、^ 与位逻辑运算的运算符 &、|、^ 相同，实际运算时根据操作数的类型判定进行何种运算。如果操作数的类型是boolean，则进行逻辑运算；如果操作数的类型是整数类型，则进行位逻辑运算。

6. 赋值运算符和赋值表达式

赋值表达式由变量、赋值运算符和表达式组成。赋值运算符把一个表达式的值赋给一个变量。赋值运算符分为赋值运算符"＝"和扩展赋值运算符两种。在赋值运算符两侧的类型不一致的情况下，如果左侧变量类型的级别高，则右侧的数据被转化为与左侧相同的高级数据类型后赋给左侧变量；否则，需要使用强制类型转换运算符。例如：

```
byte  b = 121;
int   i = b;                  //自动类型转换
byte  c = 13;
byte  d = (byte)(b + c);      //强制类型转换
```

在赋值运算符"＝"前加上其他运算符，则构成扩展赋值运算符。表3-16列出了Java中的扩展赋值运算符及等价的表达式。扩展赋值运算符的特点是可以使程序表达简练，并且还能提高程序的编译速度。例如：

- b%＝6 等价于 b＝b%6；
- a＋＝3 等价于 a＝a＋3。

表 3-16 Java 中的扩展赋值运算符

运算符	表 达 式	等效表达式
+=	op1+=op2	op1=op1+op2
-=	op1-=op2	op1=op1-op2
*=	op1 *=op2	op1=op1 * op2
/=	op1/=op2	op1=op1/op2
%=	op1%=op2	op1=op1%op2
&=	op1&=op2	op1=op1&op2
|=	op1|=op2	op1=op1|op2
^=	op1^=op2	op1=op1^op2
>>=	op1 >>=op2	op1=op1 >> op2
<<=	op1 <<=op2	op1=op1 << op2
>>>=	op1 >>>=op2	op1=op1 >>> op2

7. 其他运算符

Java 支持的其他运算符的使用方法与功能描述如表 3-17 所示。

表 3-17 其他运算符

运算符	格 式	操作描述
?:	op1? op2:op3	条件运算符。如果 op1 是 true,返回 op2,否则返回 op3
[ ]	type[]	声明类型为 type 的数组
[ ]	type[op1]	创建 op1 个元素的数组
[]	op1[op2]	访问 op1 数组的索引为 op2 的元素
.	op1. op2	引用 op1 对象的成员 op2
( )	op1(params)	方法调用
(type)	(type)op1	将 op1 强制类型转换为 type 类型
new	new op1	创建对象或数组。op1 可以是构造方法的调用,也可以是数组的类型和长度
instanceof	op1 instanceof op2	如果 op1 是 op2 的实例,则返回 true

8. 运算符的优先级

具有两个或两个以上运算符的复合表达式在进行运算时,要按表 3-18 所示的运算符的优先级顺序从高到低进行,同级的运算符则按从左到右的方向进行。

表 3-18 Java 运算符的优先级

优先级顺序	运算符类别	运 算 符
1	后缀运算符	[],.,(*params*)*expr*++,*expr*--
2	一元运算符	++*expr*,--*expr*,+*expr*,-*expr*,~,!
3	创建或强制类型转换	new(*type*)*expr*
4	乘、除、求余	*,/,%
5	加、减	+,-
6	移位	<<,>>,>>>
7	关系运算	<,>,<=,>=,instanceof
8	相等性判定	==,!=

续表

优先级顺序	运算符类别	运　算　符
9	按位与	&
10	按位异或	^
11	按位或	|
12	逻辑与	&&
13	逻辑或	||
14	条件运算	?:
15	赋值	=,+=,-=,*=,/=,%=,&=,^=,|=,<<=,>>=,>>>=

9. Java 强制类型转换

造型(casting)的含义是把一种类型的值赋给另外一种类型的变量。如果这两种类型是兼容的，则是低优先级类型的值赋给高优先级类型的变量，例如一个 int 型值可以赋值给一个 long 型的变量，则 Java 自动执行转换。如果将高优先级类型的值赋给低优先级的变量，例如将一个 long 型值赋给一个 int 型变量，则可能造成信息的丢失。这时，Java 不能执行自动转换，编译器需要程序员通过强制类型转换方式确定这种转换。例如：

```
long bigValue = 99L;
int squashed = (int)bigValue;
```

Java 通过强制类型转换将一表达式类型强制为某一指定类型，其一般形式为：

```
(type)expression
```

引用型变量也可以进行造型，将在本书后续章节中论述。但要注意基本类型和数组或对象等引用型变量之间不能相互转换。

3.2.3 语句

Java 语言中语句以“;”为终结符，一条语句构成了一个执行单元。Java 中有如下 3 类语句。

1. 表达式语句

下列表达式以语句分隔符“;”终结，则构成了语句，称为表达式语句。

- 赋值表达式；
- 增量表达式(使用++或--)；
- 方法调用表达式；
- 对象创建表达式。

表达式语句举例：

```
aValue = 8933.234;                          //赋值语句
aValue++;                                   //增量语句
System.out.println(aValue);                 //方法调用语句
Integer integerObject = new Integer(4);     //对象创建语句
```

2. 声明语句

声明变量或方法。例如:

```
double aValue = 8933.234;                    //声明语句
```

3. 程序流控制语句

程序流控制语句控制程序中语句的执行顺序。例如,for 循环和 if 语句都是程序流控制语句。

语句块由“{ }”括起来的 0 个或多个语句组成,可以出现在任何单个语句可以出现的位置。例如:

```
if (Character.isUpperCase(aChar)) {
    System.out.println("The character " + aChar + " is upper case.");
} else {
    System.out.println("The character " + aChar + " is lower case.");
}
```

在程序流控制语句中,即使只有一条语句也最好使用语句块,能够增强程序可读性并且在以后对代码进行增删时不易发生语法错误。

3.3 程序流控制

程序流控制语句可以使程序运行时,有条件地执行或重复执行某些语句,改变程序正规的顺序执行流向。Java 语言提供了如下 4 类程序流控制语句。

- 循环语句:包括 while 语句、do while 语句和 for 语句。
- 分支语句:包括 if 语句和 switch 语句。
- 跳转语句:包括 break 语句、continue 语句、label 语句、return 语句。
- 异常处理语句:包括 try catch finally 语句和 throw 语句。

本节介绍前 3 种程序流控制语句,异常处理语句将在后续章节中结合 Java 的异常处理机制进行专门介绍。

3.3.1 while 和 do while 语句

1. while 语句

while 语句使一个语句块在某种条件为真时循环执行。该语句的语法如下:

```
while (逻辑表达式) {
    语句或语句块
}
```

while 语句中的表达式必须是逻辑型的。在该语句执行时,首先求表达式的值,如果得到的值为 true,则执行 while 语句块中的语句。while 语句将一直测试表达式的值并执行语句块,直到表达式的值变为 false 时为止。

在例 3-6 中,使用一个 while 语句把一个字符串中字符'g'之前的字符逐一添加到一个字符串缓冲区。

例 3-6　用 while 语句复制字符串。

```
public class WhileDemo {
    public static void main(String[ ] args) {
        String copyFromMe = "Copy this string until you encounter the letter 'g'.";
        StringBuffer copyToMe = new StringBuffer();
        int i = 0;
        char c = copyFromMe.charAt(i);
        while (c != 'g') {
            copyToMe.append(c);
            c = copyFromMe.charAt( ++ i);
        }
        System.out.println(copyToMe);
    }
}
```

例 3-6 的运行结果如下：

```
Copy this strin
```

2. do while 语句

do while 语句的语法如下：

```
do {
    语句或语句块
} while(逻辑表达式);
```

do while 语句在执行时，首先执行循环体中的语句，然后再求表达式的值。do while 语句将一直执行语句块并测试表达式的值，直到表达式的值变为 false。do while 语句是在循环体的底部求得表达式的值。因此 do while 语句至少要把循环体中的语句执行一遍。

例 3-7 是用 do while 语句对例 3-6 进行了改写。

例 3-7　用 do while 语句复制字符串。

```
public class DoWhileDemo {
    public static void main(String[ ] args) {
        String copyFromMe = "Copy this string until you encounter the letter 'g'.";
        StringBuffer copyToMe = new StringBuffer();
        int i = 0;
        char c = copyFromMe.charAt(i);
        do {
            copyToMe.append(c);
            c = copyFromMe.charAt( ++ i);
        } while (c != 'g');
        System.out.println(copyToMe);
    }
}
```

例 3-7 的运行结果如下：

```
Copy this strin
```

3.3.2 for 语句

for 循环执行的次数是可以在执行前确定的。for 语句的语法格式是：

```
for (初始语句; 逻辑表达式; 迭代语句) {
    语句或语句块
}
```

for 语句执行时先执行初始语句,判断逻辑表达式的值,当逻辑表达式为 true 时,执行循环体语句,接着执行迭代语句,然后再去判别逻辑表达式的值。这个过程一直进行下去,直到逻辑表达式的值为 false,循环结束并转到 for 之后的语句。关于 for 语句有以下几点说明。

(1) 可以在 for 循环的初始化部分声明一个变量,它的作用域为整个 for 循环。

(2) for 循环通常用于循环次数确定的情况,但也可以根据循环结束条件完成循环次数不确定的情况。

(3) 在初始化部分和迭代部分可以使用逗号语句来进行多个操作。逗号语句是用逗号分隔的语句序列。例如：

```
for(i = 0, j = 10; i < j; i++ , j-- ){
    …
}
```

(4) 初始化、终止以及迭代部分都可以为空语句(但分号不能省略),逻辑表达式为空时,默认表达式为恒真,可以用下列 for 语句表示无限循环。

```
for( ; ; ){
    …
}
```

for 循环经常用于数组各个元素或一个字符串中各个字符的处理。在例 3-8 中,for 语句用来打印一个数组的所有元素。

例 3-8 用 for 语句输出一个数组的元素。

```
public class ForDemo {
    public static void main(String[] args) {
        int[] arrayOfInts = {32, 87, 3, 589, 12, 1076, 2000, 8, 622, 127};

        for (int i = 0; i < arrayOfInts.length; i++ ) {
            System.out.print(arrayOfInts[i] + " ");
        }
        System.out.println();
    }
}
```

例 3-8 的运行结果如下：

```
32 87 3 589 12 1076 2000 8 622 127
```

3.3.3 if else 语句

if 语句使程序能够基于某种条件有选择地执行某些语句。

if 语句的语法格式是：

```
if (逻辑表达式)
    语句/语句块 1;
[else
    语句/语句块 2;
]
```

if 语句的含义是：当逻辑表达式结果为 true 时，执行语句 1，然后继续执行 if 后面的语句。当逻辑表达式为 false 时，如果有 else 子句，则执行语句 2，否则跳过该 if 语句，继续执行后面的语句。语句 1 和语句 2 既可以是单语句，也可以是语句块。

注意：

(1) if 关键字之后的逻辑表达式必须得到一个逻辑值，不能像其他语言那样以数值来代替。因为 Java 不提供数值与逻辑值之间的转换。例如，C 语言中的语句形式：

```
int x = 3;
if (x){ … }
```

在 Java 中应该写为：

```
int x = 3;
if (x!= 0){ … }
```

(2) else 语句的另外一种形式是 else if 语句。可以利用 else if 语句构造嵌套的 if 语句。一个 if 语句可以有多个 else if 语句，但只能有一个 else 语句。

例 3-9 根据一个百分制的成绩值，输出相应的等级，如 90 分以上是 A，80 分以上是 B 等。

例 3-9 利用 if else 语句输出成绩等级。

```
public class IfElseDemo {
    public static void main(String[ ] args) {
        int testscore = 76;
        char grade;

        if (testscore >= 90) {
            grade = 'A';
        } else if (testscore >= 80) {
            grade = 'B';
        } else if (testscore >= 70) {
            grade = 'C';
        } else if (testscore >= 60) {
            grade = 'D';
        } else {
            grade = 'F';
        }
        System.out.println("Grade = " + grade);
```

```
    }
}
```

例 3-9 的运行结果如下：

```
Grade = C
```

在 3.1 节介绍的条件运算符“?：”是 if else 语句的一种紧缩格式的表达。某些情况下使用条件表达式会使程序更简洁易读。例如下列 if else 语句可以用等价的条件表达式表达。

```
if (Character.isUpperCase(aChar)) {
    System.out.println("The character " + aChar + " is upper case.");
} else {
    System.out.println("The character " + aChar + " is lower case.");
}
```

用条件表达式将上述 if else 语句表达为：

```
System.out.println("The character " + aChar + " is " +
                    (Character.isUpperCase(aChar) ? "upper" : "lower") + "case.");
```

3.3.4 switch 语句

switch 语句是基于一个表达式的值决定要执行的一组语句。Switch 语句的语法格式如下：

```
switch(表达式){
case c1:
    语句组 1;
    break;
case c2:
    语句组 2;
    break;
…
case ck:
    语句组 k;
    break;
[default:
    语句组;
    break; ]
}
```

switch 语句的语义是：计算表达式的值，用该值依次和 c_1，c_2，…，c_k 相比较。如果该值等于其中之一，例如 c_i，那么执行 case c_i 之后的语句组 i，直到遇到 break 语句跳到 switch 之后的语句。如果没有相匹配的 c_i，则执行 default 之后的语句。

说明：

(1) switch 中的表达式的值，可以是整型、枚举类型或 String 类的对象。整型表达式的值须是 int 兼容的类型，即可以是 byte，short，char 和 int，不允许使用浮点型(float，double)或 long 型，并且各 case 子句中的 c_1，c_2，…c_k 是 int 型或字符型常量。在 Java SE 7 以后的版本中，switch 的表达式可以使用 String 类的对象，例如下面的代码：

```
public static int getMonthNumber(String month) {
    int monthNumber = 0;
    if (month == null) {
        return monthNumber;
    }
    switch (month.toLowerCase()) {
        case "january": monthNumber = 1;
                        break;
        case "february": monthNumber = 2;
                         break;
        …
    }
    return monthNumber;
}
```

（2）switch 语句中各 case 分支既可以是单条语句，也可以是由多条语句组成的语句组，该语句组可以不用{}括起来。

（3）default 子句是可选的，并且最后一个 break 语句可以省略。

（4）不论执行哪个 case 分支，程序流都会顺序执行下去，直到遇到 break 语句为止。可以利用这个特点简化程序的编写，如例 3-10(b)。

（5）switch 结构的功能可以用 if else if 结构来实现，但在某些情况下，使用 switch 结构更简单，可读性强，而且程序的执行效率也得到提高。但 switch 结构在数据类型上受到了限制，如果要比较的数据类型是 double 型，则不能使用 switch 结构。

下面给出两个使用 switch 语句的例子。

例 3-10(a)　输出一个月份的英文名称。

```
public class SwitchDemo {
    public static void main(String[] args) {
        int month = 8;
        switch (month) {
            case 1:  System.out.println("January"); break;
            case 2:  System.out.println("February"); break;
            case 3:  System.out.println("March"); break;
            case 4:  System.out.println("April"); break;
            case 5:  System.out.println("May"); break;
            case 6:  System.out.println("June"); break;
            case 7:  System.out.println("July"); break;
            case 8:  System.out.println("August"); break;
            case 9:  System.out.println("September"); break;
            case 10: System.out.println("October"); break;
            case 11: System.out.println("November"); break;
            case 12: System.out.println("December"); break;
            default: System.out.println("Hey, that's not a valid month!"); break;
        }
    }
```

```
}
```

例 3-10(a)的运行结果如下：

```
August
```

例 3-10(b) 输出一个日期所包含月份的天数。

```
public class SwitchDemo2 {
    public static void main(String[ ] args) {
        int month = 2;
        int year = 2000;
        int numDays = 0;

        switch (month) {
            case 1:
            case 3:
            case 5:
            case 7:
            case 8:
            case 10:
            case 12:
                numDays = 31;
                break;
            case 4:
            case 6:
            case 9:
            case 11:
                numDays = 30;
                break;
            case 2:
                if (((year % 4 = = 0) && !(year % 100 = = 0))
                     || (year % 400 = = 0))
                   numDays = 29;
                else
                   numDays = 28;
                break;
        }
        System.out.println("The date is 2000.2. The number of Days =  " + numDays);
    }
}
```

例 3-10(b)的运行结果如下：

```
The date is 2000.2. The number of Days = 29
```

3.3.5 switch 语句扩展与 switch 表达式

3.3.4 节中介绍的传统 switch 存在一些不方便之处，包括：switch 标签之间的控制流贯穿问题，即一个 case 分支执行后如果没有遇到 break 语句，会继续执行之后 case 分支的语句，直到遇到 break 为止；switch 中各语句块的缺省作用域是整个 switch 语句；switch 是语句而不是表达式，而很多时候需要一种表达多分支条件的表达式。在 Java SE 12 和 Java SE 13 中，对 switch 进行扩展，使上述问题得到解决。

switch 的扩展，主要体现在 case 分支的定义，有两种形式：传统的“case …：”分支（被称为“冒号 case”），以及新的“case …->”分支（被称为“箭头 case”）。箭头 case 可以带有一个为 switch 表达式产生值的语句。“case …->”分支定义的具体形式如下：

```
case label_1, label_2, …, label_n -> expression;|throw - statement;|block
```

上述定义中，允许在一个 case 分支里出现以逗号分隔的多个常量值，如 label_1，label_2，…，label_n。程序运行时，这些值中的任何一个匹配成功，箭头右侧的代码都将被运行，并且在这些代码结束后，将不会运行 switch 表达式或语句中任何其他分支中的代码。因此，箭头 case 解决了传统冒号 case 的控制流贯穿问题。箭头右侧的代码可以是一个表达式、一个语句块（包含多个语句）或一个 throw 语句。在语句块中声明的局部变量，其作用域只是所在的语句块而不是整个 switch 语句。如果箭头右侧是一个表达式，则该表达式的值将是 switch 表达式的值。

例如，下列代码使用了箭头 case 的 switch 语句：

```
int numLetters = 0;
Day day = Day.WEDNESDAY;
switch (day) {
    case MONDAY, FRIDAY, SUNDAY -> numLetters = 6;
    case TUESDAY -> numLetters = 7;
    case THURSDAY, SATURDAY -> numLetters = 8;
    case WEDNESDAY -> numLetters = 9;
    default -> throw new IllegalStateException("Invalid day: " + day);
};
System.out.println(numLetters);
```

下列代码使用了箭头 case 的 switch 表达式：

```
Day day = Day.WEDNESDAY;
System.out.println(
    switch (day) {
        case MONDAY, FRIDAY, SUNDAY -> 6;
        case TUESDAY -> 7;
        case THURSDAY, SATURDAY -> 8;
        case WEDNESDAY -> 9;
        default -> throw new IllegalStateException("Invalid day: " + day);}
    }
);
```

Java SE 13 中，引入了 yield 语句，其定义形式为：yield someValue ，其中 someValue 是 yield 所在 case 分支产生的 switch 表达式的值。例如下面的代码：

```
int j = switch (day) {
    case MONDAY -> 0;
    case TUESDAY -> 1;
```

```
        default -> {
            int k = day.toString().length();
            int result = f(k);
            yield result;
        }
    };
```

Break 和 yield 语句使得 switch 语句和 switch 表达式易于区分：yield 语句用于 switch 表达式，而 break 语句用于 switch 语句。传统的冒号 case 可以使用 yield 语句构造 switch 表达式。例如下面的代码：

```
int result = switch (s) {
    case "Foo":
            yield 1;
    case "Bar":
            yield 2;
    default:
            System.out.println("Neither Foo nor Bar, hmmm...");
            yield 0;
};
```

3.3.6 循环跳转语句

Java 中可以用 break 和 continue 两个循环跳转语句进一步控制循环。这两个语句的一般格式如下：

```
break [label] ;          //用来从 switch 语句或循环语句中跳出
continue [label] ;       //跳过循环体的剩余语句,开始执行下一次循环
```

这两个语句都可以带标签(label)使用，也可以不带标签使用。标签是出现在一个语句之前的标识符，标签后面要跟上一个冒号(:)，标签的定义如下：

```
label: statement;
```

下面分别对这两种语句进行介绍。

1. break 语句

break 语句有两种形式：不带标签和带标签。在 switch 语句的介绍中，已经了解了不带标签的 break 在 switch 语句中的作用，它结束了 switch 语句的执行，并把控制流转移到紧跟在 switch 之后的语句。还可以使用不带标签的 break 语句终止循环，包括 for、while 和 do while。不带标签的 break 语句用来结束最内层的 switch、for、while 和 do while 语句的执行。例 3-11 中，包含了一个在数组中搜索指定值的 for 循环。指定的值在数组中找到后，则结束 for 循环，进行结果的输出。

例 3-11 在数组中寻找指定的值。

```
public class BreakDemo {
    public static void main(String[] args) {
        int[] arrayOfInts = { 32, 87, 3, 589, 12, 1076, 2000, 8, 622, 127 };
        int searchfor = 12;
```

```
        int i = 0;
        boolean foundIt = false;
        for ( ; i < arrayOfInts.length; i++ ) {
            if (arrayOfInts[i] = = searchfor) {
                foundIt = true;
                break;
            }
        }

        if (foundIt) {
            System.out.println("Found " + searchfor + " at index " + i);
        } else {
            System.out.println(searchfor + "not in the array");
        }
    }
}
```

例 3-11 的运算结果如下：

```
Found 12 at index 4
```

break 语句后可带有标签。带标签的 break 语句将结束标签所指示的循环的执行。在例 3-12 中，程序为寻找一个值，通过两个嵌套的 for 循环遍历一个二维数组。当指定的值找到时，带着标签 search 的 break 语句结束了 search 所指示的外层 for 循环。

例 3-12 在二维数组中搜索指定的值。

```
public class BreakWithLabelDemo {
    public static void main(String[] args) {
        int[][] arrayOfInts = { { 32, 87, 3, 589 },
                                { 12, 1076, 2000, 8 },
                                { 622, 127, 77, 955 }
                              };
        int searchfor = 12;
        int i = 0;
        int j = 0;
        boolean foundIt = false;

    search:
        for ( ; i < arrayOfInts.length; i++ ) {
            for (j = 0; j < arrayOfInts[i].length; j++ ) {
                if (arrayOfInts[i][j] == searchfor) {
                    foundIt = true;
                    break search;
                }
            }
        }
        if (foundIt) {
            System.out.println("Found " + searchfor + " at " + i + ", " + j);
        } else {
            System.out.println(searchfor + "not in the array");
        }
```

```
    }
}
```

例 3-12 的运行结果如下：

```
Found 12 at 1, 0
```

2. continue 语句

在 for、while 和 do while 循环中，continue 语句跳过当前循环的其余语句，执行下一次循环，当然执行下次循环前要判定循环条件是否满足。不带标签的 continue 语句跳过最内层的循环，并开始执行最内层循环的下一次循环。例 3-13 的程序对一个字符串缓冲区中的字符逐一检查。如果当前字符不是字母 p，则 continue 语句跳过循环的其余语句并开始处理下一个字符；如果是字母 p，则程序将计数器加 1 并把 p 转换为大写。

例 3-13 在字符串缓冲区中寻找指定字符并进行处理。

```
public class ContinueDemo {
    public static void main(String[] args) {
        StringBuffer searchMe = new StringBuffer(
                "peter piper picked a peck of pickled peppers");
        int max = searchMe.length();
        int numPs = 0;
        for (int i = 0; i < max; i++ ) {
            if (searchMe.charAt(i) != 'p')
                continue;
            //对字母 p 进行处理
            numPs++;
            searchMe.setCharAt(i, 'P');
        }
        System.out.println("Found " + numPs + " p's in the string.");
        System.out.println(searchMe);
    }
}
```

例 3-13 的运行结果如下：

```
Found 9 p's in the string.
Peter PiPer Picked a Peck of Pickled PePPers
```

带标签的 continue 语句结束由标签所指外层循环的当前循环，开始执行该循环的下次循环。在例 3-14 中，使用了两层嵌套的循环实现在一个字符串中搜索另一个字符串。两层嵌套循环中，外层循环处理被搜索的字符串，而内层循环处理要寻找的字符串。程序中使用了带标签的 continue 语句来结束外层循环的当前循环。

例 3-14 在一个字符串中搜索另一个字符串。

```
public class ContinueWithLabelDemo {
    public static void main(String[] args) {
        String searchMe = "Look for a substring in me";
        String substring = "sub";
        boolean foundIt = false;
```

```
        int max = searchMe.length() - substring.length();

    test:
        for (int i = 0; i <= max; i++ ) {
            int n = substring.length();
            int j = i;
            int k = 0;
            while (n-- != 0) {
                if (searchMe.charAt(j++ ) != substring.charAt(k++ )) {
                    continue test;
                }
            }
            foundIt = true;
            break test;
        }
        System.out.println(foundIt ? "Found it" : "Didn't find it");
    }
}
```

例 3-14 的运行结果如下：

```
Found it
```

3.4 数　　组

数组中的元素都是同一种类型。数组的长度在创建时确定，并且在创建后不变。如果需要建立存储不同类型数据的集合，或者要求这种数据存储结构的长度可以动态变化，可以使用 java.util 包中的各种集合(collection)类，如 Vector 等。

3.4.1 数组的声明

可以声明任何类型的数组，包括基本类型和类类型的数组。数组声明和其他类型的变量声明一样，包括两个部分：数组的类型和数组的名字。数组声明语句有如下两种格式。

(1) 将表示数组的[]跟随在数组变量之后。

这种格式是 C、C++和 Java 的标准格式。例如：

```
char   s[];
Point  p[];  //Point 是一个类
```

(2) 将表示数组的“[]”跟随在数组类型之后。

这种格式是 Java 中特有的。例如：

```
char[]  s;
Point[]  p;
```

这种格式中，在数组标志“[]”后出现的所有变量都将是数组变量。例如：

```
char[]  s,m,n;            //声明了 3 个字符数组变量 s,m 和 n
```

注意：在数组的声明中不指定数组的长度。

在 Java 中数组是作为类来处理的。在 Java 中类类型变量的声明并不创建该类的对象。所以数组的声明并不创建实例数组的数据空间，而是给该数组变量分配了一个可用来引用该数组的引用空间。

3.4.2 数组的创建与初始化

1. 用 new 创建数组

数组元素所需的内存空间是通过 new 运算符或通过数组初始化分配的。通过 new 运算符创建数组的格式如下：

```
new elementType[arraySize]
```

例如，对于前面已经声明的字符串数组 s，可以利用下列语句创建它的数据空间，从而创建一个能够容纳 20 个字符的数组：

```
s = new char[20];
```

数组在创建后，其元素是被系统自动进行初始化的。对于字符数组，每个元素都被初始化为'\u0000'，而对于对象数组，每个元素都被初始化为 null。在通过 new 实例化一个数组后，就可以对数组元素进行赋值并进行其他操作。例如对于上面创建的数组 s 赋值：

```
s[0] = 'a';
s[1] = 'b';
```

对数组元素操作时，要注意不要产生数组越界错误。Java 数组下标的取值范围是 0 到数组长度减 1。数组 s 在创建后内存中的布局如图 3-8 所示。

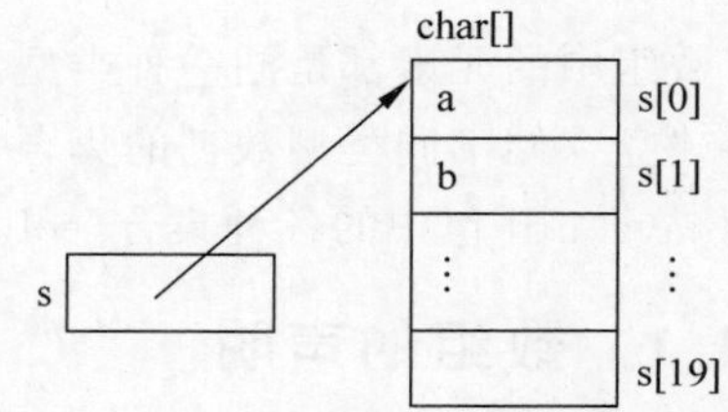

图 3-8　基本类型数组的内存布局示例

2. 数组的长度

Java 中为所有数组设置了一个表示数组元素个数的特性变量 length，它作为数组的一部分存储起来。Java 用该变量在运行时进行数组越界检查，应用程序中也可以访问该变量获取数组的长度，格式如下：

```
arrayname.length
```

例如：s.length。

数组在创建后长度是不可变的。因此不能改变数组的长度，但可以使用该数组变量指向另一个全新的数组，则通过该变量将不能访问到原来数组的值。例如：

```
int a[] = new int[6];
a[0] = 10;
…
a = new int[10];  //不用再次声明 a,此时 a[0]的值为 0,而不是 10
…
```

下面给出一个数组操作的简单例子。

例 3-15　创建整型数组并将其值打印输出。

```
public class ArrayDemo {
    public static void main(String[ ] args) {
        int[ ] anArray;                      //声明一个整型数组
        anArray = new int[10];               //创建数组

        //给数组每个元素赋值并打印输出
        for (int i = 0; i < anArray.length; i++ ) {
            anArray[i] = i;
            System.out.print(anArray[i] + " ");
        }
        System.out.println();
    }
}
```

例 3-15 的运行结果如下：

```
0 1 2 3 4 5 6 7 8 9
```

3. 对象数组

除了创建基本类型数组，还可以创建对象数组。例如，下列语句声明并创建了一个 Point 类型的数组：

```
Point  p[];
p = new Point[10];                       //创建包含 10 个 Point 类型对象引用的数组
//创建 10 个 Point 对象
for(int i = 0; i < 10; i++ ){
    p[i] = new Point(i, i + 1);
}
```

上述语句执行后，数组 p 在内存中的布局如图 3-9 所示。

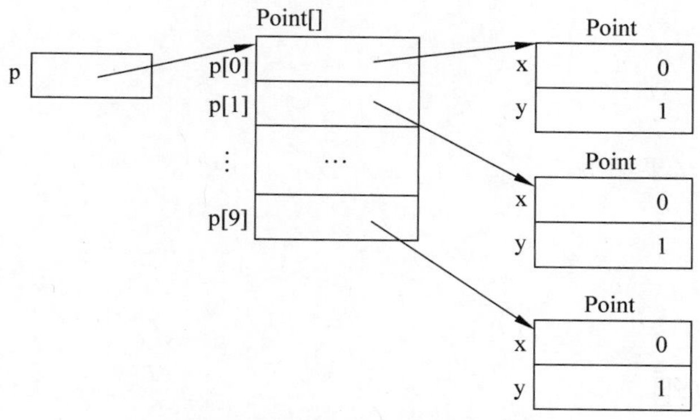

图 3-9　对象数组的内存布局示例

4. 通过初始化创建数组

Java 中可以在数组声明中直接给数组赋初值。这样可以通过一条语句完成数组的声明、创建与初始化 3 项功能，因此是一种数组定义中的简捷方法。例如：

```
//声明并创建一个有 3 个元素的字符串数组 names
String names[ ] = {"Jack","Wang","Lee"};
//声明并创建一个有两个元素的 Date 类型的数组 dates
```

```
Date dates[] = {
        new Date(10,9,2000),
        new Date(10,9,2001)
        };
```

数组 names 的定义等价于如下语句:

```
String names[];
names = new String[3];
names[0] = "Jack";
names[1] = "Wang";
names[2] = "Lee";
```

数组 dates 的定义等价于如下语句:

```
Date dates[];
dates = new Date[2];
dates[0] = new Date(10,9,2000);
dates[1] = new Date(10,9,2001);
```

下面给出一个对象数组操作例子。

例 3-16 创建字符串数组并将其元素转换为小写输出。

```
public class ArrayOfStringsDemo {
    public static void main(String[] args) {
        String[] anArray = { "String One", "String Two", "String Three" };
        for (int i = 0; i < anArray.length; i++) {
            System.out.println(anArray[i].toLowerCase());
        }
    }
}
```

例 3-16 的运行结果如下:

```
string one
string two
string three
```

3.4.3 多维数组

Java 语言的多维数组可以看作是数组的数组,即 n 维数组是 $n-1$ 维数组的数组。下面主要以二维数组为例进行说明。

1. 多维数组的声明

多维数组的声明格式与一维数组相类似,只是要用多对[]表示数组的维数,一般 n 维数组要用 n 对[]。例如:

```
int a[][];
int[][] a;
```

上述两条语句是等价的，声明了一个二维 int 型数组 a。

2. 多维数组的实例化

多维数组的实例化可以采用多种方式，并可以构造规则数组和不规则数组。

(1) 直接为每一维分配内存，创建规则数组。例如：

```
int a[][];
a = new int [4][4];
```

上述第一条语句声明了一个 int 型二维数组 a，第二条语句创建了一个有 4 行 4 列元素的数组。由于 Java 中二维数组是数组的数组，所以创建二维数组 a 实际上是分配了 4 个 int 型数组的引用空间，它们分别指向 4 个能容纳 4 个 int 型数值的空间，如图 3-10 所示。

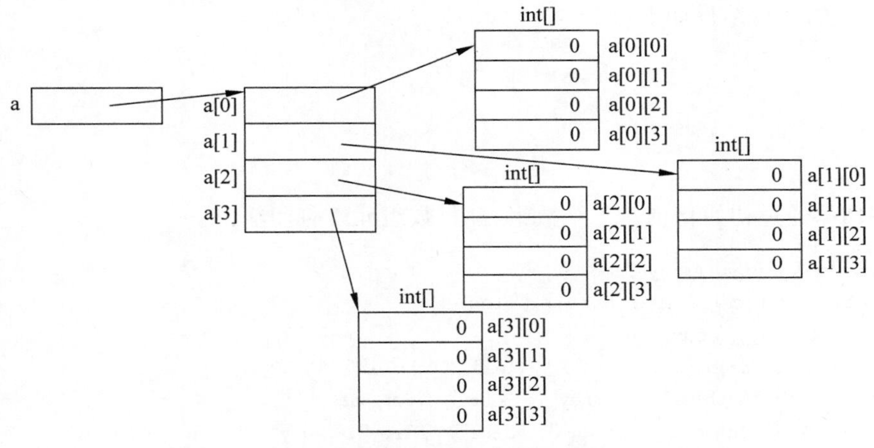

图 3-10　二维 int 型数组的存储结构示例

(2) 从最高维起，分别为每一维分配空间。这种方式可以构造不规则数组。例如：

```
int a[][] = new int[2][ ]; //只有最后维可以不给值,其他都要给
a[0] = new int[10];
a[1] = new int[5];
```

上述语句声明并创建了一个二维不规则数组。

注意： 上述第一条语句的 new 表达式中，数组的最高维的长度必须指定，其他维可以不给出。

下面给出两个多维数组操作的例子。

例 3-17　利用二维 int 型数组表达一个矩阵，创建该数组并将其元素打印输出。

```
public class ArrayOfArraysDemo1 {
    public static void main(String[ ] args) {
        int[][] aMatrix = new int[4][];        //aMatrix 指向由 4 个引用组成的数组

        //创建每个 int 数组,并进行赋值
        for (int i = 0; i < aMatrix.length; i++ ) {
            aMatrix[i] = new int[5];
            for (int j = 0; j < aMatrix[i].length; j++ ) {
                aMatrix[i][j] = i + j;
```

```
            }
        }

        //将数组打印输出
        for (int i = 0; i < aMatrix.length; i++ ) {
            for (int j = 0; j < aMatrix[i].length; j++ ) {
                System.out.print(aMatrix[i][j] + " ");
            }
            System.out.println();
        }
    }
}
```

例 3-17 的运行结果如下:

```
0 1 2 3 4
1 2 3 4 5
2 3 4 5 6
3 4 5 6 7
```

例 3-18 通过初始化创建二维数组,并将数组元素打印输出。

```
public class ArrayOfArraysDemo2 {
    public static void main(String[ ] args) {
        String[ ][ ] cartoons = {
        { "Flintstones", "Fred", "Wilma", "Pebbles", "Dino" },
            { "Rubbles", "Barney", "Betty", "Bam Bam" },
            { "Jetsons", "George", "Jane", "Elroy", "Judy", "Rosie", "Astro" },
            { "Scooby Doo Gang", "Scooby Doo", "Shaggy", "Velma", "Fred", "Daphne" }
        };

        for (int i = 0; i < cartoons.length; i++ ) {
            System.out.print("cartoons[" + i + "]" + ", " + cartoons[i].length + " elements: ");
            for (int j = 0; j < cartoons[i].length; j++ ) {
                System.out.print(cartoons[i][j] + (j < cartoons[i].length - 1?", ":" "));
            }
            System.out.println();
        }
    }
}
```

例 3-18 的运行结果如图 3-11 所示。

```
C:\PROGRA~1\XINOXS~1\JCREAT~2\GE2001.exe
cartoons[0], 5elements: Flintstones, Fred, Wilma, Pebbles, Dino
cartoons[1], 4elements: Rubbles, Barney, Betty, Bam Bam
cartoons[2], 7elements: Jetsons, George, Jane, Elroy, Judy, Rosie, Astro
cartoons[3], 6elements: Scooby Doo Gang, Scooby Doo, Shaggy, Velma, Fred, Daphne
```

图 3-11 例 3-18 的运行结果

3.4.4 增强的 for 循环

在 JDK 5.0 以后，为了便于对数组和集合(collections)中的元素进行迭代处理，Java 中引入了一种增强的 for 循环形式，其定义如下：

```
for (类型 标识符: 可迭代类型的表达式)  语句;
```

其中，括号中的"类型 标识符"指定了一种类型的标识符，该标识符的类型应与冒号后面的表达式的类型兼容。"可迭代类型的表达式"一般是数组或集合，"："可理解为 in。例如：

```
int[] numbers = {1,2,3,4,5,6,7,8,9,10};
for ( int element : numbers ) {
    System.out.println(element);
}
```

上述 for 循环可被读为：

```
for each element in numbers do { … }
```

因此，这种形式的 for 循环使程序更加易于理解并更加紧凑，应该尽量采用。

对例 3-16 使用增强的 for 循环进行改写，结果如例 3-19 所示。

例 3-19 增强的 for 循环示例。

```
public class NewArrayOfStringsDemo {
    public static void main(String[] args) {
        String[] anArray = { "String One", "String Two", "String Three" };
        for (String s : anArray) {
            System.out.println(s.toLowerCase());
        }
    }
}
```

例 3-19 的运行结果与例 3-16 相同。

3.4.5 数组的复制

数组变量之间赋值是引用赋值，不能实现数组数据的复制，如下所示。

```
int a[] = new int[6];
int b[];
b = a;
```

上述程序的运行结果如图 3-12 所示。

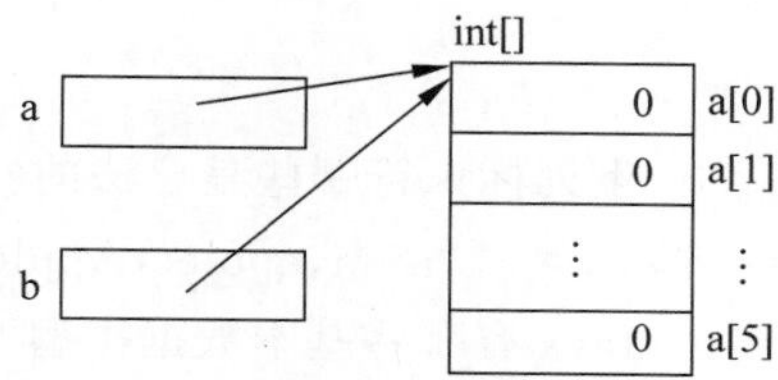

图 3-12 数组变量之间的赋值示例

进行数组数据的复制，要使用 Java 语言在 java.lang.System 类中提供的数组复制方法。该方法的定义如下：

```
public static void arraycopy(Object source,
                             int srcIndex,
                             Object dest,
                             int destIndex,
                             int length)
```

其中：source——源数组；srcIndex——源数组开始复制的位置；dest——目的数组；destIndex——目的数组中开始存放复制数据的位置；length——复制元素的个数。

例 3-20 是一个数组复制的例子。

例 3-20 将一个字符数组的部分数据复制到另一个数组中。

```
public class ArrayCopyDemo {
    public static void main(String[] args) {
        char[] copyFrom = { 'd', 'e', 'c', 'a', 'f', 'f', 'e', 'i', 'n', 'a', 't', 'e', 'd' };
        char[] copyTo = new char[7];

        System.arraycopy(copyFrom, 2, copyTo, 0, 7);
        System.out.println(new String(copyTo));
    }
}
```

例 3-20 的运行结果如图 3-13 所示。

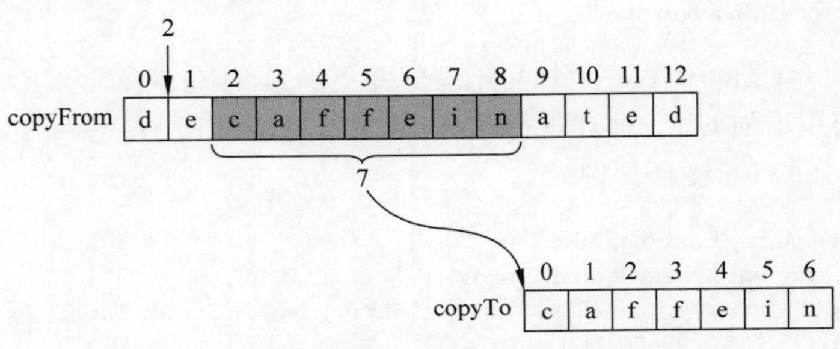

图 3-13 例 3-20 的运行结果

3.5 小 结

本章对 Java 语言的基础部分进行了介绍，包括标识符与数据类型、表达式与语句、程序流控制以及数组。在这些语言基本机制方面 Java 与 C/C++有很多地方是一致的，但也存在很多具体的差异，在学习中应该注意这些差异。关于数组的处理 Java 与 C/C++有很大的不同，在 Java 中数组作为类来对待和处理。基于这个原则可以正确理解数组的声明、创建、复制等操作的语义，并能够正确操作数组。

习 题 3

1. 下列标识符哪些是合法的?

$88，#67，num，applet，Applet，7#T，b++，--b

2. Java 有哪些基本数据类型？什么是复合数据类型？对于这两种类型的变量，系统的处理有什么不同？

3. 设变量 i 和 j 的定义如下，试分别计算下列表达式的值。

```
int i = 1; double d = 1.0
```

(1) 35/4；(2) 46%9+4 * 4−2；(3) 45+43%5 * (23 * 3%2)；(4) 45+45 * 50%i−−；(5) 45+45 * 50%(−−i)；(6) 1.5 * 3+(++d)；(7) 1.5 * 3+d++；(8) i+=3/i+3。

4. 计算下列逻辑运算表达式的值。

(1) (true) && (3>4)；

(2) !(x>0) && (x>0)；

(3) (x>0)||(x<0)；

(4) (x!=0)||(x==0)；

(5) (x>=0)||(x<0)；

(6) (x!=1)==! (x==1)。

5. Java 中有哪些类型的程序流控制语句？

6. switch 语句与 if 语句可以相互转换吗？使用 switch 语句的优点是什么？

7. 试写出下列循环的运行结果。

```
int i = 1;
while(i<10){
    if ((i++ ) % 2  == 0){
        System.out.println(i);
    }
}
```

8. while 循环和 do while 循环有什么区别？

9. 循环跳转语句 break 的作用是什么？试给出下列程序的运行结果。

```
int i = 1000;
while(true){
    if( i <10){
        break;
    }
    i = i-10;
}
System.out.println("The value of i is " + i);
```

10. 循环跳转语句 continue 的作用是什么？试给出下列程序的运行结果。

```
int i = 1000;
while(true){
    if( i <10){
        continue;
    }
    i = i-10;
}
```

11. 编写程序输出 1000 以内的所有奇数。

12. 编写程序输出下列结果。

```
1
1 2
1 2 3
```

```
1 2 3 4
1 2 3 4 5
1 2 3 4 5 6
```

13. 下列数组声明哪些是合法的?

(1) int i = new int(30);

(2) double d[] = new double[30];

(3) Integer[] r = new Integer(1..30);

(4) int i[] = (3, 4, 3, 2);

(5) float f[] = {2.3, 4.5, 5.6};

(6) char[] c = new char();

(7) Integer[][] r = new Integer[2];

14. 数组变量是基本类型变量还是引用型变量?数组的内存是在什么时候分配的?

15. 编写程序,创建一个整型 5×5 矩阵,并将其输出显示。

第4章

视频讲解

Java 面向对象特性

面向对象是Java语言最基本的特征之一。深入理解并掌握Java语言的面向对象特性，对于Java语言的学习是非常关键的。封装、继承和多态被认为是面向对象程序设计(OOP)的3个关键特征，而这些特征都是与类和对象的概念紧密相关的。本章将在第2章面向对象程序设计基本概念的基础上，介绍Java语言中类和对象的含义与定义方式，并介绍Java中对OOP 3个关键特征的支持机制。

4.1 概 述

4.1.1 Java 语言的 OOP 特性

Java语言支持面向对象程序语言的如下3个关键特征。

1. 封装(encapsulation)

将对象的数据与操作数据的方法相结合，通过方法将对象的数据与实现细节保护起来，就称为封装。外界只能通过对象的方法访问对象，因此封装同时也实现了对象的数据隐藏。通过封装和数据隐藏机制，将一个对象相关的变量和方法封装为一个独立的软件体，单独进行实现与维护，并使对象能够在系统内方便地进行传递，另外也保证对象数据的一致性并使程序易于维护。

Java语言中，通过类这样的语言机制实现了数据的封装与隐藏。

2. 继承(inheritance)

当一个类是另一个类的特例时，这两个类之间具有父子类关系。子类继承了父类的状态(变量)和行为(方法)，子类可以重用父类中的这部分代码。继承关系减少了程序中相类似代码的重复说明。程序员可以在父类中对一些共同的操作与属性只说明一次，而在子类中将基于子类的特性再进行扩展或改变，并且继承具有传递性。

继承可以分为单继承和多重继承。如果一个类可以直接继承多个类，这种继承方式称为多重继承；如果限制一个类最多只能继承一个类，这种继承方式称为单继承。在单继承方式下，类的层次结构为树型结构，而多重继承是网状结构。

Java中只支持类之间的单继承，多重继承要通过接口实现。

3. 多态(polymorphism)

多态的含义可以表达为“对外一个接口，内部多种实现”。Java语言支持两种形式的多态：运行时多态和编译时多态。通过方法的重载(overloading)实现编译时多态，而通过类之间的继承性、方法重写以及晚联编技术实现运行时多态。多态使程序具有良好的可扩展性，并使程序易于编写维护、易于理解。

因此，Java 对 OOP 的 3 个基本特征具有很好的支持，而所有这些特点的实现机制都与类和对象的概念紧密相连。

4.1.2 Java 中类和对象的基本概念

类和对象是 Java 程序的基本组成要素。类描述了同一类对象都具有的数据和行为。Java 语言中的类将这些数据和行为进行封装，形成了一种复合数据类型。创建一个新类，就是创建了一种新的数据类型。在程序中类只定义一次，而用 new 运算符可以实例化同一个类的一个或多个对象。因此在程序中，类定义和描述了一类对象的共同特征，就像工厂中制造产品所用的设计蓝图。工厂中依据产品的蓝图生产出很多具体的产品，而程序中以类为模板可以创建多个具有共同特征的对象。

在例 4-1 中，将公司雇员的共同数据和对这些数据操作的方法抽象出来进行封装，定义了一个类 EmpInfo。类 EmpInfo 在程序中相当于一种新的数据类型，在 main()方法中，可以声明该类的变量，并通过实例化使这些变量指向该类的具体对象，程序中便可以通过变量访问相应对象的服务。

例 4-1 定义了描述雇员信息的类 EmpInfo，实例化该类的对象并进行访问。

```
class EmpInfo{
    String name;
    String designation;
    String department;
    public EmpInfo(String eName, String eDesign, String eDept){
        name = eName;
        designation = eDesign;
        department = eDept;
    }
    void print(){
        System.out.println(name + " is a " + designation + " at " + department + ".");
    }
}
public class ClassAndObject{
    public static void main(String args[ ]){
        EmpInfo  e1 = new EmpInfo("Robert Java","Manager","Coffee shop" );
        EmpInfo  e2 = new EmpInfo("Tom Java","Worker","Coffee shop" );
        e1.print();
        e2.print();
    }
}
```

例 4-1 的运行结果如下：

```
Robert Java is a Manager at Coffee shop.
Tom Java is a Worker at Coffee shop.
```

4.2 类的定义

4.2.1 类的基本结构

类有两种基本成分：变量和方法，称为成员变量和成员方法。类的成员变量可以是基本类型的数据或数组，也可以是一个类的实例。类的方法用于处理该类的数据。方法与其他语言中的函数的区别在于：①方法只能是类的成员，只能在类中定义；②调用一个类的成员方法，实际上是进行对象之间或用户与对象之间的消息传递。

Java 类定义的基本语法是：

```
<modifiers> class <class_name>{
    [<attribute_declarations>]
    [<constructor_declarations>]
    [<methods_declarations>]
}
```

Java 类的定义可以分成两部分：类声明和类体。类体部分包括类成员变量的声明、构造方法和成员方法的声明与定义。例如，图 4-1 中以 Bicycle 类的定义为例说明了类定义的结构。

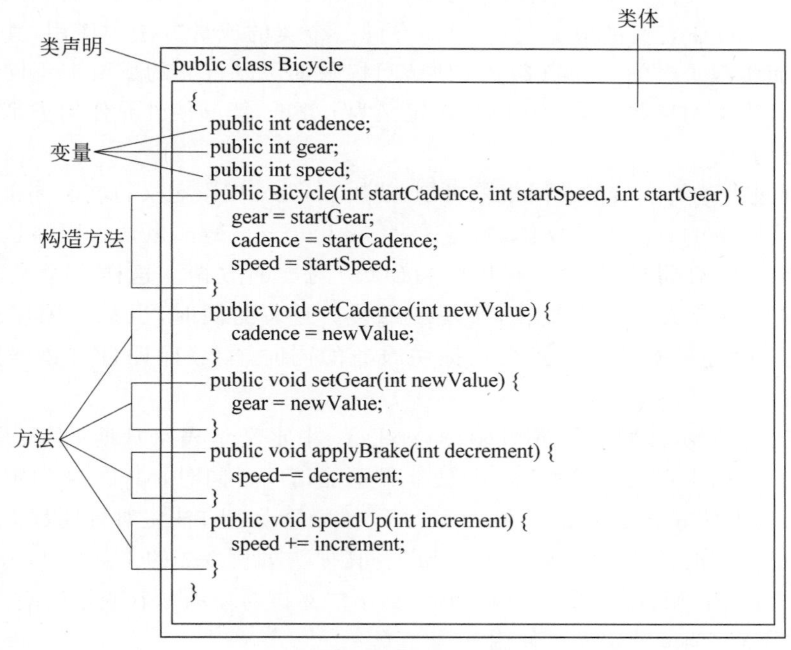

图 4-1 类定义的结构

1. 类的声明

在类定义中的类声明部分，主要是声明了类的名字以及类的其他属性。图 4-1 中的类 Bicycle 的声明相对比较简单，它表明了类的名称是 Bicycle 并且它的访问属性是 public。一般地，像 Bicycle 类这样简单的声明是很常用的。类声明的完整格式如下：

```
[public][abstract|final] class ClassName [extends SuperClassName]
                    [implements InterfaceNameList]{…}
```

其中修饰符 public、abstract 或 final 说明了类的属性；extends 关键字表示类继承了以 SuperClassName 为类名的父类；implements 关键字表示类实现了 InterfaceNameList 中列出的各个接口。关于类继承和接口，在后面会做详细说明。在这里，只介绍一下 public 属性：public 属性指明任意类均可以访问这个类，如果类声明中没有 public，只有与该类定义在同一个包中的类才可以访问这个类。关于类的访问控制将在后面详细介绍。

2. 类体

出现在类声明后的大括号{}中的是类体。类体提供了这个类的对象在生命周期中需要的所有代码：构造和初始化新对象的构造方法，表示类及其对象状态的变量，实现类及其对象行为的方法，并且在极少数情况下还可以有用来进行对象清除的 finalize()方法。

注意：上述元素中变量和方法统称为类的成员，但构造方法不是类的方法，所以不称为类的成员。

类体的定义是一个类定义的主要部分。

3. 类的封装与信息隐藏

Java 中通过类实现封装与信息隐藏。具体是通过对类的成员限定访问权限实现的。Java 中用于类成员的访问权限有 4 种，分别用 3 种权限定义符——public、protected、private 以及默认权限(没有任何权限定义符)来定义。利用这 4 种访问权限可以控制类中信息的隐藏程度。使用 private 定义的成员变量，只能在同一个类的成员方法中使用，其他类的方法禁止访问，从而实现了类的数据隐藏。其他访问权限都可以将类的成员在不同的范围内开放。例如，通过将类的某些方法的访问权限定义为 public，能够使外界任何类都可以对这个成员方法进行访问。

Java 中通过上述类成员的访问权限机制，使用 private 权限定义符将类内部的数据隐藏起来，只允许类自身的方法对其操作，然后通过 public、protected，默认权限将这些方法作为类的接口裸露出来，使得外界只能通过这些接口访问类的数据。这样一个类的数据和操作数据的方法就结合成为一个整体，实现了封装。封装的同时，也最大限度地隐藏了对象的内部细节，使得对象在与外界交互提供服务的同时，能够保证自身数据的完整性与一致性。

例 4-2 定义了表示日期的类 MyDate。MyDate 中定义了表示日期的年、月、日 3 个数据，并将这 3 个数据指定为 private 类型，使外界不能访问。同时，MyDate 中定义了两个对日期数据读写的方法——getDate()和 setDate()。setDate()方法中对日期数据的合法性进行了验证，并将它们的访问权限定义为 public。其他类如例 4-2 的 UseMyDate 类，只能通过这两个方法对一个 MyDate 类的对象访问，而不能对该对象的私有变量访问。

例 4-2 类 MyDate 的定义与使用。

```
class  MyDate {
     private int day;
     private int month;
     private int year;

     public String getDate(){
```

```
7           return day + "/" + month + "/" + year;
8       }
9       public int setDate(int a, int b, int c){
10          if ((a > 0 && a <= 31) && (b > 0 && b <= 12)){
11              day = a;
12              month = b;
13              year = c;
14              return 0;
15          }else {
16              return -1;
17          }
18      }
19  }
20  public class UseMyDate{
21      public static void main(String[ ] args){
22          MyDate d = new MyDate();
23          if(d.setDate(22,5,2009) == 0){
24              System.out.println(d.getDate());
25          }
26      }
27  }
```

例 4-2 的运行结果如下：

```
22/5/2009
```

如果将例 4-2 中的第 23、24、25 三行程序替换为如下程序：

```
d.day = 22;
d.month = 5;
d.year = 2009;
System.out.println(d.day + "/" + d.month + "/" + d.year);
```

则编译时出现 6 个错误，指出不能访问 MyDate 类中私有访问权限的变量。

4.2.2　成员变量

当一个变量的声明出现在类体中并不属于任何一个方法，则该变量为所属类的成员变量。类成员变量的基本声明与一般变量声明一样，必须包括类型与变量名，但增加了许多可选的修饰选项。成员变量完整的声明格式如下：

```
[public|protected|private][static][final][transient][volatile]  type varibleName;
```

其中修饰符 public、protected 或 private 说明了对该对象成员变量的访问权限；static 属性用来限制该成员变量为类变量，没有用 static 修饰的成员变量为实例变量；final 用来声明一个常量，对于用 final 限定的常量，在程序中不能修改它的值，且常量名应该用由下画线分开的大写的词表示，如 CONSTANT 等；transient 用来声明一个暂时性变量，在默认情况下，类中所有变量都是对象永久状态的一部分，当对象被保存到外存时，这些变量必须同时被保存。用 transient 限定的变量则指示 Java 虚拟机，该变量并不属于对象的永久状态，从而不能被永久存储。volatile 修饰的变量，在被多个并发线程共享时，系统将采取更优化的控制方法提高线程并发执行的效率。volatile 修饰符是 Java 的一种高级编程技术,一般程序员很少使用。

4.2.3 成员方法

1. 成员方法的定义

Java 中方法的定义与 C 和 C++很相似,包括两部分内容:方法声明和方法体。

1) 方法的声明

方法声明的完整格式如下:

```
[<accessLevel>][static][final|abstract][native][synchronized]
<return_type><name>([<argument_list>])[throws<exception_list>]{
    <block>
}
```

其中 accessLevel 与成员变量相同,可以使用 public、protected 或 private 限定对成员方法的访问权限。static 限定它为类方法,而实例方法则不需要 static 限定词。abstract 表明方法是抽象方法,没有实现体。final 指明方法不能被重写。native 表明方法是用其他语言实现。synchronized 用来控制多个并发线程对共享数据的访问。throws exception_list 列出该方法将要抛出的例外。

最简单的方法声明包括方法名和返回类型,如下所示:

```
returnType methodName(){
    methodBody
}
```

其中返回类型可以是任意的 Java 数据类型。当一个方法不需要返回值时,返回类型为 void。

2) 方法体

方法体是对方法的实现。它包括局部变量的声明以及所有合法的 Java 语句。

方法体中可以声明该方法中所用到的局部变量,它的作用域只在该方法内部,当方法返回时,局部变量也不再存在。如果局部变量的名字和类的成员变量的名字相同,则类的成员变量被隐藏,如果要将该类成员变量显露出来,则需在该变量前加上修饰符"this",如例 4-3 所示。

例 4-3 的类 VarTest 中,成员变量 y、z 与方法 changeVar()中的变量同名,如果不加以特殊标识,则方法 changeVar()中操作的是局部变量 y 和 z。

例 4-3 类成员变量与局部变量同名时的操作示例。

```
public class VarTest{
    private int x = 1;
    private int y = 1;
    private int z = 1;

    void changeVar(int a, int b, int c){
        x = a;
```

```
        int y = b;                          //y 使同名类成员变量隐藏
        int z = 9;                          //z 使同名类成员变量隐藏
        System.out.println("In  changVar :  " + "x = " + x + " y =" + y + " z =" + z);
        this.z = c;                         //给类成员变量 z 赋值
    }

    String getXYZ(){
        return "x = " + x + " y =" + y + " z =" + z;
    }

    public static void main( String args[ ] ){
        VarTest v = new VarTest();
        System.out.println("Before changVar : " + v.getXYZ());
        v.changeVar(10,10,10);
        System.out.println("After changeVar: " + v.getXYZ());
    }
}
```

例 4-3 的运行结果如下：

```
Before changVar : x = 1 y =1 z =1
In  changVar :  x = 10 y =10 z =9
After changeVar: x = 10 y =1 z =10
```

在方法体中，可以使用 return 语句退出该方法，使程序控制流返回到调用该方法的语句处。return 语句有两种格式：带返回值和不带返回值。如果要带返回值，只需在 return 关键字后加上相应的值或表达式，例如例 4-3 的 getXYZ()方法中的返回语句：

```
return "x = " + x + " y =" + y + " z =" + z;
```

注意：return 语句中的返回值类型必须与方法声明中的返回值匹配。

当方法被声明为 void 时，使用不带返回值的 return 语句：

```
return;
```

2. 方法调用中的参数传递方式

Java 中方法调用的参数传递方式是传值，即方法调用不会改变调用程序中作为方法参数的变量的值。但要注意，当方法的参数类型是对象或数组等引用类型时，在方法调用中传递给该参数的仍然是调用程序中对应变量的值，即对某个对象或数组的引用。但如果在方法中对该参数指向的对象进行修改（如改变成员变量的值），则这种修改将是永久的，即当从方法中退出时，对象的修改将被保留下来，在调用程序中可以看到这种改变。因此，在方法中可能改变引用型参数所指向的对象的内容，但是对象的引用不会改变。

例 4-4　一个参数传递的例子。

```
public class PassTest{
    float ptValue;                      //类 PassTest 的成员变量

    //参数类型是基本类型
    public void changeInt(int value){
        value = 55;
```

```
7      }
8
9      //参数类型是引用型,并且方法中改变了参数的值
10     public void changeStr(String value){
11         value = new String("different");
12     }
13
14    //参数类型是引用型,并且方法中改变了参数所指向对象的成员变量值
15    public void changeObjValue(PassTest ref){
16        ref.ptValue = 99.0f;
17    }
18
19    public static void  main(String args[] ){
20        String str;
21        int val;
22
23        PassTest pt =  new PassTest(); //创建 PassTest 的对象
24
25        //测试基本类型参数的传递,观察调用程序中的变量值是否改变
26        val = 11;
27        pt.changeInt(val);
28        System.out.println("Int value is: " + val);
29
30        //测试引用类型参数的传递,观察调用程序中的变量值是否改变
31        str = new String("Hello");
32        pt.changeStr(str);
33        System.out.println("Str value is: " + str);
34
35        //测试引用类型参数的传递,观察调用程序中的变量值是否改变
36        pt.ptValue = 101.0f;
37        pt.changeObjValue(pt);
38        System.out.println("Pt value is: " + pt.ptValue);
39    }
40 }
```

例 4-4 的运行结果如下：

```
Int value is: 11
Str value is: Hello
Pt value is: 99.0
```

在例 4-4 中，类 PassTest 中声明了一个成员变量 ptValue，以及 3 个简单成员方法与 main()方法。changeInt()方法的参数是 int 型；changStr()与 changeObjValue()方法的参数都是引用类型。在 main()方法中创建了类 PassTest 的对象 pt 并分别调用这 3 个方法，并在调用后打印作为参数进行传递的变量的值，以测试变量的值是否改变。

例 4-4 的 27 行中调用了 pt 的 changeInt()方法，即使在 5～7 行的 changeInt()方法中对参数变量 value 的值进行改变，也不会影响到 main()方法中 val 变量的值，因此第 28 行打印输出 val 的值，仍然是 11。

例 4-4 的 31 行创建了一个由 str 变量指向的字符串对象"Hello"，32 行调用 pt 对象的

changStr()方法。当在执行方法调用运行到第 10 行时，str 与 value 变量的取值情况如图 4-2(a)所示。在第 11 行运行后，value 将指向新的字符串“different”，但 value 的这种改变并没有影响 main()方法中 str 变量，此时两个变量的取值如图 4-2(b)所示。当 changStr()方法执行完毕，程序流控制返回到第 33 行时，value 变量已经被释放，str 变量的取值如图 4-2(c)所示。所以在第 33 行打印输出 str 所指向的字符串的值，应该是“Hello”。

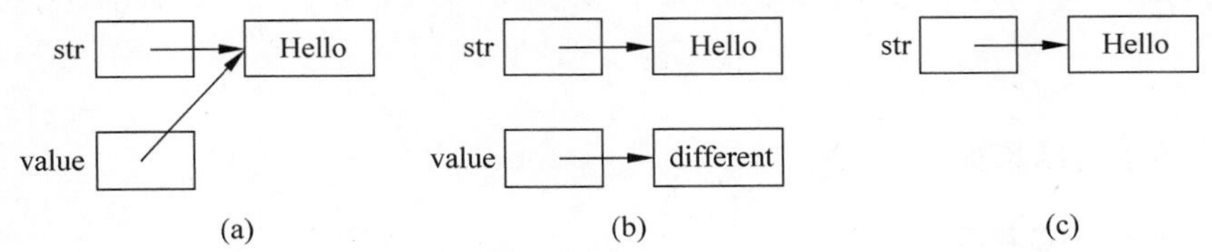

图 4-2　changStr()方法的调用

例 4-4 的第 36 行将当前对象 pt 的 ptValue 变量值赋为 101.0f，第 37 行以 pt 为参数调用 changeObjValue()方法。当第 15～17 行的 changeObjValue()方法开始执行时，pt 与 ref 两个变量及其所指向对象的内存布局如图 4-3(a)所示。在第 17 行改变了 ref 所指向对象的 ptValue 变量的值，如图 4-3(b)所示。当 changeObjValue()方法执行完毕，程序流控制返回到 38 行时，ref 变量已经被释放，pt 变量及其所指向的对象的内存布局如图 4-3(c)所示。所以第 38 行的打印输出结果是：Pt value is：99.0。

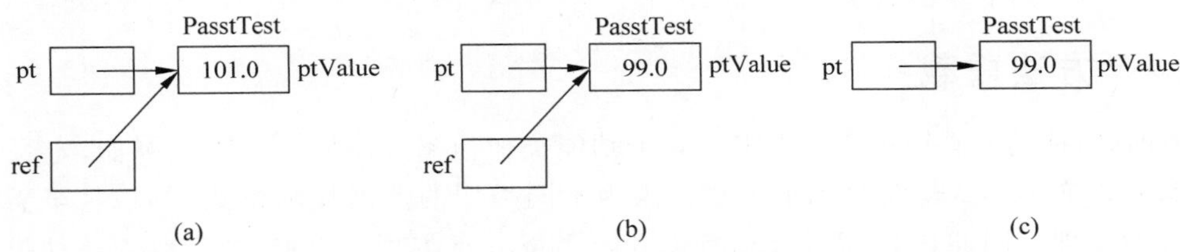

图 4-3　changeObjValue()方法的调用

3. 可变参数列表 Varargs

使用可变参数表，可以使方法具有数目不定的多个参数。可变参数的定义格式一般为：

```
类型… 参数名
```

“类型”后面的“…”表明，该参数在方法调用时将传递进来一个数组或一个参数序列。例如，在方法 public float average(int…nums){ }中，int…nums 表示放在 nums 中的类型为 int 的一组参数。可变参数列表的使用方法，如下面例 4-5 所示。

例 4-5　一个使用可变参数的示例。

```
public class Calculation {
    public float avg(int... nums) {
        int sum = 0;
        for (int x : nums) {
            sum += x;
        }
        return ((float) sum) / nums.length;
    }
```

```
    public static void main(String args[]){
        Calculation cal = new Calculation();
        float average1 = cal.avg(10, 20, 30);
        float average2 = cal.avg(5, 6, 7, 8, 9, 10);
        System.out.println("The average of 10,20,30 is" + " " + average1);
        System.out.println("The average of 5, 6, 7, 8, 9, 10 is" + " " + average2);
    }
}
```

例 4-5 的运行结果如下：

```
The average of 10,20,30 is 20.0
The average of 5, 6, 7, 8, 9, 10 is 7.5
```

使用可变参数列表要注意以下问题。

- 可变参数只能作为方法参数列表中的最后一个参数。
- 作为程序员，如果要调用的 API 中具有可变参数列表的方法，则应尽量使用，使程序更易读。Java 核心类库中有一些使用可变参数列表的 API，包括 reflection、message formatting 和新的 printf()方法。如果要编写 API，则要尽量少用，只在好处明显时使用。一般情况下，不要重载带有可变参数列表的方法，否则会使其他人很难确定具体被调用的重载方法。

4.2.4 方法重载

有时，可能需要在同一个类中定义几个功能类似但参数不同的方法。例如，定义一个将其参数以文本形式输出显示的方法。因为不同类型的数据显示格式不同，甚至需要经过不同的处理。因此，如果需要显示 int、float 和 String 类型的数据，则需要为每种类型数据的显示单独编写一个方法。这样就需要定义 3 个方法，可以将它们命名为 printInt()、printFloat()以及 printString()。这种定义方式不仅显得枯燥，而且要求使用这个类的程序员熟悉多个不同的方法名称，给程序员带来麻烦。

为此，Java 语言提供了方法重载(overloading)机制。方法的重载是允许在一个类的定义中，多个方法使用相同的方法名。对于上述 3 个打印输出的方法，利用重载机制可以进行如下定义：

```
public  void  println(int i){ … }
public  void  println(float f) { … }
public  void  println(string str) { … }
```

这样使用一个方法名称 println 就可以定义打印输出各种数据类型的方法，程序员只需记住一个方法名，减轻了程序员的负担。重载是指在同一个类中一个方法名被用来定义多个方法。上述例子中 println 方法被重载。

方法重载是面向对象程序语言多态性的一种形式，它实现了 Java 的编译时多态。即由编译器在编译时刻确定具体调用哪个被重载的方法。

重载方法的名称都是相同的，但在方法的声明中一定要有彼此不相同的成分，以使编译器能够区分这些方法。因此 Java 中规定重载的方法必须遵循下列原则。

- 方法的参数表必须不同，包括参数的类型或个数，以此区分不同方法体。
- 方法的返回类型、修饰符可以相同也可不同。

java.lang.System 类的 out 变量是 java.io.PrintStream 类型的。而在 PrintStream 类中对 println()方法进行了重载，定义了多个 println()方法，如下所述。这些方法的使用如例 4-6 所示。

```
public void println()                    //打印换行符
public void println(boolean x)           //打印逻辑型值
public void println(char x)              //打印一个字符
public void println(int x)               //打印一个 int 型的值
public void println(long x)              //打印一个 long 型的值
public void println(float x)             //打印一个 float 型的值
public void println(double x)            //打印一个 double 型的值
public void println(char[] x)            //打印一个字符数组的值
public void println(String x)            //打印一个字符串
public void println(Object x)            //打印一个对象的值
```

例 4-6　java.io.PrintStream 的重载 println()方法的使用。

```
public class TestOverloading{
    public static void main(String[] args){
        boolean b = true;
        char c = 'A';
        int i = 100 ;
        long l = 1000;
        float f = 99.0f;
        double d = 999.0;
        char[] cc = {'A','B','C','D'};
        String s = "abcdefg";
        java.util.Date o = new java.util.Date();

        System.out.println(b);
        System.out.println(c);
        System.out.println(i);
        System.out.println(l);
        System.out.println(f);
        System.out.println(d);
        System.out.println();
        System.out.println(cc);
        System.out.println(s);
        System.out.println(o);
    }
}
```

例 4-6 的运行结果如下：

```
true
A
100
```

```
1000
99.0
999.0

ABCD
abcdefg
Sat Oct 24 10:00:42 CST 2009
```

4.2.5 this

this 是 Java 使用的一个有特定意义的引用,它指向当前对象自身,如例 4-7 所示。

例 4-7 this 使用示例。

```
public class MyDate{
    private int day, month, year;
    public MyDate(int day,int month,int year){
        this.day = day;
        this.month = month;
        this.year = year;
    }

    public String tommorrow(){
        this.day = this.day + 1;
        return this.day + "/" + this.month + "/" + this.year;
    }

    public static void main( String[] args){
        MyDate d = new MyDate(12,4,2009);
        System.out.println(d.tommorrow());
    }
}
```

例 4-7 的运行结果如下：

```
13/4/2009
```

例 4-7 的 MyDate 类中的构造方法以及 tommorrow()方法中的 this. day、this. month 和 this. year 指的是当前对象中的 day、month 和 year 变量。实际上,在一个对象的方法被调用执行时,Java 会自动给对象的变量和方法都加上 this 引用,指向内存堆中的对象。所以有些情况下使用 this 关键字可能是多余的。在例 4-7 中,构造方法 public MyDate(int day,int month,int year)中 this 关键字的使用是必要的,如果在该方法中不使用 this,则作为类成员变量的 day,month 和 year 变量将被隐藏,将得不到预期的对象初始化结果。而 tommorrow()方法中的 this 关键字的使用是多余的。

4.2.6 构造方法

Java 中所有的类都有构造方法,用来进行该类对象的初始化。构造方法也有名称、参数和方法体以及访问权限的限制。

1. 构造方法的定义格式

构造方法的定义格式如下：

```
[public|protected|private]<class_name>([<argument_list>]){
        [<statements>]
}
```

3 种访问权限定义符 public，protected，private 再加上没有访问权限定义符的情况，共指定了构造方法的 4 种访问权限，表明了哪些对象能够创建该类的实例，如下所述。

- public：任何类都能够创建这个类的实例对象。
- protected：只有这个类的子类以及与该类在同一个包中的类可以创建这个类的实例对象。
- private：没有其他类可以实例化该类。此时，这个类中可能包含一个具有 public 权限的方法（该方法有时称为 factory 方法），只有这些方法可以构造该类的对象并将其返回。
- 没有访问权限指定（也可称为 default 或 package）：只有与该类在同一个包中的类可以创建这个类的实例对象。

观察构造方法的定义可以发现，这类方法是非常特殊的。构造方法的特点如下。

- 构造方法的名称必须与类名相同。
- 构造方法不能有返回值。
- 用户不能直接调用构造方法，必须通过关键字 new 自动调用它。

例 4-8 是一个定义与使用构造方法的简单例子。

例 4-8　定义 Dog 类并创建其对象。

```
class Dog {
    private int weight;
    public Dog(){
        weight = 42;
    }
    public int getWeight(){
        return weight;
    }
    public void setWeight(int newWeight){
        weight = newWeight;
    }
}

public class UseDog{
    public static void main(String[ ] args){
        Dog d = new Dog();
        System.out.println("The dog's weight is " + d.getWeight());
    }
}
```

例 4-8 的运行结果如下：

```
The dog's weight is 42
```

2. 默认的构造方法

在类的定义中可以不定义构造方法,而其他类仍然可以通过调用 new *XXX*()来实例化 *XXX* 类的对象。这是因为,Java 在编译时给没有定义构造方法的类自动加入了一个特殊的构造方法,这个方法不带参数且方法体为空,称为类默认的构造方法。

用默认构造方法初始化对象时,由系统用默认值初始化对象的成员变量。各种数据类型的默认值为:

数值型	0
boolean	false
char	'\0'
对象	null

前面许多例题都已经使用了默认构造方法来初始化一个类的对象。

注意:一旦在类中定义了构造方法,则默认的构造方法将不被加到类的定义中。此时,如在程序中使用默认的构造方法将出现编译错误,所以为了避免此类错误,如果类中定义了构造方法,通常也将加入不带参数的构造方法。

3. 重载构造方法

构造方法可以重载,即定义多个构造方法,其参数表不同。重载构造方法的目的是使类对象具有不同的初始值,为类对象的初始化提供方便。

例 4-9 构造方法重载示例。

```
class Employee{
    private String name;
    private int salary;
    public Employee(String n, int s){
        name = n;
        salary = s;
    }
    public Employee(String n){
        this(n,0);
    }
    public Employee(){
        this("Unknown");
    }
    public String getName(){
        return name;
    }
    public int getSalary(){
        return salary;
    }
}
public class EmplyeeTest{
    public static void main(String [] args){
        Employee e = new Employee();
        System.out.println("Name: " + e.getName() + "    Salary: " + e.getSalary());
    }
}
```

例 4-9 的运行结果如下：

```
Name: Unknown    Salary: 0
```

例 4-9 中出现的 this()是调用所在类的构造方法。在 EmployeeTest 类的 main()方法中，调用了 Employee()。Employee()方法的执行，将调用 public Employee(String n)，而该构造方法的执行，是调用 public Employee(String n, int s)，因此 main()方法实例化的 Employee 对象的 e. name 值为 Unknown，e. salary 值为 0。

4.2.7　访问控制

1. 访问控制概述

Java 中，可以在类的定义中使用权限修饰符来保护类的变量和方法。Java 支持如下 4 种不同的访问权限。

- 私有的：以 private 修饰符指定。
- 受保护的：以 protected 修饰符指定。
- 公开的：以 public 修饰符指定。
- 默认的，也称为 default 或 package：不使用任何修饰符。

对于类的成员变量和方法可以定义上述 4 种访问级别：public，protected，default，private，对于类(除内部类)可以有 public 或 default 两种。

4 种修饰符的作用范围如表 4-1 所示。

表 4-1　4 种修饰符的作用范围

权限 修饰符	同一个类	同一个包	子　类	全　局
private	√			
default	√	√		
protected	√	√	√	
public	√	√	√	√

注：√表示可以访问。

下面对每种访问控制权限分别进行说明。

2. private

类中带有 private 的成员只能被这个类自身访问。private 对访问权限限制最大。一般把那些不想让外界访问的数据和方法声明为私有的，这有利于数据的安全并保证数据的一致性，也符合程序设计中隐藏内部信息处理细节的原则。

对于构造方法也可以限定它为 private。如果一个类的构造方法声明为 private，则其他类不能生成该类的实例对象。

例如，下列 Alpha 类中定义了一个 private 成员变量和一个 private 方法。

```
class Alpha {
    private int iamprivate;
    private void privateMethod() {
        System.out.println("privateMethod");
```

```
    }
}
```

Alpha 类的对象可以访问 iamprivate 变量和 privateMethod()方法，但是其他类的对象不能对它们进行访问。例如，在下列 Beta 类中访问 Alpha 对象的私有成员是错误的。

```
class Beta {
    void accessMethod() {
        Alpha a = new Alpha();
        a.iamprivate = 10;                //错误!
        a.privateMethod();                //错误!
    }
}
```

注意：同一个类的不同对象之间可以访问对方的 private 成员变量和方法。这是因为访问控制是在类的级别上，而不是在对象的级别上，如例 4-10 所示。

例 4-10 同一个类的对象之间私有成员的访问。

```
class Alpha {
    private int iamprivate;
    public Alpha(int i){
        iamprivate = i;
    }
    boolean isEqualTo(Alpha anotherAlpha) {
        if (this.iamprivate == anotherAlpha.iamprivate)//访问另一个 Alpha 对象的私有变量
            return true;
        else
            return false;
    }
}

public class Test{
    public static void main(String args[ ]){
        Alpha aa = new Alpha(10);
        Alpha bb = new Alpha(12);
        if(aa.isEqualTo(bb)){
            System.out.println("equal ");
        }
        else{
            System.out.println("not equal ");
        }
    }
}
```

例 4-10 的运行结果如下：

```
not equal
```

例 4-10 中，Alpha 类的 isEqualTo()方法要将另一个 Alpha 类对象的私有变量 iamprivate 与对象自身的私有变量 iamprivate 相比较，如果相等返回 true，否则返回 false。这个例子可以通过编译并正常运行，说明了访问控制是应用于类(class)或类型(type)层次，而不是对象层次。

3. default

不加任何访问权限限定的成员采用的是默认的访问权限，称为 default 或 package。default 权限意味着可以被这个类本身和同一个包中的类所访问。在其他包中定义的类，即使是这个类的子类，也不能直接访问这些成员。这种访问权限相当于把同一个包中的类作为可信的朋友。对于构造方法，如果不加任何访问权限也是 default 访问权限，则除这个类本身和同一个包中的类之外，其他类不能生成该类的实例。

例如，下列 Alpha 类定义了具有 default 访问权限的变量和方法。

```
package Greek;
class Alpha {
    int iampackage;
    void packageMethod() {
        System.out.println("packageMethod");
    }
}
```

Alpha 类属于 Greek 包，所以 Greek 包中的类可以访问 Alpha 的 default 成员变量和方法。例如，有下列 Beta 类。

```
package Greek;
class Beta {
    void accessMethod() {
        Alpha a = new Alpha();
        a.iampackage = 10;           //合法的
        a.packageMethod();           //合法的
    }
}
```

4. protected

类的定义中带有 protected 的成员可以被这个类本身、它的子类(与该类在同一个包中或在不同包中)以及同一个包中所有其他类访问。当同一个包中的类或子类都可以访问类的成员，而无关的类不能访问这些成员时，可将它们的访问权限限定为 protected。

在下面的例子中，定义了 3 个类，分别是 Alpha、Gamma 和 Delta，并且 Delta 是 Alpha 的子类，Alpha、Gamma 在 Greek 包中而 Delta 属于 Latin 包。

Alpha 类的定义如下。

```
package Greek;
public class Alpha {
    protected int iamprotected;
    protected void protectedMethod() {
        System.out.println("protectedMethod");
    }
}
```

Gamma 类的定义如下。因为 Gamma 与 Alpha 属于同一个包，所以 Gamma 中可以访问 Alpha 的 protected 类型的成员。

```
package Greek;
```

```
class Gamma {
    void accessMethod() {
        Alpha a = new Alpha();
        a.iamprotected = 10;                //合法
        a.protectedMethod();                //合法
    }
}
```

Delta 类的定义如下:

Delta 虽然是 Alpha 的子类,但它与 Alpha 分别在不同的包中。Delta 可以访问 Alpha 的 iamprotected 变量和 protectedMethod()方法,但只能通过 Delta 的对象或其子类对象访问,不能通过 Alpha 的对象直接对这两个类的成员进行访问。因此,下列 Delta 类的方法 accessMethod()试图通过 Alpha 的对象访问其 iamprotected 变量和 protectedMethod()方法是非法的,而通过 Delta 对象访问该变量和方法则是合法的。

```
package Latin;
import Greek.*;
class Delta extends Alpha {
    void accessMethod(Alpha a, Delta d) {
        a.iamprotected = 10;            //非法的
        d.iamprotected = 10;            //合法的
        a.protectedMethod();            //非法的
        d.protectedMethod();            //合法的
    }
}
```

如果 Delta 与 Alpha 在同一个包中,则上述非法的语句将是合法的。

5. public

public 是最简单的访问控制修饰符。带有 public 的成员可以被所有的类访问,任何包中的任何类都可以直接访问 public 变量和方法。对于构造方法,如果访问权限限定为 public,则在所有类中都可以生成该类的实例。

一般把外界需要直接访问的类成员,很多情况下是方法,说明为 public 访问权限,用来作为外界与类交换信息的接口。

4.3 内 部 类

4.3.1 什么是内部类

内部类是在一个类的声明里声明的类,也称为嵌套类,是从 JDK 1.1 开始支持的。内部类和包容它的类可以形成有机的整体。例如:

```
class  A{
    …
    class  B{
        …
    }
    …
}
```

上述例子中，类 B 在类 A 内部定义，所以 B 称为内部类，类 A 称为 B 的包容类或外包类。

4.3.2　内部类的使用

1. 内部类作为外包类的一个成员使用

内部类可以作为外包类的一个成员使用，可以访问外包类的所有成员，包括带有 static 的静态成员变量和方法，以及 private 私有成员，如例 4-11 所示。

例 4-11　内部类访问外包类成员。

```
public class Outer{
    private int size;

    /** 定义内部类 Inner */
    public class Inner{
        public void doStuff(){
            size++;                          //将外包类的成员变量 size 递增
        }
    }

    Inner i = new Inner();                   //成员变量 i 指向 Inner 类的对象

    public void increaseSize(){
        i.doStuff();                         //调用内部类 Inner 的方法
    }

    public static void main(String[] a){
        Outer o = new Outer();
        for (int i = 0; i<4; i++){
            o.increaseSize();
            System.out.println("The value of size : " + o.size);
        }
    }
}
```

例 4-11 的运行结果如下：

```
The value of size : 1
The value of size : 2
The value of size : 3
The value of size : 4
```

例 4-11 中，Outer 类中定义了成员变量 size、内部类 Inner、Inner 类型的成员变量 i，以及成员方法 increaseSize()。在内部类 Inner 中声明了方法 doStuff()，该方法访问了 Outer 类的成员变量 size。

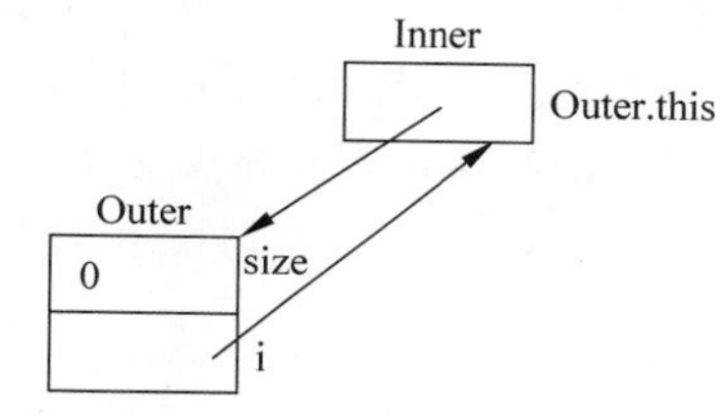

图 4-4　例 4-11 中内部类与外包类对象的内存布局

JVM 对内部类的实现中，在内部类对象中保存了一个对其外包类对象的引用，如图 4-4 所示，所以内部类可以通过该引用找到外包类的对象，进而访问外包类的成员。

例 4-12 说明如何标识外包类、内部类和内部类方法中的同名变量。

例 4-12 内部类中加上修饰符访问同名外包类成员。

```
public class Outer{
    private int size;

    /** 定义内部类 Inner */
    public class Inner{
        private int size;
        public void doStuff(int size){
            size++;                              //存取局部变量
            this.size++;                         //存取内部类的成员变量
            Outer.this.size++;                   //存取其外包类 Outer 的成员变量
            System.out.println("size in Inner.doStuff(): " + size);
            System.out.println("size in the Inner class: " + this.size);
            System.out.println("size in the Outer class: " + Outer.this.size);
        }
    }
    Inner i = new Inner();                       //成员变量 i 指向 Inner 类的对象
    public void increaseSize(int s){
        i.doStuff(s);                            //调用内部类 Inner 的方法
    }
    public static void main(String[] a){
        Outer o = new Outer();
        o.increaseSize(10);
    }
}
```

例 4-12 的运行结果如下：

```
size in Inner.doStuff(): 11
size in the Inner class: 1
size in the Outer class: 1
```

例 4-12 中，内部类 Inner 的 doStuff()方法访问其外包类 Outer 的同名变量 size 时，采用的格式是：外包类名.this.同名变量名，即 Outer.this.size。

2. 在外包类的语句块中定义内部类

内部类可以在一个方法体的语句块中定义。这时内部类可以访问语句块中的局部变量，但只限于在该语句块运行期内，当该方法运行结束后，内部类对象将不能访问所在语句块中的局部变量。但因为 final 变量(即常值局部变量)在方法运行结束后仍然存在，所以内部类对带有 final 的局部变量的访问不受上述限制。例 4-13 说明了内部类的这种使用方式。

另外，这样的内部类只能用于在定义它的语句块中创建该内部类的对象，而且内部类的类名也不能出现在定义它的语句块之外。

例 4-13 在语句块中定义的内部类访问语句块的局部变量。

```
class Outer{
    private int size = 5;

    /** 方法 makeInner(),返回一内部类对象 */
```

```
    public Object makeInner(final int finalLocalVar){
        int LocalVar = 6;
        class Inner{
            public String toString(){
                return ("#< Inner size = " + size +
                //" localVar = " + localVar + //此处对局部变量 LocalVar 的访问非法
                " finalLocalVar = " + finalLocalVar + ">");
            }
        }
        return new Inner();                     //方法 makeInner()返回一内部类对象
    }

    public static void main(String[ ] args){
        Outer outer = new Outer();
        Object obj = outer.makeInner(40);
        System.out.println("The object is " + obj.toString());
    }
}
```

例 4-13 的运行结果如下：

```
The object is #< Inner size = 5 finalLocalVar = 40 >
```

例 4-13 的 Outer 类的成员方法 makeInner()中，定义了局部变量 localVar、final 整型变量 finalLocalVar 和内部类 Inner，并且该方法的返回值是一个 Object 对象，实际上是一个 Inner 类型的对象。当 makeInner()方法运行结束后局部变量 localVar 就不存在了，所以如果在 Inner 的 toString()方法中访问 localVar，则返回的 Inner 对象的 toString()方法将出现访问未知变量的错误。但是，makeInner()中的变量 finalLocalVar 因为是 final 型，所以可以在 Inner 中访问。

3. 在外包类以外的其他类中访问内部类

Java 中，内部类的访问权限与普通类和接口不同，可以定义为 public、protected、default 或 private，而普通类只能定义 public 或 default 两种。对于可以在外包类之外访问的内部类，引用内部类名时必须使用完整的标识：外包类名.内部类名，并且在创建内部类对象时，必须与外部类的对象相关。例如，假设类 B 是类 A 的内部类，则在其他类中要以下列格式访问类 B：

```
A  a = new A();
A.B b = a.new B();
```

例 4-14 是一个完整的例子。

例 4-14　在外包类之外访问内部类。

```
class Outer{
    private int size;

    /** 定义内部类 Inner */
    class Inner{
        void doStuff(){
            size++;
```

```
            System.out.println("The size value of the Outer class: " + size);
        }
    }
}

public class TestInner{
    public static void main(String[ ] a){
        Outer out = new Outer();
        Outer.Inner in = out.new Inner();       //声明并创建内部类的对象
        in.doStuff();                           //调用内部类的方法
    }
}
```

例 4-14 的运行结果如下：

```
The size value of the Outer class: 1
```

4.3.3 内部类的特性

内部类具有一些特殊的性质，总结如下。

(1) 内部类的类名只用于定义它的类或语句块之内，在外部引用它时必须给出带有外包类名的完整名称，并且内部类的名字不许与外包类的名字相同。

(2) 内部类可以访问外包类的静态(static)或实例成员变量。

(3) 内部类可以在成员方法中定义，该成员方法的局部变量及参数必须是 final 的才能被该内部使用。

(4) 内部类可以是抽象类或接口。如果是接口，则可以由其他内部类实现。

(5) 内部类可以使用 public、protected、default 或 private 等 4 种访问权限控制。

(6) 内部类可以被声明为static(普通类是不可以的)，这样的内部类变成顶层类，相当于把它放在外面，不再是嵌套的内部类，并且它的对象中将不包含指向外包类对象的指针，所以不能再引用外包类对象。

(7) 只有顶层类可以声明 static 成员。如果内部类需要定义 static 成员，则该内部类必须声明为 static，否则，一般内部类的成员不能被声明为 static。

4.3.4 匿名类

本地类(或局部类)和匿名类是两种类型的内部类。如果内部类在一个方法体中声明，则该类就被称为本地类，而没有类名的本地类就是匿名类。本地类采用常规的类声明，而匿名类却是在一个表达式中定义的，它是表达式的一部分。匿名类要继承一个父类或实现一个接口，它的定义就像调用父类或接口的构造方法，只是在构造方法后的代码块中包含了匿名类的定义。匿名类定义的语法包含 new 运算符、所继承的父类或所实现接口的名称、用括号括起的构造方法参数(如果是实现接口，因为接口没有构造方法，则括号中的内容为空)、匿名类的声明块。在这个块中，允许出现方法声明，但不允许出现语句。例 4-15 中的 main()方法，在本地变量 c 的初始化语句中使用了匿名类。程序的运行结果是在监控台上打印出“Hello world!”。

例 4-15 匿名类示例。

```
class ClassA {
    voidaMethod(){};
}

public class TryAnonymous {
    public static void main(String[] args) {
        ClassA c = new ClassA() {
            void aMethod() {
                System.out.println("Hello world!");
            }
        };
      c.aMethod();
    }
}
```

匿名类的好处是可以使代码更简洁,可以在一个类声明的同时创建该类的实例。当某个本地类只使用一次时,可以把它定义为匿名类。

4.3.5 Lambda 表达式

在使用匿名类时,如果匿名类很简单,例如实现了只包含一个方法的接口,则匿名类的语法就显得烦琐和不清晰。而 Lambda 表达式可以使这种单方法类的定义更紧凑。Lambda 表达式是 JDK 1.8 中出现的新功能,这种表达式还使 Java 语言的并行处理能力有所提升。

1. Lambda 表达式的来历

近年来,随着多核 CPU 的普及与细粒度程序并行化需求日益迫切,Java 需要有相应改进以适应计算机硬件的发展,尤其是发展迅速的多核平台。针对上述目标,Java 中的集合框架就成为改进的主要对象。集合类经常会在集合的所有元素上执行某种操作(称为批量操作),而这些操作可以通过多线程实现并行执行。在 JDK 1.8 之前,集合的这种批量操作是通过在单线程中使用循环实现的。虽然利用 JDK 上的某些技术可以将集合元素分成若干子集,每个子集上的操作作为一个子任务,然后通过多线程来实现并行化,但需要程序员具有比较好的并行程序设计能力。

集合元素上的批量操作,可以分为在元素上执行迭代操作的机制(how)与操作内容或功能(what)两个部分。目前这两部分都需要应用程序来实现,所以不便于进行并行处理。若要使程序员能够轻松有效地实现集合的并行化批量操作,需要将集合元素上执行什么操作与这些操作如何完成进行分离,这样可以由 Java 提供通用的并行化操作执行机制,而程序员只需要指定功能。Lambda 表达式正是可以做到这一点:它为这些功能提供了方便而简明的表示,并且可以将功能以参数的形式传递给集合的一个批量操作,集合可以并行地将这些功能在其所有元素上执行。

Lambda 这个词起源于 Lambda 演算。Lambda 演算是一种形式系统,用来研究函数定义、函数应用和递归,它对于函数式编程语言(functional Language,例如 Lisp)有重大的影响。函数式语言中包含了纯函数,这类函数不改变数据,只根据接收到的参数产生结果。另外，函数的用法也不同，除了可以被调用以外，还可以作为参数传递给一个操作，或作为操作的结果返回。这就是将代码作为数据 code-as-data 的概念。函数式编程语言重点描述的是程序需要完成什么功能（即 what），而不是描述如何一步步完成这些功能（即 how）。因此，函数式语言具有一种将操作与操作的实施过程分离的能力。这种能力正是 Java 实现并行化处理所需要的。所以 Java 中引入了 Lambda 表达式，它在 Java 中表示函数，即一个 Lambda 表达式就表示了一项功能。目前提供 Lambda 表达式的语言，还有 Python、Ruby、Scala、C＃、C++ 等。

2. Lambda 表达式的语法

Java 中，Lambda 表达式的语法由如下三部分组成：

Lambda 表达式语法	参数列表	箭头符号	表达式主体
示例	(int x, int y)	->	x + y

表达式主体部分可以是单个表达式或一个由{ }界定的语句块。如果是单个表达式，则会对该表达式求值并返回结果。如果是语句块，则该语句块会像方法体一样被执行，并由一个 return 语句将控制返回到调用者。在这个语句块中 break 和 continue 不能在顶层的语句中出现，但可以在循环语句中使用。当 Lambda 表达式包含的语句很少的时候，可以省略 return 语句。

下面是几个 Lambda 表达式的示例：

```
(int x, int y) -> x + y                    //以两个整数 x 和 y 为参数，返回它们的和
() -> 42                                   //没有任何参数，返回整数 42
(String s) -> { System.out.println(s); }   /* 以一个字符串为参数，将其打印到
                                              监控台，不返回任何信息 */
(int x) -> { return x + 1; }               //以一个整数为参数，返回该整数加 1 后的值
```

观察上述 Lambda 表达式，看起来这种表达式就像是没有名字的方法。它具有一个方法的全部组成：一个参数列表和一个主体。与方法仔细对比起来，可以发现 Lambda 表达式没有返回类型、throws 子句，以及名称。实际上，返回类型和异常是由编译器从 Lambda 表达式的主体推得的，例如上面示例中最后一个 Lambda 表达式的返回类型是 int，而 throws 子句为空。Lambda 表达式真正缺少的是名称。因此，从这个角度讲，Lambda 表达式是一种匿名方法，提供一种专用功能（ad-hoc functionality），会在需要的时候出现在程序的特定位置。

这方面与 Java 中早就具有的一种语言特征——匿名类很相似。Lambda 表达式和匿名类都是为了作为传递给方法的参数而构造的设施，在这个方法中会利用这些匿名的功能做某些处理，它们都可以把功能像对象一样传递给方法，即支持 code-as-data。使用匿名类确实是向方法传递了一个对象，而使用 Lambda 表达式不需要创建对象，只需要将 Lambda 表达式传递给方法。因此，使用 Lambda 表达式是真正实现了 code-as-data。除了不需要实例化，Lambda 表达式语法上更加简单，代码更少。例如，下列代码测试一个 File 对象是否满足参数所指定的文件过滤器，若满足则返回该 File 对象所指目录中所包含的文件，分别使用匿名类和 Lambda 表达式两种方法实现：

1）使用匿名类

```
File myDir = new File("\\user\\admin\\deploy");
File[] files = myDir.listFiles(
    new FileFilter() {
        public boolean accept(File f) { return f.isFile(); }
    }
);
```

2）使用 Lambda 表达式

```
File myDir = new File("\\user\\admin\\deploy");
File[] files = myDir.listFiles(
   (File f) ->{ returnf.isFile(); }
);
```

上述代码中，myDir 对象的方法 listFiles()是 File 类的方法，其声明是：

```
File[] listFiles(FileFilter filter),
```

其中接口 FileFilter 只有一个方法 boolean accept(File pathname)，所以示例代码利用 Lambda 表达式定义了这个方法的代码体，并把代码传递给 listFiles()。

在 8.3.2 节中，给出了使用 Lambda 表达式实现例 8-10 中的监听器的例子。

3. Lambda 表达式的类型以及变量作用域

1）Lambda 表达式的类型

Lambda 表达式也是有类型的。如果 Java 是一种函数式语言，那么 Lambda 表达式可以是某种函数类型，一种特殊类别的类型。但是，Java 不是函数式语言，也没有函数类型。因此，为了能够确定 Lambda 表达式的类型而又不对 Java 的类型系统做大的修改，Java 利用了一种特殊的接口，就是所谓的函数式接口(functional interfaces)，从前也被称为 SAM (Single Abstract Method)类型。函数式接口本质上就是只包含一个方法的接口。JDK 中已经有大量这样的接口，有些甚至是从 JDK 1.0 时就存在了。接口 Runnable 是函数式接口的一个典型例子，它只包含了一个方法 void run()。

因为函数式接口和 Lambda 表达式都是涉及单个方法，所以可以让编译器将每个 Lambda 表达式与某种函数式接口类型相匹配。因此，Java 中 Lambda 表达式只能出现在目标类型是函数式接口的上下文中。这样，编译器可以利用 Lambda 表达式出现的上下文，推断出该表达式的类型。

因为函数式接口类型已经确定了 Lambda 表达式应该有什么类型的参数，即参数的类型可以推理得到，所以表达式中参数的类型可以省略，例如：

```
Comparator<String> c = (s1, s2) -> s1.compareToIgnoreCase(s2);
```

编译器可以推出上述 Lambda 表达式中的 s1 和 s2 的类型是 String。另外，如果 Lambda 表达式只有一个参数，则参数部分的括号也可以省略，如：

```
FileFilter java = f -> f.getName().endsWith(".java");
```

2) Lambda 表达式的命名空间与变量作用域

匿名类是一个类,意味着在这个类的内部定义了一个命名空间。Lambda 表达式则不是这样,它们采用词法作用域。词法作用域中,在同一个函数或方法中定义的变量其他成员是可以访问的。因此,Lambda 表达式自己并不是一个独立的作用域,并没有引入一个新的作用域层次,它们只是外包作用域或其所在方法作用域的一部分。例如:

使用匿名类:

```
void method() {
      int cnt = 16;
      Runnable r = new Runnable() {
        public void run() { int cnt = 0;      // 正确
                            System.out.println("cnt is: " + cnt);
                          }
        };
…
}
```

使用 Lambda 表达式:

```
void method() {
      int cnt = 16;
      Runnable r = () -> {int cnt = 0; // 错误: cnt 已经被定义了
                          System.out.println("cnt is: " + cnt);
                         };
…
}
```

对于关键字 this 和 super 的含义,在内部类和 Lambda 表达式中也是不同的。在匿名类中,this 指向匿名类的对象,super 指向匿名类的父类。但在 Lambda 表达式中,this 和 super 指向的对象与它们在外包上下文中的指向相同,即 this 指向外包类型的对象,而 super 指向外包类的超类。例 4-16 给出了 Lambda 表达式中的 this 使用的示例。

例 4-16 Lambda 表达式中的 this 关键字。

```
public class Hello{
    Runnable r1 = () ->{ System.out.println(this); } ;
    Runnable r2 = () ->{ System.out.println(toString()); } ;

    public String toString() { return "Hello, world!"; }

    public static void main(String args[]) {
        new Hello().r1.run();
        new Hello().r2.run();
    }
}
```

例 4-16 的运行结果如下:

```
Hello, world!
Hello, world!
```

有时,Lambda 表达式需要访问外包上下文中的变量,这些变量不是在函数体内定义的，是在 Lambda 表达式所出现的上下文中定义的。这称为变量绑定(variable binding)或称为变量捕获(variable capture)。匿名类和 Lambda 表达式都支持对其外包上下文中的所有 final 变量的访问，并且在 Lambda 表达式中使用的外包类中的变量，都被编译器认为是 final 的。因此，这些变量在声明时，可以不定义成 final，编译器会自动将 final 关键字加上。例如，下面的代码：

```
void method() {
    int cnt = 16;
    Runnable r = () ->{ System.out.println("count: " + cnt); };
    Thread t = new Thread(r);
    t.start();
    cnt++; // 错误：cnt 隐含是 final 的，而该语句破坏了这种隐含推断
}
```

4. Lambda 表达式与集合并行处理

Java 中增加 Lambda 表达式的一个重要原因，是要改进 JDK 尤其是 JDK 的集合框架，以适应多核并行计算的要求，希望将单线程串行方式用多线程并行方式取代。为此，JDK 试图提供简单方便的集合并行化操作，对 JDK 的集合 API 进行扩展。

对集合中每个元素都要施行的批量操作，是在集合元素的序列上施行的遍历操作。这种操作可以由内部方式或外部方式完成。在内部方式中，序列自己控制在其元素上迭代操作的执行过程；外部方式中，序列只通过提供迭代器(iterator)的方式支持这种迭代操作，而迭代的过程由集合的用户控制。Java 之前的集合框架提供外部方式。在内部方式中，元素序列自身确定所包含的元素如何被访问，用户只负责指定在每个元素上需要施加的操作。外部方式是将序列的遍历逻辑与元素上所施加的操作混合，而内部方式将二者分离。实现这种分离后，就可以实现将集合元素分成若干部分，用多线程进行并行处理。

为此 JDK 1.8 在 java.util 包中增加了一些新的抽象，最重要的是在 java.util.stream 包中的流(stream)机制。集合可以被转换为流，流可以是顺序流或并行流，而流使用内部方式访问集合元素。因此 JDK 1.8 中，通过流机制实现了内部方式的集合批量操作。

JDK 1.8 中增加了一个新的接口 Stream<E>，这个接口提供了集合的另一种视图，它包含了实现内部方式迭代的批量操作方法，包括 forEach()、filter()、map()、reduce()等。可以使用 stream()方法在一个集合上创建一个流。与集合不同的是，流并不包含任何元素，它只是集合的一种视图，它可以通过内部方式提供集合所有元素的批量操作，使用 forEach()、filter()、map()等方法实现元素批量操作。

下列代码定义了一个银行账号类 Account：

```
class Account {
    private long balance;
    //... 构造方法和其他方法
    public long balance() { return balance; }
}
```

下列代码利用流实现了集合的顺序操作：

```
List < Account > accountCol = … ;
accountCol
```

```
.stream()
.filter( a -> a.balance() > 1_000_000_00 )
.map(b -> b.balance() )
.forEach(c -> {System.out.format(" %d\t",c);});
```

其中,stream()方法创建了集合 accountCol 上的流,filter()方法按指定的判定条件对序列中的元素进行判定,只有判定条件返回 true 的元素会出现在结果流中。map()方法使用 Account 类的 balance()方法,将账号映射到其对应的余额上,返回了类型为 long 的一个数值流。forEach()方法以流中的元素为参数,将该元素打印输出。

要使上述操作并行执行,只需要创建一个并行流:

```
List<Account> accountCol = … ;
accountCol
    .parallelStream()                              //创建了一个并行流
    .filter( a -> a.balance() > 1_000_000_00 )
    .map(b -> b.balance())
    .forEach(c -> {System.out.format(" %d\t", c);});
```

上述 parallelStream()方法创建的并行流,将序列元素上的操作分解成子问题,然后用多个线程并行运行,这些线程可能会被分配到不同的 CPU 核上,当完成之后再组合起来。这个过程全都是在底层通过 fork/join 框架来实现的,不需要用户参与。

4.4 对象的生命周期

一个 Java 程序包含很多对象,这些对象通过发送消息彼此进行交互操作,实现了 Java 程序的各种功能。当一个对象完成了所有操作后,将被垃圾收集器收集,它所占有的资源将被回收并由系统提供给其他对象使用。对象的生命周期包括了对象的创建、对象的使用和对象回收 3 个阶段。

4.4.1 对象的创建

1. 对象创建的步骤

我们知道 Java 程序中,类是对象的模板,Java 依据一个类创建一个对象。例如下列创建对象的语句:

```
Point origin_one = new Point(23,94);
Rectangle rect_one = new Rectangle(origin_one, 100, 200);
Rectangle rect_two = new Rectangle(50, 100);
```

上述语句的执行将创建一个 Point 对象和两个 Rectangle 对象。从这些语句的运行过程可知,创建一个对象包括如下两个步骤。

(1) 声明对象变量。以 SomeClass objectVar 的形式声明保存该对象引用的变量,将来可以通过该变量对对象进行操作。对象变量的声明并没有创建对象,系统只是为该变量分配一个引用空间。

(2) 对象的实例化。通过使用 new 运算符进行对象的实例化: new SomeClass()。对象实例化的过程是:为对象分配空间,执行 new 运算符后的构造方法完成对象的初始化,并返回该对象的引用。

2. 创建与初始化对象的过程

系统执行 new SomeClass()将执行构造与初始化对象的操作，创建一个新的对象。例如有 Point 类定义如下：

```
public class Point {
    public int x = 2;
    public int y = 2;
    public Point(int x, int y) {
        this.x = x;
        this.y = y;
    }
}
```

在语句"Point origin = new Point(21,45)"中可以创建 Point 类的对象。

对象创建与初始化，即执行 new SomeClass()的过程如下。

(1) 首先为对象分配内存空间，并将成员变量进行初始化。数值型变量的初值为 0，逻辑型为 false，引用型变量的初值为 null。

(2) 执行显式初始化，即执行在类成员声明时带有的简单赋值表达式。

(3) 执行构造方法，进行对象的初始化。

图 4-5 是执行 new Point(21,45)创建一个 Point 对象的过程。图中的(a)、(b)、(c)分别对应上述对象创建过程的(1)、(2)、(3)三个步骤时对象的状态。

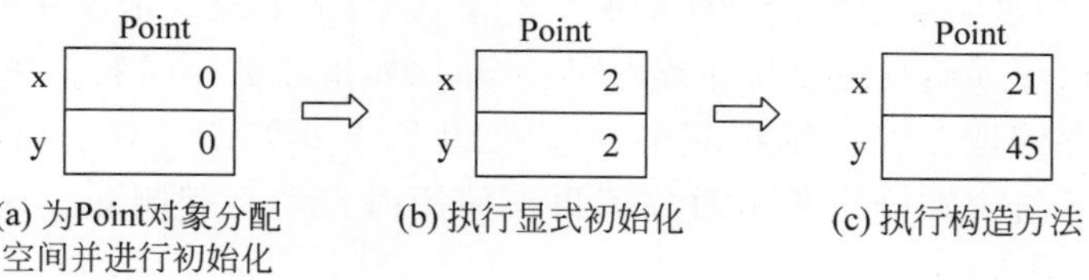

图 4-5　对象创建与实例化过程

4.4.2　对象的使用

对象在被创建后，就可以访问对象。通过圆点运算符(.)可以访问对象的状态和对象的方法。

1. 引用对象的变量

引用对象变量的一般格式如下：

```
objectReference.variableName
```

例如：

```
…
Rectangle rect_one = new Rectangle(50, 100);
System.out.println("Width of rect_one: " + rect_one.width);
System.out.println("Height of rect_one: " + rect_one.height);
…
```

注意：对对象变量的直接操作是不提倡的，因为有可能设置无意义的变量值。比较好的对象变量访问方式是通过对象提供的 setter 和 getter 对变量进行写和读。在 setter 中可以进行保证变量正确性、完整性的约束检查。通过方法访问对象变量的另一个好处是，对变量的定义修改时如改变变量的类型或名称时，可以不影响访问对象变量的程序。

然而在某些时候对对象变量的直接访问又是必要的。此时，可以使用 Java 的访问控制机制控制哪些类可以直接对变量进行访问。

2. 调用对象的方法

对象方法的调用格式如下：

```
objectReference.methodName(argumentList);
```

例如：

```
…
Rectangle rect_one = new Rectangle(50, 100);
System.out.println("Area of rect_one: " + rect_one.area());
…
rect_two.move(40, 72);
…
```

对象的方法也可以通过设置访问权限来允许或禁止其他对象对它的访问。

4.4.3 对象的清除

在 C++中，程序员需要跟踪所创建的所有对象，并且需要显式地删除不用的对象。这种内存管理方式不仅烦琐而且还容易导致内存错误，比如指针悬挂问题。在 Java 中采用了一种完全不同的内存管理方法。在 Java 中，可以创建所需要的许多对象，而不必关心对象的删除。Java 运行系统会在确定某个对象不再被使用时自动将其删除。这个过程称为垃圾收集(garbage collection)。

垃圾收集器收集的对象是被确认不存在任何引用的对象。一个变量中保存的引用通常在该变量的作用域内有效，在变量的作用域之外变量及其包含的引用将不复存在。另外，也可以显式地删除一个对象的引用，方法是将该引用型变量的值赋为 null，例如：

```
Point origin = new Point(21,45);
…
origin = null;      //删除 origin 变量中对一个 x = 21, y = 45 的对象的引用
```

对于一个对象，程序中可能存在多个引用，只有对该对象的所有引用都进行删除，垃圾收集器才能回收这个对象。

1. 垃圾收集器

Java 运行系统中的垃圾收集器周期性地释放不再被引用的对象所占有的内存，自动执行内存回收。但垃圾收集器却以较低优先级在系统空闲周期中执行，因此垃圾的收集速度比较慢。在某些情况下，也可以通过调用 System 类的 gc()方法，即调用 System.gc()显式执行垃圾收集。例如，在产生大量废弃对象的代码段后或在需要大量内存的代码段前，可以显式进行垃圾收集。

2. 对象的最终化(finalization)处理

一个对象在被收集之前,垃圾收集器将调用对象的finalize()方法,以使对象自己能够做最后的清理,释放占有的资源,这个过程称为对象的最终化。只有进行最终化处理的对象才意味着被废弃。程序员一般不需要实现finalize()方法。但是在极少的情况下,例如对象使用了不在垃圾收集器控制之下的某些本地资源,则需要实现该方法以释放这些资源。

finalize()方法是Object类的一个成员方法。Object类是Java类体系的根类,是所有Java类的父类。任何一个Java类都可以重写这个方法以实现特定的最终化处理。但要注意:如果重写了finalize()方法,在该方法结束前要调用super.finalize()方法,即调用父类的finalize()方法,对该对象继承而来的资源进行最终化处理。例如:

```
protected void finalize() throws throwable{
    …                              //当前类对象所需的清理
    super.finalize();              //调用父类的最终清理方法
}
```

关于方法的重写以及super关键字将在4.5节中介绍。

4.5　类的继承与多态

4.5.1　类的继承

1. 子类及其定义

类之间的继承关系是面向对象程序设计语言(OOP)的基本特征之一。继承是类之间的"is a"关系,反映出一个类(子类)是另一个类(父类)的特例。例如一个公司中的经理Manager和工人Worker是雇员Employee的特例,即A Manager is an Employee; A Worker is an Employee。在OOP中,继承反映了现实世界实体的这种本质联系,而另一个重要意义是实现了代码的重用。

例如,依据现实世界的语义,Employee类和Manager类的定义需要包括如下信息。

```
public class Employee {
    String  name;
    Date hireDate;
    Date dateofBirth;
    String jobTitle;
    int grade;
    public String getDetails(){ … }
}
public class Manager {
    String  name;
    Date hireDate;
    Date dateofBirth;
    String jobTitle;
    int grade;
    String department;
```

```
    Employee[] subordinates;
    public String getDetails(){…}
}
```

因为 Manager 是 Employee 的子类，一位 Manager 首先是一位 Employee，具有 Employee 的一般特性。所以在上述两个类的定义中有许多相同的成员变量。而实际上，适用于 Employee 的很多方法，可能不经修改就会被 Manager 所使用。基于父类和子类之间的这种关系，OOP 中提供了继承机制，允许程序员用一个已经存在的类定义一个新类。使用了这种机制，Employee 与 Manager 两个类的定义如下：

```
public class Employee {
    String  name;
    Date hireDate;
    Date dateofBirth;
    String jobTitle;
    int grade;

    public String getDetails(){…}
}
public class Manager extends Employee{
    String department ;
    Employee[] subordinates;
}
```

Manager 类定义为 Employee 的子类，在 Manager 中只需要定义自己特有的变量与方法，与 Employee 相同的变量和方法将不需要定义而直接包含在 Manager 中，即 Manager 重用了 Employee 中的成员变量与方法。

在 Java 中，子类的定义使用关键字 extends。extends 的含义是“扩充、扩展”，正恰当表明了子类与父类的关系。子类声明的具体格式如下：

```
class SubClass extends SuperClass{
    …
}
```

把 SubClass 声明为 SuperClass 的直接子类，如 Manager 类的定义。如果 SuperClass 又是某个类的子类，则 SubClass 同时也是该类的（间接）子类，如果省略 extends 关键字，则所定义的类为 java. lang. Object 的子类。

子类可以继承父类的属性和方法，子类中只需要声明自己特有的东西。但要注意子类并不能继承父类的所有变量和方法，下列是子类所不能继承的。

（1）带 private 修饰符的属性、方法。

（2）构造方法。

利用类之间的继承关系，在实际应用的开发中，可以首先定义一个具有广泛意义的类，然后再从该类派生出具体的子类。子类继承父类的变量和方法，同时也可以修改父类的变量或方法，并增加新的变量和方法，从而可以构造多种比父类更加特殊、具体的类。

2. 单继承

Java 中不支持多重继承，只支持单继承，即只能从一个类继承，extends 关键字后的类名只能有一个。单继承的优点是可以避免多个直接父类之间可能产生的冲突，使代码更可靠。因此，在 Java 中，一组类之间的继承关系可以形成一个树状的层次结构，图 4-6 是一个例子。

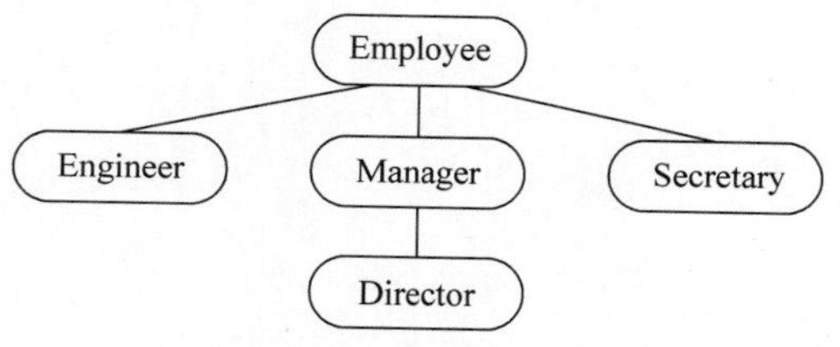

图 4-6 类的继承树示例

多重继承在现实世界中是普遍存在的，Java 提供了接口（interface）机制，允许一个类实现多个接口。这样既避免了多重继承的复杂性，又达到了多重继承的效果。因此，Java 中是通过接口实现多重继承的。

3. super 关键字

super 关键字指向该关键字所在类的父类，用来引用父类中的成员变量或方法。通过 super. someMethod([paramlist])将调用父类中的 someMethod()方法。该方法不一定是在当前类的直接父类中定义的，但可以是直接父类在类的层次体系中继承而来。例 4-17 是通过 super 关键字实现对父类方法的访问。

例 4-17 通过 super 关键字实现对父类构造方法与成员方法的访问。

```
class Employee {
    private String name;
    private int salary;
    public Employee(String name, int salary){
        this.name = name;
        this.salary = salary;
    }
    public String getDetails(){
        return "Name: " + name + "\nSalary: " + salary;
    }
}

//定义 Employee 的子类 Manager
class Manager extends Employee {
    private String department;
    public Manager(String name, int salary, String department){
        super(name, salary);        //调用父类 Employee 的构造方法
        this.department = department;
    }
    public String getDetails(){
        //调用父类 Employee 的成员方法
        return super.getDetails() + "\nDepartment: " + department;
    }
}
```

```
public class TestSuper{
    public static void main(String[] args){
        Manager m = new Manager("TOM",2000,"Finance");
        System.out.println(m.getDetails());
    }
}
```

例 4-17 的运行结果如下：

```
Name: Tom
Salary: 2000
Department: Finance
```

注意：在方法中调用构造方法用 this([paramlist])；调用父类的构造方法用 super([paramlist])，而且该语句要出现在子类构造方法的第一行，如例 4-17 所示。

4. 子类对象的创建与实例化过程

Java 中对象的初始化是很结构化的，目的是保证程序运行的安全性。在有继承关系的类的体系中，一个子类对象的创建与初始化都要经过以下 3 步。

(1) 分配对象所需要的全部内存空间，并初始化为 0 值。

(2) 按继承关系，自顶向下显式初始化。

(3) 按继承关系，自顶向下调用构造方法。

当前类的各级父类直到类体系的根类(Object 类)，都要执行上述第(2)步和第(3)步。

Java 的安全模型要求对象在初始化时，必须先将从父类继承的部分进行完全的初始化。因此 Java 在执行子类构造方法之前通常要调用父类的一个构造方法。一般在子类构造方法的第一行通过 super([paramlist])调用父类的某个构造方法，如果不使用 super 关键字指定，则 Java 将调用父类默认的构造方法(不带参数的构造方法)。如果在父类中没有无参数的构造方法，则将产生错误。

下面通过例 4-18 介绍子类对象实例化的具体过程。

例 4-18 子类对象的实例化过程。

```
public class Object{
    …
    public Object(){ }
…
}

public class Employee {
    private String name;
    private double salary = 15000.00;
    private Date birthDate;

    public Employee(String n, Date Dob){
        name = n;
        birthDate = Dob;
    }
    public Employee(String n){
        this(n,null);
```

```
18      }
19  }
20
21  public class Manager extends Employee{
22      private String department ;
23      public Manager(String n, String d){
24          super(n);
25          department = d;
26      }
27  }
```

例 4-18 中形成的类的体系如图 4-7 所示。

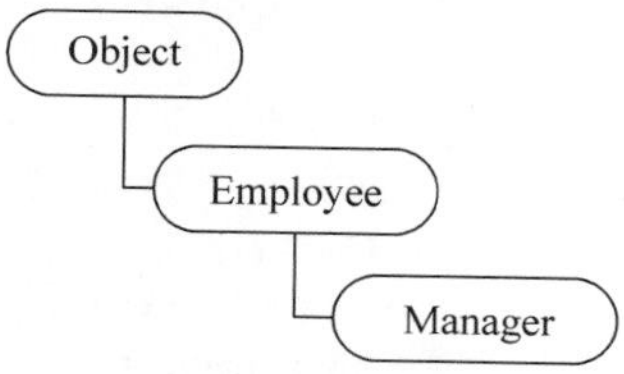

当执行 new Manager("Tom","Sales")实例化一个 Manager 对象时，整个实例化过程如下。

(1) 基本初始化：为整个 Manager 对象分配空间，把所有实例变量初始化为对应的“0”值。

(2) 调用构造方法：Manager("Tom","Sales")。

Object

Employee

Manager

图 4-7　例 4-18 的类层次结构

① 执行第 23 行，进行参数绑定：n="Tom",d="Sales"。

② 执行第 24 行，调用 Employee 的特定构造方法。

③ 执行第 16 行，进行 public Employee(String n)方法的参数绑定：n = "Tom"。

④ 执行第 17 行，递归调用 Employee 的另一个构造方法。

⑤ 执行第 12 行，进行 public Employee(String n, Date Dob)构造方法的参数绑定：n="Tom",Dob=null。

⑥ 调用 Employee 父类 Object 默认的构造方法，程序执行控制转到第 3 行。

⑦ 在第 3 行的 Object()构造方法中，没有 this()调用，同时因为 Object 已经为类体系的根类，所以不执行 super()。执行 Object 类的显式初始化(实际上在 Object 类中没有定义任何实例变量，也就不存在变量的显式初始化)，然后执行第 3 行的 Object()构造方法的方法体(该方法体为空)。至此 Object 类的初始化完成，接下来进行 Employee 类的初始化。

⑧ 执行第 9 行，进行 Employee 类的显式初始化。

⑨ 执行 public Employee(String n, Date Dob)的方法体，从第 13 行至第 15 行。

⑩ 程序控制返回第 18 行，执行 Employee(String n)方法体中 this()后的部分。Employee 类的初始化完成。

⑪ 因为 Manager 类没有显式的初始化，所以程序控制转移到第 25 行，执行 Manager 构造方法 Manager(String n, String d)的 super()后的方法体。在第 26 行结束 Manager 对象的初始化。

4.5.2　方法的重写

1. 子类中父类成员的隐藏

在类层次结构中，当子类的成员变量与父类的成员变量同名时，子类的成员变量会隐藏父类的成员变量；当子类的方法与父类具有相同的名字、参数列表、返回值类型时，子类的方法重写了父类的方法，在父类定义的方法就被隐藏。“隐藏”的含义是，通过子类对象调用子类中与父类同名的变量和方法时，操作的是这些变量和方法在子类中的定义。子类通过成员变量的隐藏和方法的重写可以把父类的状态和行为改变为自身的状态和行为。

2. 方法重写

重写(overriding)是指子类重写父类的成员方法。子类可以改写父类方法所实现的功能,但子类中重写的方法必须与父类中对应的方法具有相同的返回值、方法名和参数列表。在例 4-19 中,Manager 类和 Secretary 类是 Employee 类的子类,它们都从 Employee 类中继承了 getDetails()方法,而在 Manager 类中对 getDetails()方法重新进行了实现,即对该方法进行了重写。在对 Secretary 对象调用 getDetails()方法时,访问的是 Employee 中的定义;而对 Manager 对象调用 getDetails()方法时,访问的则是 Manager 中的定义。

例 4-19 Manager 类对 Employee 类方法的重写。

```
class Employee {
    String name;
    int salary;
    public Employee(String name, int salary){
        this.name = name;
        this.salary = salary;
    }

//Employee 类中定义 getDetails()方法
    public String getDetails(){
        return "Name: " + name + "\nSalary: " + salary;
    }
}

class Manager extends Employee {
    private String department;
    public Manager(String name, int salary, String department){
        super(name, salary);
        this.department = department;
    }

//Manager 类中重写 Employee 类中的 getDetails()方法
    public String getDetails(){
        return "Name: " + name + "\nSalary: " + salary + "\nDepartment: " + department;
    }
}

class Secretary extends Employee{
    public Secretary(String name, int salary){
        super(name, salary);
    }
}

public class TestOverriding{
    public static void main(String[ ] args){
        Manager m = new Manager("Tom",2000,"Finance");
        Secretary s = new Secretary("Mary",1500);
        System.out.println(m.getDetails());
```

```
            System.out.println(s.getDetails());
        }
}
```

例 4-19 的运行结果如下：

```
Name: Tom
Salary: 2000
Department: Finance
Name: Mary
Salary: 1500
```

3. 方法重写遵守的规则

Java 中方法重写要遵守以下规则。

(1) 子类中重写方法的返回值类型必须与父类中被重写方法的返回值类型相同。

(2) 子类中重写方法的访问权限不能缩小。

例如，父类中被重写方法的方法访问权限是 public，子类在重写该方法时，不能将其访问权限改为 protected，private 或默认权限。

(3) 子类中重写方法不能抛出新的异常。异常处理将在后面专门介绍。

方法重写是实现对象运行时多态的基础。上述规则对于保证多态中对外统一接口的一致性是非常必要的，在学习了多态概念后，会对此有进一步的理解。

4.5.3 运行时多态

1. 上溯造型(upcasting)

类之间的继承关系使子类具有父类的所有变量和方法，这意味着父类所具有的方法也可以在它所派生的各级子类中使用，发给父类的任何消息也可发送给子类。所以子类的对象也是父类的对象，即子类对象既可以作为该子类的类型也可以作为其父类的类型对待。因此从一个基础父类派生的各种子类都可以作为同一种类型——基础父类的类型对待。将一种类型(子类)对象的引用转换成另一种类型(父类)对象引用，就称为上溯造型(upcasting)。之所以称为“上溯”造型是因为类继承体系图中，父类位于上部而子类位于下部，造型的方向是从子类到父类，箭头朝上，所以通常称为上溯造型，如图 4-8 所示。

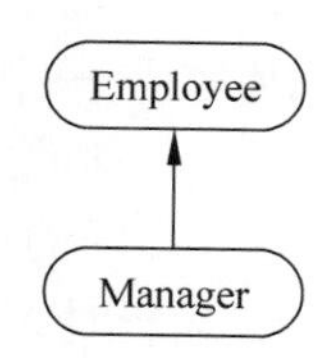

图 4-8　上溯造型

子类通常包含比父类更多的变量和方法，所以子类可以认为是父类的超集。因此上溯造型是从一个特殊、具体的类型到一个通用、抽象类型的转换，肯定是安全的。所以 Java 编译器不需要任何特殊的标注，便允许上溯造型的运用。也可执行下溯造型即一般所称的强制类型转换，将父类类型的引用转换为子类类型。强制类型转换却不一定是安全的，需要进行类型检查，在 4.5.4 节中将会讨论这个问题。

在第 3 章中曾经指出，Java 中的数组都是存放相同数据类型的数据，但上溯造型使 Java 允许创建不同类型对象的数组。例如：

```
Employee [] staff = new Employee [3];
Staff[0] = new Manager();
```

```
Staff[1] = new Secretary();
Staff[2] = new Employee();
```

因此 staff 是由 3 种类型的对象组成的，但这些对象类型都必须是数组 staff 的声明类型——Employee 或 Employee 的子类。

Java 有一个类 java. lang. Object，它是 Java 中所有类的父类。因此当一个数组的类型是 Object 的时候，该数组将可以包含任意类型的对象。

2. 什么是运行时多态

Java 中上溯造型的自然存在，使一个对象既可以当作它自己的类型也可以作为其父类的类型对待，这意味着子类对象可作为父类的对象使用；父类的对象变量可以指向子类对象。这样通过一个父类变量发出的方法调用，可能执行的是该方法在父类中的实现，也可能是在某个子类中的实现，这只能在运行时刻根据该变量指向的具体对象类型确定，这就是运行时多态。下面通过一个例子说明。

如果在 Employee 类中定义了方法 getDetails()，在 Employee 的子类 Manager 和 Secretary 等类中重写了这个方法，那么在下列程序中：

```
Employee e;
…
e.getDetails();
…
```

通过 Employee 类型的变量 e 发出的方法调用 e. getDetails()，可能得到多种运行结果：可能是 Employee 类的 getDetails() 方法，也可能是 Manager 类或 Secretary 类中重写的 getDetails()方法。具体的结果就决定于运行时刻变量 e 所指向对象的类型，而不是编译时刻 e 的类型。这就是对外一个接口(e. getDetails()方法)，内部多种实现——多态性的本质含义。

因此，同一个父类派生出的多个子类可被当作同一种类型对待，相同的一段代码就可以处理所有不同的类型。多态性的使用使代码的组织以及可读性均能够得到改善，另外还使程序具有很强的可扩展性。

3. 运行时多态的实现机理

运行时多态的实现机理是动态联编技术，也叫作晚联编或运行期联编。将一个方法调用和一个方法体连接到一起，就称为联编(binding)。若在程序运行之前执行联编操作，则称为“早联编”；在运行时刻执行联编就称为“晚联编”。C 语言的编译器只支持早联编。

在晚联编中，联编操作是在程序的运行时刻根据对象的具体类型进行的。实现晚联编的语言，必须提供一些机制在程序运行期间判断对象的类型，并进一步调用适当的方法。也就是说，在晚联编中编译器此时依然不知道对象的类型，但运行时刻的方法调用机制能够自己确定并找到正确的方法体。

Java 中，除了定义为 final 的方法，其余所有方法的联编都采用晚联编技术。这意味着我们不需要选择是否采用晚联编，因为方法调用的晚联编是自动发生的。当方法被声明为 final 时，一方面可以防止子类中对该方法的重写，另一方面，也可以有效地阻止晚联编即通知编译器不需要进行动态联编，使编译器为 final 方法调用生成运行效率更高的代码。

下面通过一个例子说明基于晚联编技术的运行时多态的含义。

在例 4-20 中，定义了 4 个类：Shap、Circle、Square 和 Triangle。其中类 Shape 是其他 3 个类的父类，它们所构成的类的层次关系如图 4-9 所示。

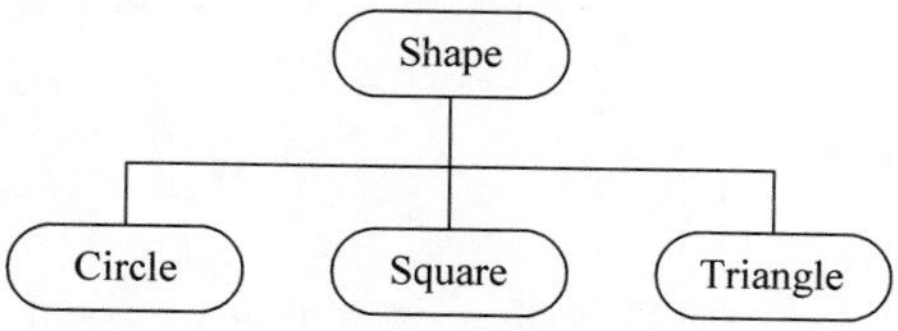

图 4-9　Shape 及其子类

例 4-20　Java 中的多态示例。

```
import java.util.*;

//定义 Shape 类
class Shape {
    void draw() {}
    void erase() {}
}

//定义 Circle 类
class Circle extends Shape {
    void draw() {
        System.out.println("Calling Circle.draw()");
    }
    void erase() {
        System.out.println("Calling Circle.erase()");
    }
}

//定义 Square 类
class Square extends Shape {
    void draw() {
        System.out.println("Calling Square.draw()");
    }
    void erase() {
        System.out.println("Calling Square.erase()");
    }
}

//定义 Triangle 类
class Triangle extends Shape {
    void draw() {
        System.out.println("Calling Triangle.draw()");
    }
    void erase() {
        System.out.println("Calling Triangle.erase()");
    }
}

//包含 main()的测试类
public class Shapes{
    static void drawOneShape(Shape s){
        s.draw();
    }
    static void drawShapes(Shape[] ss){
```

```
        for(int i = 0; i < ss.length; i++){
            ss[i].draw();
        }
    }

    public static void main(String[] args) {
        Random rand = new Random();
        Shape[] s = new Shape[9];
        for(int i = 0; i < s.length; i++){
            switch(rand.nextInt(3)) {
                case 0: s[i] = new Circle();break;
                case 1: s[i] = new Square();break;
                case 2: s[i] = new Triangle();break;
            }
        }
        drawShapes(s);
    }
}
```

例 4-20 的某次运行结果如下：

```
Calling Triangle.draw()
Calling Circle.draw()
Calling Triangle.draw()
Calling Circle.draw()
Calling Circle.draw()
Calling Square.draw()
Calling Square.draw()
Calling Square.draw()
Calling Triangle.draw()
```

例 4-20 的 Shape 类中定义了两个方法 draw()和 erase()。Shape 类的 3 个子类都分别对这两个方法进行了重写。在 main()方法中，通过下列语句声明并创建了一个 Shape 类型对象的数组：

```
Shape[] s = new Shape[9];
```

接下来是一个 for 循环：

```
for(int i = 0; i < s.length; i++){
    switch(rand.nextInt(3)) {
        case 0: s[i] = new Circle();break;
        case 1: s[i] = new Square();break;
        case 2: s[i] = new Triangle();break;
    }
}
```

在上述程序中，随机创建 Circle，Square 或 Triangle 类的对象，并把该对象的引用赋给了一个 Shape 类型的数组元素 s[i]。这属于 Java 中的上溯造型，编译器认可上溯造型，所以不会报错。我们知道上述 for 循环的运行将创建一个 Shape 类型对象的数组 s，但并不能具体确定数组 s 中每个元素 s[i]（$0 \leqslant i \leqslant 8$）的类型。这个程序在编译时，编译器同样不能确定。main()方法的下一个语句调用 drawShapes()方法。drawShapes()方法中只包含一个 for 循环，依次调用 Shape 类型数组 ss 每个元素的 draw()方法：

```
for(int i = 0; i < ss.length; i++ ){
    ss[i].draw();
}
```

上述循环执行时，回调用于各 ss[i]具体类型相关的 draw()方法，就像例 4-20 的运行结果显示一样。例 4-20 每次运行的结果都可能是不同的。本例中，之所以要随机创建 Shape 的各个子类对象，是为了使读者能够对多态有深刻的理解：对 Shape 类型对象的 draw()方法的调用是在运行时刻通过动态联编进行的。

4. 多态的意义

Java 的多态性，突出的优点是使程序具有良好的可扩展性。当程序从通用的基础类派生任意多的新类型，或向基础类中增加更多的方法时，无须修改原有对基础类进行处理的相关程序。并且可以处理这些新的类型，为程序增加新的功能。如果这些程序是在一个独立的文件中，则不需要重新编译。

为了利用多态使程序具有良好的可扩展性，程序中的方法要尽量利用基础类的接口。

例 4-21 中，对例 4-20 进行了扩展，为 Shape 类派生了新的子类 Pentagon(五边形)，则 Shape 类及其子类的层次结构如图 4-10 所示。

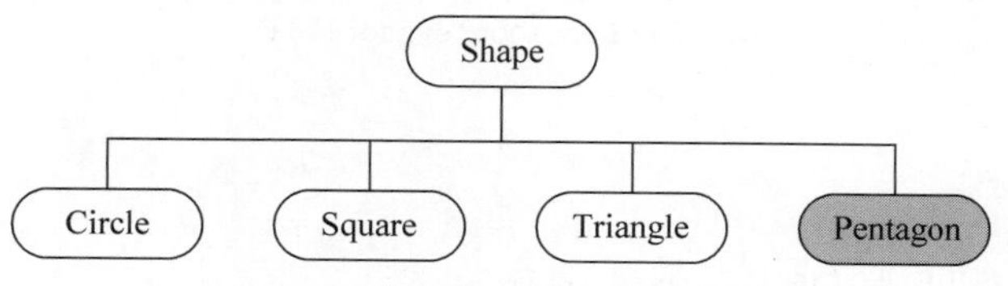

图 4-10　从 Shape 类派生新的子类

例 4-21 与例 4-20 相类似，也是随机生成 Shape 类子类的对象，并调用 drawShapes()方法驱动相应子类对象的 draw()方法。

例 4-21　程序的可扩展性示例。

```
import java.util.*;
//定义 Shape 类,同例 4-20
class Shape {
    void draw() {}
    void erase() {}
}
//定义 Circle 类,同例 4-20
class Circle extends Shape {
    void draw() {
        System.out.println("Calling Circle.draw()");
    }
    void erase() {
        System.out.println("Calling Circle.erase()");
    }
}
//定义 Square 类,同例 4-20
```

```
class Square extends Shape {
    void draw() {
        System.out.println("Calling Square.draw()");
    }
    void erase() {
        System.out.println("Calling Square.erase()");
    }
}
//定义 Triangle 类,同例 4-20
class Triangle extends Shape {
    void draw() {
        System.out.println("Calling Triangle.draw()");
    }
    void erase() {
        System.out.println("Calling Triangle.erase()");
    }
}
//定义 Shape 的新子类 Pentagon
class Pentagon extends Shape{
    void draw() {
        System.out.println("Calling Pentagon.draw()");
    }
    void erase() {
        System.out.println("Calling Pentagon.erase()");
    }
}
//包含 main()的测试类
public class Shapes_2 {
    //定义画单个几何形状的方法,同例 4-20
    static void drawOneShape(Shape s){
        s.draw();
    }
    //定义画多个几何形状的方法,同例 4-20
    static void drawShapes(Shape[] ss){
        for(int i = 0; i < ss.length; i++){
            ss[i].draw();
        }
    }

    public static void main(String[] args) {
        Random rand = new Random();
        Shape[] s = new Shape[9];
        for(int i = 0; i < s.length; i++){
            switch(rand.nextInt(4)) {
                case 0: s[i] = new Circle();break;
                case 1: s[i] = new Square();break;
                case 2: s[i] = new Triangle();break;
                case 3: s[i] = new Pentagon();break;
            }
        }
        drawShapes(s);
```

```
    }
}
```

例 4-21 的某次运行结果如下：

```
Calling Pentagon.draw()
Calling Square.draw()
Calling Pentagon.draw()
Calling Pentagon.draw()
Calling Circle.draw()
Calling Pentagon.draw()
Calling Square.draw()
Calling Circle.draw()
Calling Square.draw()
```

在例 4-21 中，虽然派生了 Shape 类的新子类，但对 Shape 类的对象进行处理的 drawOneShape()方法和 drawShapes()方法并没有改变，仍然能够正常工作。这正是利用多态希望达到的目标：在对程序进行修改后，对程序中不应该受到影响的部分不会引起修改。因此，多态在 OOP 中是一项至关重要的技术，它使我们能够将发生改变的东西与没有发生改变的东西区分开。

4.5.4 对象类型的强制转换

对象的强制类型转换也称为向下造型(downcasting)或造型(casting)，是将父类类型的对象变量强制(显式)地转换为子类类型。Java 中允许上溯造型的存在，使得父类类型的变量可以指向子类对象，但通过该变量只能访问父类中定义的变量和方法，子类特有的部分被隐藏，不能访问。只有将父类类型变量强制转换为具体的子类类型，才能通过该变量访问子类的特有成员。

对象强制类型转换中，一般要先测试确定对象的类型，然后再执行转换。

1. instanceof 运算符

在 Java 中使用 instanceof 测试对象的类型。由该运算符构造的表达式的一般形式如下：

```
aObjectVariable  instanceof  SomeClass
```

当 aObjectVariable 是 SomeClass 类型时，该表达式的值为 true，否则为 false。

例如有下述类的继承关系：

```
class Manager extends Employee
class Secretary extends Employee
```

下列 doSomething()方法将接收 Employee 类型的参数，而实际运行中该方法接收的对象可能是 Manager 或 Secretary 类型。可以使用 instanceof 对对象的类型进行测试，如下列代码所示：

```
public void doSomething(Employee e){
    if (e instanceof Manager){
        …              //处理一个 Manager 对象
```

```
    }else if (e instanceof Secretary){
        …                //处理一个 Secretary 对象
    }else{
        …                //处理其他类型的 Employee 对象
    }
}
```

2. 强制类型转换

强制类型转换的一般格式是:

```
(SomeClass)aObjectVariable
```

在进行对象类型的强制转换时,为了保证转换能够成功进行,一般先使用 instanceof 对对象的类型进行测试,当测试结果为 true 时再进行转换,如下所示:

```
public void SomeMethod (Employee e){
    if (e instanceof  Manager){
        Manager m = (manager) e;
        m.getDepartment();
    }
  …     //其他操作
}
```

Java 语言在执行强制类型转换时遵循以下规则。

(1) 对象变量转换的目标类型,一定要是当前对象类型的子类。这个规则由编译器检查。

(2) 在运行时刻也要进行对象类型的检查。例如某个进行对象类型转换的程序中,省略了 instanceof 类型测试,并且对象的类型并不是其要转换的目标类型,那么程序运行中将抛出异常。

4.5.5 Object 类

1. Object 类概述

Object 类是 Java 平台中类层次树的根。Java 中的每个类都是 Object 类的直接或间接子类。由于这种特殊地位,这个类中定义了所有对象都需要的状态和行为,如对象之间的比较、将对象转换为字符串、等待某个条件变量、当某条件变量改变时通知相关对象以及返回对象的类等。

在 Object 子类中可以重写以下 Object 类的方法。

- clone()。
- equals()/hashCode():这两个方法必须同时重写。
- finalize()。
- toString():返回对象的字符串表示,表达的内容因具体的对象而异。

下列方法是在 Object 子类中不能重写的方法,它们都被定义为 final:getClass()。

- notify()。
- notifyAll()。
- wait()。

下面介绍Object类的几个常用方法。

2. clone()方法

利用Object类的clone()方法可以将一个已有对象复制为另一个对象。利用下列语句实现对象的复制：

```
aCloneableObject.clone();
```

上述方法将创建一个与aCloneableObject相同类型的对象，并把该对象成员变量的值初始化为aCloneableObject中相应成员变量的值。

下列问题需要注意。

(1) 被调用clone()方法的对象aCloneableObject必须实现了java.lang.Cloneable接口，否则运行时将抛出CloneNotSupportedException异常。因为Object类本身没有实现这个接口，所以提供复制能力的类必须自己实现Cloneable接口，只需在类的声明中增加implements Cloneable。

(2) clone()方法是shallow copy而不是deep copy。shallow copy——浅复制，是指如果被复制对象的成员变量是一个引用型变量(如是一个对象数组)，则复制对象中将不包括该变量指向的对象。deep copy——深复制，指在上述情况下，将同时复制该变量所指的对象。

下面的Stack类将重写Object的clone()方法，实现深复制。

```
public class Stack implements Cloneable {
    private Vector items;
    …
    protected Object clone() {
        try {
            Stack s = (Stack)super.clone();            //复制堆栈对象
            s.items = (Vector)items.clone();           //复制堆栈的数据区
            return s;                                  //返回复制的堆栈对象
        } catch (CloneNotSupportedException e) { }
    }
}
```

3. equals()方法

Object类的public boolean equals (object obj)方法，比较当前对象的引用是否与参数obj指向同一个对象，如果指向同一个对象则返回true。但String、Date、File类和所有包装类(Wrapper class，如Integer，Long等)都重写该方法，改为比较所指对象的内容。另外，Java中的恒等运算符“==”对于引用型变量，比较的是这两个变量所指对象的地址。所以比较两个字符串str1与str2是否相同，应该使用equals()方法，如str1.equal(str2)，而不能使用“==”。

4. toString()方法

toString()方法返回对象的字符串表示，表达的内容因具体的对象而异。该方法在调试时对确定对象的内部状态是很有价值的，为此一般在我们自己的类中都将该方法重写。例如：

```
System.out.println(Thread.currentThread().toString());
```

可以显示当前线程的信息。

调用 Integer 对象的 toString()方法,将得到该对象所包含的整型数的字符表示。

5. getClass ()方法

getClass()方法返回对象的类信息,该方法返回一个 Class 类型的对象。例如,下面的方法将获取对象的类名并显示:

```
void getClassName(Object obj){
  System.out.println("The class of the object is" + obj.getClass().getName());
}
```

Class 类型常用于在运行时刻创建在编译时不知道类型的对象。下面的方法中创建了一个与 obj 相同类型的对象:

```
Object createNewInstanceOf(Object obj) {
    return obj.getClass().newInstance();
}
```

注意:如果我们已经知道了类的名字,也可以通过类的名字获得一个 Class 对象。

下面两行代码都可以获得 String 类的 Class 对象:

```
String.class
Class.forName("String")
```

但第一行语句运行效率更高些。

4.6 小　结

面向对象是 Java 最基本的特征之一,对这个特征的深刻理解是学好 Java 语言的一个关键。本章主要介绍了 Java 的面向对象特征。围绕着面向对象程序设计语言 OOP 3 个基本特征——封装、继承和多态,全面介绍了 Java 中类的结构与定义,对象的创建、使用与清除,类的继承与多态等。多态的概念是本章的难点。多态可分为编译时多态,主要由方法重载实现;另外还有更高级的多态即运行时多态,是由上溯造型、方法重写、动态联编等技术实现。多态可以很大程度地增加程序的可读性、可扩展性与可维护性,因此深入理解与掌握多态的概念,对于充分利用 Java 的面向对象特征是至关重要的。

习　题　4

1. 试说明 Java 语言是如何支持多重继承的。

2. 类的构造方法和成员方法之间有什么区别?

3. 编写程序片段,定义表示课程的类 Course。课程的属性包括课程名、编号、先修课号;方法包括设置课程名、设置编号、设置先修课号以及获取课程名、获取编号、获取先修课号。

4. 编写程序创建习题 3 中的 Course 类的对象,设置并打印输出该对象的课程名、编号以及先修课号。

5. Java 中方法调用的参数传递方式是什么？

6. this 关键字的作用是什么？

7. 一个类中的方法，要使同一个包中的类可以访问而其他类不能访问，应该使用怎样的访问控制？

8. 什么是方法重载？方法重载的规则是什么？

9. 什么是方法重写？方法重写的规则是什么？

10. 试说明 Java 语言中多态的含义及实现机制。

11. 给出下列程序的运行结果。

```
class Meal {
    Meal() { System.out.println("Meal()"); }
}

class Bread {
    Bread() { System.out.println("Bread()"); }
}

class Cheese {
    Cheese() { System.out.println("Cheese()"); }
}

class Lettuce {
    Lettuce() { System.out.println("Lettuce()"); }
}

class Lunch extends Meal {
    Lunch() { System.out.println("Lunch()"); }
}

class PortableLunch extends Lunch {
    PortableLunch() { System.out.println("PortableLunch()");}
}

public class Sandwich extends PortableLunch {
    private Bread b = new Bread();
    private Cheese c = new Cheese();
    private Lettuce l = new Lettuce();
    public Sandwich() {
        System.out.println("Sandwich()");
    }
    public static void main(String[] args) {
        new Sandwich();
    }
}
```

第 5 章

视频讲解

Java 高级特征

在第 4 章 Java 面向对象特征的基础上，本章将进一步介绍 Java 的高级面向对象特征，其中某些特征如接口是 Java 独有的语言机制。本章介绍的具体内容包括通过 static 关键字定义的类变量、类方法和初始化程序块，final 关键字，抽象类，接口(interface)，package，泛型与集合类，枚举类型，包装类与自动装箱和拆箱等。

5.1 static 关键字

static 关键字可以用来修饰类的成员变量、成员方法和内部类，使得这些类成员的创建和使用，与类相关而与类的具体实例不相关，因此以 static 修饰的变量或方法又称为类变量和类方法。

5.1.1 类变量/静态变量

在成员变量声明时使用 static，则该变量就称为类变量或静态变量。静态变量只在系统加载其所在类时分配空间并初始化，并且在创建该类的实例时将不再分配空间，所有的实例将共享类的静态变量。因此静态变量可用来在实例之间进行通信或跟踪该类实例的数目。

例 5-1 定义了一个类 Count。Count 中定义了一个静态变量 counter。创建 Count 对象时，将递增 counter，并把 counter 的值赋予该对象的 serialNumber 变量。这样，如果把 serialNumber 看作对象的序列号，则通过静态变量 Counter 将使 Count 类的每个对象都被赋予了唯一的序列号，这些序列号从 1 开始递增。

例 5-1 为 Count 类的对象赋予递增的序列号。

```
class Count{
    private int serialNumber;
    public static int counter = 0;
    public Count(){
        counter++;
        serialNumber = counter;
        }
    public int getSerialNumber(){
        return serialNumber;
    }
}
public class TestStaticVar{
```

```
    public static void main(String[ ] args){
        Count[ ] cc = new Count[10];
        for(int i = 0;i < cc.length;i ++ ){
            cc[i] = new Count();
            System.out.println("cc[" + i + "].serialNumber = " + cc[i].getSerialNumber());
        }
    }
}
```

例 5-1 的运行结果如下：

```
cc[0].serialNumber = 1
cc[1].serialNumber = 2
cc[2].serialNumber = 3
cc[3].serialNumber = 4
cc[4].serialNumber = 5
cc[5].serialNumber = 6
cc[6].serialNumber = 7
cc[7].serialNumber = 8
cc[8].serialNumber = 9
cc[9].serialNumber = 10
```

Java 中没有全局变量，但静态变量是在一个类的所有实例对象中都可以访问的变量，有点类似于其他语言中的全局变量。

静态变量只依附于类，而与类的实例对象无关，所以对于不是 private 类型的静态变量，可以在该类外直接用类名调用，而不像实例变量那样需要通过实例对象才能访问。例如，可以在下面的类中直接对例 5-1 中的 Count 类的静态变量 Counter 进行访问。

```
public class OtherClass{
    public void incrementNumber(){
        Count.Counter ++ ;
    }
}
```

5.1.2 类方法/静态方法

在类的成员方法声明中带有 static 关键字，则该方法就称为类方法或静态方法。静态方法要通过类名而不是通过实例对象访问。在例 5-2 中，类 GeneralFunction 定义了一个实现两个整数加法的静态方法，在另一个类 UseGeneral 中可以通过 GeneralFunction 类直接访问。

例 5-2 对 GeneralFunction 类静态方法的访问。

```
class GeneralFunction{
    public static int add(int x, int y){
        return x + y ;
    }
}
public class UseGeneral{
    public static void main(String[ ] args){
```

```
        int c = GeneralFunction.add(9,10);
        System.out.println("9 + 10 = " + c);
    }
}
```

例 5-2 的运行结果如下：

```
9 + 10 = 19
```

在静态方法的编写与使用时应该注意下列问题。

（1）因为静态方法的调用不是通过实例对象进行的，所以在静态方法中没有 this 指针，不能访问所属类的非静态变量和方法，只能访问方法体内定义的局部变量、自己的参数和静态变量。

（2）子类不能重写父类的静态方法，但在子类中可以声明与父类静态方法相同的方法，从而将父类的静态方法隐藏。另外子类不能把父类的非静态方法重写为静态的。例如，下列代码将出现编译错误。

```
class ClassA {
    public void methodOne(int i) {
    }
    public void methodTwo(int i) {
    }
    public static void methodThree(int i) {
    }
    public static void methodFour(int i) {
    }
}

class ClassB extends ClassA {
    public static void methodOne(int i) {
    }//错误!将 ClassA 中的 methodOne()变成静态的
    public void methodTwo(int i) {
    }
    public void methodThree(int i) {
    }//错误!不能重写 ClassA 中的静态方法 methodThree()
    public static void methodFour(int i) {
    }//正确!将把 ClassA 中的 methodFour()方法隐藏
}
```

（3）main()方法是一个静态方法。因为它是程序的入口点，这可以使 JVM 不创建实例对象就可以运行该方法。因此，如果要在 main()方法中访问所在类的成员变量或方法，就必须首先创建相应的实例对象。例如，下面的代码将出现编译时错误。

```
public class wrong{
    int x;
    public static void  x(){
        x = 9;     //错误!访问类的非静态变量
    }
}
```

5.1.3 静态初始化程序

在一个类中，不属于任何方法体并且以 static 关键字修饰的语句块，称为静态语句块。因为静态语句块常用来进行类变量的初始化，所以也称为静态初始化程序块。其定义格式如下：

```
static{
    …
}
```

静态语句块在加载该类时执行且只执行一次。如果一个类中定义了多个静态语句块，则这些语句块将按在类中出现的次序运行。例 5-3 是一个使用静态语句块的例子。

例 5-3 静态语句块与静态变量的访问。

```
class StaticInitDemo{
    static int i;
    static {
        i = 5;
        System.out.println("Static code: i = " + i++ );
    }
}

public class TestStaticInit {
    public static void main(String args[ ]){
        System.out.println(" Main code: i = " + StaticInitDemo.i);
    }
}
```

例 5-3 的运行结果如下：

```
Static code: i = 5
Main code: i = 6
```

在例 5-3 中，类 StaticInitDemo 定义了类变量 i，并在静态语句块中对 i 赋予了初值 5。由于静态语句块是在类加载时运行，因此系统将首先打印输出“Static code：i=5”，并把 i 的值增加为 6，然后再运行 TestStaticInit 类中的 main()方法，打印输出“Main code：i=6”。

5.2 final 关键字

1. 在类的声明中使用 final

Java 允许在类的声明中使用 final 关键字。被定义成 final 的类不能再派生子类。例如 java.lang.String 类就是一个 final 类。这保证对 String 对象方法的调用确实运行的是 String 类的方法，而不是经其子类重写后的方法。

2. 在成员方法声明中使用 final

对于类中的成员方法也可以定义为 final。被定义成 final 的方法不能被重写。当方法的实现不能被改变，或者方法对于保证对象状态的一致性很关键时，应该把该方法定义为

final。

定义为 final 的方法可以使运行时的效率优化。正如在第 4 章中提到的,对于 final 方法,编译器可以产生直接调用方法的代码,从而阻止运行时刻对方法调用的动态联编。实际上,如果方法被定义为 static 或 private,编译器也将对它们进行上述优化。

3. 在成员变量的声明中使用 final

如果类的成员变量被定义成 final,则变量一经赋值就不能改变,所以可以通过声明 final 变量并同时赋初值来定义常量,并且变量名一般大写。例如:

```
final int NUMBER = 100;
```

如果在程序中要改变 final 变量的值,则将产生编译时错误。如果类的 final 变量在声明时没有赋初值,则在所属类的每个构造方法中都必须对该变量赋值。如果未赋初值的 final 变量是局部变量,则可以在所属方法体的任何位置对其赋值,但只能赋一次值。例 5-4 是对 final 变量声明与赋值的例子。

例 5-4 声明类的 final 变量并在构造方法中赋值。

```
class Customer{
    private final long customerID;
    private static long counter = 200901;
    public Customer(){
        customerID = counter++;
    }
    public long getID(){
        return customerID;
    }
    public static void main(String[] args){
        Customer[] cc = new Customer[5];
        for (int i = 0; i < cc.length; i++){
            cc[i] = new Customer();
            System.out.println("The customerID is " + cc[i].getID());
        }
    }
}
```

例 5-4 的运行结果如下:

```
The customerID is 200901
The customerID is 200902
The customerID is 200903
The customerID is 200904
The customerID is 200905
```

5.3 抽 象 类

5.3.1 什么是抽象类

Java 允许在类中只声明方法而不提供方法的实现。这种只有声明而没有方法体的方法称为抽象方法，而包含一个或多个抽象方法的类称为抽象类。抽象类必须在声明中加 abstract 关键字，而抽象方法在声明中也要加上 abstract。抽象类也可有构造方法、普通的成员变量或方法，也可以派生抽象类的子类。

抽象类在使用上有特殊的限制，即不能创建抽象类的实例。正是为了阻止程序员创建抽象类的实例对象，使编译器在编译时刻对此进行检查，Java 中要将抽象类和抽象方法带上 abstract 标记。如果抽象类的子类实现了抽象方法，则可以创建该子类的实例对象，否则该子类也是抽象类，也不能创建实例。一般将抽象类构造方法的访问权限声明为 protected 而不是 public，从而保证构造方法能够由子类调用而不被其他无关的类调用。例如：

```
abstract class Employee {
    abstract void raiseSalary (int i);
}
class Manager extends Employee {
    void raiseSalary (int i){ … }
}
…
Employee e = new Manager();      //创建 Employee 子类 Manager 的对象
Employee e = new Employee();     //错误!Employee 为抽象类
…
```

5.3.2　抽象类的作用

类是现实世界同类对象的抽象，是 Java 程序中创建对象的模板。抽象类不能实例化对象，那么抽象类的意义是什么呢？程序中定义抽象类的目的是为一类对象建立抽象的模型，在同类对象所对应的类体系中，抽象类往往在顶层。这一方面使类的设计变得清晰，另一方面抽象类也为类的体系提供通用的接口。这些通用的接口反映了一类对象的共同特征。定义了这样的抽象类后，就可以利用 Java 的多态机制，通过抽象类中的通用接口处理类体系中的所有类。

在第 4 章介绍运行时多态的概念时，曾在图 4-9 中给出了一个关于几何形状 Shape 及其子类的例子。在这个类的层次结构中，Shape 类是顶层类。实际上 Shape 类的对象是没有实际意义的。定义 Shape 类的目的并不是为了在程序中创建并操作它的对象，而是为了定义几何形状类体系的通用接口，如 draw()和 erase()，这些接口在 Shape 类中不需要给出具体实现，而由它的各个子类提供自己的实现。因此 Shape 类可以定义为抽象类，而 draw()和 erase()方法可以定义为抽象方法，如图 5-1 所示。

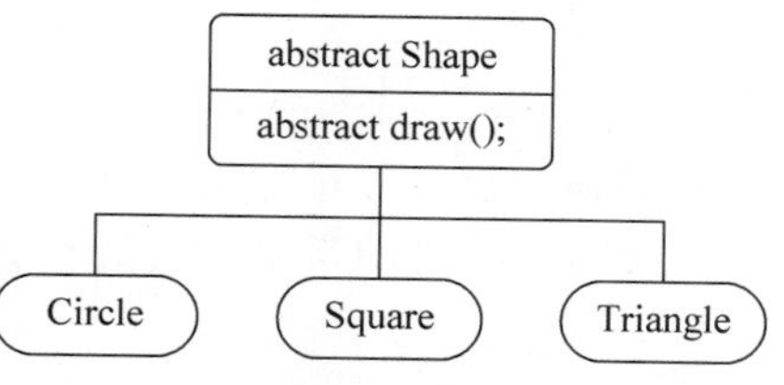

图 5-1　抽象类 Shape 及其类体系

实际上，即使不包括任何抽象方法，也可将一个类声明为抽象类。这样的类往往是没有必要定义任何抽象方法，而设计者又想禁止创建该类的实例对象，此时只需在类的声明中加上 abstract 关键字。

定义抽象类和抽象方法可以向用户和编译器明确表明该类的作用和用法，使类体系设计更加清晰，并能够支持多态，因此是 Java 的一种很有用的面向对象机制。

5.4 接　口

5.4.1 什么是接口

Java 中的接口(interface)使抽象类的概念更深入一层。接口中声明了方法,但不定义方法体,因此接口只是定义了一组对外的公共接口。与类相比,接口只规定了一个类的基本形式,不涉及任何实现细节。实现一个接口的类将具有接口规定的行为。

在 OOP 中,一个类的"公共接口"可以被认为是使用类的"客户"代码与提供服务类之间的契约或协议。因此可以认为一个接口的整体就是一个行为的协议。实现一个接口的类将具有接口规定的行为,并且外界可以通过这些接口与它通信。有些 OOP 中采用 protocol 关键字,而 Java 中使用 interface 关键字。

下面给出接口的具体定义。

5.4.2 接口的定义

接口的定义包括接口声明和接口体两部分。格式如下:

```
interfaceDeclaration{
    interface Body
}
```

1. 接口声明

接口声明的格式如下:

```
[public] interface InterfaceName [extends listofSuperInterface]{
    …
}
```

其中 public 指明任意类均可以使用这个接口。默认情况下,只与该接口定义在同一个包中的类才可以访问这个接口。extends 子句与类声明中的 extends 子句基本相同,不同的是一个接口可以有多个父接口,用逗号隔开,而一个类只能有一个父类。子接口继承父接口中所有的常量和方法。

2. 接口体

接口体中包含常量定义和方法定义两部分。

在接口中定义的常量默认具有 public、final、static 的属性。常量定义的具体格式为:

```
type NAME = value;
```

其中 type 可以是任意类型,NAME 是常量名,通常用大写,value 是常量值。在接口中定义的常量可以被实现该接口的多个类共享。

在接口中声明的方法默认具有 public 和 abstract 属性。方法定义的格式为:

```
returnType  methodName([paramlist]);
```

接口中只进行方法的声明,而不提供方法的实现。所以,方法定义没有方法体,且以分号";"结尾。另外,如果在子接口中定义了和父接口同名的常量和相同的方法,则父接口中的常量被隐藏，方法被重写。

注意：接口中的成员不能使用某些修饰符，例如 transient、volatile、synchronized、private、protected。

5.4.3　接口的实现与使用

类的声明中用 implements 子句来表示一个类实现了某个接口，在类体中可以使用接口中定义的常量，而且必须实现接口中定义的所有方法。一个类可以实现多个接口，在 implements 子句中用逗号分隔。

在类中实现接口所定义的方法时，方法的声明必须与接口中所定义的完全一致。

下面举一个接口及接口实现的例子。现实世界中有很多实体具有飞行的功能。我们可以构造一个公共的接口 Flyer 来抽象描述飞行行为。该接口规定了 3 个方法：起飞、着陆和飞行。接口 Flyer 的定义如下：

```
public interface Flyer{
    public void takeoff();
    public void land();
    public void fly();
}
```

飞机是我们很熟悉的一种具有飞行能力的工具。我们可以定义一个类 Airplane，该类通过实现 Flyer 接口从而对外表征出 Flyer 接口所规定的飞行行为。Airplane 的定义如下：

```
public class Airplane implements Flyer{
    public void takeoff(){
        //加速直至飞起，收起着陆装置等操作
    }
    public void land(){
        //下落着陆装置、减速并降低机翼直到接触地面等操作
    }
    public void fly(){
        //保持所有发动机正常运行等操作
    }
}
```

在程序中，接口可以像类一样作为数据类型来使用，并且可以支持多态。此时任何实现该接口的类都可认为是该接口的“子类”，因此声明为某接口类型的变量，可以指向该接口“子类”的实例，通过这些变量可以访问接口中规定的方法。例 5-5 是通过接口实现多态的例子。

例 5-5 将第 4 章中例 4-18 中的类进行了重定义，将 Shape 定义为描述几何图形的接口，几种图形如 Circle、Square 和 Triangle 都实现 Shape 接口，如图 5-2 所示。

例 5-5 的程序是对例 4-18 的改写。在例 5-5 中将 Shape 定义为接口，Circle、Square 和 Triangle 分别实现了该接口，main()方法实现与例 4-18 相同的操作。

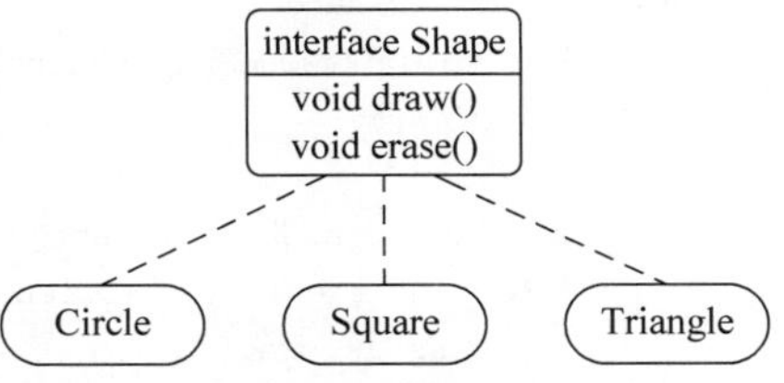

注：图中虚线表示对接口的实现

图 5-2　Shape 接口及实现它的各个类

例 5-5 通过接口实现多态示例。

```
import java.util.*;

//将 Shape 定义为 interface
interface Shape {
    void draw();
    void erase();
}

//定义 Circle 类实现 Shape
class Circle implements Shape {
    public void draw() {
        System.out.println("Calling Circle.draw()");
    }
    public void erase() {
        System.out.println("Calling Circle.erase()");
    }
}

//定义 Square 类实现 Shape
class Square implements Shape {
    public void draw() {
        System.out.println("Calling Square.draw()");
    }
    public void erase() {
        System.out.println("Calling Square.erase()");
    }
}

//定义 Triangle 类实现 Shape
class Triangle implements Shape {
    public void draw() {
        System.out.println("Calling Triangle.draw()");
    }
    public void erase() {
        System.out.println("Calling Triangle.erase()");
    }
}

//包含 main()的测试类
public class NewShapes{
    static void drawOneShape(Shape s){
        s.draw();
    }
    static void drawShapes(Shape[] ss){
        for(int i = 0; i < ss.length; i++){
            ss[i].draw();
        }
    }
```

```
        public static void main(String[] args) {
            Random rand = new Random();
            Shape[] s = new Shape[9];
            for(int i = 0; i < s.length; i++){
                switch(rand.nextInt(3)) {
                    case 0: s[i] = new Circle();break;
                    case 1: s[i] = new Square();break;
                    case 2: s[i] = new Triangle();break;
                }
            }
            drawShapes(s);
        }
    }
```

例 5-5 的某次运行结果如下：

```
Calling Circle.draw()
Calling Triangle.draw()
Calling Square.draw()
Calling Circle.draw()
Calling Triangle.draw()
Calling Triangle.draw()
Calling Triangle.draw()
Calling Square.draw()
Calling Square.draw()
```

由于 Circle,Square 和 Triangle 类的实例是随机生成的,所以例 5-5 各次运行的结果可能不同。注意在例 5-5 中,由于接口 Shape 中声明的方法其访问权限默认是 public,所以在实现 Shape 接口的各类如 Circle、Square 和 Triangle 中,在对 Shape 中定义的两个方法 draw()和 erase()实现时,要在声明中增加 public,否则这些类对接口方法的实现将缩小访问权限,会出编译时错误。

5.4.4　多重继承

在 C++中,多重继承要将多个父类合并到一个类中。因为每个父类都有自己的一套实现细节,导致合并操作复杂,并可能存在同一个方法的两种不同实现,由此产生代码冲突,增加代码的不可靠性。Java 中规定一个类只能继承一个父类,但可以实现多个接口,Java 是利用接口实现多重继承的。由于接口根本没有实现细节,所以在进行父类与多个接口的合并时,只可能有一个类具有实现细节,如图 5-3 所示。由此 C++多重继承实现中存在的问题,在 Java 中都不存在了,保证了 Java 的简单性与代码的安全可靠。

下面举一个多重继承的例子。

对于 5.4.3 节中给出的描述飞行行为的接口 Flyer,由于飞机、鸟,甚至科幻中的超人都可以飞,所以 Airplane 类、Bird 类和 Superman 类都可以实现 Flyer 接口。而同时,飞机是一种交通工具,因此 Airplane 类又是 Vehicle 类的子类；鸟是一种动物,因此 Bird 又是 Animal 类的子类,如图 5-4 所示。所以一个类可以从一个父类继承,并且可以同时继承其他接口。

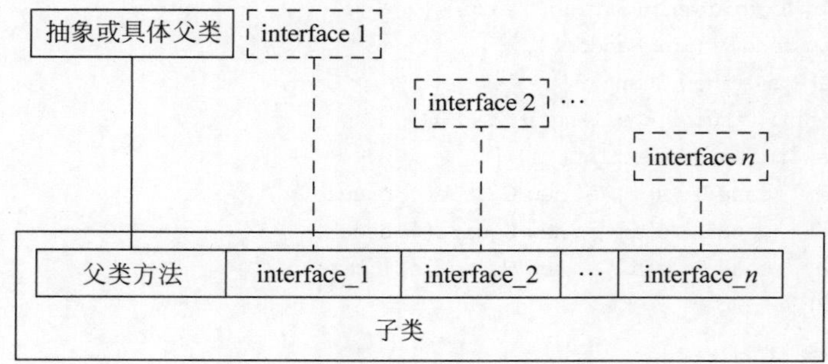

图 5-3 Java 中的多重继承

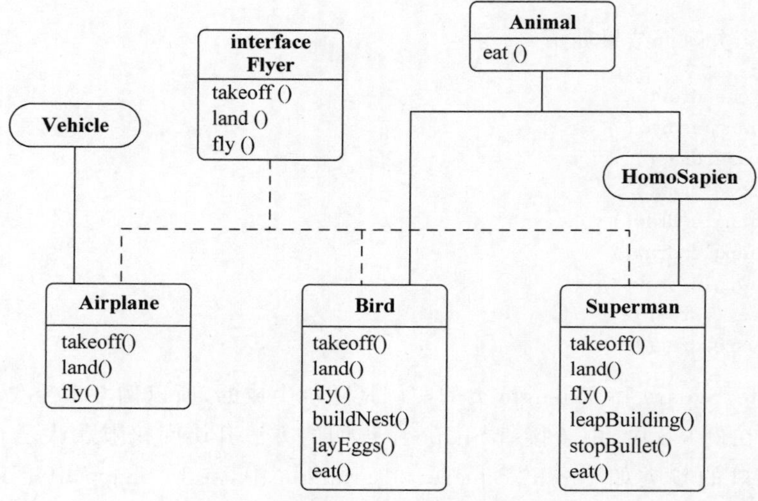

图 5-4 类体系中的类同时实现接口的示例

Bird 类可以进行如下定义:

```
public class Bird extends Animal implements Flyer{
    public void takeoff(){ … }
    public void land(){ … }
    public void fly(){ … }
    public void buildNest(){ … }
    public void layEggs(){ … }
    public void eat(){ … }
}
```

注意:在子类的声明中,extends 子句必须放在 implements 子句前面。

一个类也可以实现多个接口。水上飞机(Seaplane)不仅能飞还能够在海上航行。Seaplane 类继承了 Airplane 类,所以继承了 Airplane 类中对 Flyer 接口的实现,从而具有了飞行的行为;而同时 Seaplane 类也可以实现 Sailer 接口,使该类具有航行的接口与行为,如图 5-5 所示。

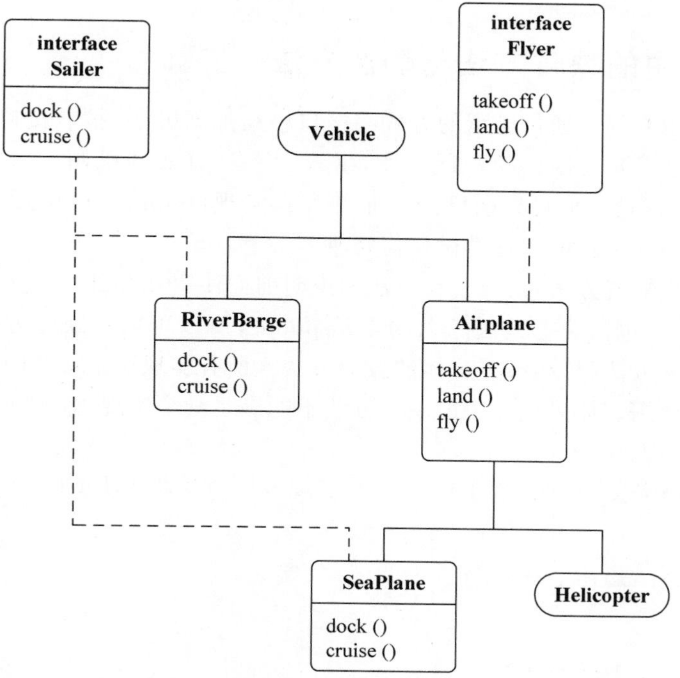

图 5-5 类体系中的类同时实现多个接口

5.4.5 通过继承扩展接口

接口定义后，可能在某些情况下需要对接口进行扩展，如增加新的方法声明。例如，对于例 5-5 中的接口 Shape，如果需要计算一个几何图形的面积，可以向 Shape 中加入一个方法：

```
interface Shape {
    void draw();
    void erase();
    double area();
}
```

上述直接向 Shape 中增加方法的方式扩展接口可能带来问题：所有实现原来 Shape 接口的类都将因为 Shape 接口的改变而不能正常工作。为了既能扩展接口，又保证不影响实现该接口的类，一种可行的方法是通过创建接口的子接口来增加新的方法，例如：

```
interface ShapeArea extends Shape{
    double area();
}
```

这样使用 Shape 接口的用户可以选择采用新的接口 ShapeArea，也可以保持原来对 Shape 接口的实现。

在接口的定义中使用继承，可以方便地为一个接口添加新的方法；也可以通过接口继承将几个接口合并为一个接口，即在子接口声明中的 extends 关键字后引用多个基础接口，这些接口间通过“,”分隔。

5.4.6 接口中的缺省方法与静态方法

在 5.4.5 节中介绍了通过继承的方式在接口中增加新方法,扩展接口的功能。在 Java SE 8 (JDK)中,为了解决接口的扩展问题,引入了一种有效的机制——缺省方法(default method)。缺省方法使人们可以向已经发布并存在实现(implement)类的接口中增加新的方法而不需要这些已存在的实现类做任何修改。

在接口中定义缺省方法,是通过在方法的声明前面使用 default 关键字实现的。在接口中声明的所有方法,包括缺省方法隐含的都是 public,所以可以在缺省方法前省去 public。缺省方法不是抽象方法,是具有方法体的普通方法。所有实现这个接口的类,都将继承缺省方法并可以直接使用。如果接口中的缺省方法不能满足某个实现类需要,也可以进行重写。下面给出一个例子。

(1) 下列代码定义了一个接口 I_A,以及实现该接口的两个类 ClassI_A 和 ClassI_B:

```
interface I_A {
    public void abstractMethod();
}

class ClassI_A implements I_A{
    public void abstractMethod(){
        System.out.println("The abstractMethod() in ClassI_A is called.");
    }
}

class ClassI_B implements I_A{
    public void abstractMethod(){ }
}
```

运行如下测试类:

```
public class InterfaceDefaultTest_1{
    public static void main (String args[]){
        I_A a = new ClassI_A();
        a.abstractMethod();
    }
}
```

得到的运行结果如下:

```
The abstractMethod() in ClassI_A is called.
```

(2) 向接口 I_A 中增加一个缺省方法,而(1)中的两个类 ClassI_A 和 ClassI_B 都可以不变:

```
interface I_A {
    public void abstractMethod();

    //增加一个新方法
```

```
    default void defaultInfo() {
        System.out.println("A default method in I_A is called.");
    }
}
```

运行如下测试类：

```
public class InterfaceDefaultTest_2{
    public static void main (String args[ ]){
        I_A a = new ClassI_A();
        a.abstractMethod();
        a.defaultInfo();
        I_A b = new ClassI_B();
        b.defaultInfo();
    }
}
```

得到的结果如下：

```
The abstractMethod() in I_A is called.
A default method in I_A is called.
A default method in I_A is called.
```

(3) 接口 I_A 的实现类 ClassI_B 中，重写该接口中的缺省方法。

```
class ClassI_B implements I_A{
    public void abstractMethod(){ }

    //重写接口 I_A 中的缺省方法
    public void defaultInfo(){
        System.out.println("A overridden default method of I_A is called.");
    }
}
```

运行上述(2)中的测试类，得到的结果为：

```
The abstractMethod() in I_A is called.
A default method in I_A is called.
A overridden default method of I_A is called.
```

需要注意的是，如果一个类实现了两个接口，并且两个接口中含有相同声明的缺省方法时，就需要在该实现类中重写这个缺省方法，并且通过这个类对象访问缺省方法时，调用的是这个重写后的方法。

除了缺省方法，在 JDK 8 以后的版本中，还可以在接口中定义静态方法（static method）。接口中的静态方法，可以用来定义接口的辅助性通用方法，它不能被实现接口的类或子接口继承，该种方法的定义与用法与类中的 static 方法一样，通过接口名进行访问。另外，缺省是 public 的，所以 public 修饰符可以省略。

下列示例中，接口 I_A 中定义了静态方法 staticInfo()，ClassI_A 实现了接口 I_A：

```
interface I_A {
    //定义了一个静态方法
```

```
    static void staticInfo() {
        System.out.println("A static method in I_A is called.");
    }
    public void abstractMeth();
    default void defaultInfo() {
        System.out.println("A default method in I_A is called.");
    }
}

class ClassI_A implements I_A{
    public void abstractMeth(){ }
}
```

运行如下测试类:

```
public class InterfaceStaticTest{
    public static void main (String args[]){
        I_A.staticInfo();
        I_A a = new ClassI_A();
        a.defaultInfo();
    }
}
```

得到的结果为:

```
A static method in I_A is called.
A default method in I_A is called.
```

5.4.7 接口与抽象类

通过上述对抽象类和接口的介绍,可以发现接口与抽象类有一定的相似性,但实际上这二者之间有很大的区别,如下所述。

- 接口中的所有方法都是抽象的,而抽象类可以定义带有方法体的不同方法。
- 一个类可以实现多个接口,但只能继承一个抽象父类。
- 接口与实现它的类不构成类的继承体系,即接口不是类体系的一部分。因此,不相关的类也可以实现相同的接口。而抽象类是属于一个类的继承体系,并且一般位于类体系的顶层。

使用接口的主要优势在于:一个优势是类通过实现多个接口可以实现多重继承,这是接口最重要的作用,也是使用接口的最重要的原因——能够使子类对象上溯造型为多个基础类(接口)类型;另一个优势是能够抽象出不相关类之间的相似性,而没有强行形成类的继承关系。使用接口,可以同时获得抽象类以及接口的优势。所以如果要创建的类体系的基础类不需要定义任何成员变量,并且不需要给出任何方法的完整定义,则应该将基础类定义为接口。只有在必须使用方法定义或成员变量时,才应该考虑采用抽象类。

5.5 包

5.5.1 什么是 Java 中的包

在 Java 中,为了使类易于查找和使用,为了避免命名冲突和限定类的访问权限,可以将一组相关类与接口“包裹”在一起形成包(package)。包被认为是 Java 的重要特色之一,它体现了 OOP 的封装思想,为 Java 中管理大量的类和接口提供了方便。另外,由于 Java 编译器要为每个类生成一个字节码文件,且文件名与类名相同,因此有可能由于同名类的存在而导致命名冲突。包的引入为 Java 提供了以包为单位的独立命名空间,位于不同包中的类即使同名也不会冲突,从而有效地解决了命名冲突的问题。同时,包具有特定的访问控制权限,同一个包中的类之间拥有特定的访问权限。因此,Java 中包是相关类与接口的一个集合,它提供了类的命名空间的管理和访问保护。

Java 平台中的类与接口都是根据功能以包组织的。Java 的 JDK 提供的包主要有 java. applet、java. awt、java. awt. datatransfer、java. awt. event、java. awt. image、java. beans、java. io、java. lang、java. lang. reflect、java. math、java. net、java. rmi、java. security、java. sql、java. util 等。

每个包中都定义了许多功能相关的类和接口。我们也可以定义自己的包来实现自己的应用程序。

Java 编译器把包对应于文件系统的目录和文件管理,还可以使用 ZIP 或 JAR 压缩文件的形式保存。例如,以 Windows 平台为例,名为 java. applet 的包中,所有类文件都存储在目录 classPath\java\applet 下。其中包根目录——classPath 由环境变量 CLASSPATH 来设定。

包机制的好处主要体现在如下几点。

- 程序员容易确定包中的类是相关的,并且容易根据所需的功能找到相应的类。
- 每个包都创建一个新的命名空间,因此不同包中的类名不会冲突。
- 同一个包中的类之间有比较宽松的访问控制。

下面将介绍如何定义与使用包。

5.5.2 包的定义与使用

1. 包的定义

使用 package 语句指定一个源文件中的类属于一个特定的包。package 语句的格式如下:

```
package pkg1[.pkg2[.pkg3 … ]];
```

例如:

```
package graphics;
public class Circle extends Graphic implements Draggable {
    …
}
```

Circle 类成为 graphics 包中的一个 public 成员,并存放在 classPath\graphics 目录中。如果源文件中没有 package 语句,则指定为无名包。无名包没有路径,一般情况下,会把源文件中的类存储在当前目录(即存放 Java 源文件的目录)下。前面许多例子都属于这种情况。

说明：

- package 语句在每个 Java 源程序中只能有一条，一个类只能属于一个包。
- package 语句必须在程序的第一行，该行前可有空格及注释行。
- 包名以“.”为分隔符。

2. 包成员的使用

包中的成员是指包中的类和接口。只有 public 类型的成员才能被包外的类访问。要从包外访问 public 类型的成员，要通过以下方法。

- 引入包成员或整个包，然后使用短名(short name，类名或接口名)引用包成员。
- 使用长名(long name，由包名与类/接口名组成)引用包成员。

1) 引入包成员

可以先引入包中的指定类或整个包，再使用该类。这时可以直接使用类名或接口名。在 Java 中引入包(如 JDK 中的包或用户自定义的包)中的类是通过 import 语句实现的。import 语句的格式如下：

```
import pkg1[.pkg2[.pkg3…]].(classname|*);
```

其中 pkg1[.pkg2[.pkg3…]]表明包的层次，与 package 语句相同，它对应于文件目录，classname 则指明所要引入的类。如果要从一个包中引入多个类，则可以用通配符(*)来代替。例如下列代码引入 graphics 包中的指定类 Circle：

```
import graphics.Circle;      //引入 graphics 包中的 Circle 类
…
Circle myCircle = new Circle();
…
```

下列代码引入 graphics 包中的所有类，程序中便可以直接引用该包中的任意类，如 Circle 和 Rectangle：

```
import graphics.*;          //引入 graphics 包中的所有类
…
Circle myCircle = new Circle();
Rectangle myRectangle = new Rectangle();…
```

注意：import 语句必须在源程序所有类声明之前，在 package 语句之后。因此 Java 程序的一般结构如下：

```
[package 语句]          //默认是 package.;(属于当前目录)
[import 语句]           //默认是 import  java.lang.*;
[类声明]
```

2) 使用长名引用包成员

要在程序中使用其他包中的类，而该包并没有引入，则必须使用长名引用该类。长名的格式是：

```
包名.类名
```

例如，如果当前程序要访问 graphics 包中的 Circle 类，但该类并未通过 import 语句引入，则要使用 graphics. Circle 来引用 Circle 类：

```
…
graphics.Circle  myCircle = new graphics.Circle();
…
```

这种方式过于烦琐，一般只有当两个包中含有同名的类时，为了对两个同名类加以区分才使用长名。如果没有这种需要，更简单常用的方法是使用 import 语句来引入所需要的类，然后在随后的程序中直接使用类名对类操作。

3. 包定义与使用示例

例 5-6　定义二维几何图形的包并使用。

(1) 文件 Rectangle. java，定义了 Rectangle 类放入 graphics. twoD 包中。

```
package graphics.twoD;
public class Rectangle {
    public int width = 0;
    public int height = 0;
    public Point origin;

    public Rectangle(Point p, int w, int h) {
        origin = p;
        width = w;
        height = h;
    }

    //移动矩形的方法
    public void move(int x, int y) {
        origin.x = x;
        origin.y = y;
    }

    //计算矩形面积的方法
    public int area() {
        return width * height;
    }
}
```

(2) 文件 Point. java，定义了 Point 类放入 graphics. twoD 包中。

```
package graphics.twoD;
public class Point {
    public int x = 0;
    public int y = 0;

    public Point(int x, int y) {
        this.x = x;
        this.y = y;
    }
}
```

(3) 文件 TestPackage. java，包含 main()方法的测试程序，定义了一个点及一个矩形，计算并输出矩形的面积。

```
import graphics.twoD.*;
public class TestPackage{
    public static void main(String args[]){
        Point p = new Point(2,3);
        Rectangle r = new Rectangle(p,10,10);
        System.out.println("The area of the rectangle is " + r.area());
    }
}
```

假如例 5-6 中 Point.java 与 Rectangle.java 在 C:\work 目录下,TestPackage.java 在 C:\work\test 目录下,而 graphics.twoD 在 C:\mypkg 目录下,则例 5-6 的编译与运行可按下列步骤进行。

(1) 将 C:\mypkg 添加到 classpath 系统变量中,使该路径作为一个包根路径。既可以通过 set 命令添加,即 set classpath = %classpath%; C:\mypkg,也可以在 Windows 中通过系统变量的设置窗口进行。

(2) 将 C:\work 作为当前目录,输入:

```
javac -d c:\mypkg Point.java Rectangle.java
```

则在 C:\mypkg\graphics\twoD 目录下将产生 Point.class 和 Rectangle.class 两个类文件。Javac 命令中的-d 选项是指定编译所产生类文件的根路径,如不指定,则编译生成的类文件如 Point.class 和 Rectangle.class 将存放在当前路径下。

(3) 进入 TestPackage.java 所在的目录 C:\work\test,先后输入下列命令编译和运行:

```
javac TestPackage.java
java TestPackage
```

TestPackage.java 的运行结果如下:

```
The area of the rectangle is 100
```

5.5.3 引入其他类的静态成员

如果程序中需要频繁使用其他类中定义为 static final 的常量或 static 方法,则每次引用这些常量或方法都要出现它们所属的类名,会使得程序显得比较混乱。Java 中提供了 static import 语句,使得程序中可以引入所需的常量和静态方法,这样程序中对它们的使用就不用再带有类名了。

例如,java.lang.Math 类定义了一个常量 PI 和很多静态方法,包括计算正弦、余弦、正切、余切等的方法:

```
public static final double PI 3.141592653589793
public static double cos(double a)
```

在 JDK 1.5 之前的版本中,如果在其他程序中要使用它们,则需要在这些常量和方法前带有所属类名：

```
double r = Math.cos(Math.PI * theta);
```

现在，程序可以使用 static import 语句，将 java.lang.Math 类的 static 成员引入，则在程序中使用 Math 的静态成员将不再需要带有类名。静态成员可以单个引入，也可以通过通配符"*"成组引入，例如：

```
import static java.lang.Math.PI;
```

或

```
import static java.lang.Math.*;
```

一个类的静态成员一旦被引入后，就可以直接使用成员的名称，而不用带类名。例如上面对 Math 类的 cos()方法的调用，可以用下列代码替代：

```
double r = cos(PI * theta);
```

对于 JDK 类库之外的用户自定义类的静态成员，也可以使用这种静态引入语句。

上述静态引入语句如果使用得当，会使程序变得简明易读，但如果过多使用则会适得其反。除了程序员，其他人很难了解哪些类定义了哪些静态成员，所以，程序中过多使用静态引入会使程序变得难以理解和维护。

5.5.4　包名与包成员的存储位置

从例 5-6 可以看到，Java 中包名实际上是包的存储路径的一部分，包名中的.分隔符相当于目录分隔符。包存储的路径实际上由包根路径加上包名指明的路径组成，而包的根路径由 CLASSPATH 环境变量指出。

假如 CLASSPATH 环境变量按下面的值进行设置：

```
CLASSPATH = C:\jdk1.4.2\lib; .; C:\mypkg
```

则 Java 在编译 TestPackage.java 和解释执行 TestPackage.class 时，将会在下列路径下查找 Point 类和 Rectangle 类。下面以 Point.class 为例。

(1) C:\jdk1.4.2\lib\graphics\twoD\Point.class

(2) .\graphics\twoD\Point.class

(3) C:\mypkg\graphics\twoD\Point.class

如果在上述路径下都没有找到 Point 类，则将产生编译或运行时错误。

5.5.5　Java 源文件与类文件的管理

利用 Java 的包名与类文件存储位置之间的关系，可以对 Java 应用程序的源文件与类文件进行很好的管理。下面几点是进行一个应用系统开发时可以参考的。

(1) 在应用系统目录下分别创建源文件目录与类文件目录，并把类文件目录加入到 classpath 环境变量中。

例如，要开发几何图形操作相关的应用，可以创建下列目录：

D:\graphicApp\source——作为存放源文件的顶层(根)路径。

D:\graphicApp\classes——作为存放类和接口的文件的包根路径。

(2) 每个源文件都存放在 source 目录中以包名为相对路径的子目录下；编译后产生的类文件以所属包名为相对路径，存储在 classes 目录下。例如对于例 5-6 的程序，其源文件与类文件可以保存在如图 5-6 所示的层次目录下。

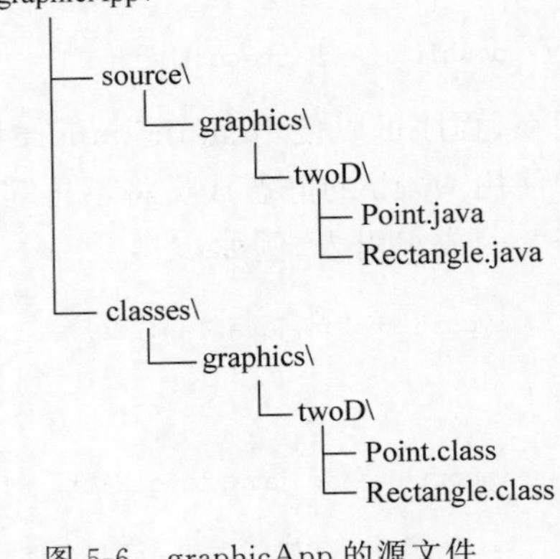

图 5-6 graphicApp 的源文件与类文件的管理

由于 Java 程序在编译时，每个类都要生成一个文件，所以一个应用程序包含的文件可能是很多的。按照上述方法对 Java 应用系统的文件进行存放，可以实现对文件的有效管理，并且能够保证引用这些类的程序在编译和运行时能够简便有效地定位到相应的类。

5.6 泛型与集合类

5.6.1 泛型概述

泛型即泛化技术(generics)，是在 JDK 1.5 中引入的重要语言特征。泛型技术可以通过一种类型或方法操纵各种类型的对象，而同时又提供了编译时的类型安全保证。在 JDK 1.5 以后的版本中，Java 对 JDK 中的集合类(collections)应用了泛型。

在软件开发中，程序中的错误几乎是难以避免的。这些错误可以分为编译时错误与运行时错误。编译时错误发现早，可以根据编译器提示的错误信息比较容易进行修改，而运行时错误却难以定位和修改。泛型使得很多程序中的错误能够在编译时刻被发现，从而增加了代码的正确性和稳定性。

泛型技术的基本思想是类和方法的泛化，是通过参数化实现的，因此泛型又被称为参数化类型，即通过定义含有一个或多个类型参数的类或接口，使得程序员可以对具有类似特征与行为的类进行抽象。下面通过一个例子说明泛型的概念。

在 JDK 1.4 及以前版本中，因为集合类可以保存 Object 及其子类的对象，所以可以创建一个集合类的实例，如 LinkedList，存放各种类型的对象。程序员对 LinkedList 中的对象的具体类型是清楚的，并且要通过强制类型转换才能使用某些特定于对象的操作。有时，程序员也可以通过注释或其他说明性手段说明 LinkedList 中保存的对象类型。但是，编译程序是无法通过这些程序或注释了解到集合中对象类型的任何信息，也就无法进行类型检查，因此容易发生运行时错误。如例 5-7 所示。

例 5-7 不使用泛型的集合类示例。

```
import java.util.*;
public class ListTest {
    public static void main(String[] args) {

        //注意：列表中只存放 Integer 类型的变量
```

```
6          List listofInteger = new LinkedList();
7          listofInteger.add(new Integer(2000));
8          listofInteger.add("8");
9
10         Integer x = (Integer) listofInteger.get(0);
11         System.out.println(x);
12         x = (Integer) listofInteger.get(1);
13         System.out.println(x);
14     }
15 }
```

例 5-7 的第 8 行中，程序员误将数字 8 以字符串的形式放到了 listofInteger 中，而在第 12 行，将“8”取出后，执行 Integer 的强制类型转换，这是错误的。例 5-7 会通过编译，但在运行时将会出现错误信息，如图 5-7 所示。

```
C:\PROGRA~1\XINOXS~1\JCREAT~2\GE2001.exe
2000
Exception in thread "main" java.lang.ClassCastException: java.lang.String cannot
 be cast to java.lang.Integer
        at ListTest.main(ListTest.java:12)
```

图 5-7　例 5-7 的运行结果

如果使用泛型编写上述程序，将程序员对 LinkedList 中对象类型的意图传递给编译器，则例 5-7 中程序员的疏忽会在编译时就被检查出。例 5-8 是采用泛型编写的程序。

例 5-8　使用泛型的集合类使用测试。

```
1  import java.util.*;
2  public class ListTestWithGenerics {
3      public static void main(String[] args) {
4
5          List<Integer> listofInteger = new LinkedList<Integer>();
6          listofInteger.add(new Integer(2000));
7          listofInteger.add("8");
8
9          Integer x = listofInteger.get(0);
10         System.out.println(x);
11         x = listofInteger.get(1);
12         System.out.println(x);
13     }
14 }
```

例 5-8 中，第 5 行变量 listofInteger 的声明 List < Integer >，表示它不是一个存放 Object 类型对象的列表，而是存放 Integer 对象的列表。此处，List 就是一个带有类型参数(Integer)的泛化接口，并且在创建这个列表对象时，也要指定类型参数。另外，例 5-8 中的第 9 行和第 11 行原有的强制类型转换也去掉了。

通过例 5-8 第 5 行中的声明，编译器了解了程序员对变量 listofInteger 类型限定的意图，并且将在编译时对程序进行相应的类型检查，保证所有对 listofInteger 变量操作满足其类型的要求。而强制类型转换只是表明程序员对某行代码的操作认为是正确的，但是无法实现编译时的检查。在例 5-8 的第 7 行中向 listofInteger 增加非 Integer 类型的对象，则在

编译时会出现下列错误:

```
ListTestWithGenerics.java:7: 找不到符号
符号: 方法 add(java.lang.String)
位置: 接口 java.util.List<java.lang.Integer>
        listofInteger.add("8");
                     ^
1 错误
```

将第 7 行代码改为 listofInteger.add(new Integer(8))或 listofInteger.add(8),则例 5-8 可以通过编译并正常运行,结果如下:

```
2000
8
```

因此,泛型增加了程序的可读性和强壮性。

5.6.2 泛化类型及其子类

1. 泛化类型(泛型)的定义

进行泛型编程的基础是要定义泛化类型(generic type)即泛型,也就是定义具有泛化结构的类或接口。JDK 1.5 及以后版本中的集合类(collection)都已经被定义为泛型,所以例 5-8 中才可以使用这些泛型。

泛型的定义与普通类定义相比,首先在类名后增加了由尖括号标识的类型变量,一般用 T 表示。T 可以在泛型中的任何地方使用。对于泛化接口也是这样定义。下列代码定义了普通类 Box 以及 Box 的泛型。

(1) 普通类 Box 的定义:

```java
public class MyBox {
    private Object object;
    public void add(Object object) {
        this.object = object;
    }
    public Object get() {
        return object;
    }
}
```

(2) Box 类泛型的定义:

```java
public class MyBox<T> {
    private T t;
    public void add(T t) {
        this.t = t;
    }
    public T get() {
        return t;
    }
}
```

在 MyBox 类的泛型定义中，将类声明中的“public class MyBox”改为“public class MyBox<T>”，并且把 MyBox 类体中出现的所有 Object 都用 T 进行替换，从而将 MyBox 定义为能够存放各种确定类型对象容器的抽象类型。例如，当我们在代码中通过 MyBox<Integer>创建一个 MyBox 对象，则该对象就只能存放 Integer 类型的对象。从上述例子中也可以看出，泛型的定义并不复杂。可以将 T 看作一类特殊的变量，该变量的值在使用时指定，可以是除了基本数据类型之外的任意类型，包括类、接口，甚至可以是一个类型变量。T 可以被称为是一种类型形参，或类型参数。

泛型在使用时，必须像方法调用一样执行“泛型调用”，将泛型中的类型变量 T 替换为具体的类、接口等，如例 5-9 所示。

例 5-9 泛型类的定义及其使用示例。

```
class MyBox<T> {
    private T t;
    public void add(T t) {
        this.t = t;
    }
    public T get() {
        return t;
    }
}

public class MyBoxTest{
    public static void main(String args[]){
        MyBox<Integer> aBox;
        aBox = new MyBox<Integer>();
        aBox.add(new Integer(1000));
        Integer i = aBox.get();
        System.out.println("The Integer is : " + i);
    }
}
```

例 5-9 的运行结果如下：

```
The Integer is : 1000
```

例 5-9 中出现对泛型 MyBox 的一个调用：

```
MyBox<Integer> aBox;
```

MyBox<Integer>读作“MyBox of Integer”。泛型调用与普通的方法调用相类似，所不同的是泛型调用时传递的实参是一个具体的类型而不是普通意义上的实参值。泛型的一个调用使泛型被固定为参数 T 所指定的类型，所以一般被称为参数化类型(parameterized type)。参数化类型的实例化还是使用 new 关键字，只是要在类名与“()”之间插入带有尖括号的参数类型。例如：

```
aBox = new MyBox<Integer>();
```

需要注意的是，泛型中的类型变量自身并不是实际存在的类型，即根本不存在 T.java 或

T.class,并且 T 也不是泛型类名的一部分。另外,一个泛型可以有多个类型参数,但是每个参数在该泛型中应是唯一的。例如不能出现 MyBox<T,T>,但可以出现 MyBox<T,U>。

2. 类型参数的命名习惯

习惯上,类型参数的名称用单个大写字母表示。这使得类型参数能够与其他变量名或类名、接口名有明显的区别。最常用的类型参数名包括如下几种。

- E——Element,表示元素,一般在 JDK 的集合类中使用。
- K——Key,表示键值。
- N——Number,表示数字。
- T——Type,表示类型。
- V——Value,表示值。
- S,U,V 等——可被用作一个泛化类型的第二个,第三个,第四个类型参数。

3. 泛型中的子类

在 Java 中,父类的变量可以指向子类的对象,因为子类被认为是与父类兼容的类型。因此,下列的代码是合法的:

```
Object someObject = new Object();
Integer someInteger = new Integer(10);
someObject = someInteger;
```

在泛型中,这一点仍然是成立的。可以使用一个父类作为类型参数调用泛型,而在后续对参数化类的访问中,使用该父类的子类对象。例如:

```
MyBox<Number> box = new MyBox<Number>();
box.add(new Integer(10));
box.add(new Double(10.1));
```

因为 Integer 和 Double 是 Number 的子类,所以上述代码是合法的。但在泛型中,MyBox<Number>与 MyBox<Integer>和 MyBox<Double>之间没有父子类关系,即 MyBox<Integer>和 MyBox<Double>不是 MyBox<Number>的子类。

首先从语义上,虽然 Integer 和 Double 是 Number 的子类,但容纳 Integer 和 Double 对象的 MyBox 却不一定是容纳 Number 对象 MyBox 的子类。再如,假设 Animal 是 Lion,Butterfly 的父类,而 Cage<Animal>、Cage<Lion>、Cage<Butterfly>分别是关养所有类型动物、狮子和蝴蝶的笼子。为了使各种类型的动物都不能逃跑,Cage<Animal>需要考虑各种情况,既要能够关住狮子、老虎,也要关住蝴蝶、蚯蚓,而 Cage<Lion>和 Cage<Butterfly>却只要能够关住狮子和蝴蝶就可以了,它们并没有 Cage<Animal>的所有特征并且要远比 Cage<Animal>简单。因此,Cage<Lion>不是 Cage<Animal>的子类,而 Cage<Butterfly>也不是 Cage<Animal>的子类。

另外,从 Java 泛型的语言机制方面,再进一步理解这个问题。假设 Java 中允许 List<String>是 List<Object>的子类,则程序中可以出现下列代码:

```
List<String>  ls = new ArrayList<String>();
List<Object> lo = ls;
Lo.add(new Object());
String s = ls.get(0);
```

但实际上上述代码是有问题的。第 4 行中，ls. get(0)返回的对象类型是 Object，而 String 类型的变量 s 是不能指向 Object 对象的，这是因为父类弱，子类强，父类中往往不包含子类的很多信息，所以不能按照子类的变量访问父类对象。根据第 1 行的定义，ls 指向一个字符串列表，如果没有第 2、3 行，第 4 行的代码是合法的。由于假设 List < String >是 List < Object >的子类，第 2 行代码合法并使得字符串列表有了另一个入口 lo。通过 lo 可以将 Object 类型的对象放入列表，从而出现通过 String 类型变量 ls 访问到 Object 对象的情况，所以 List < String >是 List < Object >子类的假设是不成立的。

因此，即使调用泛型的实参类型之间有父子类关系，调用后得到的参数化类型之间也不会具有同样的父子类关系。

5.6.3 通配符

Java 允许在泛型的类型形参中使用通配符(wildcards)，以提高程序的灵活性。下面通过例子说明泛型中通配符的作用。

如果我们要编写一个方法实现给笼子里的动物喂食的操作，可以编写一个 feedAnimals() 方法：

```
void feedAnimals(Cage < Animal > someCage) {
    for (Animal a : someCage)
        a.feedMe();
}
```

但上述 feedAnimals()方法，实际上只能对 Cage < Animal >中的动物喂食，给狮子和蝴蝶的喂食却不能调用该方法，因为 Cage < Lion > 和 Cage < Butterfly >并不是 Cage < Animal >的子类。在这里需要定义所有动物笼子的父类。

Java 泛型中，提供了通配符实现这种类的定义：以通配符“?”替代泛型尖括号中的具体类型，表明该泛型的类型是一种未知的类。例如 Cage <? >，表示一种未知类型物体的笼子，可以指任何存放物体的笼子，可能是一种 Animal 的笼子，也可能是 Lion 的笼子，还可能是放某种水果 Fruit 的笼子。Cage <? >可以认为是 Cage < Animal >、Cage < Butterfly >、Cage < Fruit >的父类。

在上述 feedAnimals()中，需要定义所有动物笼子的父类。这可以通过使用受限通配符(Bounded wildcard)来实现：

```
Cage <? extends Animal >
```

“? extends Animal”的含义是 Animal 或其某种未知的子类，也可以理解为“某种动物”。Cage <? extends Animal >泛指 Animal 及其子类的笼子，是 Cage < Butterfly >和 Cage < Lion >的父类。在“? extends Animal”中，Animal 被认为是泛型变量的上限。也可以用 super 关键字代替 extends 定义泛型变量的下限：<? super Animal >，其含义是 Animal 或其未知的某个父类。在上文的 Cage <? >中，<? >称为无限制通配符(unbounded wildcards)，实际上是与 <? extends Object >等价的。例 5-10 中给出了一个完整示例。

例 5-10　泛型中的通配符示例。

```
import java.util. * ;
```

```
class Cage<E> extends LinkedList<E>{};
class Animal{
    public void feedMe(){ };
}
class Lion extends Animal{
    public void feedMe(){
        System.out.println("Feeding lions");
    }
}

class ButterFly extends Animal{
    public void feedMe(){
        System.out.println("Feeding butterflies");
    }
}

public class WildcardsTest{
    public static void main(String args[]){
        WildcardsTest t = new WildcardsTest();
        Cage<Lion> lionCage = new Cage<Lion>();
        Cage<Butterfly> butterflyCage = new Cage<Butterfly>();
        lionCage.add(new Lion());
        butterflyCage.add(new Butterfly());
        t.feedAnimals(lionCage);
        t.feedAnimals(butterflyCage);
    }
    void feedAnimals(Cage<? extends Animal> someCage) {
        for (Animal a:someCage)
            a.feedMe();
    }
}
```

例 5-10 的运行结果如下:

```
Feeding lions
Feeding butterflies
```

5.6.4 泛化方法

Java 泛型中,类型参数还可以出现在方法声明中,以定义泛化方法(generic methods)。泛化方法与泛型的声明类似,但泛化方法中类型参数的作用域只限于声明它的方法。下面例 5-11 中给出了一个泛化方法的例子。

例 5-11 泛化方法示例。

```
class MyBox<T> {
    private T t;
    public void add(T t) {
        this.t = t;
    }
    public T get() {
```

```
            return t;
        }
        public <U> void inspect(U u){
            System.out.println("  T: " + t.getClass().getName());
            System.out.println("  U: " + u.getClass().getName());
            System.out.println();
        }
}

public class BoxTest{
    public static void main(String[] args) {
        MyBox<Integer> integerBox = new MyBox<Integer>();
        integerBox.add(new Integer(10));

        System.out.println("The first inspection:");
        integerBox.inspect("some text");

        System.out.println("The second inspection:");
        integerBox.inspect(new Double(100.0));
    }
}
```

例 5-11 的运行结果如下：

```
The first inspection:
  T: java.lang.Integer
  U: java.lang.String

The second inspection:
  T: java.lang.Integer
  U: java.lang.Double
```

例 5-11 中，inspect()定义了一个类型参数 U，是一个泛化方法。该方法把一个对象的类型打印到标准输出上。为了进行对比，该方法也输出了将类型变量 T 所指向对象的类型。

泛化方法的定义是在一般方法声明中增加了类型参数的声明。具体是在方法声明的各种修饰符，如 public、final、static、abstract、synchronized 等，与方法返回类型之间，增加一个带尖括号的类型参数列表。类型参数表的定义与泛型中的定义一样，也可以使用受限类型参数。

Java 中，不仅可以对实例方法进行泛化，也可以对静态方法、构造方法进行泛化，即所有方法都可以定义为泛化方法。

注意：在例 5-11 的 main()中，在对泛化方法 inspect()的调用时，并没有显式传递实参的类型，只是像普通的方法调用一样用实参去调用该方法。这主要是 Java 编译器具有类型推理的能力，它根据调用方法时实参的类型，推理得出被调用方法中类型变量的具体类型，并据此检查方法调用中类型的正确性。

泛化方法实现的功能，有时也可以用带有通配符的泛型实现。例如在下列代码中，

containsAll()与 addAll()两个方法都定义为泛化方法:

```
interface Collection<E> {
    public <T> boolean containsAll(Collection<T> c);
    public <T extends E> boolean addAll(Collection<T> c);
}
```

但这两个方法也可以利用通配符定义:

```
interface Collection<E> {
    public boolean containsAll(Collection<?> c);
    public boolean addAll(Collection<? extends E> c);
}
```

那么泛化方法与通配符分别适合怎样的应用呢?从前面对通配符的介绍中可以看到,引入通配符的主要目的是支持泛型中的子类,从而实现多态。如果方法泛化的目的只是为了能够适用于多种不同类型,或支持多态,则应该使用通配符。泛化方法中类型参数的优势是可以表达多个参数或返回值之间的类型依赖关系。如果方法中并不存在类型之间的依赖关系,则可以不使用泛化方法,而使用通配符。在上述 Collection<E>的泛化方法定义中,类型参数 T 只使用了一次,并且 containsAll()与 addAll()只有一个参数,返回值也不依赖于类型参数,因此适宜采用通配符方式。

当然,泛化方法与通配符也可以一起使用,如下面的代码:

```
class Collections {
    public static <T> void copy(List<T> dest, List<? extends T> src){ … }
}
```

一般地,因为通配符更清晰、简明,因此建议尽量采用。另外,通配符还可以在方法声明之外使用,例如类变量、局部变量与数组的类型声明等。

5.6.5 类型擦除

Java 虚拟机中,并没有泛型类型的对象。泛型是通过编译器执行一个被称为类型擦除(type erases)的前端转换来实现的。类型擦除可以理解成一种源程序到源程序的转换,即把带有泛型的程序转换为不包含泛型的版本。

一般地,擦除进行下列处理。

(1) 用泛型的原生类型替代泛型。

原生类型(raw type)是泛型中去掉尖括号及其中的类型参数的类或接口。泛型中所有对类型变量的引用都替换为类型变量的最近上限类型,如对于 Cage<T extends Animal>,T 的引用将用 Animal 替换,而对于 Cage<T>,T 的引用将用 Object 替换。

例如,对于例 5-9 中定义的泛型 MyBox<T>,类型擦除后得到了相应的原生类型 MyBox:

```
public class MyBox {
    private Object t;
    public void add(Object t) {
        this.t = t;
```

```
    }
    public Object get() {
        return t;
    }
}
```

MyBox 是一个普通类，与泛型引入之前的类一样。

(2) 对于含泛型的表达式，用原生类型替换泛型。

例如，List<String>的原生类型是 List。类型擦除中，List<String>被转换成 List。对于泛型方法的调用，如果擦除后返回值的类型与泛型声明的类型不一致，则会插入相应的强制类型转换。

(3) 对于泛化方法的擦除，是将方法声明中的类型参数声明去掉，并进行类型变量的替换。

例如，对于方法：

```
public static <T extends  Comparable> T  min(T[] a)
```

类型擦除后，转换为：

```
public static  Comparable  min(Comparable [] a)
```

下面给出一个泛型的类型擦除示例。对于下列 loophole()方法：

```
public String loophole(Integer x) {
    List<String> ys = new LinkedList<String>();
    ys.add(x.toString());
    return ys.iterator().next();
}
```

经编译器进行泛型类型擦除后，实际运行的代码如下：

```
public String loophole(Integer x) {
    List ys = new LinkedList();
    ys.add(x);
    return (String) ys.iterator().next();
}
```

Java 虚拟机对于泛型采用擦除机制的主要目的，是为了与 JDK 1.5 之前的已有代码兼容。在 JDK 1.5 及以后版本中，对于 JDK 中定义的泛型如集合类，应尽量使用泛型机制，而不要使用原生类。如果将泛型与原生类混合使用，编译器会给出一些类型未检查的警告。对于这样的警告应给予重视并进行程序检查，否则就有可能出现运行时错误。

5.6.6 集合类

1. 集合类概述

一个集合对象或一个容器表示了一组对象，集合中的对象称为元素。在这个对象中，存放指向其他对象的引用。Java 的 Collections API 包括了下列核心集合接口，如图 5-8 所示。

图 5-8 中的 Java Collections API 的核心接口支持泛型，并且形成了两个独立的树状结构。Map 是一种特殊的集合，与一般的集合不同。

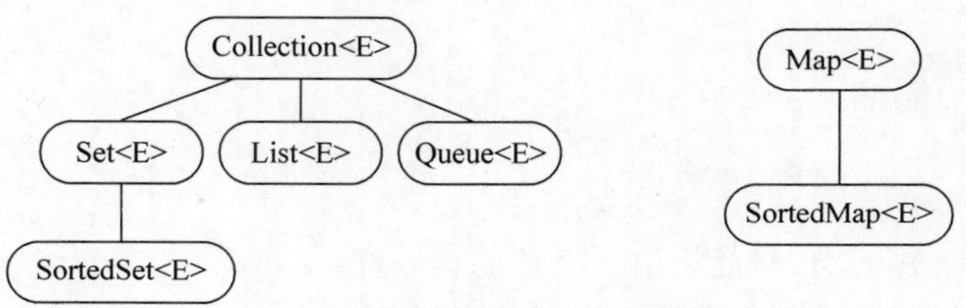

图 5-8　Java Collections API 的核心接口

1）Collection

Collection 接口是集合接口树的根，它定义了集合操作的通用 API。对 Collection 接口的某些实现类允许有重复元素，而另一些不允许有重复元素；某些是有序的而另一些是无序的。JDK 中没有提供这个接口的实现，而是提供了它的子接口如 Set 和 List 的实现。

2）Set

Set 中不能包含重复的元素。它是数学中"集合"概念的抽象，可以用来表示类似于学生选修的课程集合或机器中运行的进程集合等。

3）List

List 是一个有序的集合，称为列表或序列。List 中可以包含重复的元素。可以通过元素在 List 中的索引序号访问相应的元素。Vector 就是一种常用的 List。

4）Map

Map 实现键值到值的映射。Map 中不能包含重复的键值，每个键值最多只能映射到一个值。Hashtable 就是一种常用的 Map。

5）Queue

Queue 是存放等待处理的数据的集合，称为队列。Queue 中的元素一般采用 FIFO（先进先出）的顺序，也有以元素的值进行排序的优先队列。无论队列采用什么样的顺序，remove()和 poll()方法都是对队列的最前面元素进行操作。在 FIFO 队列中，新添加的元素都是放到队列的尾部，其他队列可能采用不同的排放策略。

6）SortedSet 和 SortedMap

SortedSet 和 SortedMap 分别是具有排序性能的 Set 和 Map。

2. 几种常用集合

1）Set

Set 继承了 Collection 接口，Set 的方法都是从 Collection 继承的，它没有声明其他方法。Set 接口中所包含的方法如下，实现 Set 的类也实现了这些接口，所以我们可以对具体的 Set 对象调用这些方法：

```
public interface Set<E> extends Collection<E> {
    //基本操作
    int size();
    boolean isEmpty();
    boolean contains(Object element);
    boolean add(E element);
    boolean remove(Object element);
    Iterator<E> iterator();                //返回当前集合元素的反复器 iterator
```

```
    //集合元素批操作
    boolean containsAll(Collection<?> c);
    boolean addAll(Collection<? extends E> c);    //将集合 c 的元素都加到本集合中,成功返回
                                                  //true,否则为 false
    boolean removeAll(Collection<?> c);
    boolean retainAll(Collection<?> c);           //在当前集合中只保留属于 c 的元素,如果当
                                                  //前集合发生变化则返回 true
                                                  //否则返回 false
    void clear();                                 //清除集合中的所有元素
    //数组操作
    Object[] toArray();        //返回包含当前集合所有元素的数组。该数组是新创建的,与当前集
                               //合独立。因此调用者可以随意修改返回的数组
    <T> T[] toArray(T[] a);    //返回包含当前集合所有元素的数组。所返回数组的运行时类型是数
                               //组 a 的类型。如果数组 a 能够容下集合的所有元素,则将集合元素
                               //写入 a 并返回,否则创建类型与 a 相同、长度等于集合长度的数组
}
```

JDK 中提供了实现 Set 接口的 3 个实用的类：HashSet 类、TreeSet 类和 LinkedHashSet 类。

HashSet 类是采用 Hash 表实现了 Set 接口。一个 HashSet 对象中的元素存储在一个 Hash 表中，并且这些元素没有固定的顺序。由于采用 Hash 表，所以当集合中的元素数量较大时，其访问效率要比线性列表快。

TreeSet 类实现了 SortedSet 接口，是采用一种有序树的结构存储集合中的元素。TreeSet 对象中元素按照升序排序。

LinkedHashSet 类实现了 Set 接口，采用 Hash 表和链表相结合的结构存储集合中的元素。LinkedHashSet 对象的元素具有固定的顺序，它集中了 HashSet 与 TreeSet 的优点，既能保证集合中元素的顺序又能够具有较高的存取效率。

下面给出一个 Set 的使用实例。

例 5-12　Set 的使用示例。

```
import java.util.*;
public class FindDups {
    public static void main(String args[]) {
        //创建一个 HashSet 对象,默认的初始容量是 16
        Set<String> s = new HashSet<String>();

        //将命令行中的每个字符串加入到集合 s 中,其中重复的字符串将不能加入,并被打印输出
        for (String a : args){
            if (!s.add(a))
                System.out.println("Duplicate detected: " + a);
        }
    //输出集合 s 的元素个数以及集合中的所有元素
        System.out.println(s.size() + " distinct words detected: " + s);
    }
}
```

如果在 Windows 的命令窗口中输入下列命令：

```
java FindDups I come I see I go
```

则例 5-12 的运行结果如下：

```
Duplicate detected: I
Duplicate detected: I
4 distinct words detected: [see, come, I, go]
```

2）List

List 是一种有序的集合，它继承了 Collection 接口。除了继承了 Collection 中声明的方法，List 接口中还增加了如下操作。

- 按位置存取元素：按照元素在 List 中的序号对其进行操作。
- 查找：在 List 中搜寻指定的对象并返回该对象的序号。
- 遍历：使用了 ListIterator 实现对一个 List 的遍历。
- 子 List 的截取，即建立 List 的视图(view)：能够返回当前 List 中的任意连续的一部分，形成子 List。

List 接口的定义如下：

```
public interface List<E> extends Collection<E>{
    //按位置存取元素
    E get(int index);
    E set(int index, E element);
    Boolean add(E element);
    void add(int index, E element);
    E remove(int index);
    boolean addAll(int index, Collection<? extends E> c);

    //查找
    int indexOf(Object o);
    int lastIndexOf(Object o);

    //遍历
    ListIterator<E> listIterator();
    ListIterator<E> listIterator(int index);

    //子 List 的截取
    List<E> subList(int from, int to);
}
```

JDK 中提供了实现 List 接口的 3 个实用类：ArrayList 类、LinkedList 类和 Vector 类，这些类都在 java.util 包中。

ArrayList 类采用可变大小的数组实现了 List 接口。除了实现 List 接口，该类还提供了访问数组大小的方法。ArrayList 对象会随着元素的增加其容积自动扩大。这个类是非同步的(unsynchronized)，即如果有多个线程对一个 ArrayList 对象并发访问，为了保证 ArrayList 数据的一致性，必须在访问该 ArrayList 的程序中通过 synchronized 关键字进行同步控制。ArrayList 是 3 种 List 中效率最高也是最常用的。它还可以使用 System.Arraycopy()进行多个元素的一次复制。除了非同步特性之外，ArrayList 几乎与 Vector 类是等同的,可以把 ArrayList 看作没有同步开销的 Vector。

LinkedList 类采用链表结构实现 List 接口。除了实现 List 接口中的方法,该类还提供了在 List 的开头和结尾进行 get,remove 和 insert 等操作。这些操作使得 LinkedList 可以用来实现堆栈、队列或双端队列。LinkedList 类也是非同步的。

Vector 类采用可变体积的数组实现 List 接口。该类像数组一样,可以通过索引序号对所包含的元素进行访问。它的操作方法几乎与 ArrayList 相同,只是它是同步的。

例 5-13 是一个使用 List 的例子。这是一个关于扑克牌的例子。该例中用 ArrayList 保存了 52 张扑克牌,并通过 Collections 类的 static 方法 shuffle()实现"洗牌"操作。最后利用 dealHand()方法为参加游戏的人每人生成一手牌,每手牌的牌数是指定的。该程序有两个命令行参数:参加纸牌游戏的人数以及每手牌的牌数。

例 5-13 List 的使用示例。

```
import java.util.*;
class Deal {
    public static void main(String args[]) {
        int numHands = Integer.parseInt(args[0]);
        int cardsPerHand = Integer.parseInt(args[1]);

        //生成一副牌(含 52 张牌)
        String[] suit = new String[] {"spades", "hearts", "diamonds", "clubs"};
        String[] rank = new String[]
            {"ace","2","3","4","5","6","7","8","9","10","jack","queen","king"};
        List<String> deck = new ArrayList<String>();
        for (String ss : suit)
            for (String sr : rank)
                deck.add(sr + " of " + ss);
        Collections.shuffle(deck);                    //随机改变 deck 中元素的排列次序,即洗牌
        for (int i=0; i<numHands; i++)
            System.out.println(dealHand(deck, cardsPerHand));//生成一手牌并将其输出
    }

    public static List dealHand(List<String> deck, int n) {
        int deckSize = deck.size();
        //从 deck 中截取一个子链表
        List<String> handView = deck.subList(deckSize-n, deckSize);
        List<String> hand = new ArrayList<String>(handView);//利用该子链表创建一个链表
        handView.clear();//将子链表清空
        return hand;
    }
}
```

如果在 Windows 命令窗口中输入下列命令:

```
java Deal 2 5
```

则例 5-13 的某次运行结果如下:

```
[4 of clubs, 4 of hearts, 8 of clubs, queen of clubs, 2 of hearts]
[7 of spades, 6 of hearts, 10 of diamonds, 6 of spades, 10 of spades]
```

例 5-13 每次运行的结果都可能是不一样的。

注意:List. subList()方法返回的子 List 称为当前 List 的视图(view),这意味着对子 List 的改变将反映到原来的 List 中。所以例 5-13 的 dealHand()方法中,执行 handView. clear()方法将 handView 清空,同时也将 deck 中对应于 handView 的元素删除了。因此每次调用 dealHand()方法都将返回包含 deck 中后面指定数目的元素并把它们从 deck 中清除掉。

例 5-13 中用到的 java. util. Collections 类是一个集合操作的实用类。该类提供了集合操作的很多方法,如同步、排序、逆序等,而且所有方法都是 static,因此可以不通过实例化直接调用。例如,常用集合 Set、List 和 Map 的 put()、get()、remove()等方法是不同步的,如果有多个线程同时对一个集合对象进行操作,就可能导致集合对象数据的错误。所以必须对共享集合的操作实现同步控制,使得一段时间内只能有一个线程对集合进行操作,保证数据的一致性。Collection 类提供了集合对象同步控制,它提供了一系列方法使集合对象具有同步控制能力,例如调用 synchronizedList(List < T > list)方法,将得到一个基于指定 list 的具有同步控制的 list。

3) Queue

Queue 除了基本的 Collection 接口中定义的操作,还提供了其他插入、删除和元素检查等操作。队列可以限定其元素的个数,这样的队列称为有界队列。在 java. util. concurrent 包中的某些队列的实现是有界的,而在 java. util 包中队列的实现类是没有元素个数限制的。Queue 接口的定义如下:

```
public interface Queue < E > extends Collection < E > {
    E element();
    boolean offer(E e);
    E peek();
    E poll();
    E remove();
}
```

Queue 提供的插入、删除和元素检查等方法都有两种形式,每种形式执行的操作是一样的,只是在操作不能正常进行时的处理不一样:一种方式是抛出异常,另一种方式是返回 null 或 false 等特定值。关于这两种方式的具体说明,如表 5-1 所示。

表 5-1 队列操作的两种方式比较

队列操作	功能说明	异常情况	抛出异常的方法	返回特定值的方法
插入	向队列中加入元素	有界队列满	add(e)	offer(e),返回 false
移除	从队首移走一个元素	队列空	remove()	poll(),返回 null
元素检查	返回队首元素,但不删除该元素	队列空	element()	peek(),返回 null

例 5-14 是一个使用队列保存待处理数据的例子。程序实现了一个倒计数的计数器。具体处理流程是:先把从时间 time 到 0 的所有整数,按从大到小的顺序存储在队列 queue 中,然后每隔 1 秒从队列中移出一个数打印输出。

例 5-14　Queue 使用示例。

```
import java.util.*;
public class Counter {
    public static void main(String[] args){
        int time = 5;                                            //设定计时开始时间
        Queue<Integer> queue = new LinkedList<Integer>();  //创建队列
        for (int i = time; i >= 0; i--)
            queue.add(i);                                        //把整数秒数存储在队列中
        while (!queue.isEmpty()) {
            System.out.println("     " + queue.remove());
            try{
                Thread.sleep(1000);
            }catch(InterruptedException e){ }                   //把队列中的整数输出
        }
    }
}
```

例 5-14 的运行结果如下：

```
5
4
3
2
1
0
```

4）Map

Map 包含了一系列"键(key)-值(value)"之间的映射关系。一个 Map 对象可以看成是一个"键-值"对的集合，可以在该集合中通过一个键找到其对应的值。"键"和"值"可以是任意类型的对象。

如图 5-8 所示，Map 接口是独立于 Collection 接口体系的，Map 体系中的所有类和接口的方法都源自 Map 接口。Map 接口的定义如下所示：

```
public interface Map<K,V> {
    //基本操作
    V put(K key, V value);
    V get(Object key);
    V remove(Object key);
    boolean containsKey(Object key);
    boolean containsValue(Object value);
    int size();
    boolean isEmpty();

    //整体批操作
    void putAll(Map <? extends K, ? extends V> m);
    void clear();

    //集合视图
    public Set<K> keySet();
```

```
    public Collection<V> values();
    public Set<Map.Entry<K,V>> entrySet();

    //为 entrySet 元素定义的接口
    public interface Entry {
        K getKey();
        V getValue();
        V setValue(V value);
    }
}
```

Map 接口的方法主要实现下列 3 类操作。

- 基本操作：包括向 Map 中添加值对，通过键获取对应的值或删除该“键-值”对，测试 Map 中是否含有某个键或某个值，以及返回 Map 包含元素个数等。
- 批操作：包括向当前 Map 中添加另一个 Map 和清空当前 Map 的操作。
- 集合视图：包括获取当前 Map 中键的集合、值的集合以及所包含的“键-值”对等。其中“键-值”对集合的元素类型由 Map 中的内部接口 Entry 定义。

JDK 中提供了实现 Map 接口的实用类，包括 HashMap 类、HashTable 类、TreeMap 类、WeekHashMap 类和 IdentityHashMap 类等。

HashMap 类和 HashTable 类都采用 Hash 表实现 Map 接口。HashMap 是无序的，它与 HashTable 几乎是等价的，区别在于 HashMap 是非同步的并且允许有空的键与值。由于采用 Hash 函数，对于 Map 的普通操作性能是稳定的，但如果使用 iterator 访问 Map，为了获得高的运行效率最好在创建 HashMap 时不要将它的容量设得太大。

TreeMap 类与 TreeSet 类相似，是采用一种有序树的结构实现了 Map 的子接口 SortedMap。该类将按键的升序的次序排列元素。

WeekHashMap 类与 HashMap 相类似，只是 WeekHashMap 中的“键-值”对在其键不再被使用时将自动被删除，由垃圾搜集器回收。

IdentityHashMap 类与其他 Map 类相比，其特殊之处是在比较两个键是否相同时，比较的是键的引用而不是键对象自身。

上述 Map 类中，HashMap(无序的 Map)和 TreeMap(有序的 Map)是常用的。

下面给出一个 Map 的使用实例。例 5-15 中，利用 TreeMap 进行单词词频的统计。将单词与该单词的词频作为“键-值”的映射对。

例 5-15 利用 Map 进行单词词频的统计。

```
import java.util.*;
public class Freq {
    public static void main(String args[]) {
        String[] words = {"if","it","is", "to", "be", "it", "is", "up",
                          "to", "me", "to", "delegate"};
        Integer freq;
        Map<String, Integer> m = new TreeMap<String, Integer>();

        //构造字符串数组 words 的单词频率表。以单词为 key,以词频为 value
        for (String a : words) {
```

```
            freq = m.get(a);                 //获取指定单词的词频

              //词频递增
            if (freq == null){
              freq = new Integer(1);
            }else{
              freq = new Integer(freq.intValue() + 1);
            }
            m.put(a, freq);                  //在 Map 中更改词频
        }
        System.out.println(m.size() + " distinct words detected:");
        System.out.println(m);
    }
}
```

例 5-15 的运行结果如下：

```
8 distinct words detected:
{be=1, delegate=1, if=1, is=2, it=2, me=1, to=3, up=1}
```

3. 集合元素的遍历

Java Collections API 为集合对象提供了 iterator(重复器)，用来遍历集合中的元素。Iterator 接口中的方法使我们可以向前遍历所有类型的集合。在对一个 Set 对象的遍历中，元素的遍历次序是不确定的。List 对象的遍历次序是从前向后，并且 List 对象还支持 Iterator 的子接口 ListIterator，该接口支持 List 的从后向前的反向遍历。

Iterator 层次体系中包含两个接口：Iterator 以及 ListIterator。它们的定义如下：

```
public interface Iterator<E> {
    boolean hasNext();
    E next();
    void remove();
}

public interface ListIterator<E> extends Iterator<E> {
    boolean hasNext();
    E next();

    boolean hasPrevious();
    E previous();

    int nextIndex();
    int previousIndex();

    void remove();
    void set(E e);
    void add(E e);
}
```

Iterator 中的 remove()方法将删除当前遍历到的元素，即删除由最近一次 next()或

previous()调用返回的元素。

ListIterator 中的 set()方法可以改变当前遍历到的元素。add()方法将在下一个将要取得的元素之前插入新的元素。如果实际操作的集合不支持 remove()、set()或 add()方法,则将抛出 UnsupportedOperationException。

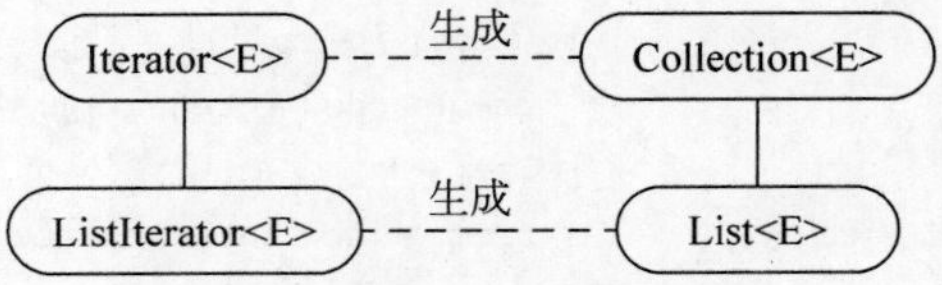

图 5-9 表示了 Iterator 和 ListIterator 的继承关系,以及它们与 Collection 和 List 的关系。

图 5-9 Iterator 层次结构图

例 5-16 是利用 ListIterator 操作一个 ArrayList 的例子。

例 5-16 ListIterator 的使用示例。

```
import java.util.*;
public class ListIteratorDemo {
    public static void main(String[] args) {
        List<Integer> list = new ArrayList<Integer>();

        //向 list 中添加元素
        for(int i=1; i<5; i++){
            list.add(new Integer(i));
        }
        System.out.println("The original list : " + list);

        //创建 list 的 iterator
        ListIterator<Integer> listIter = list.listIterator();
        listIter.add(new Integer(0));                    //在序号为 0 的元素前添加一个元素
        System.out.println("After add at beginning:" + list);

        if (listIter.hasNext()) {
            int i = listIter.nextIndex();                //i 的值将为 1
            listIter.next();                             //返回序号为 1 的元素
            listIter.set(new Integer(9));                //修改 list 中的序号为 1 的元素
            System.out.println("After set at " + i + ":" + list);
        }

        if (listIter.hasNext()) {
            int i = listIter.nextIndex();                //i 的值将为 2
            listIter.next();
            listIter.remove();                           //删除序号为 2 的元素
            System.out.println("After remove at " + i + " : " + list);
        }
    }
}
```

例 5-16 的运行结果如下:

```
The original list : [1, 2, 3, 4]
After add at beginning:[0, 1, 2, 3, 4]
```

```
After set at 1:[0, 9, 2, 3, 4]
After remove at 2 : [0, 9, 3, 4]
```

5.7 枚举类型

5.7.1 枚举概述

枚举类型(enum type)是在 JDK 1.5 以后引入的一种新的语法机制，一般用于表示一组常量。因此枚举定义中的域(field)是由固定的一组常量组成的，这些域的名称一般都使用大写字母。在 Java 中，应该尽量使用枚举类型表达固定不变的一组常量，例如方位(值为 NORTH、SOUTH、EAST 和 WEST)，一年中的季节(WINTER、SPRING、SUMMER、FALL)等，如例 5-17 所示。

例 5-17 枚举类型定义示例。

```
public enum Week {
    SUNDAY, MONDAY, TUESDAY, WEDNESDAY, THURSDAY, FRIDAY, SATURDAY
}
```

虽然最简单的 Java 枚举定义看起来与 C、C++和 C# 中的枚举定义很相像，但 Java 枚举类型的功能却比这些语言中的枚举强大得多。一个枚举的声明实际上是定义了一个类。这个类的声明中可以包含方法和其他属性，以支持对枚举值的相关操作，还可以实现任意的接口。枚举类型提供了所有 Object 类的方法，并且实现了 Comparable 和 Serializable 接口。

5.7.2 枚举类型的定义

枚举类型的定义格式与类的声明类似，一般格式如下：

```
[public] enum 枚举类型名 [implements 接口名表] {
    枚举常量定义
    [枚举体定义]
}
```

1. 枚举声明

被声明为 public 的枚举类型，可被其他包中的类访问，否则只能在定义它的包中使用。关键字 enum 指明当前定义的枚举类型，而不是类或接口。枚举类型与类一样，也可以实现接口。所有的枚举类型都隐含地继承了 java.lang.Enum 类，由于 Java 不支持多继承，所以枚举类型的声明中不能再继承任何类。

2. 枚举常量定义

枚举类型实际上是具有固定实例的特殊类。这些固定的实例就是通过枚举常量定义的。枚举常量是枚举类型的 static、final 的实例，是枚举类型的“值”，因此枚举常量可以在其他程序中通过枚举类型名进行引用，如对例 5-17 中枚举 Week 的常量引用 Week.SUNDAY。

最简单的枚举类型只包含一组枚举常量，如例 5-17 所示。枚举常量定义格式为：

```
常量 1 [,常量 2 [,…常量 n]] [ ; ]
```

枚举常量之间用“,”分隔,最后用“;”表示结束。如果没有枚举体定义部分,则“;”可省略。每个枚举常量都将与一个整数值相对应,第一个枚举常量值为 0,第二个为 1,以此类推。

枚举类型是特殊的类。枚举类型的一个常量,实际上就是枚举类型的一个实例。在虚拟机加载枚举类型时,会调用枚举类型的构造方法,创建各个枚举实例。与类的构造方法一样,如果在枚举类型中没有显式地定义构造方法,编译器将自动为其提供一个默认构造方法。如果枚举类型在枚举体内定义了自己的构造方法,则在定义枚举常量时,可采用:

```
常量(参数 1,参数 2,…)
```

的形式,则在创建该枚举实例时将按照参数列表调用相应的构造方法。如果枚举常量使用默认的或枚举体内定义的不带参数的构造方法,则“()”可以省略,如例 5-17 所示。

3. 枚举体的定义

枚举体的定义与类的定义一样,可以包含变量、构造方法与成员方法,且定义形式也和类一样。但枚举类型的构造方法只能定义为 private,默认也为 private,这保证除了系统创建的枚举常量外,不会有任何其他程序调用枚举类型构造方法创建新的实例。

5.7.3 枚举类型的方法

Java 中,所有的枚举类型都默认继承于 java. lang. Enum 类。由于 java. lang. Enum 直接继承 java. lang. Object 且实现了 java. lang. Comparable 接口,所以每个枚举类型都具有 Object 类和 Comparable 接口中可被继承的方法,常用的方法包括如下几种。

- final Boolean equals(Object other):如果 other 指向的对象等于此枚举常量时,返回 true。
- final String name():返回此枚举常量的名称。
- final int ordinal():返回此枚举常量在枚举类型定义中的位置序数,第一个常量的序数值为 0。
- String name():返回枚举常量的名称,该名称与枚举常量在枚举类型声明中的名称完全一样。
- String toString():返回枚举常量包含在枚举类型声明中的名称。该方法可以被重写,以返回枚举常量的其他名称。
- Static < T extends Enum < T >> T valueOf(class < T > enumType,String name):返回指定枚举类型中指定名称的枚举常量。

另外,编译器在创建一个枚举时也将自动加入一些特殊的方法。例如,编译器将加入一个静态方法 values(),该方法返回一个包含该枚举类型所有常量的数组,并且数组中常量的顺序与枚举类型中声明的顺序相同。values()方法经常和 for 循环一起使用,实现对一个枚举类型所有值(常量)的遍历。例 5-18 中,利用 values()方法打印输出枚举 Week 中的所有常量。

例 5-18 枚举类型的 values()方法使用示例。

```
enum Week {
    SUNDAY, MONDAY, TUESDAY, WEDNESDAY, THURSDAY, FRIDAY, SATURDAY
}
public class EnumValuesTest{
    public static void main(String args[ ]){
        for (Week w:Week.values()){
            System.out.print(w.name() + ", ");
        }
        System.out.println();
    }
}
```

例 5-18 的运行结果如下：

```
SUNDAY. MONDAY. TUESDAY. WEDNESDAY. THURSDAY. FRIDAY. SATURDAY.
```

5.7.4 枚举的使用

枚举类型可以像其他类型一样使用，可以定义数组，可以作为参数类型。枚举类型的变量也属于一种引用型变量，还可以通过枚举常量引用枚举类型中定义的成员。

枚举类型还可以和 switch 语句结合使用，如例 5-19 所示。例 5-19 中，定义了一个枚举类型 Coin 和一个最简单的枚举类型 CoinColor。Coin 中定义了 PENNY、NICKEL 等 5 个表示 5 种硬币枚举常量；定义了一个变量 value 表示硬币的面值，构造方法 Coin(int value)，以及一个普通方法 value()。这 5 个枚举常量在创建时，将调用所定义的构造方法，对私有变量 value 赋值。在 CoinTest 类的 main()方法中，调用 Coin.values()方法获得枚举 Coin 中的所有常量，并通过 for 循环和 switch 语句遍历这些常量，输出每个常量的名称、面值和颜色。

例 5-19 枚举类型使用示例。

```
enum Coin {
    PENNY(1), NICKEL(5), DIME(10), QUARTER(25);
    private final int value;
    Coin(int value) {
        this.value = value;
    }
    public int value() {
        return value;
    }
}
enum CoinColor { COPPER, NICKEL, SILVER }
public class CoinTest {
    public static void main(String[ ] args) {
        for (Coin c : Coin.values()){
            System.out.print(c + ": " + c.value() + ", ");
            switch(c) {
                case PENNY:
```

```
                    System.out.println(CoinColor.COPPER);
                    break;
                case NICKEL:
                    System.out.println(CoinColor.NICKEL);
                    break;
                case DIME:
                case QUARTER:
                    System.out.println(CoinColor.SILVER);
                    break;
            }
        }
    }
}
```

例 5-19 的运行结果如下:

```
PENNY: 1, COPPER
NICKEL: 5, NICKEL
DIME: 10, SILVER
QUARTER: 25, SILVER
```

5.8 包装类与自动装箱和拆箱

5.8.1 基本数据类型的包装类

Java 中,从执行效率的角度考虑,基本数据类型如 int、double 等不作为类来对待。同时 Java 提供了 Wrapper 类即包装类用来把基本数据类型表示成类。每个 Java 基本数据类型在 java.lang 包中都有一个对应的 Wrapper 类,如表 5-2 所示。每个 Wrapper 类对象都封装了基本类型的一个值。数值型类型的包装类包括 Byte、Short、Integer、Long、Float 和 Double,都是抽象类 java.lang.Number 的子类。

表 5-2 Java 基本数据类的包装类

基本数据类型	Wrapper 类	基本数据类型	Wrapper 类
boolean	Boolean	int	Integer
byte	Byte	long	Long
char	Character	float	Float
short	Short	double	Double

把基本数据类型的一个值传递给包装类的相应构造函数,可以构造 Wrapper 类的对象。例如:

```
int pint = 500;
Integer wInt = new Integer(pInt);
int p2 = wInt.intValue();
```

Wrapper 类中包含了很多有用的方法和常量。如数值型 Wrapper 类中的 MIN_VALUE

和 MAX_VALUE 常量，定义了该类型的最小值与最大值。ByteValue()、shortValue()方法进行数值转换，valueOf()和 toString()实现字符串与数值之间的转换。例如：

```
int x = Integer.valueOf(str).intValue();
int y = Integer.parseInt(str);
```

5.8.2　自动装箱和拆箱

从 JDK 1.5 开始，Java 对基本类型的数据提供了自动装箱(autoboxing)和自动拆箱(autounboxing)功能。当编译器发现程序在应该使用对象的地方使用了基本数据类型的数据，编译器将把该数据包装为该基本类型对应的包装类的对象，这称为自动装箱。类似地，当编译器发现在应该使用基本类型数据的地方使用了包装类的对象，则会把该对象拆箱，从中取出所包含的基本类型数据，这称为自动拆箱。例 5-20 给出了一个整型数值自动装箱与拆箱的示例。

例 5-20　自动装箱与拆箱示例。

```
public class AutoBoxingTest{
    public static void main(String args[]){
        Integer x, y;
        int c;
        //自动装箱，将 x,y 构造为两个 Integer 对象
        x = 22;
        y = 15;

        if ( (c = x.compareTo(y)) = = 0)
            System.out.println("x is equal to y");
        else
            if ( c < 0 )
                System.out.println("x is less than y");
            else
                System.out.println("x is greater than y");

        System.out.println("The sum of x and y is " + (x + y) );
    }
}
```

例 5-20 的运行结果如下：

```
x is greater than y
The sum of x and y is 37
```

在例 5-20 中，变量 x 和 y 赋予了整型值。但由于它们是 Integer 类型的，编译器将自动把它们封装为两个 Integer 对象，这使得下面的 x.compareTo(y)方法能正常运行。在程序最后的 println()方法中，要进行 x 和 y 所包含整型值的加法运算，所以 x 和 y 将被自动拆箱，这样它们才能进行整数加法。

5.9 注解 Annotation

5.9.1 注解的作用与使用方法

注解(Annotation)是从 JDK 1.5 开始引入的对程序代码的一种注释或标注机制,对所注释代码的功能没有任何影响。Java 中,注解的作用主要包括:

- 向编译器提供信息:编译器利用这些信息发现错误或抑制告警信息的输出。
- 指示编译或部署时的处理:编译器或一些软件工具可以根据注解信息生成代码或 XML 文件等。
- 指示运行时的处理:有些注解可以在运行时由 JVM 获得和进行检查处理。

在代码中使用注解的格式是:

```
@Entity
Declaration
```

符号"@"通知编译器,接下来的 Entity 是一个注解类型。注解可以用于标注程序中各种声明(Declaration),包括类、成员变量和方法等的声明。一般一个注解单独占一行,注解接下来的一行是被标注的声明。

例如下面代码中的注解 Override,表示重写了父类的方法 mySuperMethod():

```
@Override
void mySuperMethod() { … }
```

另外,可以在注解类型名后带有括号,给出有名称或无名称的若干个元素,这些元素带有具体值,给出了注解更具体的内容。例如:

```
@Author(
name = "Benjamin Franklin",
date = "3/27/2003"
)
classMyClass() { … }
```

如果注解只有一个元素,则该元素的名称可以省略,例如:

```
@SuppressWarnings("unchecked")
void myMethod() { … }
```

注解也可以没有元素,此时括号可以省略,例如上面的@Override。一个声明代码也可以有多个注解,而如果这些注解是相同类型(即相同的注解类型)则被称为重复注解。例如:

```
@Author(name = "Jane Doe")
@Author(name = "John Smith")
classMyClass { … }
```

注解类型可以是 Java 中定义的,也可以是自定义的。

5.9.2　自定义注解类型

Java 中注解类型的定义由三部分构成：声明继承 java. lang. annotation. Annotation 的接口；指定该注解类型可以标注的声明类型；指定该注解类型的保存方式或称为作用域。

支撑注解类型上述定义内容的是 Java 中 3 个重要的类型：

- java. lang. annotation 包中的接口 Annotation，该接口声明了 equals()、hashCode()等方法。
- 枚举类型 ElementType，定义了注解可以标注的声明类型，包含了 8 个元素，每个元素表示一种声明。其中，TYPE 表示类、接口(包括注释、枚举类型)的声明；FIELD 表示成员变量声明；METHOD 表示方法声明；PARAMETER 表示参数声明；CONSTRUCTOR 表示构造方法声明；LOCAL_VARIABLE 表示局部变量声明；ANNOTATION_TYPE 表示注解类型声明；PACKAGE 表示包声明。
- 枚举类型 RetentionPolicy，定义了注解信息的保存和作用方式，包含了 SOURCE、CLASS 和 RUNTIME 3 个元素。其中，SOURCE 表示注解信息存储于源代码中，编译器处理完之后就没有该注释信息了；CLASS 表示注解信息存储于类对应的. class 文件中；RUNTIME 表示注解信息存储于 class 文件中，并且可由 JVM 读取和处理。

注解类型定义中，一般要使用@interface、@Target 和 @Retention 给出新注解类型定义的三个部分，@Target 和 @Retention 是 Java 定义的注解类型。其中：

- @interface 表示其后面出现的接口继承了 java. lang. annotation. Annotation 接口，即该接口就是一个 Annotation(注解)。“@interface”在注解定义中是必须有的，接下来可以具体定义该注解类型，主要是给出注解类型元素声明。这些声明形式上与方法声明很像，每一个方法实际上是声明了一个注解元素或配置参数。元素的名称就是方法的名称，元素的类型就是方法返回值类型(返回值类型只能是基本类型、Class、String、enum)。可以通过 default 来声明参数的默认值。
- @Target 利用上述 ElementType 指定所定义注解可以标注的声明类型。注解类型定义中可以没有@Target，则表示该注解可以用于标注任意的声明类型。
- @Retention 利用上述 RetentionPolicy 指定所定义注解的保存和作用方式。在注解类型定义中@Retention 可以不出现，默认的保存方式是 RetentionPolicy. CLASS。

例如下列注解类型定义：

```
@Target(ElementType.TYPE)
@Retention(RetentionPolicy.RUNTIME)
public @interface SomeAnnotation { … }
```

上述代码定义了注解类型 SomeAnnotation，该注解能够用来标注的声明类型是 ElementType. TYPE，保存方式是 RetentionPolicy. RUNTIME。有了上述定义后，就可以利用 SomeAnnotation 进行相应声明代码的注释。

一种常见的自定义注解类型是用来代替代码中的一些注释，并可以使这些注释信息出现在 Javadoc 生成的文档中。例如关于代码作者、时间等信息说明的注释：

```
// Author: John Doe
// Date: 3/17/2002
// Current revision: 6
// Last modified: 4/12/2004
// By: Jane Doe
// Reviewers: Alice, Bill, Cindy
public class Generation3List extends Generation2List {
    …
}
```

要利用注解产生上面的注释信息,首先需要定义一个注解类型:

```
@interface ClassPreamble {
   String author();
   String date();
   int currentRevision() default 1;
   String lastModified() default "N/A";
   String lastModifiedBy() default "N/A";
   String[] reviewers();
}
```

在注解类型定义之后,就可以在使用该注解类型时给注解元素赋值:

```
@ClassPreamble (
       author = "John Doe",
       date = "3/17/2002",
       currentRevision = 6,
       lastModified = "4/12/2004",
       lastModifiedBy = "Jane Doe",
       reviewers = {"Alice", "Bob", "Cindy"}
   )
public class Generation3List extends Generation2List {
       …
}
```

为了使注解@ClassPreamble 中的信息在 Javadoc 产生的文档中出现,还必须在注解@ClassPreamble 的定义中使用 Java 定义的注解@Documented:

```
@Documented
@interface ClassPreamble {
    // 注解元素定义
}
```

5.9.3 Java 中定义的注解类型

如上文所提到的,Java 中定义了一组继承自 Annotation 接口的注解类型,如@Target、@Retention、@Deprecated、@Override、@Documented 等。这些注解中,部分是用于注解 Java 代码,目的是向 Java 编译器提供信息,另外一些是作用于其他注解类型,即用来注释其他注解类型。

用于 Java 代码的注解,包括@Deprecated、@Override、@SuppressWarnings、@SafeVarargs 和@FunctionalInterface,是在 java.lang 包中定义的。@SafeVarargs 作用于一般方法和构造方法,说明被注释方法在其变长参数上没有执行不安全的操作,编译器可

以抑制与变长参数相关的警告。@FunctionalInterface 表明被注释的声明是一个功能性接口。其他三个注释是比较常用的，其具体含义和用法如下：

- @Override：@Override 只能标注方法，表示该方法重写父类中的方法。如果编译器没有在方法所在类的父类中找到该方法，则会报错。例如：

```
// 所标记的方法 overriddenMethod()是一个被重写的父类方法
@Override
int overriddenMethod() { }
```

- @Deprecated：@Deprecated 所标注内容，不再被建议使用。当程序使用了@Deprecated 注解标注的方法、类或成员变量，编译器都将产生一个警告。例如：

```
//所标记的方法 deprecatedMethod()是不再被建议使用的方法
@Deprecated
static void deprecatedMethod() { }
```

- @SuppressWarnings：@SuppressWarnings 通知编译器，对于所标注声明产生的警告，编译器要对这些警告保持静默，即不报告。例如：

```
// 被标注方法使用了 deprecated 方法，注解通知编译器不要产生警告
@SuppressWarnings("deprecation")
void useDeprecatedMethod() {
    // 下列方法是 deprecated
    objectOne.deprecatedMethod();
}
```

编译器警告都属于某个特定类，Java 语言中有两类警告：deprecation 和 unchecked。unchecked 警告是在遇到泛型发布之前的代码时产生的。为了抑制多种类型的警告信息，可以使用下列形式：

```
@SuppressWarnings({"unchecked", "deprecation"})
```

除了上述用于 Java 代码的注解，Java 中定义了用于标注其他注解的注解类型，被称为元注解(meta-annotation)。java.lang.annotation 中定义了几种元注解：

- @Retention，声明了所标注注解类型的存储方式。存储方式如 5.9.2 节中所述。
- @Documented，声明了被标注注解类型的元素可以使用 Javadoc 工具输出在所产生的文档中，如 5.9.2 节中的示例。
- @Target，声明了被标注注解类型能够注释的声明类型，这些类型如 5.9.2 节中所述。
- @Inherited，声明了所标注的注解类型具有继承性，即指子类可以继承父类的注解中被@Inherited 修饰的注解类型。
- @Repeatable，声明了对于同一个声明代码，所标注的注解可以使用多次。如 5.9.1 节中的注解示例@Author。

5.10　var 局部变量类型推断

在 JDK 10 以后的版本，可以使用 var 标识符声明带有非空初始化的局部变量，这样可以使代码更简洁易读。例如，下面的代码使用了显式类型的变量声明：

```
URL url = new URL("http://www.oracle.com/");
URLConnection conn = url.openConnection();
Reader reader = new BufferedReader(
                        new InputStreamReader(conn.getInputStream()));
```

使用 var 进行这些局部变量声明,则代码可以写为:

```
var url = new URL("http://www.oracle.com/");
var conn = url.openConnection();
var reader = new BufferedReader(
                        new InputStreamReader(conn.getInputStream()));
```

通过 var 声明的局部变量,其类型可以从上下文推断得到。

var 可以用于带有初始化的局部变量,增强 for 循环中用于指向数组或集合各个元素的索引变量,以及传统 for 循环中声明的局部变量;不能用于方法与构造方法的形参、方法的返回类型、类成员变量、catch 的形参以及其他类型的变量声明。具体用法如下:

(1) 带有非空初始化的局部变量声明:

例如:

```
var list = new ArrayList<String>();          // 推断类型是 ArrayList<String>
var stream = list.stream();                  // 推断类型是 Stream<String>
var path = Paths.get(fileName);              // 推断类型是 Path
var bytes = Files.readAllBytes(path);        // 推断类型是 bytes[]
```

(2) 增强 for 循环(可参见 3.4.4 节)的索引变量:

例如:

```
List<String> myList = Arrays.asList("a", "b", "c");
for (var element : myList) {...}             // 推断类型是 String
```

(3) 传统 for 循环(可参见 3.3.2 节)中声明的索引变量:

例如:

```
for (var counter = 0; counter < 10; counter++) {...}    // 推断类型是 int
```

(4) try-with-resources(可参见 6.2.1 节)的变量:

例如:

```
try (var input = new FileInputStream("validation.txt")) {...}
    //推断类型是 FileInputStream
```

(5) 在 JDK 11 以后,对于使用隐含类型 Lambda 表达式(可参见 4.3.5 节)的形参声明可以使用 var:

例如:

```
(x, y) -> x.process(y) 等价于:
(var x, var y) -> x.process(y)
```

需要注意的是,隐含类型 Lambda 表达式对于使用 var,必须所有的形参都使用,或都不使用,并且 var 只可以在隐含类型 Lambda 表达式中使用,即显式类型 Lambda 表达式不能使用。例如，下列 Lambda 表达式形参的声明是非法的：

```
隐含类型 Lambda 表达式：(var x, y) ->x.process(y)      // var 和非 var 混用
显式类型 Lambda 表达式：(var x, int y) ->x.process(y) // var 和显式类型声明混用
```

5.11 小　结

本章介绍了 Java 的高级特征，包括 static 变量、static 方法与 static 语句块、抽象类与接口、包、泛型与集合类、枚举类型、包装类与自动装箱和拆箱。其中抽象类、接口与 package 是 Java 面向对象的重要高级特征，也是本章的重点。抽象类的主要作用是建立一类对象的抽象模型，定义通用的接口，支持多态。接口可以认为是一种极度抽象的抽象类，利用接口实现多重继承，避免了程序的复杂性与不安全性，使代码简单、可靠。package 机制体现了 Java 的封装特性，为 Java 类的管理、访问控制、命名管理等提供了有效的方法。泛型提供了编译时的类型安全保证，增加了程序的可读性和强壮性。集合类是 Java 中一组很实用的类，应该掌握 Java 集合类的框架与各种集合类的特点与用法，在使用集合类时要尽量使用泛型。枚举是 Java 新增加的表示一组常量的一种类型，一个枚举类型相当于一个类，具有很强大的功能。

习　题　5

1. 举例说明类方法与实例方法以及类变量与实例变量之间的区别。
2. 什么是接口？接口的意义是什么？
3. 什么是包？如何定义包？
4. 什么是抽象类？抽象类与接口有何区别？
5. 下列接口的定义中，哪个是正确的？

(1)
```
interface Printable{
    void print(){ };
}
```
(2)
```
abstract interface Printable{
    void print();
}
```
(3)
```
abstract interface Printable extends Interface1,Interface2{
    void print(){ };
}
```
(4)
```
interface Printable{
    void print();
}
```

6. 在一个图书管理程序中，类 Book，Newspaper 和 Video 都是类 Media 的子类。编写一个类，该类能够实现对一组书、报纸等的存储，并提供一定的检索功能。

7. 利用枚举类型重新编写例 5-13。

第 6 章 异常处理

Java 实现了 C++风格的异常处理，当程序产生异常，能够启用相应的异常处理程序进行异常处理，使程序能够继续运行下去。本章将介绍 Java 的异常处理机制，包括异常的基本概念，如何进行异常处理以及自定义异常的实现方法，还将介绍基于断言的错误检查机制。

6.1 异常的概念

在程序运行时打断正常程序流程的任何不正常的情况称为错误或异常。例如在下列情况出现时都将使程序产生异常。

- 试图打开的文件不存在。
- 网络连接中断。
- 操作符越界。
- 要加载的类找不到等。

例 6-1 是一个简单的程序。程序中声明了一个字符串数组并通过一个 while 循环将该数组输出。粗略阅读该程序，一般不容易发现程序中可能导致异常的代码。

例 6-1 不能正常终止的简单程序。

```
public class HelloWorld{
    public static void main(String args[]){
        int i = 0;
        String greetings[] = { "Hello World!","Hello!",
            "HELLO WORLD!!"};
        while (i<4){
            System.out.println(greetings[i]);
            i++;
        }
        System.out.println("Normal ended.");
    }
}
```

例 6-1 的运行结果如下所示：

```
Hello World!
Hello!
HELLO WORLD!!
```

```
Exception in thread "main" java.lang.ArrayIndexOutOfBoundsException: 3
        at HelloWorld.main(HelloWorld.java:7)
```

例 6-1 的运行结果表明，程序运行中出现了异常，导致程序的非正常终止。产生异常的语句是第 7 行，异常的名称是 java.lang.ArrayIndexOutOfBoundsException，即数组越界。

Java 程序中，由于程序员的疏忽和环境因素的变化，会经常出现异常情况。如果不对异常进行处理，就导致程序的不正常终止。为了保证程序的正常运行，Java 专门提供了异常处理机制。Java 首先针对各种常见的异常定义了相应的异常类，并建立了异常类体系，如图 6-1 所示。

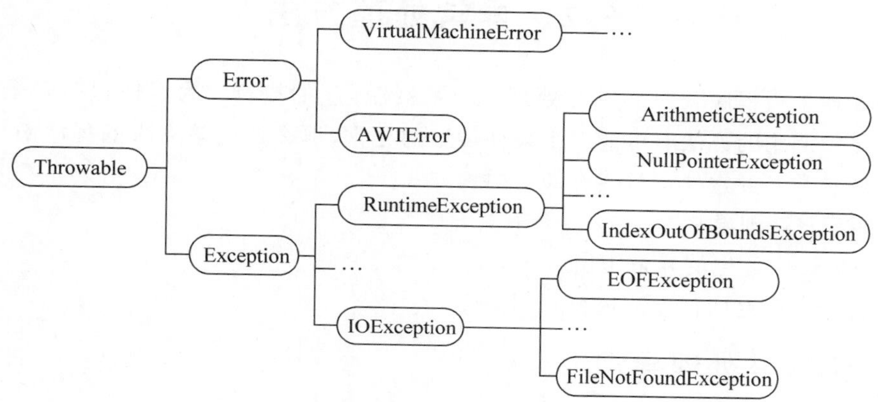

图 6-1 异常类层次

java.lang.Throwable 类是所有异常类的父类。Java 中只有 Throwable 类及其子类的对象才能由异常处理机制进行处理。该类提供的主要方法包括检索异常相关信息以及输出显示异常发生位置的堆栈追踪轨迹。Java 异常类体系中定义了很多常见的异常，例如：

- ArithmeticException：整数的除 0 操作将导致该异常的发生，如 int i = 10/0。
- NullPointerException：当对象没有实例化时，就试图通过该对象的变量访问其数据或方法。例如：

```
Date d = null;
System.out.println(d.toString());
```

- ArrayIndexOutOfBoundsException：数组越界异常，即要访问的数组元素下标超出了数组的长度允许的范围。
- IOException：输入/输出时可能产生的各种异常。
- SecurityException：一般由浏览器抛出。Applet 在试图访问本地文件、试图连接该 Applet 所来自主机之外的其他主机或试图执行其他程序时，浏览器中负责安全控制的 SecurityManager 类都要抛出这个异常。

Java 处理的异常可以大致分为 3 类：Error 及其子类、RuntimeException 及其他 Exception 类。Java 对于不同的异常采取不同的处理策略，如下所述。

(1) Error 意味着是很难恢复的严重错误，一般不由程序处理。

(2) RuntimeException 意味着程序设计或实现问题，如：数组使用越界，算术运算异常(如除 0 运算)，空指针异常即访问没有初始化的空指针等。正确设计与实现的程序不应产生这些异常。对于这类异常,处理的策略是纠正错误。

(3) 其他异常,通常是由环境因素引起的,例如文件不存在,无效 URL 等。这类异常经常是由用户的误操作引起的,可以在异常处理中处理,例如提示用户进行正确操作等。

因此,Java 中的错误或异常可以分为两大类:一类是非致命的错误,通过某种修正后程序还能继续运行,包括上述第(2)与第(3)类异常;另一类是致命的错误,即程序遇到了非常严重的不正常状态,不能简单地恢复执行,就是上述的第(1)类异常。Java 的异常处理机制主要针对上述第(2)与第(3)类异常进行适当处理,使程序能够继续运行。

6.2 异常处理方法

异常处理是指程序获得异常并处理,然后继续程序的执行。为了使程序安全,Java 要求如果程序中调用的方法有可能产生某种类型的异常,那么调用该方法的程序必须采取相应动作处理异常。异常处理具体有如下两种方式。

(1) 捕获并处理异常。

(2) 将方法中产生的异常抛出。

下面将分别对这两种方法进行介绍。

6.2.1 捕获并处理异常

1. try catch finally 语句

try catch finally 语句捕获程序中产生的异常,然后针对不同的异常采用不同的处理程序进行处理。try catch finally 语句的基本格式如下:

```
try{
    Java  statements              //一条或多条可能抛出异常的 Java 语句
  }catch (MyExceptionType e){
    Java  statements              //当 MyExceptionType 类型的异常抛出后要执行的代码
   }catch(Exception e){
    //对于所有 Exception 类型的异常(即所有可处理的异常)执行的代码
  }finally{
    //执行最终清理的语句
  }
```

try catch finally 语句把可能产生异常的语句放入 try {}语句块中,然后在该语句后紧跟一个或多个 catch 块,每个 catch 块处理一种可能抛出的特定类型的异常。在运行时刻,如果 try {}语句块中产生的异常与某个 catch 语句处理的异常类型相匹配,则执行该 catch 语句块。finally 语句定义了一个程序块,可放于 try{}或 catch{}块之后,该程序块有无异常都会执行,一般用于关闭文件或释放其他系统资源。

对 try catch finally 语句的进一步说明如下。

catch 语句块提供错误处理,它的一般格式是:

```
catch (SomeThrowableObject variableName) {
    Java statements
}
```

其中 SomeThrowableObject 是能够被处理的异常类名，必须是 Throwable 类的子类。variableName 是异常处理程序中使用的指向被捕获异常对象的变量。Java statements 是当捕获到异常时执行的 Java 语句。

try catch finally 语句中，catch 语句可以有一个或多个，finally 语句可以省略。但是 try 语句后至少要有一个 catch 语句或 finally 语句。

在 JDK 7 以后的版本中，引入了 try-with-resources 语句。它是一种 try 语句，格式为 try( ){} catch( ){}…，在 try()的括号中声明一个或多个资源(resource)对象。所谓资源对象是指在 try catch 程序完成后，必须关闭的对象。即 try-with-resources 语句确保在 try catch 语句结束时，自动关闭在 try()中声明的在 try-catch 语句块中使用的资源。所有实现了 java. lang. AutoCloseable 接口或其子接口 java. io. Closeable 的所有对象，可以作为资源对象。

try-with-resources 语句可以替代 try-finally 语句关闭资源。例如，在 try-with-resources 语句引入之前，程序需要利用 finally 语句进行资源关闭：

```
static String readFirstLineFromFileWithFinallyBlock(String path)
                                                        throws IOException {
    BufferedReader br = new BufferedReader(new FileReader(path));
    try {
        return br.readLine();
    } finally {
        if (br != null) br.close();
    }
}
```

上述语句中，无论 try 语句正常执行还是出现异常，都会运行 finally 语句关闭 BufferedReader 类的对象 br。如果 readLine( )和 close( )方法都抛出异常，则 readFirstLineFromFileWithFinallyBlock()方法抛出的异常将是从 finally 语句抛出的异常，而 try 语句块中抛出的异常将被抑制，即不会被该方法抛出。使用 try-with-resources 语句，可以实现同样的功能，代码如下：

```
static String readFirstLineFromFile(String path) throws IOException {
    try ( BufferedReader br =
                    new BufferedReader(new FileReader(path))) {
        return br.readLine();
    }
}
```

在上述 try-with-resources 语句中声明的资源类型是 BufferedReader。在 JDK 7 及以后版本中，BufferedReade 类实现了 java. lang. AutoCloseable 接口。因为对象 br 是在 try-with-resources 语句中声明，所以无论 try 语句正常结束还是 br. readLine()抛出了异常，br 都将被关闭。如果从 try 语句块和 try-with-resources 语句中都抛出了异常，则 readFirstLineFromFile()将抛出 try 语句块产生的异常，而 try-with-resources 语句抛出的异常将会被抑制即不被抛出。

在 try-with-resources 语句中，可以声明多个资源，多个声明语句之间用“；”分隔。try-with-resources 语句也可以像普通的 try 语句一样，有 catch 和 finally 代码块，并且这两个代码块都在所有被声明的资源被关闭后执行。

另外,JDK 9 在 JDK 7 的基础上进行改进,如果已经定义了 final 或等效于 final 的资源变量,则可以在 try-with-resources 的 try( )语句中直接使用该变量,而无须在 try( )语句中声明一个新变量。等效于 final 的变量,是指声明时不带有 final 关键字,并且只被赋值(包括初始化或显式赋值)一次的变量。这种改进后的形式,代码可读性更好。例如,上述示例的代码可以采用如下形式:

```
static String readFirstLineFromFileWithFinallyBlock(String path)
                                                    throws IOException {
    BufferedReader br = new BufferedReader(new FileReader(path));
    try ( br ){
        return br.readLine();
    }
}
```

在关闭资源操作中,和传统的 try{}catch(){}finally{}机制相比,try-with-resource 处理机制代码更简洁、清晰,生成的异常更有用,并且简化了关闭资源时所产生异常的处理。

2. 针对多种异常的通用异常处理

用 catch 语句进行异常处理时,可以使一个 catch 块捕获一种特定类型的异常,也可以定义处理多种类型异常的通用 catch 块。

Java 中异常类的层次结构示意图如图 6-2 所示。Java 程序中产生的异常都是 Throwable 类的对象,具体说是 Throwable 或它的子类的实例对象。

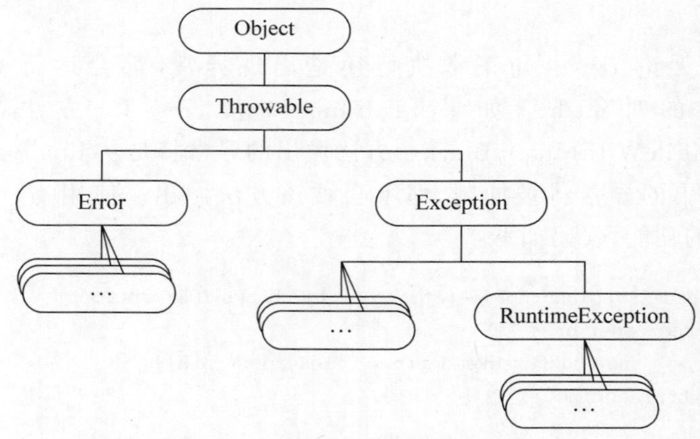

图 6-2 Java 异常类层次示意图

可以编写针对从 Throwable 类派生的任何子类的异常处理块。如果一个 catch 语句块是针对图 6-2 中的叶节点,则是一种专用的异常处理。同时,因为在 Java 中允许对象变量上溯造型,父类类型的变量可以指向子类对象,所以如果 catch 语句块要捕获的异常是一个中间节点(带有子类的节点),则该异常处理块将可以处理该节点以及其所有子类表示的异常。这样的一个 catch 语句块就是一个能够处理多种异常的通用异常处理块。

例如,在下列语句中,catch 语句块将处理 Exception 类及其所有子类类型的异常,即处理程序能够处理的所有类型的异常。

```
try {
   …
} catch (Exception e) {
   System.err.println("Exception caught: " + e.getMessage());
}
```

3. 示例

例 6-2 的类 ListOfNumber 要创建一个保存 10 个 Integer 对象的数组链表，并通过 writeList 方法将该链表保存到 OutFile. txt 文件中。

例 6-2　创建链表并保存到文件中(未加异常处理，存在编译错误)。

```
1   import java.io.*;
2   import java.util.*;
3
4   class ListOfNumbers {
5       private ArrayList<Integer> list;
6       private static final int size = 10;
7
8       public ListOfNumbers () {
9       list = new ArrayList<Integer>(size);
10      for (int i = 0; i < size; i++)
11          list.add(new Integer(i));
12  }
13      //将 list 保存到 OutFile.txt 文件中
14      public void writeList() {
15          PrintWriter out = new PrintWriter(new FileWriter("OutFile.txt"));
16
17          for (int i = 0; i < size; i++)
18              out.println("Value at: " + i + " = " + list.get(i));
19
20          out.close();
21      }
22  }
23
24  public class TestListOfNumbers1 {
25      public static void main(String[] args) {
26          ListOfNumbers list = new ListOfNumbers();
27          list.writeList();
28      }
29  }
```

当对例 6-2 进行编译时，将出现下列提示。

TestListOfNumbers1. java: 15: 未报告的异常 java. io. IOException; 必须对其进行捕捉或声明以便抛出

```
PrintWriter out = new PrintWriter(new FileWriter("OutFile.txt"));
```

例 6-2 的第 15 行语句中调用了 java. io. FileWriter 的构造方法创建一个文件输出流，该构造方法的声明如下：

```
public FileWriter(String fileName) throws IOException
```

由于 writeList()方法中没有对 FileWriter()方法可能产生的异常进行处理,所以程序在编译时产生了上述错误。

例 6-3 是在例 6-2 中加入了例外处理。将例 6-2 中的第 15～18 行语句放入 try 语句块中,用两个 catch 语句分别捕获 FileWriter("OutFile. txt")调用中可能产生的 IOException 异常,以及 for 循环访问链表的 list. get(i)方法时可能产生的 ArrayIndexOutOfBoundsException 异常。try catch 语句后还有 finally 语句,执行程序的最后清理操作,此处是关闭程序打开的流。

例 6-3 增加 try catch finally 异常处理后的例 6-2。

```
import java.io.*;
import java.util.*;
class ListOfNumbers {
    private ArrayList<Integer> list;
    private static final int size = 10;
    public ListOfNumbers() {
        list = new ArrayList<Integer> (size);
        for (int i = 0; i < size; i++)
        list.add(new Integer(i));
}
    public void writeList() {
    PrintWriter out = null;
    try {
        System.out.println("Entering try statement");
        out = new PrintWriter(new FileWriter("OutFile.txt"));

        for (int i = 0; i <size; i++){
            out.println("Value at: " + i + " = " + list.get(i));
        }
    } catch (ArrayIndexOutOfBoundsException e) {   //处理数组越界异常
      System.err.println("Caught ArrayIndexOutOfBoundsException: " +
              e.getMessage());
      } catch (IOException e) {           //处理 I/O 异常
            System.err.println("Caught IOException: " + e.getMessage());
      } finally {                         //最后清理
            if (out != null) {
                System.out.println("Closing PrintWriter");
                out.close();
            } else {
                System.out.println("PrintWriter not open");
            }
      }
    }
}
public class TestListOfNumbers {
    public static void main(String[] args) {
        ListOfNumbers list = new ListOfNumbers();
        list.writeList();
    }
}
```

例 6-3 的运行结果如下：

```
Entering try statement
Closing PrintWriter
```

实际上，例 6-3 writeList()方法中的 try 语句块可能有如下 3 种运行结果。

(1) 出现了 IOException，此时程序运行结果如下：

```
Entering try statement
Caught IOException: OutFile.txt
```

(2) PrintWriter not open 出现了数组越界错误，此时程序运行结果如下：

```
Entering try statement
Caught ArrayIndexOutOfBoundsException: 10 >= 10
```

(3) Closing PrintWriter 正常退出，此时程序运行结果如下：

```
Entering try statement
Closing PrintWriter
```

例 6-4 是对例 6-1 的改造，主要是增加了 try catch finally 异常处理。

例 6-4 采用 try catch 语句进行异常处理的简单示例。

```
public class HelloWorld2{
    public static void main(String args[]){
        int i = 0;
        String greetings[] = { "Hello World!","Hello!","HELLO WORLD!!"};
        while (i<4){
            try {
                System.out.println(greetings[i]);
                i++;
            }catch(ArrayIndexOutOfBoundsException e){}
        }
    }
}
```

例 6-4 的运行结果如下：

```
Hello World!
Hello!
HELLO WORLD!!
```

从例 6-4 的运行结果可以看到，虽然例 6-4 的程序运行中仍然产生数组越界错误，但由于进行了相应的异常处理，所以程序依然能够正常终止运行。

6.2.2 将方法中产生的异常抛出

第二种异常处理的方法是：将方法中可能产生的异常抛出。调用该方法的程序将接收到所抛出的异常。例如：

```
public void troublesome() throws IOException{
    …
}
```

如果被抛出的异常在调用程序中未被处理,则该异常将被沿着方法的调用关系继续上抛,直到被处理。如果一个异常返回到 main()方法,并且在 main()中还未被处理,则该异常将把程序非正常地终止。

1. 声明异常

异常是在方法的声明中使用 throws 子句进行声明的,具体格式如下:

```
returnType methodName([paramlist]) throws exceptionList
```

其中 exceptionList 可以包含多个异常类型,用逗号隔开。例如:

```
public void readDatabaseFile(String file)
        throws FileNotFoundException, IOException{
    //创建文件输入流,可能产生 FileNotFoundException 异常
    FileInputStream fis = new FileInputStream(file);
    //从 fis 流中读取数据,可能产生 IOException 异常
     int i = fis.read();
    …
}
```

带有 throws 子句的方法所抛出的异常有两种来源:一种是方法中调用了可能抛出异常的方法,如上述 readDatabaseFile()方法,声明抛出的异常是 FileInputStream 类的构造方法 FileInputStream()以及 read()方法可能抛出的;另一种是方法体中生成并抛出的异常对象。

下面介绍如何在程序中生成异常类对象并抛出。

2. 抛出异常

异常的抛出是通过 throw 语句来实现的。该语句的一般格式如下:

```
throw someThrowableObject;
```

其中 someThrowableObject 必须是 Throwable 类或其子类的对象。例如:

```
public Object pop() throws EmptyStackException {
    Object obj;
    if (size == 0)
        throw new EmptyStackException();
    obj = objectAt(size - 1);
    setObjectAt(size - 1, null);
    size--;
    return obj;
}
```

执行 throw 语句后,运行流程立即停止,throw 的下一条语句将暂停执行,系统转向调用者程序,检查是否有 catch 子句能匹配的 Throwable 实例。如果找到相匹配的实例,系统转向该子句。如果没有找到,则转向上一层的调用程序,这样逐层向上,直到最外层的异常处理程序终止程序并打印出调用栈情况。

3. 示例

例 6-3 是使用 try catch finally 语句实现例 6-2 的异常处理的。下面例 6-5 中将采用异常处理的第二种方式对例 6-2 进行改造。

例 6-5　采用声明抛出异常的方式进行异常处理。

```
class ListOfNumbersDeclared {
    private Vector< Integer> victor;
    private static final int size = 10;
    public ListOfNumbersDeclared () {
        victor = new Vector< Integer> (size);
        for (int i = 0; i < size; i++)
            victor.addElement(new Integer(i));
    }

    //声明抛出异常
    public void writeList() throws IOException, ArrayIndexOutOfBoundsException {
        PrintWriter out = new PrintWriter(new FileWriter("OutFile.txt"));
        for (int i = 0; i < size; i++)
            out.println("Value at: " + i + " = " + victor.elementAt(i));
        out.close();
    }
}
public class TestOfDeclared {
    public static void main(String[ ] args) {
        try{
            ListOfNumbersDeclared list = new ListOfNumbersDeclared();
            list.writeList();
        }catch(Exception e){};
        System.out.println("A list of numbers is created and stored in OutFile.txt");
    }
}
```

例 6-5 的运行结果如下：

```
A list of numbers is created and stored in OutFile.txt
```

6.3　自定义异常类

6.3.1　自定义异常类的必要性与原则

当在开发各种 Java 应用程序的时候，除了花费大量时间设计类的 API 以使自己的程序包易于理解与使用之外，还应该投入大量的精力考虑和设计程序包中类可能产生的异常。

假设要编写一个可重用的链表类，该类中可能包括如下方法。

- objectAt(int n)——返回链表的第 n 个对象。
- firstObject()——返回链表中的第一个对象。
- indexOf(Object n)——在链表中搜索指定的对象并返回它在链表中的位置。

对于这个链表类，在其他程序员使用时可能出现对类及方法使用不当的情况，并且即使是合法的方法调用，也有可能导致某种未定义的结果。我们会希望这个链表类在出现错误时尽量“强壮”，对于错误能够合理地处理并把错误信息报告给调用程序。但是，我们不能预知使用该类的每个用户将打算如何处理特定的错误，所以在发生一种错误时最好的处理办法是抛出一个异常。

上述链表类的每个方法都有可能抛出异常,并且这些异常可能是互不相同的。例如:

- objectAt(int n):如果传递给该方法的参数 n 小于 0 或 n 大于链表中当前含有的对象的数目,则将抛出一个异常。
- firstObject():如果链表中不包含任何对象,则将抛出一个异常。
- indexOf(Object n):如果传递给该方法的对象不在链表中,则将抛出一个异常。

通过上述分析,可以认识到这个链表类运行中会产生抛出各种异常,但是如何确定这些异常的类型?是选择 Java 异常类体系中的一个类型还是自己定义一种新的异常类型?

下面给出一些原则提示读者何时需要自定义异常类。满足下列任何一种或多种情况就应该考虑自己定义异常类。

- Java 异常类体系中不包含所需要的异常类型。
- 用户需要将自己所提供类的异常与其他人提供类的异常进行区分。
- 类中将多次抛出这种类型的异常。
- 如果使用其他程序包中定义的异常类,将影响程序包的独立性与自包含性。

结合上面提到的链表例子,该链表类可能抛出多种异常,用户可能需要使用一个通用的异常处理程序对这些异常进行处理。另外,如果要把这个链表类放在一个包中,那么与该类相关的所有代码应该同时放在这个包中。因此,我们应该定义自己的异常类并且创建自己的异常类层次。图 6-3 给出了链表类的一种自定义异常类的层次。

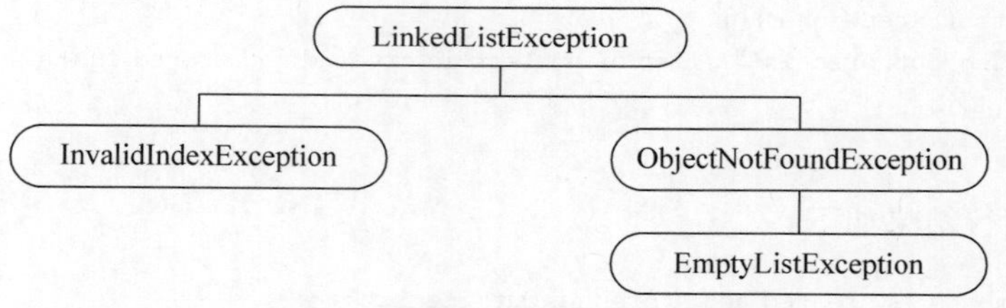

图 6-3 链表类的自定义类层次

LinkedListException 是链表类可能抛出所有异常类的父类。将来可以使用下列 catch 语句对该链表类的所有异常进行统一的处理。

```
catch (LinkedListException) {
    …
}
```

当然用户也可以编写针对 LinkedListException 子类的更专用的异常处理。

但是,若使链表类的异常能够利用上述 Java 异常处理机制进行处理,还必须将这些异常类与 Java 的异常类体系融合。

6.3.2 自定义异常类与 Java 异常类的融合

因为 Java 异常处理机制只能处理 Throwable 类或其子类的对象。所以,上述链表类的异常类层次需要选取 Throwable 类或其某个子类作为父类。Throwable 类有两种类型的子类,即错误(Error)和异常(Exception)。大多数 Java 应用都抛出异常,错误是指系统内部发生的很严重的错误。所以，一般自定义的异常类都以 Exception 类为父类。链表例子中可以将 LinkedListException 类声明为 Exception 类的子类。

注意：一般不将自定义的异常类作为运行时异常类 RuntimeException 的子类，除非该类确实是一种运行时类型的异常。另外，从 Exception 类派生的自定义异常类的名字一般以 Exception 结尾。

6.3.3 自定义异常类的定义与使用

1. 定义异常类

用户自定义的异常类定义为 Exception 类的子类。这样的异常类可包含普通类的内容。例如，在一个通信应用中定义了实现 Client 与 Server 之间连接的类，这个类需要定义一个描述连接超时的异常：

```
//自定义异常类 ServerTimeOutException
public class ServerTimeOutException extends Exception{
    private String reason;
    private int port;
    public ServerTimeOutException(String reason, int port){
        this.reason = reason;
        this.port = port;
    }
    public String getReason(){
        return reason;
    }
    public int getPort(){
        return port;
    }
}
```

2. 抛出自定义异常

定义了自定义异常类后，程序中的方法就可以在恰当的时候将该种异常抛出，注意要在方法的声明中声明抛出该类型的异常。例如，在连接类的方法中，如果发生服务器连接超时，则创建该 ServerTimeOutException 类的对象并抛出。例如在下列 connectMe()中，如果到指定 Server 的连接失败，则将抛出 ServerTimeOutException 异常。

```
public void connectMe(String serverName) throws ServerTimeOutException{
    int success;
    int portToConnect = 80;
    success = open(serverName, portToConnect);
    if(success = -1){
        throw new ServerTimedOutException("Could not connect",80);}
}
```

3. 自定义异常的处理

Java 程序在调用声明抛出自定义异常的方法时，要进行异常处理。具体可以采用上面介绍的两种方式：利用 try catch finally 语句捕获并处理及声明抛出该类型的异常。在通信例子中，调用连接类的 connectMe()方法的程序必须进行异常处理：

```
public void findServer(){
```

```
…
try{
    connectMe(defaultServer);
}catch(ServerTimeOutException e){
    System.out.println("Server timed out, try another");
    try{
        connectMe(alternateServer);
    }catch(ServerTimeOutException e1){
        System.out.println("No server available");
    }
}
```

注意：正如上述代码所示，try catch 语句块是可以嵌套的。

下面是一个自定义异常的例子。在例 6-6 中，定义了一个异常类 MyException，该类是 java.lang.Exception 类的子类，只包含了两个简单的构造方法。UsingMyException 类包含了 f()和 g()两个方法，这两个方法中分别声明并抛出了 MyException 类型的异常。在 TestMyException 类的 main()方法中，访问了 UsingMyException 类的 f()和 g()，并用 try catch 语句实现了例外处理。在捕获了 f()和 g()抛出的异常后，将在相应的 catch 语句块中输出异常的信息，并输出异常发生位置的堆栈追踪轨迹。

例 6-6 自定义异常示例。

```
class MyException extends Exception {

    MyException() {}

    MyException(String msg){
        super(msg);
    }
}

class UsingMyException {
    void f() throws MyException {
        System.out.println("Throws MyException from f()");
        throw new MyException();
    }
    void g() throws MyException {
        System.out.println("Throws MyException from g()");
        throw new MyException("Originated in g()");
    }
}

public class TestMyException{
    public static void main (String args[]) {
        UsingMyException m = new UsingMyException();

        try {
            m.f();
        } catch (MyException e) {
            e.printStackTrace();
```

```
        }

        try {
            m.g();
        } catch (MyException e) {
            e.printStackTrace();
      }

    }
  }
```

例 6-6 的运行结果如下：

```
    Throws MyException from f()
MyException
        at UsingMyException.f(TestMyException.java:13)
        at TestMyException.main(TestMyException.java:26)
Throws MyException from g()
MyException: Originated in g()
        at UsingMyException.g(TestMyException.java:17)
        at TestMyException.main(TestMyException.java:32)
```

6.4　断　　言

断言(assertion)是软件开发中一种常用的调试方式,很多语言都支持这种机制,如 C、C++等,但是支持的形式不尽相同,有的是通过语言本身,而有的是通过库函数等。Java 中提供了专门的 assert 语句,为 Java 程序提供了一种错误检查机制。

每个断言都包含了一个 boolean 表达式。如果程序没有错误,则运行 assert 语句时该表达式的值应该为 true。如果该表达式的值为 false,则系统将抛出一个错误。通过验证断言中 boolean 表达式为 true,确认了程序行为的正确性,增强了程序员对程序的信心。经验证明,在编程时使用断言是发现程序错误最快和最有效的方法之一。断言相当于程序内部处理的文档,增强了程序的可维护性。

6.4.1　断言语句的定义

断言语句有两种形式。第一种形式比较简单：

```
assert expression;
```

expression是 boolean 类型的表达式。当系统运行该断言语句时将求出该表达式的值,如果是 false 则说明程序处于不正确的状态,系统将抛出一个没有任何详细信息的 AssertionError 类型的错误,并且退出。如果 expression 的值是 true,则程序继续执行。

断言语句的第二种形式是：

assert $expression_1$: $expression_2$;

当系统运行上述断言语句并且 $expression_1$ 的值为 false,则系统将计算出 $expression_2$ 的值,然后以这个值为参数调用 AssertionError 类的构造方法,创建一个包含详细描述信息的 AssertionError 对象抛出并退出。如果 $expression_1$ 的值是 true,则 $expression_2$ 将不被计算,程序继续执行。$expression_2$ 可以是 boolean,char,double,float,int 和 long 基本类型的值或一个 Object 类型的对象,比较常见的是一个描述错误的字符串。

如果在计算表达式时,表达式本身抛出 Exception,那么断言语句将停止运行,而抛出这个 Exception。

6.4.2 断言语句的使用

断言的合理使用,可以提高程序的可靠性。断言常用来检查程序中的一些关键值,并且这些值对程序整体功能或局部功能的完成有很大影响。对于下列情况可以利用断言。

1. 保证控制流的正确性

在 if else 语句和 switch 语句中,可以在不应该被执行的控制流下,使用 assert false 语句。如果控制流异常,则会抛出 AssertionError 异常。在下列例子中,程序的功能是输出指定月份的名称。如果代表月份的整型值不在区间[1,12]内,则在 switch 的 default 语句中,将执行断言语句,指出程序中的错误。

例 6-7 断言语句示例。

```
public class AssertionDemo {
    public static void main(String[] args) {
        int month = 13;
        switch (month) {
            case 1:  System.out.println("January"); break;
            case 2:  System.out.println("February"); break;
            case 3:  System.out.println("March"); break;
            case 4:  System.out.println("April"); break;
            case 5:  System.out.println("May"); break;
            case 6:  System.out.println("June"); break;
            case 7:  System.out.println("July"); break;
            case 8:  System.out.println("August"); break;
            case 9:  System.out.println("September"); break;
            case 10: System.out.println("October"); break;
            case 11: System.out.println("November"); break;
            case 12: System.out.println("December"); break;
            default: assert false:"Hey, that's not a valid month!"; break;
        }
    }
}
```

例 6-7 的运行结果如下:

```
Exception in thread "main" java.lang.AssertionError: Hey, that's not a valid month!
        at AssertionDemo.main(AssertionDemo.java:18)
```

由于断言语句运行时默认是不执行的,所以例 6-7 运行时可使用-ea 选项打开断言检查:

```
java -ea AssertionDemo
```

2. 检查私有方法输入参数的有效性

在私有方法调用时，会直接使用传入的参数。如果私有方法对参数有特定要求，可在方法开始处使用断言进行参数检查。例如，如果要求输入的参数不能为 null，则可以在方法开始加上下列断言语句：

```
Assert parameter1 != null : "paramerter is null in test()";
```

3. 检查方法的返回结果是否有效

对于一些计算型方法，可以通过断言语句在方法返回前，检查返回值是否满足必要的性质。例如，对于一个计算绝对值的方法，可以在方法中加入下列断言：

```
Assert value >= 0 : "Value should be bigger than 0: " + value;
```

4. 检查程序不变量

程序不变量(invariant)是在程序某个特定点或某些特定点都保持为真的一种特性。例如 y=4＊x+3；x>abs(y)；数组 a 不包含重复元素等。不变量反映程序的特性，通过分析程序关键点上的不变量，可以监测到程序运行中的异常。例如，如果有程序不变量：x>=0，则可以在下面程序流控制中的关键点使用断言语句。一旦出现 x 为负数的情况，则会抛出错误。

```
if (x > 0) {
    …
} else {
    assert (x == 0);
    …
}
```

断言使用中，要注意不要使用断言进行 public 方法的参数有效性检查。因为一般来说，public 方法在调用时，系统必须进行参数检查，而私有方法是直接使用的。另外，不要用断言语句执行程序所需要完成的正常操作。

6.4.3 控制运行时断言语句的执行

默认情况下，断言语句在运行时是不执行的。断言检查通常在开发和测试时开启，而在软件开发完毕投入运行后，为了提高性能，通常将断言检查关闭。

断言检查的开启与关闭，可以通过在命令行中使用相应选项实现。打开断言检查的命令是：

```
java -enableassertions MyProgram
```

或

```
java -ea MyProgram
```

关闭断言检查的命令是：

```
java -disableassertions MyProgram
```

或

```
java -da MyProgram
```

如果-ea 或-da 选项后没有任何参数，如上面的语句，则将对程序中除了系统类之外的所有其他类打开/关闭断言检查。另外,在-ea 或 -da 选项后带有类名、包名等参数,可以使断言检查控制到类、包和包的体系,例如:

```
- ea:<className>                    //打开指定类的断言检查
- ea:<packageName>                  //打开指定包的断言检查
- ea:…                              //打开默认包(无包名)的断言检查
- ea: <packageName>…                //打开指定包及其子包的断言检查
```

6.5 小　结

异常处理机制是保证 Java 程序正常运行、具有较高安全性的重要手段。在理解 Java 异常概念的基础上,掌握异常处理的基本方法以及针对特定应用自行定义异常类的方法,对于开发强壮、可靠的 Java 程序是很重要的。在开发应用时,随时做好程序中的异常处理是一种良好的编程习惯。

习　题　6

1. 什么是异常?Java 异常处理有哪些方法?
2. Java 中的异常处理主要处理哪些类型的异常?
3. 用户程序如何自定义异常?
4. 系统异常如何抛出?用户自定义异常如何抛出?
5. 设下列 try catch 语句块中的第二个语句 s2 将引起一个异常,试回答下列问题。

```
try{
    s1;
    s2;
    s3;
}catch(ExceptionType e1){ }
catch(ExceptionTpye e2){ }
s4;
```

(1) s3 会执行吗?

(2) 如果异常未被捕获,s4 会被执行吗?

(3) 如果 catch 子句捕获了异常,s4 会执行吗?

第7章 输入/输出

输入/输出(I/O)是Java语言的重要组成部分。Java应用常常需要从外界输入数据或把数据输出到外界。外界的数据可能保存在磁盘的文件、内存或其他程序中,并且可能有多种类型,包括字节、字符、对象等。本章将对Java的I/O系统进行介绍,包括Java I/O的基础——流式I/O、文件的随机读写、Java的文件管理以及对象I/O等。

7.1 流式输入/输出

7.1.1 流的概念

在Java中,流(stream)是从源到目的地的字节的有序序列。流中的字节依据先进先出,具有严格顺序,因此流式I/O是一种顺序存取方式。

Java程序可以打开一个从某种数据源(如文件、内存等)到程序的一个流,从这个流中读取数据,这就是输入流。因为流是有方向的,所以只能从输入流读入,而不能向它写数据,如图7-1所示。

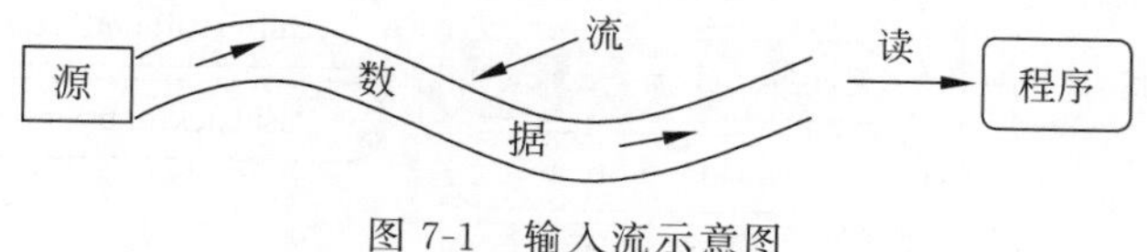

图7-1 输入流示意图

同样,程序可以打开到外界某种目的地的流,把数据顺序写到该流中,以把程序中的数据保存在外界,这就是输出流。与输入流相类似,只能向该流写,而不能从该流中读取数据,如图7-2所示。

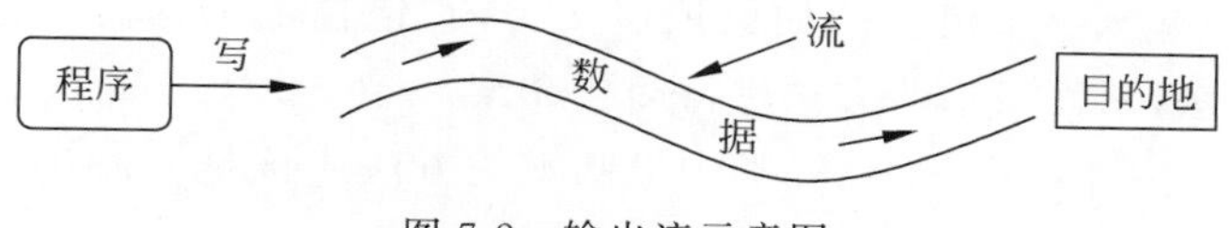

图7-2 输出流示意图

因此,Java中有两种基本的流——输入流(InputStream)与输出流(OutputStream),对于这两种流都采取相同的顺序读写方式,其读写操作过程如下。

- 流的读操作过程:打开流→当流中还有数据时执行读操作→关闭流。
- 流的写操作过程:打开流→当有数据需要输出时执行写操作→关闭流。

Java中实现上述流式I/O的类都在java.io包中。这些类根据流相对于程序的另一个端点的不同,分为节点流(Node Stream)和过滤流(Filter Stream)。

- 节点流：以特定源如磁盘文件、内存某区域或线程之间的管道为端点构造的输入/输出流，它是一种最基本的流。
- 过滤流：以其他已经存在的流为端点构造的输入/输出流，称为过滤流或处理流，它要对与其相连的另一个流进行某种转换。

另外，Java 中的流类根据流中的数据单位不同也分为两个类的层次体系，即字节流与字符流。

- 字节流：流中的数据以 8 位字节为单位进行读写，以 InputStream 与 OutputStream 为基础类。
- 字符流：流中的数据以 16 位字符为单位进行读写，以 Reader 与 Writer 为基础类。

字节流与字符流的主要差别是处理的数据类型不同，其他基本相类似。另外，Java 中流常指的是字节流。本章中对 Java I/O 流的介绍将侧重于字节流。

7.1.2 字节流

InputStream 和 OutputStream 是字节流的两个顶层父类。它们提供了输入流类与输出流类的通用 API。字节流一般用于读写二进制数据，如图像和声音数据。有两个字节流 ObjectInputStream 和 ObjectOutputStream 是用来实现对象的串行化，即对象的输入/输出。

1. 输入字节流

输入字节流的类层次如图 7-3 所示。其中带阴影的类是节点流，其他类是过滤流。

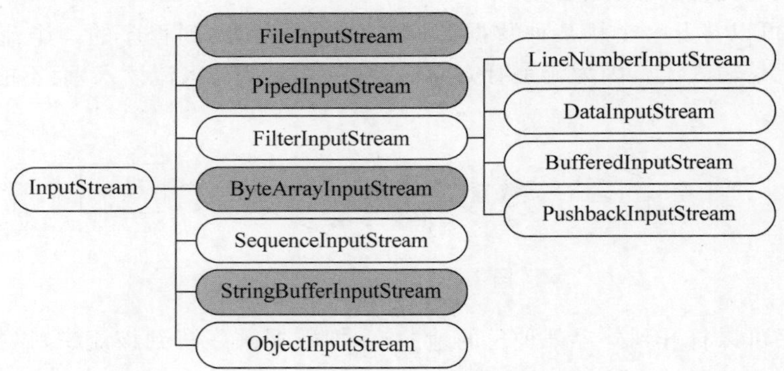

图 7-3　输入字节流类层次

InputStream 是输入字节流类的抽象顶层父类，它包含了所有输入流类都继承并实现的基本数据读取方法，下面对这些方法进行简要介绍。

（1）基本的读方法。InputStream 类中最基本的方法应该是 read()。该类中定义了如下 3 个 read()方法。

- int read()：读一个字节作为方法的返回值。如果返回值是－1，则表示文件结束。
- int read(byte[] b)：将读入的数据放在一个字节数组中，并返回所读的字节数。
- int read(byte[] b, int off, int len)：将读入的数据放在一个字节数组中，并返回所读的字节数。两个整型参数表示所读入数据在数组 b 中的存放位置。

（2）void close()。当输入流中的数据读取完毕后，使用该方法关闭流。对于过滤流，则把最顶层的流关闭，会自动自顶向下关闭所有流。

(3) int available()。返回输入流中还有多少可读的字节。在读取大块数据前，常使用该方法测试。

(4) long skip(long n)。跳过(扔掉)流中指定字节数量的数据。

(5) 流的回读方法。可以通过下列 3 个方法提供"书签"功能，在支持回读的流上实现已读取数据的重复读。

- boolean markSupported()：测试打开的流是否支持回读。
- void mark(int readlimt)：标记当前流，并创建大小由 readlimt 指示的缓冲区。方法的参数指定了将来通过 reset()方法能够重复读取的字节数。
- void reset()：如果用 mark()方法对流做了标记，则在继续从流中读取一定数量的字节后调用 reset()方法，将使后续的读操作从标记处开始读数据。如果在做标记后所读取的字节数大于 mark()方法所创建的缓冲区的大小，则 reset()方法将不起任何作用。

2. 输出字节流

输出字节流的类层次如图 7-4 所示。其中带阴影的类是节点流，其他类是过滤流。

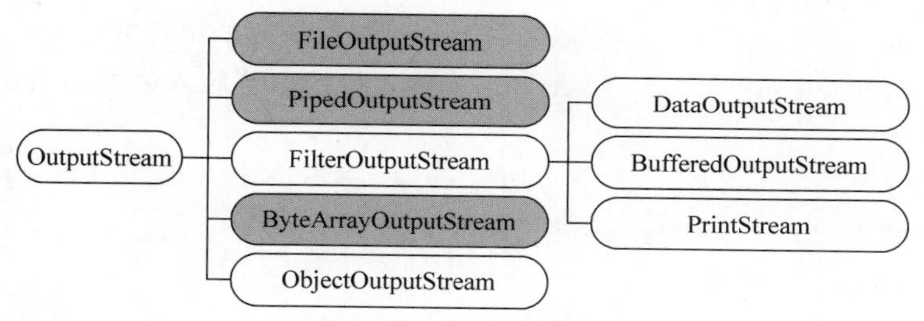

图 7-4　输出字节流的类层次

OutputStream 是输出字节流类的抽象顶层父类。它所包含的成员方法如下。

(1) 基本的写方法。InputStream 类中最基本的方法应该是 write()。该类中定义了如下 3 个 write()方法。

- void write(int c)：向输出流中写一个字节。
- void write(byte[] b)：向输出流中写一个字节数组。
- void write(byte[] b, int off, int len)：将字节数组中由 off 和 len 指示的数据块写入输出流。

(2) void close()。当完成输出流的写操作后关闭流。如使用过滤流，则把最顶层的流关闭，会自动自顶向下关闭所有流。

(3) void flush()。该方法将强制将缓存的输出数据写出去。有的输出流会把几次写操作的数据缓存，然后一起提交，而该方法将把这些数据立即写到目的地。一般在调用 close()方法关闭流前，可以先调用 flush()方法。

7.1.3　字符流

Reader 和 Writer 是 java.io 包中两个字符流类的顶层抽象父类。它们定义了在输入/输出流中读写 16 位字符的通用 API。字符流能够处理 Unicode 字符集中的所有字符，而字节流限于处理 ISO-Latin-1 的 8 位字节，所以应该使用字符流来读写文本类数据。

1. 输入字符流

输入字符流的类层次如图 7-5 所示。其中带阴影的类是节点流,其他类是过滤流。

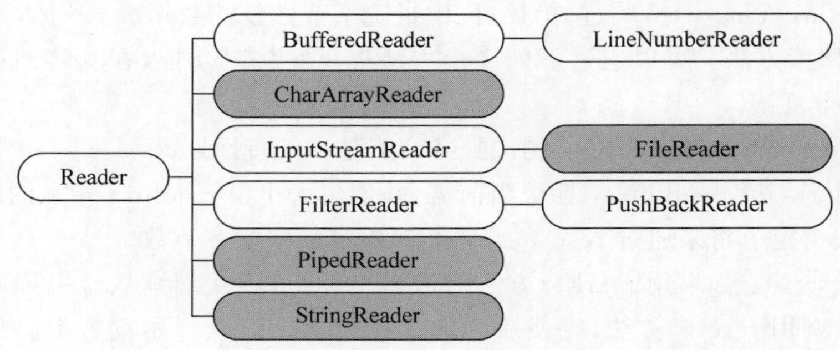

图 7-5 输入字符流的类层次

Reader 类是输入字符流抽象顶层父类。它所包含的成员方法如下。

1)基本的读方法

- int read():读一个字符作为方法的返回值。如果返回值是−1,则表示文件结束。
- int read(char cbuf[]):读字符放入数组中,返回所读的字符数。
- int read(char cbuf[], int offset, int length):读字符放入数组的指定位置,返回所读的字符数。

2)其他方法

Reader 类的也定义了下列与 InputStream 相类似的方法。

- void close():关闭流。
- long skip(long n):跳过 n 个字符。
- boolean markSupported():测试打开的流是否支持书签。
- void mark(int buf):标记当前流,并建立由参数 buf 指示大小的缓冲区。
- void reset():返回标签处。
- boolean ready():测试当前流是否准备好进行读。

2. 输出字符流

输出字符流的类层次如图 7-6 所示。其中带阴影的类是节点流,其他类是过滤流。

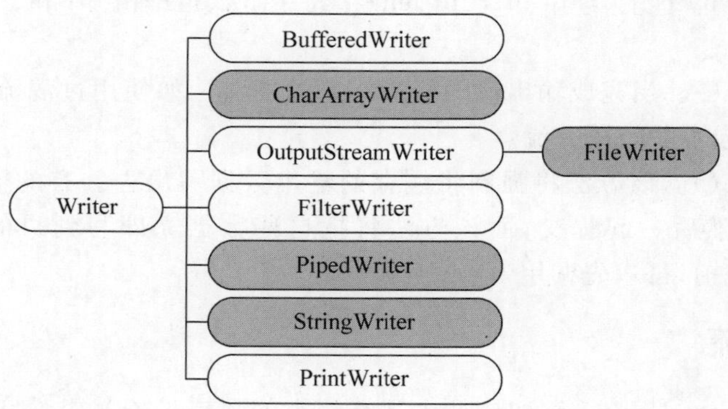

图 7-6 输出字符流的类层次

Writer 类是输出字符流抽象顶层父类。它所包含的成员方法如下。

1）基本的写方法

- int write(int c)：写单个字符。
- int write(char cbuf[])：写字符数组。
- int write(char cbuf[], int offset, int length)：写字符数组中的部分数据。
- int write(String str)：写一个字符串。
- int write(String str, int offset, int length)：写字符串的一部分。

2）其他方法

- void close()：关闭流。
- void flush()：强行写。

3. 字符流与字节流

从上述介绍，可以发现实际上字节流与字符流主要的区别在于处理的数据类型。Reader/Writer 与 InputStream/OutputStream 具有相类似的 API，并且每个核心的输入/输出字节流，都有相应的 Reader 和 Writer 版本，例如 FileInputStream/FileOutputStream 与 FileReader/FileWriter、PipedInputStream/PipedOutputStream 与 PipedReader/PipedWriter 等。

7.1.4 Java 流式 I/O 类概述

表 7-1 与表 7-2 把 Java 提供的 I/O 流类进行分类与描述，表 7-1 中列出的是节点流，表 7-2 中列出的是过滤流或处理流。从这些表中可以看到，java.io 包中的字节流类与字符流类实现同种类型 I/O 只是处理的数据类型不同。

表 7-1　Java 节点流分类与描述

类　型	流类名称	描　述
Memory(内存 I/O)	ByteArrayInputStream ByteArrayOutputStream CharArrayReader CharArrayWriter	从/向内存数组读写数据
	StringBufferInputStream StringReader StringWriter	从/向内存字符串读写数据
Pipe(管道 I/O)	PipedInputStream PipedOutputStream PipedReader PipedWriter	实现管道的输入和输出
File(文件 I/O)	FileInputStream FileOutputStream FileReader FileWriter	统称为文件流。对文件进行读写操作

表 7-2 Java 过滤流分类与描述

类 型	流类(字节流/字符流)名称	描 述
Object Serialization(对象 I/O)	ObjectInputStream ObjectOutputStream	实现对象的输入/输出
Data Conversion(数据转换)	DataInputStream DataOutputStream	按基本数据类型读写数据
Printing(打印流)	PrintStream PrintWriter	包含方便的打印方法,是最简单的输出流
Buffering(缓存 I/O)	BufferedInputStream BufferedOutputStream BufferedReader BufferedWriter	在读入或写出时,对数据进行缓存,以减少 I/O 的次数。缓存流一般比相类似的非缓存流效率高,并且常与其他流一起使用
Filtering(流过滤)	FilterInputStream FilterOutputStream FilterReader FilterWriter	是抽象类,定义了过滤流的通用方法。这些方法将在数据读写时进行过滤
Concatenation(流连接)	SequenceInputStream	把多个输入流连接成一个输入流
Counting(流数据计数)	LineNumberReader LineNumberInputStream	在读入数据时对行计数
Peeking Ahead(流预读)	PushbackInputStream PushbackReader	通过缓存机制,进行预读
Converting between Bytes and Characters(字节与字符转换)	InputStreamReader OutputStreamWriter	InputStreamReader 按照一定的编码/解码标准将 InputStream 中的字节转换为字符; OutputStreamWriter 进行反向转换,即把字符转换为字节

7.1.5 输入/输出流的套接

节点流在程序中不是很常用。一般常通过过滤流将多个流套接在一起,利用各种流的特性共同处理数据。套接的多个流构成了一个流链。例如,图 7-7 中的输入流,一个文件流为了提高效率套接了缓存流,最后套接了数据流以实现按基本数据类型的读取。

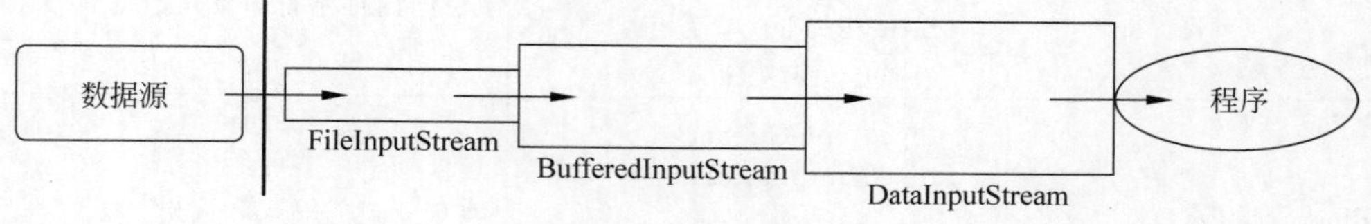

图 7-7 输入流链示例

图 7-8 是一个输出流,程序中的数据按数据类型写到数据输出流,再经过缓存最后由文件流写到外存的文件中。

正如图 7-7 和图 7-8 所示,流链的中间流与程序所读写的最终流是过滤流,而直接对数据源读写的是节点流。

程序中可以根据对外界输入/输出数据的需要构造 I/O 的流链,以方便数据的处理并提高处理的效率。

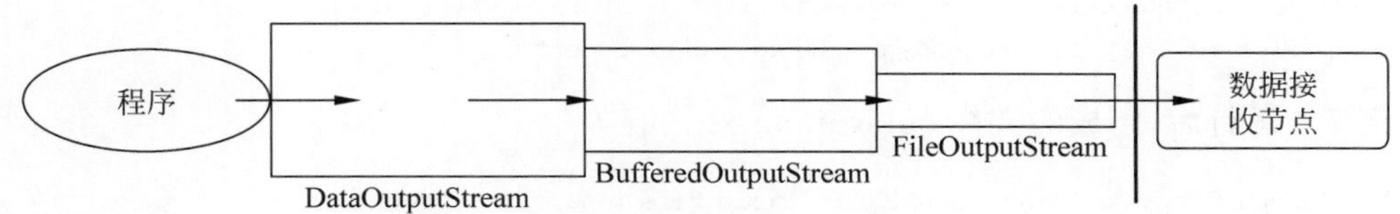

图 7-8　输出流链示例

7.1.6　常用输入/输出流类

1. 文件流

文件流是最容易理解的流，是节点流，包括 FileInputStream/FileOutputStream 类以及 FileReader/FileWriter 类。这些类都是对文件系统中的文件进行读写。文件流的创建是调用相应类的构造方法，并经常以字符串形式的文件名或一个 File 类的对象作为参数。例如，下面是两个 FileInputStream 类的构造方法：

```
public FileInputStream(String name);
public FileInputStream(File file);
```

FileInputStream 类重写了 InputStream 的 3 个 read()方法，即 skip()、avaliable()、close()等方法，增加了获取文件指示符等方法。下面是两个使用文件流的简单例子。

例 7-1 是一个简单的文件字节流操作的例子。该例通过文件流的操作实现了文件的复制。

例 7-1　通过文件字节流实现文件的复制。

```
import java.io.*;
public class CopyBytes {
    public static void main(String[] args) throws IOException {

        //创建两个 File 类对象
        File inputFile = new File("farrago.txt");
        File outputFile = new File("outagainb.txt");

        //创建文件输入/输出字节流
        FileInputStream in = new FileInputStream(inputFile);
        FileOutputStream out = new FileOutputStream(outputFile);

        int c;
        //读写文件流中的数据
        while ((c = in.read()) != -1)
            out.write(c);

        //关闭流
        in.close();
        out.close();
    }
}
```

例 7-1 中，FileInputStream 使用的源文件 farrago.txt 的内容如下：

```
A FileInputStream obtains input bytes from a file in a file system.
What files are available depends on the host environment.
```

例 7-1 运行后，生成的文件 outagainb. txt 内容如下：

```
A FileInputStream obtains input bytes from a file in a file system.
What files are available depends on the host environment.
```

因此，farrago. txt 与 outagainb. txt 是两个完全一样的文件，例 7-1 实现了文件的复制。

例 7-1 是实现对字符文件的复制，在例 7-2 中使用文件字符流 FileReader 和 FileWriter，实现同样的操作。

例 7-2　通过文件字符流实现文本文件的复制。

```
import java.io.*;
public class Copy {
    public static void main(String[] args) throws IOException {

        //创建文件字符输入/输出流
        FileReader in = new FileReader("farrago.txt");
        FileWriter out = new FileWriter("outagainc.txt");

        int c;

        //读写数据
        while ((c = in.read()) != -1)
            out.write(c);

        //关闭流
        in.close();
        out.close();
    }
}
```

例 7-2 采用与例 7-1 相同的 farrago. txt，运行后得到的 outagainc. txt 的内容如下：

```
A FileInputStream obtains input bytes from a file in a file system.
What files are available depends on the host environment.
```

farrago. txt 与 outagainc. txt 是两个完全一样的文件。

2. 缓存流

缓存流包括 BufferedInputStream/BufferedOutputStream 类和 BufferedReader/BufferedWriter 类。这种流把数据从原始流成块读入或把数据积累到一个大数据块后再成批写出，通过减少系统资源的读写次数来加快程序的执行。BufferedOutputstream 或 BufferedWriter 类仅仅在缓冲区满或调用 flush()方法时才将数据写到目的地。

缓存流是过滤流，在创建具体流时需要给出一个 InputStream/OutputStream 类型的流作为前端流，并可以指明缓冲区的大小。例如，下面是 BufferedInputStream 类的构造方法：

```
public BufferedInputStream(InputStream in)
public BufferedInputStream(InputStream in, int size)
```

BufferedInputStream/BufferedOutputStream 类提供 InputStream/OutputStream 中

定义的方法,如 read()、skip()、write()等,并支持基于标签机制的回读。BufferedReader 类中增加了一个有用的方法 readLine(),该方法读一行字符返回。行的结束标志是换行符'\n'或回车符'\r',或回车符+换行符。BufferedWriter 中也相应增加了一个方法 newLine(),该方法写一个行分隔符。分隔符由系统特性 line.separator 指定,可以是'\n'。

3. 管道流

管道流可以实现线程间数据的直接传输。线程 A 可以通过它的输出管道发送数据,另一个线程 B 把它的输入管道接到 A 的输出管道上即可接收 A 发送的数据。

1) 管道流模型

Java 的管道流模型如图 7-9 所示。

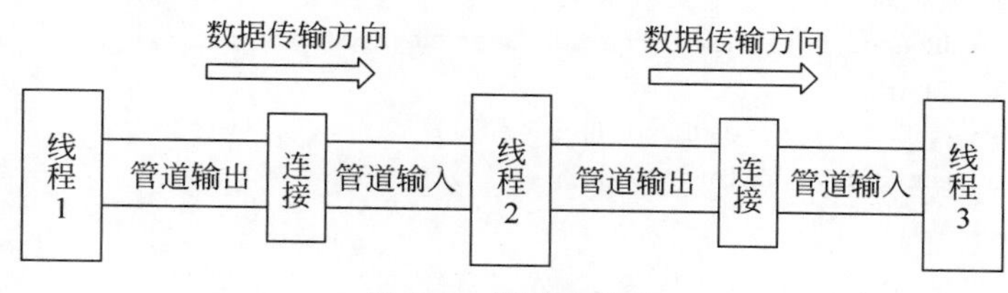

图 7-9　管道流模型

一个管道由管道输出端(管道输出流)与管道输入端(管道输入流)连接而成。管道的连接实际上是使管道的输入流指向管道的输出流,或管道的输出流也指向管道输入流,这样从管道的输入流就可以读取写入管道输出流的数据了。PipedReader/PipedInputStream 实现管道的输入流,而 PipedWriter/PipedOutputStream 实现管道的输出流。

2) 管道流的创建

管道流的创建是将管道输出流和管道输入流进行挂接。基于管道类的构造方法,可以采取下列两种方式创建管道流:

```
PipedInputStream pin = new PipedInputStream();
PipedOutputStream pout = new PipedOutputStream(pin);
```

或

```
PipedInputStream pin= new PipedInputStream();
PipedOutputStream pout = new PipedOutputStream();
pin.connect(out);  或  pout.connect(in);
```

管道流创建后,需要把它的输出流连接到一个线程的输出流,并且把它的输入流连接到另一个线程的输入流,才能利用该管道流实现这两个线程之间的数据交流。

3) 管道流示例

例 7-3 是一个单词处理程序。该程序从文件中读入一组单词,先将每个单词逆序(reverse),再将所有单词排序(sort),然后将这些词逆序输出。最后输出的单词列表能够押韵。例 7-3 由如下 3 个程序组成。

- RhymingWords.java:包含 main()、reverse()与 sort()方法。在 main()方法中调用 reverse()与 sort()方法对单词进行处理,并将处理结果输出显示。
- ReverseThread.java:包含执行逆序的线程类。
- SortThread.java:包含执行排序的线程类。

例 7-3 管道流使用示例。

(1) RhymingWords. java。

```
import java.io.*;
public class RhymingWords {
    public static void main(String[] args) throws IOException {
        FileReader words = new FileReader("words.txt");

        //进行单词的逆序、排序、再逆序还原
        Reader rhymedWords = reverse(sort(reverse(words)));

        //将处理后的单词列表输出显示
        BufferedReader in = new BufferedReader(rhymedWords);
        String input;
        while ((input = in.readLine()) != null)
            System.out.println(input);
        in.close();
    }

    //创建管道,创建并启动单词逆序线程
    public static Reader reverse(Reader source) throws IOException {
        BufferedReader in = new BufferedReader(source);
        PipedWriter pipeOut = new PipedWriter();
        PipedReader pipeIn = new PipedReader(pipeOut);
        PrintWriter out = new PrintWriter(pipeOut);
        new ReverseThread(out, in).start();
        return pipeIn;
    }

    //创建管道,创建并启动单词排序线程
    public static Reader sort(Reader source) throws IOException {
    BufferedReader in = new BufferedReader(source);
        PipedWriter pipeOut = new PipedWriter();
        PipedReader pipeIn = new PipedReader(pipeOut);
        PrintWriter out = new PrintWriter(pipeOut);
        new SortThread(out, in).start();
        return pipeIn;
    }
}
```

(2) ReverseThread. java。

```
import java.io.*;
public class ReverseThread extends Thread {
    private PrintWriter out = null;
    private BufferedReader in = null;
    public ReverseThread(PrintWriter out, BufferedReader in) {
        this.out = out;
        this.in = in;
    }
```

```
    //逆序线程的线程体
    public void run() {
        if (out != null && in != null) {
            try {
                String input;
                while ((input = in.readLine()) != null) {
                    out.println(reverseIt(input));
                    out.flush();
                }
                out.close();
            } catch (IOException e) {
                System.err.println("ReverseThread run: " + e);
            }
        }
    }

//实现单词的逆序算法
    private String reverseIt(String source) {
        int i, len = source.length();
        StringBuffer dest = new StringBuffer(len);
        for (i = (len - 1); i >= 0; i--)
            dest.append(source.charAt(i));
        return dest.toString();
    }
}
```

(3) SortThread.java。

```
import java.io.*;
public class SortThread extends Thread {
    private PrintWriter out = null;
    private BufferedReader in = null;

    public SortThread(PrintWriter out, BufferedReader in) {
        this.out = out;
        this.in = in;
    }

    //排序线程的线程体
    public void run() {
        int MAXWORDS = 50;
        if (out != null && in != null) {
            try {
                String[] listOfWords = new String[MAXWORDS];
                int numwords = 0;

                while ((listOfWords[numwords] = in.readLine()) != null)
                    numwords++;
                quicksort(listOfWords, 0, numwords - 1);
                for (int i = 0; i < numwords; i++)
                    out.println(listOfWords[i]);
```

```
                out.close();
            } catch (IOException e) {
                System.err.println("SortThread run: " + e);
            }
        }
    }

    //实现快速排序算法
    private static void quicksort(String[] a, int lo0, int hi0) {
        int lo = lo0;
        int hi = hi0;
        if (lo >= hi)
            return;
        String mid = a[(lo + hi) / 2];
        while (lo < hi) {
            while (lo< hi && a[lo].compareTo(mid) < 0)
                lo++;
            while (lo< hi && a[hi].compareTo(mid) > 0)
                hi--;
            if (lo < hi) {
                String T = a[lo];
                a[lo] = a[hi];
                a[hi] = T;
                lo++;
                hi--;
            }
        }
        if (hi < lo) {
            int T = hi;
            hi = lo;
            lo = T;
        }
        quicksort(a, lo0, lo);
        quicksort(a, lo == lo0 ? lo+1 : lo, hi0);
    }
}
```

如果例 7-3 中处理的 word.txt 包含如下单词:

```
anatomy
animation
applet
application
argument
bolts
class
communicate
container
environment
graphics
image
```

```
integrate
language
```

则例 7-3 的运行结果如下：

```
image
language
communicate
integrate
application
animation
container
graphics
class
bolts
applet
environment
argument
anatomy
```

RhymingWords. java 是例 7-3 的主程序。在该方法中首先建立了文件流连接到需要处理的单词列表文件 words. txt，然后先后调用 reverse()和 sort()方法：

```
FileReader words = new FileReader("words.txt");
Reader rhymingWords = reverse(sort(reverse(words)));
```

最内层的 reverse()方法以所创建的文件流为参数，其返回值作为参数传递给 sort()方法，而该 sort()方法的返回值又作为参数传递给再次调用的 reverse()方法。

我们先对 reverse()方法进行分析，sort()方法的思路与 reverse()方法类似。reverse()方法定义如下：

```
public static Reader reverse(Reader source) throws IOException {
    BufferedReader in = new BufferedReader(source);
    PipedWriter pipeOut = new PipedWriter();
    PipedReader pipeIn = new PipedReader(pipeOut);
    PrintWriter out = new PrintWriter(pipeOut);
    new ReverseThread(out, in).start();
    return pipeIn;
}
```

reverse()方法中创建了一个管道流，由 PipedWriter 和 PipedReader 作为管道的输出流和输入流，并将它们连接起来。另外，为了便于数据写操作，在 PipedWriter 流上又套接了 PrintWriter 流，如图 7-10 所示。在 reverse()方法中创建并启动 Reverse 线程，将管道的输出流传递给该线程作为其输出流；将管道的输入流作为返回值并传递给 sort()方法，作为 sort()方法中启动的 sort 线程的输入流。通过上述操作将使 Reverse 线程中逆序后的单词通过管道直接传递给 sort 线程。

图 7-10 reverse()方法中创建的管道流

sort()方法的工作过程类似于 reverse()方法。main()方法中 Reader rhymingWords= reverse(sort(reverse(words)))语句的执行,将使系统新建 3 个线程: reverse、sort 和 reverse,并在线程之间建立管道流,使这些线程之间的数据传输都通过管道进行,如图 7-11 所示。

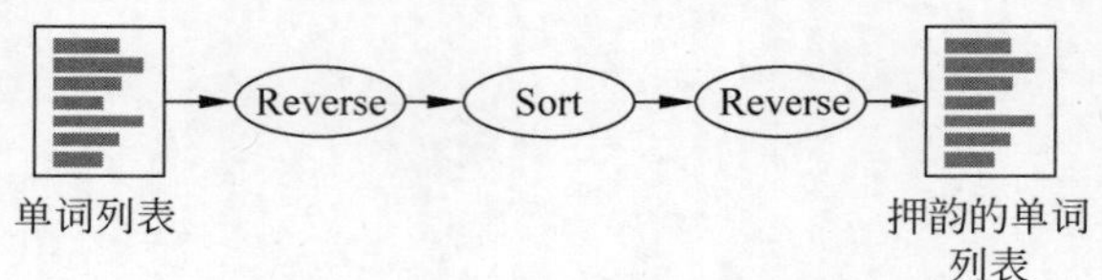

图 7-11 例 7-3 中的管道流示意图

线程之间通过管道传输数据与共享缓冲区方法相比,不需要线程同步,节省内存并提高了程序的运行效率,因此是很实用的一种方法。

4. 数据流

数据流包括 DataInputStream/DataOutputStream 类,它们允许按 Java 的基本数据类型读写流中的数据。这两个类中提供了很多读写基本数据类型的方法。

DataInputStream 类提供的读取数据的部分方法如下:

```
byte readByte()
boolean readBoolean()
char readChar()
double readDouble()
float readFloat()
int readInt()
long readLong()
short readshort()
String readUTF()                              //读取以 UTF 格式保存的字符串
```

DataOutputStream 类包含与 DataInputStream 类的读方法相对应的写方法,部分方法如下:

```
void writeByte(int v)
void writeBoolean(Boolean v)
void writeChar(int v)
void writeDouble(double v)
void writeFloat(float v)
void writeInt (int v)
void writeLong(long v)
void writeshort(int v)
void writeBytes(String s)
void writeChars(String s)
void writeUTF(String str)                     //将字符串以 UTF 格式写出
```

例 7-4 中使用 DataOutputStream 类将一些数据写入文件,然后使用 DataInputStream 类将写入的数据读出并简单处理,打印输出结果。

例 7-4 数据流示例。

```
import java.io.*;
public class DataIOTest {
```

```
    public static void main(String[] args) throws IOException {

        //创建数据输出流,前端套接文件流并以 invoice1.txt 为输出目的地
        DataOutputStream out = new DataOutputStream(new
                    FileOutputStream("invoice1.txt"));

        //定义要保存的数据数组
        double[] prices = { 19.99, 9.99, 15.99, 3.99, 4.99 };
        int[] units = { 12, 8, 13, 29, 50 };
        String[] descs = { "Java T-shirt", "Java Mug",
                           "Duke Juggling Dolls",
                           "Java Pin", "Java Key Chain" };

        //将 prices,unites 以及 descs 中的数据以 Tab 键为分隔符保存在文件中
        for (int i = 0; i < prices.length; i ++) {
            out.writeDouble(prices[i]);
            out.writeChar('\t');
            out.writeInt(units[i]);
            out.writeChar('\t');
            out.writeUTF(descs[i]);
            out.writeChar('\t');
        }
        out.close();

        //创建数据输入流,将上面保存的文件再次打开并读取
        DataInputStream in = new DataInputStream(new
                    FileInputStream("invoice1.txt"));
        double price;
        int unit;
        String desc;
        double total = 0.0;

        for (int i = 0; i < prices.length; i ++) {
            price = in.readDouble();
            in.readChar();              //扔掉 Tab 键
            unit = in.readInt();
            in.readChar();              //扔掉 Tab 键
            desc = in.readUTF();
            in.readChar();              //扔掉 Tab 键
            System.out.println("You've ordered " +
                    unit + " units of " +
                    desc + " at $ " + price);
            total = total + unit * price;
        }
        System.out.println("For a TOTAL of: $ " + total);
        in.close();
    }
}
```

例 7-4 的运行结果如下：

```
You've ordered 12 units of Java T-shirt at $19.99
You've ordered 8 units of Java Mug at $9.99
You've ordered 13 units of Duke Juggling Dolls at $15.99
You've ordered 29 units of Java Pin at $3.99
You've ordered 50 units of Java Key Chain at $4.99
For a TOTAL of: $892.8800000000001
```

5. 标准输入/输出

Java 中，标准输入是键盘，标准输出是显示器屏幕(更准确地说是加载 Java 程序的命令窗口)。Java 程序使用字符界面与系统标准输入/输出间进行数据通信。因为从键盘读入数据或向屏幕输出数据是十分常见的操作，每次操作都创建输入/输出流将影响系统的运行效率。为此，Java 在 System 类中定义了与系统标准输入/输出相联系的 3 个流，它们是 System.in，System.out 与 System.err。

System 是 Java 中一个功能强大的类，利用它可以获得 Java 运行时的系统信息。System 类的所有变量和方法都是 static，即通过类名 System 可以直接调用。System.in、System.out 与 System.err 就是 System 类的 3 个静态变量。

- System.in 完整定义是 public static final InputStream in，是标准输入流。这个流在程序运行时一直打开并准备好提供输入数据。该流一般对应于键盘输入。
- System.out 完整定义是 public static final PrintStream out，是标准输出流。这个流在程序运行时一直打开并准备好接收输出的数据。该流一般对应于屏幕。
- System.err 完整定义是 public static final PrintStream err，是标准错误输出流。这个流在程序运行时一直打开并准备好接收输出的数据。该流一般对应于屏幕并且用来显示错误消息或其他能够马上引起用户注意的信息。

下面进一步介绍标准输入/输出流。

1) 标准输入

Java 的标准输入 System.in 是 InputStream 类的对象。当程序中需要从键盘读入数据的时候，只需 System.in 的 read()方法即可。也可以在 System.in 上套接其他过滤流，这样可以使用更方便的方法从标准输入流上读取数据。例如下面的语句将从键盘读入一个字节的数据：

```
int ch = System.in.read();
```

在使用 System.in.read()方法时需要注意以下几点。

(1) 必须使用 try catch 对 System.in.read()可能抛出的 IOException 类型的异常进行处理。例如：

```
try{
    ch = System.in.read();
}catch(IOException e){}
```

(2) 执行 System.in.read()方法将从键盘缓冲区读入一个字节的数据，但返回的是 16 位的整型值，该整型值只有低位字节是真正输入的数据，高位字节全部是零。

(3) System.in.read()方法的执行将使整个程序被挂起，直到用户从键盘输入数据才继续运行。

2）标准输出

Java 的标准输出 System. out 是打印输出流 PrintStream 类的对象。PrintStream 是一种过滤流，其中定义了在屏幕上显示不同类型数据的方法 print()和 println()。

- println()方法向屏幕输出其参数指定的变量或对象，然后再换行，光标停留在屏幕下一行第一个字符的位置。如果该方法的参数为空，则输出一个空行。println()方法可输出多种不同类型的变量或对象，包括 boolean、double、float、int long、char、字符数组以及 Object 类型的对象。因为 Object 类是 Java 中所有类的父类，所以使用 println()方法可以在屏幕上输出所有类的对象。
- print()方法与 println()方法相类似，也可以将不同类型的变量与对象输出到屏幕。不同的是 print()方法输出后不换行，下次输出时将显示在同一行中。

3）标准输入/输出流举例

例 7-5 是一个从键盘读入字符数据并在屏幕上显示输出的例子。

例 7-5　从标准输入读取字符串并在标准输出显示。

```
import java.io.*;
public class StandardIO{
    public static void main(String[] args){
        String s;
        BufferedReader in = new BufferedReader(
                              new InputStreamReader(System.in));
        System.out.println("Please input : ");
        try{
            s = in.readLine();
            while(!s.equals("exit")){
                System.out.println("  read: " + s);
                s = in.readLine();
            }
            System.out.println("End of Inputting.");
            in.close();
        }catch(IOException e){
            e.printStackTrace();
        }
    }
}
```

例 7-5 的运行结果如下：

```
Please input :
Hi
  read: Hi
How are you
  read: How are you
exit
End of Inputting.
```

在例 7-5 中，在标准输入流 System. in 上套接了两个流：InputStreamReader 流将从 System. in 读到的字节数据转换为 Unicode 字符；BufferedReader 提供了 readLine()方法

使程序能够整行读入数据。

7.2 文 件

Java 中的文件类 File 是外存文件和目录的抽象表示。File 类用来操作文件和获得文件的信息,但不提供对文件数据读取的方法,这些方法由文件流提供。通过 File 类的方法,可以得到文件或目录的描述信息,包括文件名、路径、可读写性、长度等,还可以生成新的目录、临时文件,改变文件名,删除文件,列出一个目录中所有的文件或满足某种模式的文件等。

7.2.1 创建 File 对象

可以使用 File 类的构造方法来创建 File 类的对象。在 Java 中目录也当作文件,因此 File 对象可以表示一个磁盘文件,也可以表示某个目录。File 类常用的构造方法如下。

1. public File(String pathname)

参数 pathname 指定新创建的 File 对象对应的磁盘文件或目录名及其路径名。pathname 可以是绝对路径,如,"d:\works\source\myfile.txt",也可以是相对路径,如,"source\myfile.txt",表示当前目录的 source 目录下的 myfile.txt。为了保证程序的可移植性,应该尽量使用相对路径。例如:

```
File myFile = new File("myfile.txt");
```

2. public File(String parent, String child)

参数 parent 指定了文件或目录的父目录的绝对或相对路径,参数 child 指定了文件或目录名。将路径与名称分开的好处是相同路径的文件或目录可共享同一个路径字符串,便于管理和修改。例如:

```
File myFile = new File("d:\works","source\myfile.txt");
```

3. public File(File parent, String child)

参数 parent 是已经存在的代表文件或父目录的 File 类对象,参数 child 表示文件或目录名。例如:

```
File myFileParent = new File("d:\works");
File myFile = new File(myFileParent,"source\ myfile.txt");
```

7.2.2 操作 File 对象

在创建了 File 对象后,就可以使用下列方法获取文件信息或进行其他操作。

1. 文件名的操作

- public String getName()
- public String getParent()
- public String getPath()
- public String getAbsolutePath()
- public boolean renameTo(File dest) //将文件重命名为 dest 所对应的文件名

2. 文件信息测试

- public boolean isAbsolute()
- public boolean canRead()
- public boolean canWrite()
- public boolean exists()
- public boolean isDirectory()
- public boolean isFile()

3. 获取文件一般信息与常用操作

- public long length()
- public long lastModified()
- public boolean delete() //删除文件或目录

4. 目录操作

- public String[] list() //将目录中所有文件名保存在字符数组中返回
- public boolean mkdir()

下面给出一个使用 File 类进行文件相关操作的例子。

例 7-6　获取文件基本信息并重新命名。

```
import java.io.*;
import java.util.Date;
public class RenameFile{

    //显示文件基本信息
    private static void fileData(File f) {
        System.out.println(
            "Absolute path: " + f.getAbsolutePath() +
            "\n Can read: " + f.canRead() +
            "\n Can write: " + f.canWrite() +
            "\n getName: " + f.getName() +
            "\n getParent: " + f.getParent() +
            "\n getPath: " + f.getPath() +
            "\n length: " + f.length() +
            "\n lastModified: " + new Date(f.lastModified()));
        if(f.isFile())
            System.out.println("It's a file");
        else if(f.isDirectory())
            System.out.println("It's a directory");
        }

    //命令行第一个参数是原来的文件名,第二个参数是新文件名
    public static void main(String[] args) {
        File old = new File(args[0]);
        File rname = new File(args[1]);
        System.out.println("The original file's information:");
        fileData(old);
        old.renameTo(rname);
        System.out.println("\n The file information after rename:");
        fileData(rname);                    //文件重命名
        if (!old.exists()){
```

```
                System.out.println("\n The original file never exists.");
            }
        }
    }
```

例 7-6 运行时,以 D:\javaex\FileTest 为当前目录,并输入命令:

```
java RenameFile my.txt myfile.txt
```

则可以得到如下结果:

```
The original file's information:
Absolute path: D:\javaex\FileTest\my.txt
 Can read: true
 Can write: true
 getName: my.txt
 getParent: null
 getPath: my.txt
 length: 22
 lastModified: Thu Jul 08 10:04:08 CST 2004
It's a file

 The file information after rename:
Absolute path: D:\javaex\FileTest\myfile.txt
 Can read: true
 Can write: true
 getName: myfile.txt
 getParent: null
 getPath: myfile.txt
 length: 22
 lastModified: Thu Jul 08 10:04:08 CST 2004
It's a file

The original file never exists.
```

例 7-6 中实现文件重命名的语句:old.renameTo(rname),是对 old 所对应的文件进行重命名,而不更改 old 中包含的文件名。因为在执行重命名后 old 对应的文件将不存在,所以 old.exists()将返回 false。

7.3 随机存取文件

7.3.1 RandomAccessFile 类概述

到目前为止所学习的 Java 流式输入/输出都是顺序访问流,即流中的数据必须按顺序读写。而在某些情况下,程序需要不按照顺序随机地访问磁盘文件中的内容。为此,Java 中提供了一个功能很强大的随机存取文件类 RandomAccessFile,它可以实现对文件的随机读写操作。

RandomAccessFile 类也在 java.io 包中,但与包中的输入/输出流类不相关,它不是从 InputStream 类或 OutputStream 类派生的。RandomAccessFile 类与 java.io 包中的其他输入/输出类之间的关系如图 7-12 所示。

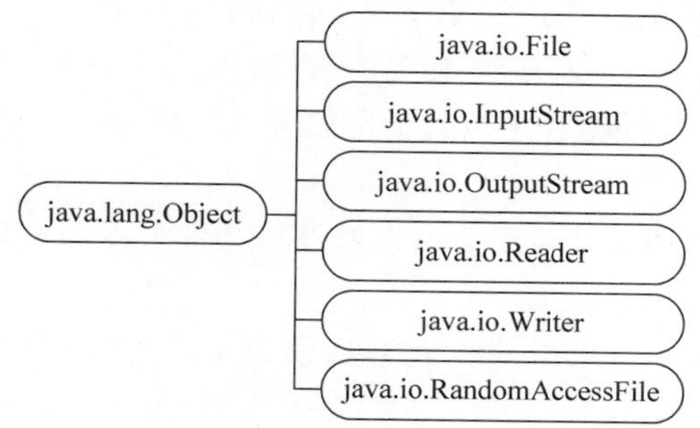

图 7-12　Java 输入/输出类层次结构

RandomAccessFile 类与输入/输出流类相比，很大的一个区别是该类既可以对文件进行读操作，也可以对文件进行写操作，并且提供了比较全面的数据读写方法。因为 RandomAccessFile 类与输入/输出流类不相关，所以有很多作用于流的过滤器在该类中不能使用，这就是 RandomAccessFile 类的不便之处。但是由于 RandomAccessFile 类实现了 DataInput 和 DataOutput 接口，所以对于支持这两个接口的过滤器将适用于 RandomAccessFile。

7.3.2　随机存取文件的创建

通过调用 RandomAccessFile 类的构造方法可以创建随机存取文件对象。RandomAccessFile 类提供两个构造方法：

```
public RandomAccessFile(String name,String mode)
                        throws FileNotFoundException
public RandomAccessFile(File file,String mode)
                        throws FileNotFoundException
```

上述构造方法有两个参数：一个是数据文件，以文件名或文件对象表示；另一个是访问模式字符串 mode，它规定了 RandomAccessFile 对象可以用何种方式打开和访问指定的文件。参数 mode 有 4 种取值：r——以只读方式打开文件；rw——以读写方式打开文件，则用一个 RandomAccessFile 对象就可以同时进行读写两种操作；rwd——以读写方式打开文件，并且要求对文件内容的更新要同步地写到底层存储设备；rws——与 rwd 基本相同，只是还可以更新文件的元数据(MetaData)。

7.3.3　随机存取文件的操作

RandomAccessFile 类提供的文件操作主要分为 3 类：对文件指针的操作、读操作与写操作。

1. 文件指针的操作

RandomAccessFile 实现的是随机读写，即可以在文件的任意位置进行数据的读写。要实现这样的功能，必须定义文件指针(或称为文件位置指针)，以及移动这个指针的方法。文件指针是指以字节为单位的相对于文件开头的偏移量，是下次读写的起点。文件指针的运行规律：一是新建 RandomAccessFile 对象的文件指针位于文件的开头处；二是每次读写操作后，文件位置指针都相应后移读写的字节数。

RandomAccessFile 类的文件指针操作方法包括如下几种。

- long getFilePointer():返回当前文件指针,即从文件开头算起的绝对位置。void seek(long pos)将文件指针定位到指定位置。参数 pos 是相对于文件开头的绝对偏移量。
- long length():返回文件长度。可以通过将文件长度与文件指针相比较,判断是否读到了文件尾。
- int skipBytes(int n):从当前位置开始跳过 n 个字节,返回值表示实际跳过的字节数。

2. 读操作

RandomAccessFile 类和 DataInputStream 类都实现了 DataInput 接口,因此 RandomAccessFile 类可以提供与 DataInputStream 类相类似的数据读取方法,即可以按数据类型读取数据,具有比 FileInputStream 类更强大的功能。RandomAccessFile 类的读方法主要包括 readBoolean()、readChar()、readInt()、readLong()、readFloat()、readDouble()、readLine()、readUTF()等。这些方法的功能与 DataInputStream 类中的同名方法相同。其中,readLine()从当前位置开始,到第一个'\n'为止,读取一行文本,它将返回一个 String 对象。

3. 写操作

RandomAccessFile 类同时还实现了 DataOutput 接口,因此具有与 DataOutput 类同样强大的具有类型转换功能的写操作方法。RandomAccessFile 类包含的写方法主要包括 WriteBoolean()、WriteChar()、WriteUTF()、WriteInt()、WriteLong()、WriteFloat()、WriteDouble()等。

注意:*RandomAccessFile 类的所有方法都声明抛出 IOException 类型的异常,所以使用这些方法时要做适当的异常处理。*

下面给出一个利用 RandomAccessFile 类进行文件随机访问的例子。

例 7-7 利用随机存取方式显示当前程序源码。

```
import java.io. * ;
public class RandomAccessTest{
    public static void main(String args[ ]) throws Exception{
        long filePoint = 0 ;
        String s;
        RandomAccessFile file = new RandomAccessFile("RandomAccessTest.java","r");
        long fileLength = file.length();  //获取文件长度
        while (filePoint < fileLength){
            s = file.readLine();            //读一行字符,并移动文件指针
            System.out.println(s);          //输出显示读入的一行字符
            filePoint = file.getFilePointer();  //获取当前文件指针
        }
        file.close();
    }
}
```

例 7-7 的运行结果将把上述例 7-7 的源码在屏幕上显示出来。

7.4　对象的串行化

7.4.1　串行化概念和目的

将 Java 程序中的对象保存在外存中，称为对象永久化。Java 中定义了两种类型的字节流，即 ObjectInputStream 和 ObjectOutputStream 支持对象的读和写，一般将这两种流称为对象流。除了对象流，还有其他有关对象串行化的类和接口。

对象永久化的关键是将它的状态以一种串行格式表示出来，以便以后读该对象时能够把它重构出来。因此对 Java 对象的读写的过程被称为对象串行化(object serialization)。对象的串行化对于大多数 Java 应用是非常重要和基本的，在下列情况下使用。

- Java 远程方法调用 RMI(Remote Method Invocation)——通过 Socket 进行对象间的通信。在这种远程对象的互操作中，有时需要传输对象。
- 对象永久化——保存程序中的对象，以便在该程序的日后运行中使用。

对象串行化技术包括的内容有：如何使用 ObjectInputStream 类和 ObjectOutputStream 类实现对象的串行化，以及如何构造一个类使其对象可被串行化。

7.4.2　对象串行化的方法

因为从一个流重构一个对象需要首先完成将对象写到一个流中。所以首先介绍如何把对象写到 ObjectOutputStream 中。

1. 把对象写到对象输出流

把一个对象写到一个流中相对比较简单。具体是通过调用 ObjectOutputStream 类的 writeObject()方法实现的。该方法的定义如下：

```
public final void writeObject(Object obj)  throws IOException
```

例如，在例 7-8 中，创建了一个 Date 类的对象并把它通过串行化保存到文件中。该对象表示的是运行时刻的日期及时间。

例 7-8　保存对象。

```
import java.util. * ;
import java.io. * ;
public class SerializeDate {
    Date d ;
    SerializeDate(){
        d= new Date();
        try {
            FileOutputStream f = new FileOutputStream("date.ser");
            ObjectOutputStream s= new ObjectOutputStream(f);
            s.writeObject(d);
            f.close();
        }catch(IOException e){
            e.printStackTrace();
        }
    }
```

```
    public static void main(String args[]){
        SerializeDate b = new SerializeDate();
        System.out.println("The saved date is :" + b.d.toString());
    }
}
```

例 7-8 的一次运行结果如下：

```
The saved date is :Sun Oct 25 08:48:32 CST 2009
```

ObjectOutputStream 类是一种过滤流类，因此对象流必须在其他流的基础上进行构造。在例 7-8 SerializeDate 类的构造方法 SerializeDate()中，对象流 s 是在一个文件输出流(FileOutputStream 类的一个对象)上构造的。通过 s 将一个 Date 类的对象串行化到一个名为 date.ser 文件中，具体是通过调用 ObjectOutputStream 类的方法 writeObject()将该对象写到对象输出流 s 中，而对象最终是保存在外存的 date.ser 文件中的。

ObjectOutputStream 类的 writeObject()方法串行化指定的对象，并且遍历要串行化对象所引用的其他对象，通过递归方法把所有引用的对象在输出流中表示出来。在输出流中，要串行化的对象对某个对象的第一次引用会使该对象串行化到输出流中，并被赋予一个句柄，在对该对象的后续引用中将使用该句柄表示这个对象。这样，在对象串行化的过程中会完整保存对象之间的引用关系。

对象输出流类 ObjectOutputStream 实现了 java.io.DataOutput 接口。DataOutput 接口中除了基本 write(byte[]b)等方法之外，还定义了许多写基本数据类型的方法，如 writeInt()、writeLong()、writeFloat()和 writeUTF()等。所以 ObjectOutputStream 类提供了如下写对象与基本数据类型的方法：

- void writeObject (Object obj)
- void write(byte[] buf) //写一个字节数组
- void write(byte[] buf, int off, int len) //写一个字节数组的一部分
- void write(int val) //写一个字节
- void writeBoolean(Boolean val)
- void writeByte (int val)
- void writeChar(int val)
- void writeChars(String str)
- void writeDouble(double val)
- void writeFloat(float val)
- void writeInt(int val)
- void writeLong(long val)
- void writeShort(int val)
- void writeUTF(String str)

writeObject()方法在指定的对象不可串行化时，将抛出 NotSerializableException 类型的例外。任何一个对象只有它所对应的类实现了 Serializable 接口时，才是可串行化的。

2. 从对象输入流读取对象

当已经把对象或基本数据类型的数据写入一个对象流后，可以在以后的操作中把它们读

进内存并重构这些对象。从对象流中读取对象是使用 ObjectInputStream 类的 readObject()方法。该方法的定义如下：

```
public final Object readObject()
                throws IOException, ClassNotFoundException
```

在例 7-9 中，把例 7-8 中输出的文件 date.ser 中的对象读到内存中。

例 7-9　从对象流中读取对象。

```
import java.util.*;
import java.io.*;
public class UnSerializeDate{
    Date d = null;
    UnSerializeDate(){
        try {
            FileInputStream f = new FileInputStream("date.ser");
            ObjectInputStream s = new ObjectInputStream(f);
            d = (Date) s.readObject();
            f.close();
            }catch(Exception e){
                e.printStackTrace();
            }
    }

    public static void main(String args[ ]){
        UnSerializeDate a = new UnSerializeDate();
        System.out.println("The date read is :" + a.d.toString());
    }
}
```

运行结果如下：

```
The date read is :Sun Oct 25 08:48:32 CST 2009
```

在例 7-9 中，对象输入流 ObjectInputStream 的对象 s 是以一个文件输入流为基础构造的。程序中使用 ObjectInputStream 的 readObject()方法从对象流 s 中读取一个 Date 类型的对象。读对象时要按照它们写入的顺序读取。因为 readObject()返回的是 Object 类型的对象，所以程序中使用了强制类型转换，将所读取对象的类型转换为 Date 类型。

ObjectInputStream 类的 readObject()方法从串行化的对象流中恢复对象，并且通过递归的方法遍历该对象对其他对象的引用，最终恢复对象所有的引用关系。

对象输入流类 ObjectInputStream 实现了 java.io.DataInput 接口。DataInput 接口中除了基本 read()等方法之外，还定义了许多读基本数据类型的方法，如 ReadInt()、ReadLong()、ReadFloat()和 ReadUTF()等方法。所以 ObjectInputStream 类提供了如下读对象与基本数据类型的方法：

- Object readObject()
- int read()
- int read(byte[] buf, int off, int len)
- boolean readBoolean()

- byte readByte()
- char readChar()
- double readDouble()
- float readFloat()
- int readInt()
- long readLong()
- short readShort()
- String readUTF()

7.4.3 构造可串行化对象的类

在前面介绍对象串行化方法时曾提到,一个类只有实现了 Serializable 接口,它的对象才是可串行化的。因此如果要串行化某些类的对象,这些类就必须实现 Serializable 接口。而实际上,Serializable 是一个空接口,它的目的只是简单地标识一个类的对象可以被串行化。

Java 中,Serializable 接口的完整定义是:

```
package java.io;
public interface Serializable {
};
```

因此在定义可串行化类时,只需要在类的定义中增加 implements Serializable 的子句,例如:

```
public class MySerializableClass implements Serializable {
   …
}
```

另外,这个可串行化类也可以定义下面的可选方法。

- 定义 writeObject()方法控制写入或附加在输出流中的信息。
- 定义 readObject()方法读取以前写入的信息或在恢复对象之前更新对象的状态。
- 定义 writeReplace()方法指定一个可替代的对象写入流中。
- 定义 readResolve()方法指定一个从输入流中读取的可替代的对象。

在对象进行串行化时,只有对象的数据被保存,而该对象所属类的方法与构造方法不在串行化的流中。另外在实现 Serializable 的类中,静态变量和使用 transient 关键字的变量不被串行化。对象数据包括这些数据项所引用的对象构成的体系称为对象图(object graph)。如果被保存对象的对象图中存在对不可串行化对象的引用,可在引用该对象的成员变量前使用 transient 关键字,保证被保存对象串行化的正常进行。例如:

```
public class MyClass implements Serializable {
     public transient Thread myThread;
     private transient String customerID;
     private int total;
     …
}
```

可串行化类变量的访问权限(public、protected、package 或 private)对于数据的串行化没有影响。数据一般是以字节的形式写入流,而字符串型数据将表示为 UTF 格式,即文件系统安全全局字符集转换格式。

对于对象的串行化处理,程序员可以不编写任何方法,使用 Java 提供的串行化默认机制。ObjectOutputStream 类的 defaultWriteObject()方法,把重构该对象所需的类的信息包括成员变量的信息以及需要序列化的数据自动写入到对象流中。而 ObjectInputStream 类的 defaultReadObject()方法能够将对象流中的对象进行反串行化,即进行对象的重构。

对于很多类,默认的串行化处理已经能够满足串行化的需要。但这种默认的串行化比较慢,另外有时可能需要对对象的串行化进行更具体的控制,这样就需要用到 Java 定制串行化的功能。

7.4.4　定制串行化

对象串行化定制分为两个层次:一个层次是仅对可串行化类自己定义数据的输出进行定制,这可以称为一种部分定制串行化;另一个层次是对可串行化类所有的数据(包括自己定义的及其父类的数据)的输出都进行定制,这可认为是完全定制串行化。下面分别对两种定制方法进行介绍。

1. 部分定制串行化

实现部分串行化定制需要在串行化类中定义并实现两个方法。这两个方法是 writeObject()和 readObject()。writeObject()方法控制要保存的信息,一般是在流中增加其他附加的信息。readObject()方法既可以读取 writeObject()方法所写入的信息,又可以用来在对象被恢复后进行对象数据的更新。

writeObject()方法声明的格式必须按照下面的例子中的格式,并且如果要使用默认的串行化机制保存对象的非静态、没有 transient 关键字修饰的数据项,可以在该方法的第一个语句调用对象流的 defaultWriteObject()方法,而随后可以出现对象序列化特殊处理的其他语句:

```
private void writeObject(ObjectOutputStream s) throws IOException {
    s.defaultWriteObject();
    //定制串行化的代码
}
```

readObject()方法必须把 writeObject()方法写到对象流中的每个信息都以同样的顺序读出来。如果 writeObject()方法中使用了默认的串行化机制,则在 readObject()方法中也要首先调用 defaultReadObject()方法。另外,readObject()方法可以对读出的对象执行计算或更新对象的状态等操作。下面的 readObject()方法是与上面的 writeObject()方法相对应的。

```
private void readObject(ObjectInputStream s) throws IOException   {
    s.defaultReadObject();
    //定制的重构对象的代码
    ⋮
    //如果需要,可以编写对对象数据进行更新的代码
}
```

readObject()方法必须按照上面的例子中的格式声明。

readObject()方法和 writeObject()方法只能串行化直接的类。该类父类所需的串行化

处理是由系统自动处理的。

例 7-10 中 Employee 类实现了 writeObject()和 readObject()方法,实现了 Employee 类对象数据的串行化与反串行化(恢复),在这些方法中实现了某些特殊处理。在 Employee 类的对象进行串行化时将调用这两个方法。

例 7-10 部分定制串行化。

```
import java.io.*;
import java.util.*;
class Employee implements Serializable {
    int id;
    String name;
    int age;
    int salary;
    String hireDay;
    String department;
    public Employee(){}
    public Employee(int id, String name, int age, int salary,
                    String hireDay, String department) {
        this.id = id;
        this.name = name;
        this.age = age;
        this.salary = salary;
        this.hireDay = hireDay;
        this.department = department;
    }

    private void writeObject(ObjectOutputStream out) throws IOException {
        Date savedDate = new Date();
        out.writeInt(id);
        out.writeInt(age);
        out.writeUTF(name);
        out.writeInt(salary);
        out.writeUTF(hireDay);
        out.writeUTF(department);
        out.writeInt(savedDate.getYear());
    }

    private void readObject(ObjectInputStream in) throws IOException {
        Date readDate = new Date();
        int savedYear;
        id = in.readInt();
        age = in.readInt();
        name = in.readUTF();
        salary = in.readInt();
        hireDay = in.readUTF();
        department = in.readUTF();
        savedYear = in.readInt();
        age = age + (readDate.getYear() - savedYear);
    }
    public String toString(){
```

```
        return "id: " + id + "\n name:  " + name + " \n age: "
                    + age + "\n salary:  " + salary + "\n hireDay: "
                    + hireDay + "\n department: " + department ;
    }
}

public class ObjectSerial {
    public static void main(String args[ ]) throws IOException,
            ClassNotFoundException {
        Employee employ = new Employee(123456, "Tom", 23, 6000, "03/10/10", "intel");
        ObjectOutputStream fout1 = new ObjectOutputStream(
                                    new FileOutputStream("data1.ser"));
        fout1.writeObject(employ); //使用 Employee 定制的 writeObject 方法
        fout1.close() ;
        employ = null;
        ObjectInputStream fin1 = new ObjectInputStream(
                                   new FileInputStream("data1.ser"));
        employ = (Employee) fin1.readObject();    //使用 Employee 定制的 readObject 方法
        fin1.close();
        System.out.println(employ.toString());
    }
}
```

例 7-10 的运行结果如下：

```
id: 123456
name:  Tom
age: 23
salary:  6000
hireDay: 03/10/10
department: intel
```

2. 完全定制串行化

如果要对对象的串行化过程进行完全的、显式的控制，则串行化类就必须实现 Externalizable 接口。对于一个实现了 Externalizable 接口的类的对象，只有对象所属类的标识是自动保存到流中的。这个类不仅需要负责把实例对象的数据写到流中，还需要把其父类的数据也写到对象流中。

Externalizable 接口实现了 Serializable 接口，它的完整定义如下：

```
package java.io;
public interface Externalizable extends Serializable {
    public void writeExternal(ObjectOutput out) throws IOException;
    public void readExternal(ObjectInput in) throws
            IOException, java.lang.ClassNotFoundException;
}
```

实现完全定制串行化的类要遵守以下原则。

- 必须实现 java.io.Externalizable 接口。
- 必须实现 writeExternal()方法以保存对象的数据或状态，并且该类必须负责把对象的各个超类的数据保存到流中。
- 必须实现 readExternal()方法，该方法从对象流中读取通过 writeExternal()方法写入的对象数据,同时还必须恢复父类中的数据。

- 如果对象串行化中使用了外部定义的数据格式,则 writeExternal()方法和 readExternal()方法都必须完全依照该格式。
- 必须定义一个具有 public 访问权限的不带参数的构造方法。

注意:Externalizable 接口中的上述 writeExternal()方法和 readExternal()方法的访问权限都是 public,由此可能带来的问题是:其他用户对对象数据的访问可能不通过对象的方法。而使用这两个方法就可以读写对象中的数据(包括 private 类型的数据)。如果对象中的数据不是 public 类型,是 private 类型或其他类型,则这两个方法可能带来的最大问题是对象信息的泄露。因此,只有当对象可保存的信息不是敏感信息,而且泄露这些信息不会带来严重安全后果时,才能考虑使用上述两个方法。

例 7-11 中在 EmployeeExtern 类的子类 ManagerExtern 类实现了 Externalizable 接口,具体实现了 writeExternal()和 readExternal()方法。ManagerExtern 类的对象串行化时,将调用这两个方法显式将父类与自己的数据串行化和反串行化(恢复)。

例 7-11 完全定制串行化。

```
import java.io.*;
import java.util.*;
class EmployeeExtern{
    int id;
    String name;
    int age;
    int salary;
    String hireDay;
    String department;
    public EmployeeExtern(){}

    EmployeeExtern(int id, String name, int age, int salary, String hireDay,
                          String department) {
        this.id = id;
        this.name = name;
        this.age = age;
        this.salary = salary;
        this.hireDay = hireDay;
        this.department = department;
    }
    public String toString(){
        return "id: " + id + "\n name:   " + name + " \n age: "
                         + age + "\n salary:  " + salary + "\n hireDay: "
                         + hireDay + "\n department: " + department ;
    }
}
class ManagerExtern extends EmployeeExtern implements Externalizable {
    String position;
    public ManagerExtern(){}
    ManagerExtern(int id, String name, int age, int salary, String hireDay,
            String department, String position){
    super(id,  name,  age,  salary,  hireDay,  department);
```

```
        this.position = position;
    }

    //实现 writeExternal()方法
    public void writeExternal(ObjectOutput out) throws IOException {
        Date savedDate = new Date();
        out.writeInt(id);
        out.writeInt(age);
        out.writeObject(name);
        out.writeInt(salary);
        out.writeObject(hireDay);
        out.writeObject(department);
        out.writeObject(position);
        out.writeInt(savedDate.getYear());
    }

    //实现 readExternal()方法
    public void readExternal(ObjectInput in) throws IOException,
          java.lang.ClassNotFoundException {
        Date readDate = new Date();
        int savedYear;
        id = in.readInt();
        age = in.readInt();
        name = (String) in.readObject();
        salary = in.readInt();
        hireDay = (String) in.readObject();
        department = (String) in.readObject();
        position = (String) in.readObject();
        savedYear = in.readInt();
        age = age + (readDate.getYear() - savedYear);
    }
    public String toString(){
        return super.toString() + "\n position:  " + position;
    }
}

public class ObjectTest {
    public static void main(String args[]) {
        ManagerExtern  manager = new ManagerExtern(456789, "Jack", 40, 10000, "80/10/10",
                                    "intel", "teamleader");
        try {
            ObjectOutputStream fout = new ObjectOutputStream(
                                    new FileOutputStream("data2.ser"));
            fout.writeObject(manager);
            fout.close();
        }catch (Exception e) {
            System.out.println(e);
          }
        manager = null;
        try {
            ObjectInputStream fin = new ObjectInputStream(
```

```
                        new FileInputStream("data2.ser"));
            manager = (ManagerExtern) fin.readObject();
        } catch (Exception e) {
            System.out.println(e);
        }
        System.out.println("manager " + manager.toString());
    }
}
```

例 7-11 的运行结果如下：

```
manager id: 456789
 name:  Jack
 age: 40
 salary:  10000
 hireDay: 80/10/10
 department: intel
 position:  teamleader
```

7.4.5 串行化中对敏感信息的保护

如果程序员编写的类涉及保密或比较敏感的数据,则在进行该类对象的串行化时必须注意保护敏感信息。在从串行化的流中恢复对象时,对象的私有数据,例如包含提供操作系统资源访问句柄的文件描述符等,也被恢复了。因为恢复对象状态是通过读取对象输入流实现的,在这个过程中存在对文件描述符进行伪造的可能性。这种情况一旦发生就可能导致某些形式的非法访问。因此,对象串行化时必须采取保护手段,并且不能完全相信流中所包含的对象表示都是合法的。为了防止遭遇上述安全问题,必须保证对象的敏感数据不从流中恢复,或者敏感数据在恢复后要由类进行某些验证。

目前已经有许多技术可以用来保护类中的敏感信息。最简单的方法是把一个类中包含敏感数据的成员变量定义为 private transient。transient 和 static 类型的数据项是不能进行串行化和反串行化的,这样可以使这些敏感数据不能写到流中,也不会通过串行化机制进行恢复。而且这种情况下,类的私有数据的读写只能通过类提供的方法,不能由类外的其他方法如 writeExternal()方法和 readExternal()方法进行,因此保护了类中带有 transient 标记的变量。

特别敏感或重要的类不应该允许串行化。所以这样的类不能实现 Externalizable 接口和 Serializable 接口。

如果某些类非常需要对象的串行化,则串行化的过程要有特殊控制并且对所恢复的对象要具有验证机制。这些类应该实现 writeObject()和 readObject()方法来保存和恢复相应的数据。如果发现某些操作非法,可抛出 NotSerializableException 异常以阻止对象的进一步访问。

7.4.6 串行化的注意事项

进行对象的串行化操作时,要注意下面两点。

1. transient 关键字的使用

对于某些类型的对象,如果它的某些状态是瞬时的,则无法保存其状态并且这些状态往往没有保存价值。例如一个 Thread 对象或一个 FileInputStream 对象，对于这些字段，必须用 transient 关键字标明，否则编译器将报错。

2. 串行化对象存储或传输中的安全

串行化可能涉及将对象存放到磁盘上或在网络上发送数据，这时候就会产生安全问题，因为数据位于 Java 运行环境之外，不在 Java 安全机制的控制之中。因此对于这些需要保密的字段，为了保证安全性，应该在这些字段前加上 transient 关键字防止其保存。对于已经串行化的对象，应该在存储或传输过程中进行一些加密处理，而不应简单地不加任何处理地保存下来。

7.5　Java NIO

java.io包通过简明易用的 API 提供了很多应用程序都需要的基本 I/O 服务。然而对于某些高性能应用，java.io 包不能给予充分的支持，就需要使用 java.nio 包，该包提供了 Java 新的 I/O 操作 API，包括可扩展的 I/O，快速缓存的字节和字符 I/O，以及字符集的变换等。

java.nio 包是在 JDK 1.4 时引入的，引入的目的只有一个——提高输入/输出速度。实现这个目的的手段是采用操作系统的输入/输出结构：通道(channel)和缓冲区(buffer)。通道表示程序与能够执行输入/输出操作的实体(如文件、Socket)之间的连接，程序通过缓冲区将数据放入通道或从通道中取出数据。程序不需要直接和通道交互，程序中直接操作缓冲区，并把缓冲区发送到通道。通道把数据从缓冲区中卸载放入指定的目的地，也可以把数据从某个源取出放入缓冲区，传递给程序。

Java NIO API 主要包括以下几种。

- 缓冲区(buffers)：存放数据的缓冲区及其操作。
- 字符集(charsets)：字符集及其相应的解码器与编码器。
- 通道(channels)：各种类型的通道。
- 选择器和选择键(selectors & selection keys)：选择器和选择键与可选择通道(selectable channels)一起定义了一种可复用的非阻塞 I/O 结构。

java.io 包中的 3 个类也进行了修改以使 Java 的文件输入/输出支持 FileChannel。这 3 个类是：FileInputStream，FileOutputStream 和 RandomAccessFile。在文件输入/输出中使用 NIO 的主要目的是使用缓冲区实现对大数据量数据的快速输入/输出。下面的例子是使用缓冲区和通道实现文件的复制。

例 7-12　文件 I/O 通道示例。

```
import java.io.*;
import java.nio.*;
import java.nio.channels.*;
public class CopyBytesWithChannel {
    private static final int BSIZE = 1024;  //定义缓冲区大小
    public static void main(String[] args) throws IOException {
        FileInputStream inStream = new FileInputStream("farrago.txt");
        FileOutputStream outStream = new FileOutputStream("outagain.txt");
        FileChannel inChannel = inStream.getChannel();  //获取该文件输入流的通道
        FileChannel outChannel = outStream.getChannel();  //获取该文件输出流的通道
```

```
        ByteBuffer buffer = ByteBuffer.allocate(BSIZE);  //创建缓冲区
        while ((inChannel.read(buffer))!= -1){
            buffer.flip();                      //使缓冲区准备好写操作
            outChannel.write(buffer);
            buffer.clear();  //使缓冲区准备好读操作
        }
        inStream.close();
        outStream.close();
    }
}
```

例 7-12 的运行结果是将文件 farrago. txt 复制为 outagain. txt。在例 7-12 中,缓冲区的大小可以根据具体应用中数据的规模进行设置。

在 java. nio. channels 包中定义了实现非阻塞输入/输出的相关类。非阻塞输入/输出是 NIO API 中的一项重要功能,该功能使应用程序可以同时监控多个输入/输出通道以提高性能。非阻塞输入/输出是通过 Selector,SelectableChannel 和 SelectionKey 这 3 个类来实现的。

SelectableChannel 表示可以支持非阻塞输入/输出操作的通道。Selector 是非阻塞通道的复用器。当程序需要非阻塞输入/输出操作时,首先需要创建一个或多个非阻塞通道,把它们设置为非阻塞模式,然后将其注册到一个 Selector 上。注册时,需要指定通道支持的输入/输出操作类型。通道注册成功将返回一个在 Selector 中表示该通道的键值,由 SelectionKey 类的一个对象表示。对于注册到 Selector 中的多个通道,可以通过 Selector 的 select()方法发现已经就绪可以执行指定操作的通道,此时 select()方法将返回相应通道的键值。通过这个键值,就可以获取对应的通道并进行相应的输入/输出操作。

非阻塞输入/输出技术常用来建立高性能的网络应用服务器。在 java. nio. channels 包中,也定义了一些与 java. net 包中的 DatagramSocket、ServerSocket 和 Socket 相对应的通道类,以支持非阻塞的网络通信操作。

7.6 小 结

Java 通过流式输入/输出与 RandomAccessFile 类,支持顺序存取方式与随机存取方式。保存数据的粒度从字节、字符到对象。流式输入/输出是 Java 输入/输出的基础,是本章应该重点掌握的内容。而 RandomAccessFile 类是一个很方便实用的类,也是很常用的。Java NIO 提供了对高性能应用开发的支持。对象串行化是 Java RMI 的基础,理解与掌握这种技术对于读者深入学习 Java 具有重要意义。

习 题 7

1. 什么是节点流?什么是过滤流或处理流?
2. Java 的输入/输出流可以实现哪些类型的输入/输出?
3. 字节流与字符流之间有什么区别?
4. 管道流的主要用途是什么?如何创建管道流?
5. 编写程序将 10 个整型数写入一个文件中,然后再从该文件中将这 10 个数读出并显示。

6. RandomAccessFile 类实现了哪两个接口？具有哪些输入/输出功能？

7. 利用 RandomAccessFile 类实现习题 5 的功能。

8. 什么是对象串行化？

9. 利用 ObjectInputStream/ObjectOutputStream 可以存取哪种类型的对象？写入对象的方法是什么？读取对象的方法是什么？

10. 编写 Java 程序，将从标准输入读取的每行字符串在屏幕上回应显示出来。

第8章

基于 Swing 的图形化用户界面

图形化用户界面(Graphics User Interface,GUI)实现应用与用户的交互,是应用程序的重要组成部分。本章将介绍利用 Swing 构建 GUI 的方法,GUI 事件处理模型,以及 Swing 组件。

8.1 Java GUI 概述

8.1.1 JFC 简介

JFC(Java Foundation Classes,Java 基础类库)是 Java 平台的一个重要组成部分。JFC 包括了开发 GUI 所需的组件和服务,为人们开发 GUI 提供了很大帮助。JFC 最初是在 1997 年 JavaOne 开发者大会上发布的,它包括 5 个部分的 API: AWT,Java 2D,Accessibility,Drag & Drop 以及 Swing。

1. AWT

AWT(Abstract Window Toolkit)是抽象窗口工具集,包括建立 GUI 的各种组件与事件处理机制。

2. Java 2D

Java 二维图形工具,是对 java. awt 和 java. awt. image 包的扩展,为二维图形和图像的显示提供了更高级的一组类。

3. Accessibility

Java 高级访问工具,提供了一组高级的工具帮助程序实现非常规的输入/输出,如屏幕读取器、屏幕放大器、语音处理等。

4. Drag & Drop

拖放功能,实现 Java 程序与不支持 Java 的本地应用之间数据的交换。

5. Swing

Swing 提供了丰富的组件,并且提供了独立于运行平台的 GUI 构造框架。Swing 是纯 Java 实现的轻量级(Light-weight)组件,没有本地代码,不依赖操作系统的支持,这是与 AWT 组件的最大区别。Swing 在不同的平台上都能够具有一致的显示风格,并且能够提供本地窗口系统不支持的其他特性。

6. Internationalization

支持国际化应用的开发,即在应用中,支持不同国家的用户用自己的语言和文化习惯进行操

作。开发者利用输入法框架，能够在应用程序中接收各种不同的字符，包括中文、日文、韩文等。

JFC 中，提供了 AWT 和 Swing 两种技术构建 GUI，分别由 java.awt 及其子包和 javax.swing 及其子包进行支持。AWT 最早出现，并且是 Swing 技术的基础。Swing 是 Java 为开发 GUI 提供的更加实用的新技术。Swing 在界面构造方法、事件处理机制等方面与 AWT 基本是一致的，但它比 AWT 提供了更加丰富的组件，并且增加了很多新的特性与功能，已经成为开发 GUI 的主流技术。

8.1.2　AWT 简介

1. AWT 基本原理

Java 是一种跨平台的语言，要求 Java 程序能够在不同的平台上运行，为此 AWT 类库中的各种操作被定义成在一个“抽象窗口”中进行。抽象窗口使得界面的设计能够独立于界面的实现，使利用 AWT 开发的 GUI 能够适用于所有的平台系统，满足 Java 程序的可移植性要求。

AWT 在一开始设计时确定的目标，就是要具有独立于平台的 API 但同时保留每个平台的界面显示风格 L&F(Look and Feel)。例如，对于按钮，AWT 只定义了一个由 Button 类提供的 API，但 Windows 平台和 Solaris 平台下的按钮外观是不同的。AWT 这个看似自相矛盾的目标的实现方法是：定义各种组件(Components)类提供平台独立的 API，然后利用特定于平台的各种类的实现(称为对等组件，peers)提供具有特定平台风格的 L&F。因此，在特定平台上，每个 AWT 组件类都有一个对等组件类，每个 AWT 组件对象都有一个控制该对象外观的本地对等组件对象，AWT 工具集中包含本地代码，如图 8-1 所示。

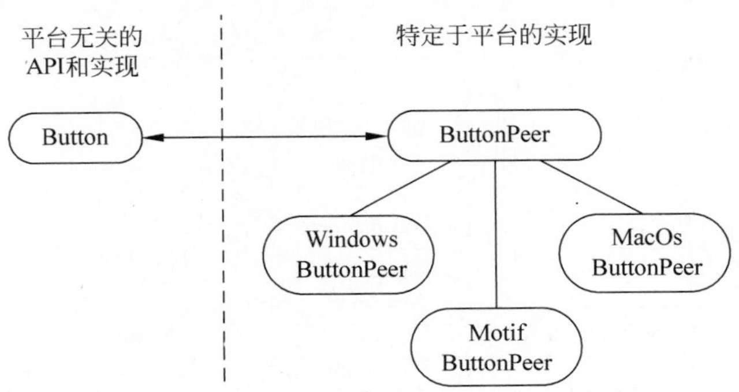

图 8-1　AWT 组件与对等实现组件

AWT 是在 JDK 1.0 与 JDK 1.1 中提出的。虽然目前 Java 平台依然支持 AWT，但在开发 GUI 时更常用的是 Swing。AWT 与 Swing 的最大区别是，Swing 组件的实现没有采用任何本地代码，完全由 Java 语言实现，具有平台独立的 API 并且具有平台独立的实现。因此 Swing 组件不再受各种平台显示特征的限制，比 AWT 组件具有更强大的功能。既然如此，Java 中为什么还要保留 AWT 呢？首先在面向对象的类库中，一旦公布了一个类或组件就不能轻易地去掉，因为已经有其他类使用了这些类或组件，将存在重新编码的问题。其次 AWT 的模式在很大程度上影响 Swing 的模式，甚至某些机制是一致的，如事件处理机制等。AWT 是 Swing 的基础。

2. AWT 组件

AWT 可用于 Java Application 和 Applet GUI 的开发，所提供的类和接口的主要功能包括：用户界面组件；事件处理模型；图形和图像工具，包括形状、颜色和字体类；布局管理器，可以进行灵活的窗口布局；数据传送类，可以通过本地平台的剪贴板进行剪切和粘贴。

常用的 AWT 组件包括按钮（Button）、复选框（Checkbox）、下拉式列表（Choice）、框架（Frame）、标签（Label）、列表（List）、面板（Panel）、文本区（TextArea）、文本域（TextField）、对话框（Dialog）等。

java.awt 包中描述的主要组件类与接口以及它们之间的层次关系如图 8-2 所示。AWT 的所有组件都是抽象类 Component 或 MenuComponent 类的子类。Component 类是一个抽象类，它是 AWT 中所有组件的父类，如图 8-2 所示。它为其子类提供了很多功能，例如设置组件位置、大小、字体、前景与背景颜色等，当用户与组件交互时，将会单击组件产生事件，AWTEvent 类以及它的子类用来定义相应的组件所发生的各种事件。

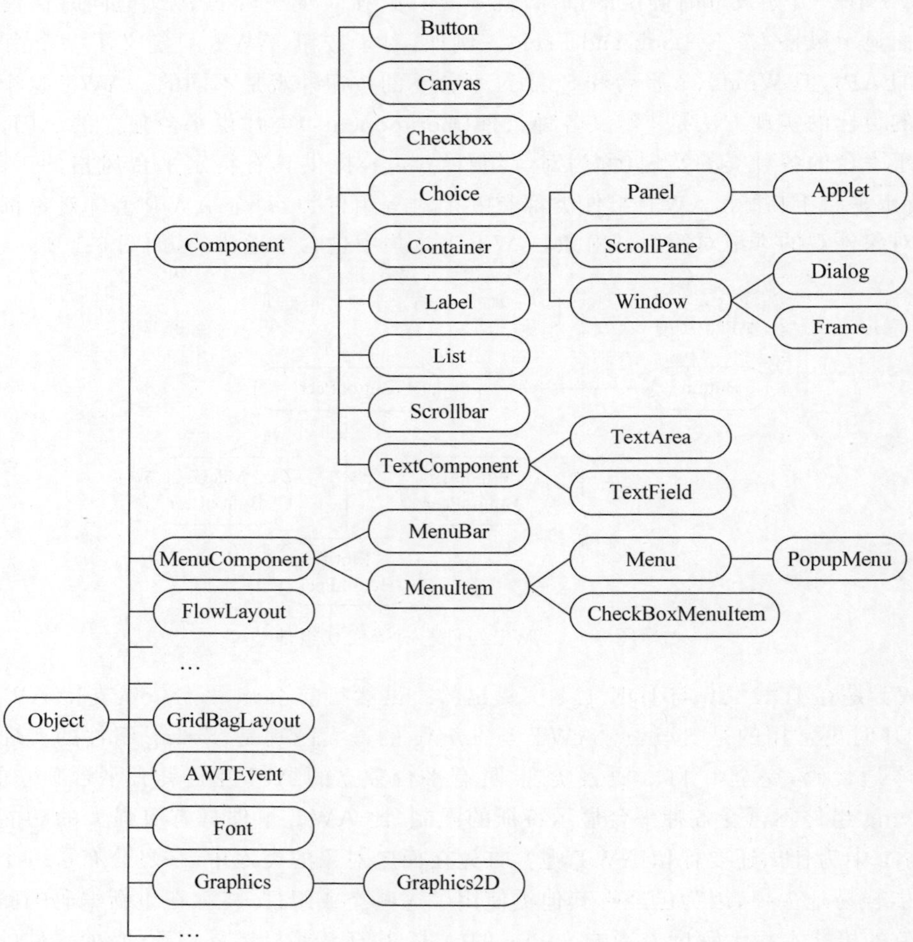

图 8-2　AWT 的类层次结构

8.1.3 Swing 简介

Swing 具有如下特性。

1. 组件的多样化

Swing 提供了许多新的图形界面组件。除了有与 AWT 类似的按钮(JButton)、标签(JLable)、复选框(JCheckBox)、菜单(JMenu)等基本组件外,还增加了丰富的高层组件集合,如表格(JTable)、树(JTree)等。

2. 采用分离模型结构

大多数非容器 Swing 组件都采用一种分离模型结构(separable model architecture)。这种分离模型结构分为两部分:组件及与组件相关的数据模型(或简称模型)。其中数据模型一般用来存储组件的状态或数据。例如按钮 JButton 对象有一个存储其状态的模型 ButtonModel 对象。有些组件可以包含多个模型。例如列表组件 JList 使用了 ListModel 模型存储其内容,同时使用 ListSelectionModel 模型跟踪列表当前的选项。

很多情况下程序中并不直接操作组件的数据模型,因此一般不需要知道组件所使用的模型。但对于某些组件,这种分离模型结构具有很大的优点,如下所述。

(1) 使程序员可以灵活地定义组件数据的存储和检索方式。

(2) 方便组件之间进行数据和状态的共享。

(3) 组件数据的变化将由模型自动传递到所有相关组件中,容易实现 GUI 与数据之间的同步。

虽然 Swing 的分离模型结构有时被称为一种 MVC 模型,但二者之间是有区别的。MVC 模型的 3 个要素是 Model(模型)、View(视图)和 Controller(控制器)。Model 是程序所操作数据的逻辑结构;View 是数据的可视化表示;Controller 是控制和执行对用户操作的响应,根据应用逻辑操作模型中的数据。因此,MVC 3 个要素之间是相互独立又相互关联的:View 使用 Controller 指定其事件响应机制,Controller 在 View 事件的驱动下改变 Model 中的数据,而当 Model 发生改变时,它会通知所有依赖于它的 View 做相应调整。而在 Swing 的分离模型中,View 与 Controller 结合一体作为 UI 组件,它们是不可分的。因此准确地说,Swing 中采用的是可视组件与模型二者构成的分离模型结构。

3. 可设置的组件外观感觉

Swing 外观感觉采用可插入(或可设置)的外观感觉(Look and Feel,L&F)。在 AWT 组件中,由于控制组件外观的对等类与具体平台相关,使得 AWT 组件总是具有与本机操作系统相关的外观。例如,AWT 程序在 Windows 操作系统上运行的时候,界面风格就是 Windows 风格;在 UNIX 平台上运行的时候,就是 Motif 风格。但是,Swing 可以使 Java 程序在一个平台上运行时能够有不同的外观,可以根据不同用户的习惯确定。图 8-3 是同一个程序在 Windows 平台上运行得到的不同外观,分别是 UNIX 系统的 Motif 风格、Java 定义的 Metal 风格以及 Windows 平台的 Windows 风格。各种风格的差别主要在于组件的形状与字体等。另外 Swing 提供的 Java 风格可以在任何平台上都具有一致的显示效果。

4. 支持高级访问方式

所有 Swing 组件都实现了 Accessible 接口,提供对非常规高级访问方式的支持,使得一些辅助输入/输出功能,如屏幕阅读器等,能够十分方便地从 Swing 组件中得到信息。

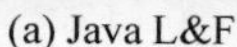
(a) Java L&F

(b) CDE/Motif L&F

(c) Windows L&F

图 8-3　各种风格的 L&F

5. 支持键盘代替鼠标的操作

在 Swing 组件中,使用 JComponent 类的 registerKeyboardAction()方法,为 Swing 组件提供热键,使用户能够用键盘代替鼠标操作 Swing 组件。

6. 设置边框

对 Swing 组件可以设置一个或多个边框。Swing 中提供了各式各样的边框,用户可以建立组合边框或设计自己的边框。一种空白边框可以增大组件,协助布局管理器对容器中的组件进行合理的布局。

7. 使用图标

与 AWT 组件不同,许多 Swing 组件如按钮、标签,除了使用文字外,还可以在组件上使用图标对其进行修饰。

8.1.4 Swing 组件类层次

Swing 组件是围绕一个新的组件类 JComponent 建立的,JComponent 类是从 AWT 的 Container 类派生的。Swing 组件类的层次结构如图 8-4 所示。

Swing 由许多包组成,主要的包如下。

- javax. swing 包是 Swing 提供的最大包,它包含将近 100 个类和几十个接口。除了 JTableHeader 类和 JTextComponent 类分别在 swing. table 包和 swing. text 包中,几乎所有的 Swing 组件都在这个包中。
- javax. swing. event 包与 AWT 的 event 包类似,包含了事件类和监听器接口。原来在 java. awt. event 包中定义的事件类和监听器接口在 Swing 中仍然使用,javax. swing. event 包中主要定义的是 Swing 组件增加的事件类和监听器接口。
- javax. swing. table 包中主要包括了表格组件(JTable)的相关类。
- javax. swing. tree 包中主要包括了树组件(JTree)的相关类。
- javax. swing. filechooser 包中主要包括了 JFileChooser 的相关类。
- javax. swing. border 包中主要包括了设置特定组件边框的类和接口。
- javax. swing. text、javax. swing. text. html、javax. swing. text. html. parser 和 javax. swing. text. rtf 都是用于显示和编辑 HTML 和 RTF 格式文档的包。
- javax. swing. plaf、javax. swing. plaf. basic、javax. swing. plaf. metal、javax. swing. plaf. multi 是实现组件各种显示 L&F 的包。

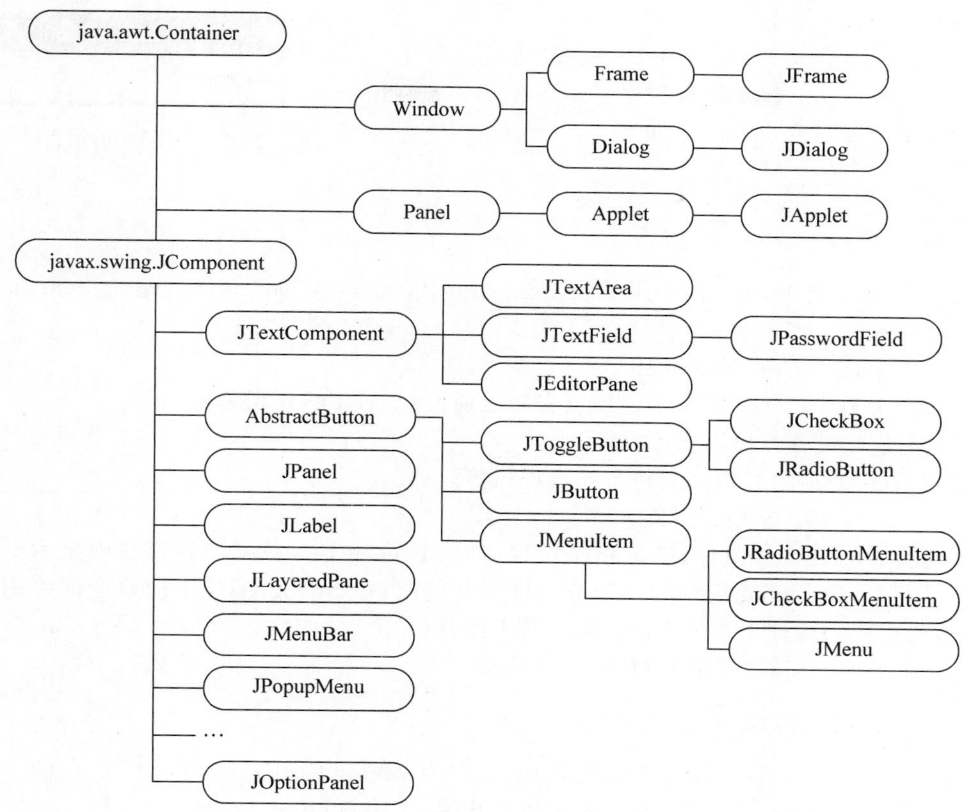

图 8-4　Swing 组件类层次

8.2　基于 Swing 的 GUI 构建方法

8.2.1　基于 Swing 的 GUI 设计步骤

下面看一个简单的用 Swing 显示“Hello World!”的程序。

例 8-1　在 JFrame 中显示 Hello World!。

```
import javax.swing.*;
import java.awt.event.*;
public class HelloWorldSwing {
    public static void main(String[] args) {
        JFrame frame = new JFrame("HelloWorldSwing");
        final JLabel label = new JLabel("Hello World!");
        frame.getContentPane().add(label);
        frame.setDefaultCloseOperation(JFrame.EXIT_ON_CLOSE);
        frame.setSize(200,70);
        frame.setVisible(true);
    }
}
```

例 8-1 的运行结果如图 8-5 所示。

基于 Swing 的应用程序 GUI,一般包括如下部分。

(1) 引入 Swing 包及其他程序包。

程序中一般需要引入的包如下:

图 8-5 例 8-1 的运行结果

```
import javax.swing.*;
import java.awt.*;
import java.awt.event.*;
```

根据程序的需要,也可以引入 javax.swing 包的子包,如 javax.swing.text,javax.swing.tree 等。

(2) 选择 GUI 的外观风格 L&F。

一般在 main()方法中,在创建顶层容器之前设置 GUI 的外观风格。

(3) 创建并设置窗口容器。

创建 GUI 的顶层容器并进行布局管理器等设置。

(4) 创建与添加 Swing 组件。

创建所需的 Swing 组件,进行相应设置(如设置边界等),并添加到容器中显示。应该注意的是,应避免 Swing 组件与 AWT 组件混合使用,在 Swing GUI 中应该全部使用轻量级组件,避免使用被称为重量级组件的 AWT 组件。

(5) 显示顶层容器,将整个 GUI 显示出来。

8.2.2 L&F 的设置

Swing 目前支持跨平台的 Java L&F,也称为 Metal L&F;当前运行平台的 L&F;Windows L&F;Motif L&F;从 JDK 1.4.2 开始,支持 GTK+ L&F 等。

Swing GUI 的 L&F 的设置并不是必需的。如果不设置 L&F,则 Swing 的 UI 管理器对象将使用 Java L&F。L&F 的设置可以在程序中进行,也可以通过命令行方式或通过设置系统属性 swing.properties 等方式进行。下面介绍在程序中如何设置 L&F。

1. L&F 的设置

在程序中使用 UIManager.setLookAndFeel()方法进行 L&F 的设置。注意,L&F 的设置应该是应用程序 main()方法要执行的第一个操作,否则对 L&F 的设置可能不起作用。setLookAndFeel()方法的参数是 javax.swing.LookAndFeel 类相应子类的长名。下面列出了设置部分 L&F 时,该方法参数的取值以及设置语句。

1) 跨平台的 Java L&F

参数取值:UIManager.getCrossPlatformLookAndFeelClassName()

L&F 设置语句:

```
UIManager.setLookAndFeel(UIManager.getCrossPlatformLookAndFeelClassName());
```

2) 当前运行平台的 L&F

参数取值:UIManager.getSystemLookAndFeelClassName()

L&F 设置语句:

```
UIManager.setLookAndFeel(UIManager.getSystemLookAndFeelClassName());
```

3) Windows L&F

参数取值:"com.sun.java.swing.plaf.windows.WindowsLookAndFeel"

L&F 设置语句：

```
UIManager.setLookAndFeel("com.sun.java.swing.plaf.windows.WindowsLookAndFeel");
```

2. L&F 的更改

当 GUI 显示后，也可以使用 setLookAndFeel()方法改变 L&F。为了使已经存在的组件改变显示风格，需要对于每个顶层容器调用 SwingUtilities.updateComponentTreeUI()方法。例如：

```
UIManager.setLookAndFeel(lnfName);
SwingUtilities.updateComponentTreeUI(frame);
frame.pack();
```

8.2.3　常用容器

组成 GUI 的组件如按钮、标签、对话框等，不能独立使用，必须放在容器内。容器(Container)是 Component 的抽象类的一个子类。一个容器可以容纳多个组件，并使它们成为一个整体。容器可以简化图形界面的设计，以整体结构来布置界面。容器本身也是一个组件，具有组件的所有性质，另外还具有容纳其他组件的功能。所有的组件都可以通过 add()方法向容器中添加组件。在 Swing 中，常用的 3 种类型的容器是 JFrame、JPanel 和 JApplet，它们分别对应 AWT 中的 Frame、Panel 和 Applet。

1. 顶层容器

Swing GUI 形成顶层容器-中间层容器-基本组件的层次包容关系。具有 Swing GUI 的应用必须至少有一个顶层容器。顶层容器提供了所包含组件需要的绘制与事件处理功能。对于多数应用，顶层 Swing 容器是 JFrame、JDialog 或 JApplet 的实例。中间层容器是由通用容器构成，主要是为了简化组件的布局，常用组件为 JPannel、JScrollPane、JTabbedPan 等。基本组件是直接向用户展示信息或获取用户输入的组件。

1）顶层容器的结构和操作

顶层容器的典型结构如图 8-6 所示。每个顶层容器都有一个内容面板(Content Pane)，该 Panel 中直接或间接包含了该容器中的组件。另外，在顶层容器中，还可以增加一个菜单条，菜单条一般放在顶层容器中，但在内容面板之外。

图 8-6 的顶层容器包含了一个菜单条和一个大的空白 Label，该容器的组件层次结构如图 8-7 所示。

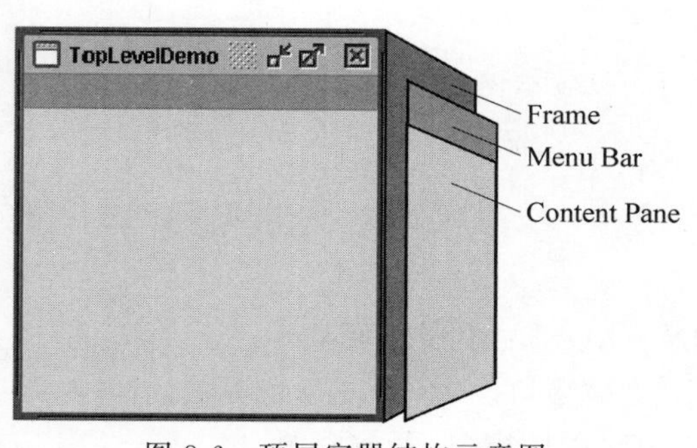

图 8-6　顶层容器结构示意图

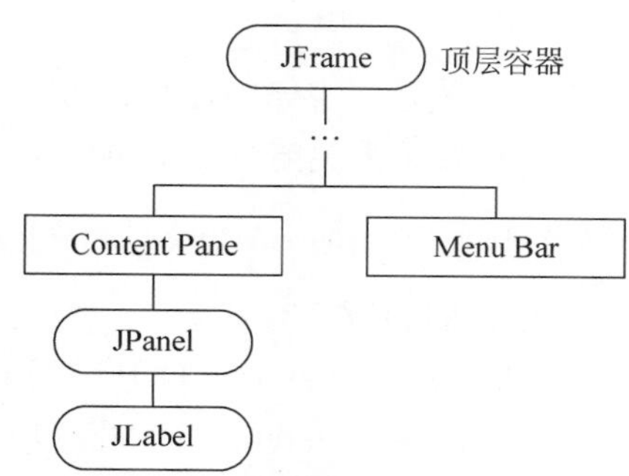

图 8-7　顶层容器的组件层次结构示例

在操作 Swing 顶层容器时要特别注意：AWT 组件可以直接加入到容器如 Frame 中，但 Swing 组件不能直接添加到顶层容器中，必须添加到一个与顶层容器相关联的内容面板(Content Pane)上。为了便于组件位置的规划，一般建立一个中间层容器(如 JPanel)，存放所有组件，然后把该中间容器放入顶层容器的内容面板中，或者将该面板设置为顶层容器的内容面板。下面以 JFrame 为例进行说明。

对 JFrame 添加组件有如下两种方式。

(1) 用 getContentPane()方法获得 JFrame 的内容面板，再使用 add()方法向其中加入组件。例如：

```
frame.getContentPane().add(new JLabel("Hello!"));
```

(2) 建立一个 JPanel 或 JDesktopPane 等中间容器，把组件添加到中间容器中，再用 setContentPane()方法把该容器设置为 JFrame 的内容面板。例如：

```
JPanel contentPane = new JPanel();
JButton b = new JButton("确定");
contentPane.add(b);
…
frame.setContentPane(contentPane);
```

另外，在 JDK 1.5 之后的版本中，为了方便使用，add()方法被重写，可以把通过该方法添加的组件自动转交给内容面板。因此，它可以像操作 AWT 中的容器一样，直接对容器添加组件。例如：

```
frame.add(child);                    //child 组件将被添加到 frame 的内容面板中
```

容器的其他两个方法 remove()以及 setLayout()也具有类似的功能和使用方法。

2) JFrame(框架)

JFrame 是最常用的顶层容器，一般作为 Java Application 的主窗口，Applet 有时也使用 JFrame。如果需要创建依赖于另一个窗口的窗口，可以使用对话框 JDialog；如果要在一个窗口中建立另一个窗口，使用内部窗口类 JIternalFrame。

一个 JFrame 的创建与设置可以使用如下方法。

(1) 构造方法。

```
JFrame();
JFrame(String title);
```

创建了初始不显示的窗口，使用 setVisible(true)显示窗口。

(2) 设置单击关闭窗口按钮操作。

```
public void setDefaultCloseOperation(int operation)
```

可选择的参数值有：

- WindowConstants.DO_NOTHING_ON_CLOSE：不做任何动作。
- WindowConstants.HIDE_ON_CLOSE：隐藏窗口。
- WindowConstants.DISPOSE_ON_CLOSE：关闭窗口，释放资源。
- JFrame.EXIT_ON_CLOSE：退出应用系统。

（3）窗口的修饰设置。

```
static void setDefaultLookAndFeelDecorated(boolean defaultLookAndFeelDecorated)
```

指定窗口是否使用当前 Look&Feel 提供的窗口装饰。窗口装饰指窗口的边框、标题以及用来关闭与最小化窗口的按钮。

例 8-2 创建了一个带有一个空 JLable 的 JFrame。

例 8-2 JFrame 示例。

```
import java.awt.*;
import java.awt.event.*;
import javax.swing.*;

public class JFrameDemo {
    public static void main(String s[]) {

        //指定使用当前的 Look&Feel 装饰窗口。必须在创建窗口前设定
        JFrame.setDefaultLookAndFeelDecorated(true);

        //创建并设定关闭窗口操作
        JFrame frame = new JFrame("JFrameDemo");
        frame.setDefaultCloseOperation(JFrame.EXIT_ON_CLOSE);

        //创建一个 JLable 并加到窗口中
        JLabel emptyLabel = new JLabel("");
        emptyLabel.setPreferredSize(new Dimension(175, 100));
        frame.getContentPane().add(emptyLabel, BorderLayout.CENTER);

        //显示窗口
        frame.pack();
        frame.setVisible(true);
    }
}
```

例 8-2 的运行结果如图 8-8 所示。

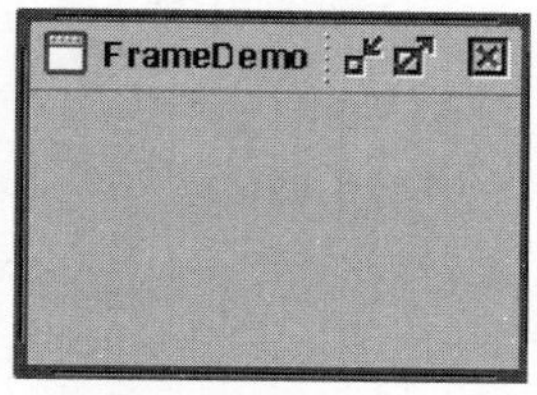

图 8-8 例 8-2 的运行结果

2. 通用容器 JPanel

JPanel 是存放轻型组件的通用容器，并且默认情况下是透明的，可以使用 setOpaque()方法设置。JPanel 的对象可作为顶层容器的 Content Pane 使用。可以设置 JPanel 的布局管理器，并向其中添加组件。例 8-3 是一个 JPanel 的例子。

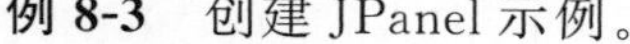

例 8-3 创建 JPanel 示例。

```
import java.awt.*;
import javax.swing.*;
public class FrameWithPanel extends JFrame {
    public static void main(String args[]){
        FrameWithPanel fr = new FrameWithPanel("Hello !");
        fr.setSize(200,200);
        fr.setDefaultCloseOperation(JFrame.EXIT_ON_CLOSE);

        JPanel pan = new JPanel();
```

```
            pan.setSize(200,100);
            pan.setBackground(Color.yellow);
            pan.setLayout(new GridLayout(2,1));
            pan.add(new JButton("确定"));
            fr.setContentPane(pan);

            fr.setVisible(true);
        }
        public FrameWithPanel(String str){
            super(str);
        }
    }
```

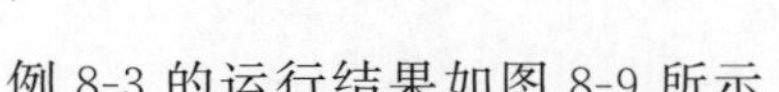

图 8-9　例 8-3 的运行结果

例 8-3 的运行结果如图 8-9 所示。

8.2.4　布局管理器

为了实现跨平台的特性并获得动态的布局效果,Java 在容器(如 JFrame、JPanel)设置了布局管理器(Layout Manager)负责对容器内的组件进行管理。布局管理器决定容器的布局策略及容器内组件的排列顺序、组件大小和位置,以及当窗口移动或调整大小后组件如何变化等。每个容器都有一个默认的布局管理器,该布局管理器可通过调用 setLayout()改变。

Java 提供了下列布局管理器。

- FlowLayout——流式布局管理器;
- BorderLayout——边界布局管理器;
- GridLayout——网格布局管理器;
- CardLayout——卡片布局管理器;
- GridBagLayout——网格包布局管理器;
- BoxLayout——箱式布局管理器。

上述布局管理器中,BoxLayout 是 Swing 中新增加的,其他布局管理器都在 AWT 中定义。下面对这几种布局管理器进行介绍。

1. FlowLayout 流式布局管理器

FlowLayout 是 Panel 和 Applet 的默认布局管理器。容器内的组件采用从左到右,从上到下逐行摆放。FlowLayout 的构造方法主要有如下几种。

(1) FlowLayout():组件居中摆放,组件之间水平和垂直间距为 5 个像素。

(2) FlowLayout(int align):组件按参数指定的对齐方式摆放,组件之间水平和垂直间距为 5 个像素。参数 align 的取值必须是 FlowLayout. LEFT、FlowLayout. RIGHT 或 FlowLayout. CENTER,它们是 FlowLayout 类中定义的 3 个 public static final 类型的整型常量,其取值分别为 FlowLayout. LEFT＝0、FlowLayout. CENTER＝1 和 FlowLayout. RIGHT＝2。

(3) FlowLayout(int align,int hgap,int vgap):组件按指定的对齐方式摆放,组件之间的水平间距由 hgap 参数指定,垂直间距由 vgap 参数指定。例如下面的语句将当前容器的布局管理器设置为 FlowLayout,并且组件靠左摆放,组件之间的水平间距是 10 个像素,垂直间距是 20 个像素。

```
SetLayout(new FlowLayout(FlowLayout.LEFT,10,20));
```

下面给出一个 FlowLayout 的例子。

例 8-4　FlowLayout 示例。

```
import java.awt.*;
import javax.swing.*;
public class FlowLayoutWindow extends JFrame {
    public FlowLayoutWindow() {
        setLayout(new FlowLayout());
        add(new JLabel("Buttons:"));
        add(new JButton("Button 1"));
        add(new JButton("2"));
        add(new JButton("Button 3"));
        add(new JButton("Long-Named Button 4"));
        add(new JButton("Button 5"));
    }
    public static void main(String args[]) {
        FlowLayoutWindow window = new FlowLayoutWindow();
        window.setDefaultCloseOperation(JFrame.EXIT_ON_CLOSE);
        window.setTitle("FlowLayoutWindow Application");
        window.pack();    //窗口的大小设置为适合组件最佳尺寸与布局所需的空间
        window.setVisible(true);
    }
}
```

例 8-4 的运行结果如图 8-10 所示。

(a) 例8-4的运行结果

(b) 改变窗口大小后组件的布局

图 8-10　FlowLayout 示例

2. BorderLayout 边界布局管理器

BorderLayout 是 Window、Dialog 和 Frame 的默认布局管理器。BorderLayout 布局管理器将容器分为 5 个区：East、West、South、North、Center，分别表示东、西、南、北、中，如图 8-11 所示。

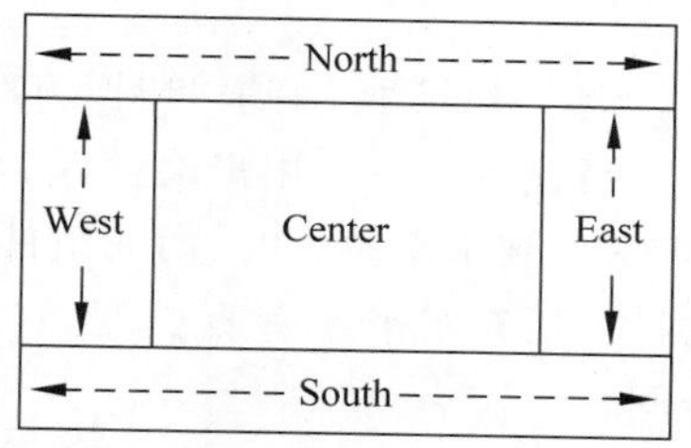

图 8-11　BorderLayout 示意图

BorderLayout 的构造方法有如下两个。

(1) BorderLayout()：组件之间没有水平间隙与垂直间隙。

(2) BorderLayout(int hgap, int vgap):指定组件之间水平间隙与垂直间隙。例如下面的语句将当前容器的布局管理器设置为 BorderLayout,并且组件之间的水平间距是 10 个像素,垂直间距是 20 个像素。

```
SetLayout(new BorderLayout(10,20));
```

当用户改变容器窗口大小时,则各个组件的相对位置不变,而组件大小改变。

当向容器中加入组件时,要指定摆放的方位,否则组件将不能显示。可以使用 Container 类的下列 add()方法:

```
public Component add(String name, Component comp)          //参数 name 指定方位
public void add(Component comp, Object constraints)        //参数 constraints 指定方位
```

在 BorderLayout 类中,定义了表示方位的 5 个 public static final String 类型的常量: EAST,值为 East; WEST,值为 West; SOUTH,值为 South; NORTH,值为 North; CENTER,值为 Center。因此,上述两个 add()方法中的参数 name 和 constraints 的取值集合是{BorderLayout. EAST,BorderLayout. WEST,BorderLayout. SOUTH,BorderLayout. NORTH}或{"East","West","South","North"}。

下面给出一个 BorderLayout 的例子。

例 8-5 BorderLayout 示例。

```
import java.awt.*;
import javax.swing.*;
public class BorderLayoutWindow extends JFrame {
    public BorderLayoutWindow() {
        setLayout(new BorderLayout());
        add(new JButton("North"), "North");
        add(new JButton("South"),"South");
        add(new JButton("East"),"East");
        add(new JButton("West"),"West");
        add(new JButton("Center"),"Center");
    }
    public static void main(String args[]) {
        BorderLayoutWindow window = new BorderLayoutWindow();
        window.setTitle("BorderWindow Application");
        window.setDefaultCloseOperation(JFrame.EXIT_ON_CLOSE);
        window.pack();
        window.setVisible(true);
    }
}
```

例 8-5 的运行结果如图 8-12 所示。

当显示窗口被用户改变时,容器中组件会根据最佳尺寸做适当的调整。如图 8-12 所示,窗口被水平拉长时,南北组件会水平扩展,东西组件保持不变,中心组件会忽略其最佳尺寸扩展所有水平或垂直长度。当四周(东南西北)没有组件时,中心组件会填充剩余所有空间。

3. GridLayout 网格布局管理器

GridLayout 布局管理器把容器分成 n 行 m 列同样大小的网格单元。每个网格单元可

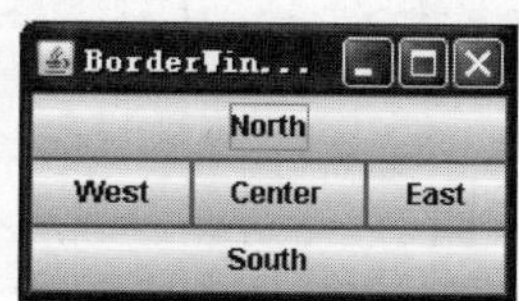

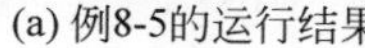
(a) 例8-5的运行结果

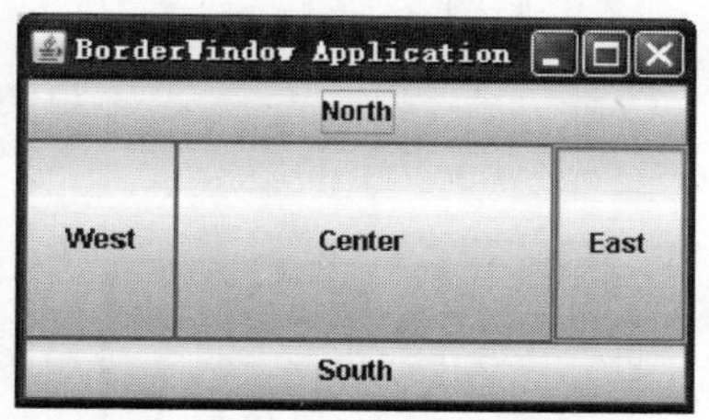

(b) 改变窗口大小后组件的布局

图 8-12 BorderLayout 示例

容纳一个组件,并且此组件将充满网格单元。组件按照从左至右,从上至下的顺序填充。

GridLayout 的构造方法如下。

(1) GridLayout():容器划分为 1 行 1 列的网格。

(2) GridLayout(int rows,int cols):容器划分为指定行列数目的网格。注意,所指定的行数和列数之一可以取 0,当参数 rows 为 0 时,意味着任意数目的行;当参数 cols 为 0 时,意味着任意数目的列。

(3) GridLayout(int rows,int cols,int hgap,int vgap):容器划分为指定行列数目的网格,行列值可以取 0,含义同上。并且指定组件间的水平与垂直间隙。例如,下面的语句将当前容器的布局管理器设置为 2 行 3 列的 GridLayout。

```
Set Layout(new GridLayout(2, 3));
```

下面给出一个 GridLayout 的例子。

例 8-6 GridLayout 示例。

```
import java.awt. * ;
import javax.swing. * ;
public class GridLayoutWindow extends JFrame {
    public GridLayoutWindow() {
        setLayout(new GridLayout(0,2));
        add(new JButton("Button 1"));
        add(new JButton("2"));
        add(new JButton("Button 3"));
        add(new JButton("Long - Named Button 4"));
        add(new JButton("Button 5"));
        add(new JButton("6"));
    }

    public static void main(String args[]) {
        GridLayoutWindow window = new GridLayoutWindow();
        window.setTitle("GridWindow Application");
        window.setDefaultCloseOperation(JFrame.EXIT_ON_CLOSE);
        window.pack();
        window.setVisible(true);
    }
}
```

例 8-6 的运行结果如图 8-13 所示。

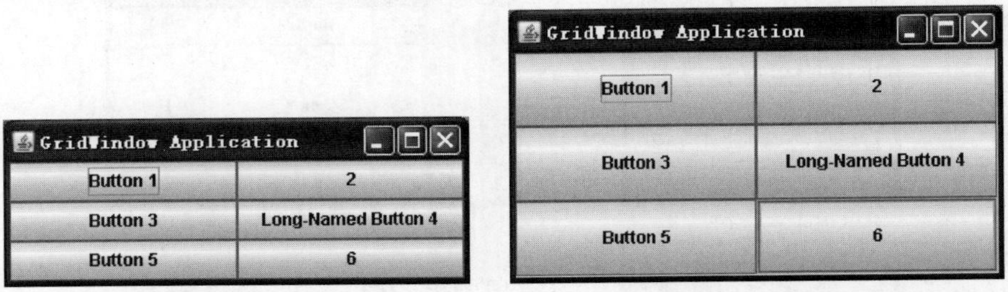

(a) 例8-6的运行结果

(b) 改变窗口大小后组件的布局

图 8-13 GridLayout 示例

4. CardLayout 卡片布局管理器

CardLayout 可以使两个或更多的组件(一般是 Panel)共享同一显示空间。CardLayout 把这些组件像一系列卡片一样叠放,一个时刻只有最上面的是可见的。CardLayout 的构造方法如下。

(1) CardLayout():没有左右与上下边界间隙。

(2) CardLayout(int hgap,int vgap):参数 hgap 指定组件距离左右边界的间隙;参数 vgap 指定组件距离上下边界的间隙。常用的 CardLayout 方法有:

```
public void first(Container parent);                //显示第一张卡片
public void next(Container parent);                 //显示下一张卡片,如果当前卡片是最后一张,
                                                    //则显示第一张
public void previous(Container parent);             //显示前一张卡片
public void last(Container parent);                 //显示最后一张卡片
public void show(Container parent, String name);    //显示指定名称的组件
```

当向一个由 CardLayout 管理的容器中添加组件时,必须使用 Container 类的如下 add()方法:

```
public Component add(String name, Component comp);
```

其中,参数 name 可以是任意的字符串,它可以标识被添加的组件 comp。

下面是一个 CardLayout 的例子。

例 8-7 CardLayout 示例。

```
import java.awt.*;
import java.awt.event.*;
import javax.swing.*;
public class CardLayoutWindow extends JFrame implements ActionListener {
    JPanel cards;
    CardLayout CLayout = new CardLayout();

    public CardLayoutWindow() {
        setLayout(new BorderLayout());  //设置 Frame 为 BorderLayout
        //创建摆放"卡片切换"按钮的 Panel,并添加到 Frame 中
        JPanel cp = new JPanel();
```

```
        JButton bt = new JButton("卡片切换");
        bt.addActionListener(this);
        cp.add(bt);
        add("North", cp);

        //创建盛放多个卡片的 Panel,设置为 CardLayout
        cards = new JPanel();
        cards.setLayout(CLayout);

        //创建 cards 中的第一个 Panel 及其组件
        JPanel p1 = new JPanel();
        p1.add(new JButton("Button 1"));
        p1.add(new JButton("Button 2"));
        p1.add(new JButton("Button 3"));

        //创建 cards 中的另一个 Panel 及其组件
        JPanel p2 = new JPanel();
        p2.add(new JTextField("TextField", 20));

        //把上述两个 Panel 加到 cards 中
        cards.add("Panel with Buttons", p1);
        cards.add("Panel with TextField", p2);

        //将 cards 放入 Frame 中
        add("Center", cards);
    }
    //响应单击切换卡片按钮的事件
    public void actionPerformed(ActionEvent e){
        CLayout.next(cards);                    //显示下一张卡片
    }

    public static void main(String args[]) {
        CardLayoutWindow window = new CardLayoutWindow();
        window.setTitle("CardWindow Application");
        window.pack();
        window.setDefaultCloseOperation(JFrame.EXIT_ON_CLOSE);
        window.setVisible(true);
    }
}
```

例 8-7 的运行结果如图 8-14 所示。

(a) 例8-7显示结果

(b) 单击“卡片切换”按钮后的结果

图 8-14 CardLayout 示例

例 8-7 中创建了一个 Frame,该 Frame 中嵌套了两个 Panel,一个 Panel 摆放了一个"卡片切换"按钮,在该 Panel 下方的另一个名为 cards 的 Panel 被设置为 CardLayout。Cards 中有两个 Panel,相当于两个卡片。两个卡片的内容如图 8-14 所示,当单击"卡片切换"按钮轮流显示两个卡片。

例 8-7 中涉及容器的嵌套。在复杂的图形用户界面设计中,为了使布局更加易于管理,具有简洁的整体风格,一个包含了多个组件的容器本身(如例 8-7 中的两个 Panel)也可以作为组件加到另一个容器中去(如例 8-7 中的 Frame),容器中再添加容器,从而形成容器的嵌套。

5. GridBagLayout 网格包布局管理器

GridBagLayout 是网格包布局管理器,它是最灵活、最复杂的布局管理器。GridBagLayout 不需要组件的尺寸一致,容许组件扩展到多行多列。每个 GridBagLayout 对象都维护了一组动态的、矩形的网格单元,每个组件占有一个或多个单元,所占有的网格单元称为组件的显示区域。

GridBagLayout 所管理的每个组件都与一个 GridBagConstraints 类的对象相关。这个约束对象指定了组件的显示区域在网格中的位置,以及在其显示区域中应该如何摆放组件。除了组件的约束对象,GridBagLayout 还要考虑每个组件的最小和首选尺寸以确定组件的大小。

为了有效地利用网格包布局管理器,在向容器中摆放组件时,必须定制某些组件的相关约束对象。GridBagConstraints 对象的定制是通过设置下列一个或多个 GridBagConstraints 的变量实现的。

1) gridx,gridy

指定组件左上角在网格中的行与列。容器中最左边列的 gridx=0,最上边行的 gridy=0。这两个变量的默认值是 GridBagConstraints. RELATIVE,表示对应的组件将放在前面放置组件的右边或下面。

2) gridwidth,gridheight

指定组件显示区域所占的列数与行数,以网格单元而不是像素为单位。默认值是 1。GridBagConstraints. REMAINDER 指定组件是所在行或列的最后一个组件。而 GridBagConstraints. RELATIVE 指定组件是所在行或列的倒数第二个组件。

3) fill

指定组件填充网格的方式。可以是如下的值:GridBagConstraints. NONE(默认的),GridBagConstraints. HORIZONTAL(组件横向充满显示区域,但不改变组件高度),GridBagConstraints. VERTICAL(组件纵向充满显示区域,但不改变组件宽度),GridBagConstraints. BOTH(组件横向、纵向充满其显示区域)。

4) ipadx,ipady

指定组件显示区域的内部填充,即在组件最小尺寸之外需要附加的像素数。默认值是 0。因此,组件的宽度最少是它的最小宽度加上 ipadx * 2,组件高度最少是它的最小高度加上 ipady * 2。

5) insets

指定组件显示区域的外部填充,即组件与其显示区域边缘之间的空间。省略时,组件没有外部填充。

6）anchor

指定组件在显示区域中的摆放位置。合法的值有 GridBagConstraints. CENTER（默认的）、GridBagConstraints. NORTH、GridBagConstraints. NORTHEAST、GridBagConstraints. EAST、GridBagConstraints. SOUTHEAST、GridBagConstraints. SOUTH、GridBagConstraints. SOUTHWEST、GridBagConstraints. NORTHWEST。

7）weightx，weighty

用来指定在容器大小改变时，增加或减少的空间如何在组件间分配。默认值是 0，即所有的组件将聚拢在容器的中心，多余的空间将放在容器边缘与网格单元之间。每一列组件的 weightx 值指定为该列组件的 weightx 的最大值；每一行组件的 weighty 值指定为该行组件的 weighty 的最大值。weightx 和 weighty 的取值一般在 0.0～1.0，数值大表明组件所在的行或列将获得更多的空间。

下面给出一个 GridBagLayout 的例子。

例 8-8　GridBagLayout 示例。

```
import java.awt.*;
import javax.swing.*;
public class GridBagLayoutWindow extends JFrame {

    //创建标签为 name 的 button,并使用约束对象 c 将
    //该 button 加入到采用 gridbag 的布局管理器中
    protected void makebutton(String name,
                              GridBagLayout gridbag,
                              GridBagConstraints c) {
        JButton button = new JButton(name);
        gridbag.setConstraints(button, c);
        add(button);
    }

    public GridBagLayoutWindow() {
        GridBagLayout gridbag = new GridBagLayout();
        GridBagConstraints c = new GridBagConstraints();
        setLayout(gridbag);
        c.fill = GridBagConstraints.BOTH;                //组件充满显示区域
        c.weightx = 1.0;
        makebutton("Button1", gridbag, c);
        makebutton("Button2", gridbag, c);
        makebutton("Button3", gridbag, c);
        c.gridwidth = GridBagConstraints.REMAINDER;      //到行结束
        makebutton("Button4", gridbag, c);

        c.weightx = 0.0;                                 //恢复为默认值
        makebutton("Button5", gridbag, c);               //另外一行,c.gridwidth 同 Button4

        c.gridwidth = GridBagConstraints.RELATIVE;       //所在行的倒数第二个组件
        makebutton("Button6", gridbag, c);
```

```
        c.gridwidth = GridBagConstraints.REMAINDER;      //到行结束
        makebutton("Button7", gridbag, c);

        c.gridwidth = 1;                                 //恢复为默认值
        c.gridheight = 2;
        c.weighty = 1.0;
        makebutton("Button8", gridbag, c);

        c.weighty = 0.0;                                 //恢复为默认值
        c.gridwidth = GridBagConstraints.REMAINDER;      //到行结束
        c.gridheight = 1;                                //恢复为默认值
        makebutton("Button9", gridbag, c);
        makebutton("Button10", gridbag, c);
    }

    public static void main(String args[ ]) {
        GridBagLayoutWindow window = new GridBagLayoutWindow();
        window.setTitle("GridBagLayoutWindow Application");
        window.setDefaultCloseOperation(JFrame.EXIT_ON_CLOSE);
        window.pack();
        window.setVisible(true);
    }
}
```

例 8-8 的运行结果如图 8-15 所示。

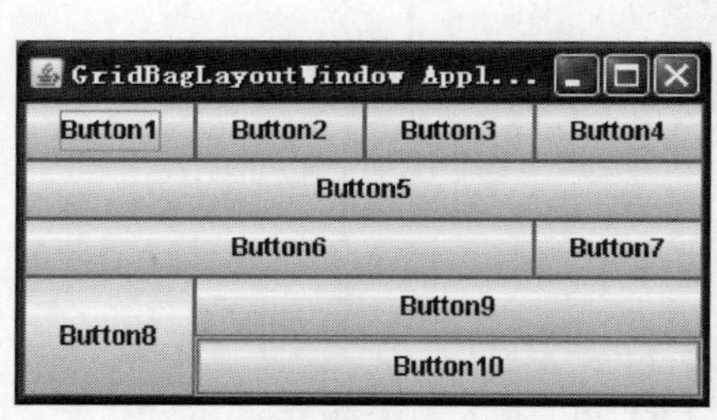

(a) 例8-8的运行结果

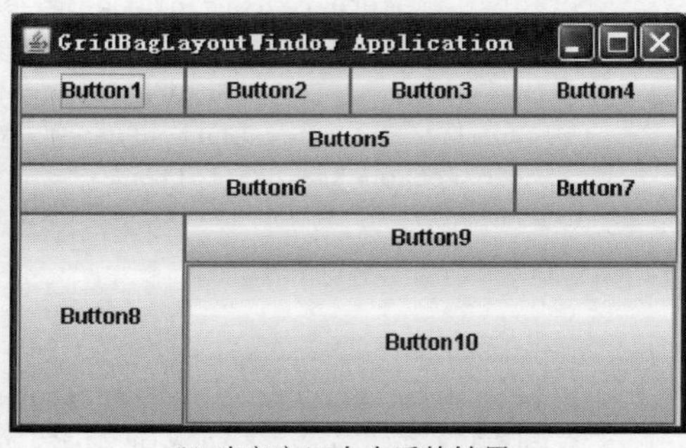

(b) 改变窗口大小后的结果

图 8-15　GridBagLayout 示例

例 8-8 中 10 个组件都将它们的约束对象的 fill 变量值设置为 GridBagConstraints. BOTH,所有组件都充满显示区域。另外组件使用了下列非默认的约束。

- Button1，Button2，Button3：weightx = 1.0
- Button4：weightx = 1.0，gridwidth = GridBagConstraints.REMAINDER
- Button5：gridwidth = GridBagConstraints.REMAINDER
- Button6：gridwidth = GridBagConstraints.RELATIVE
- Button7：gridwidth = GridBagConstraints.REMAINDER
- Button8：gridheight = 2，weighty = 1.0
- Button9，Button10：gridwidth = GridBagConstraints.REMAINDER

因为 Button1、Button2、Button3、Button4 的 weightx 都设置为 1.0，所以当窗口变宽时所有组件都将变宽。因为 Button8 的 weighty 设置为 1.0，使最后一行组件的 weighty 的值也为 1.0，而其他行组件的 weighty 的值仍为 0，所以在窗口变长时，只有 Button8 和 Button10 高度增加，其他组件的高度不变。

6. BoxLayout 箱式布局管理器

BoxLayout（箱式布局管理器）将组件垂直摆放在一列或水平摆放在一行中，具体由 BoxLayout. X_AXIS 和 BoxLayout. Y_AXIS 指定。例 8-9 给出了使用 BoxLayout 的示例。

例 8-9 BoxLayout 示例。

```
import java.awt.event.*;
import javax.swing.*;
public class BoxWindow extends JFrame {
    public BoxWindow() {
        Container contentPane = getContentPane();
        contentPane.setLayout(new BoxLayout (contentPane,
                                              BoxLayout.Y_AXIS));
        addAButton("Button 1", contentPane);
        addAButton("2", contentPane);
        addAButton("Button 3", contentPane);
        addAButton("Long - Named Button 4", contentPane);
        addAButton("Button 5", contentPane);
        addWindowListener(new WindowAdapter() {
            public void windowClosing(WindowEvent e) {
                System.exit(0);
            }
        });
    }

    private void addAButton(String text, Container container) {
        JButton button = new JButton(text);
        button.setAlignmentX(Component.CENTER_ALIGNMENT);
        container.add(button);
    }

    public static void main(String args[]) {
        BoxWindow window = new BoxWindow();
        window.setTitle("BoxLayout");
        window.pack();
        window.setVisible(true);
    }
}
```

例 8-9 的运行结果如图 8-16 所示。

图 8-16 BoxLayout 示例

7. 无布局管理器

当处理一些手工绘图时，需要自己来设置图形的位置，因而不需要使用系统提供的布局管理器，这时可采用无布局管理器，即调用 setLayout(null)方法。此时，必须使用 setLocation()、setSize()、setBounds()等方法手工设置组件的大小和位置。这些方法会导致平台相关，一般情况不鼓励使用。如果容器的布局管理器设置为 null，当需要调整窗口大小时，无法重新定位和调整组件的大小以及位置关系，必须手工设置。

8.3 GUI 中的事件处理

利用 8.2 节介绍的内容，我们可以构建一个 GUI，本节中将介绍如何向 GUI 中增加事件处理，这项功能是 GUI 设计与实现的核心。GUI 中事件处理的一般过程是：当用户在界面上利用鼠标或键盘进行操作时，监测 GUI 的操作系统将所发生的事件传送给 GUI 应用程序，应用程序根据事件的类型做出相应的反应。Java GUI 事件处理模型主要是关于在程序获得事件后，采用怎样的结构和机制对事件进行处理和响应。基于 Swing 的 GUI 中，仍然采用 AWT 的事件处理模型。

本节介绍 AWT 事件处理模型的基本对象、模型的事件处理机制、事件处理的相关类及方法，以及 Swing 中新增加的事件与监听器接口。

8.3.1 事件处理模型中的 3 类对象

AWT 事件处理模型中主要包含了 3 类对象：事件(event)、事件源(event source)以及事件处理器(event handler)。

1. 事件

当用户在界面上执行一个操作，如按下键盘、拖动或单击鼠标时，都将产生一个事件。Java 中事件是用来描述不同类型用户操作的对象，Java 中有很多不同类型的事件类。

2. 事件源

产生事件的组件就是一个事件源。例如，当在一个 Button 上单击时，将产生一个 ActionEvent 类型的事件，这个 Button 就是事件源。ActionEvent 的实例是包含这次操作相关信息的一个事件对象，利用 ActionEvent 提供的方法，如 getActionCommand()可以获取事件的相关信息。

3. 事件处理器

事件处理器是一个方法，该方法接收一个事件对象，对其解释，并做出相应处理。

8.3.2 委托方式的事件处理机制

Java GUI 事件处理采用委托模型或称为监听器模型(delegation model)。在这种模型中，需要响应用户操作的组件事先已经注册一个或多个包含事件处理器的对象，称为监听器(listener)。当界面操作事件产生并被发送到产生事件的组件时，该组件将把事件发送给能接收和处理该事件的监听器，如图 8-17 所示。因此，事件处理是由与组件相独立的其他对象负责。

监听器是委托方式事件处理机制的重要组成部分。在 Java 中每类事件都定义了一个相应的监听器接口，该接口中定义了接收事件的方法。实现该接口的类，其对象可作为监听器注册。在 GUI 中，需要响应用户操作的相关组件要注册一个或多个相应事件的监听器，

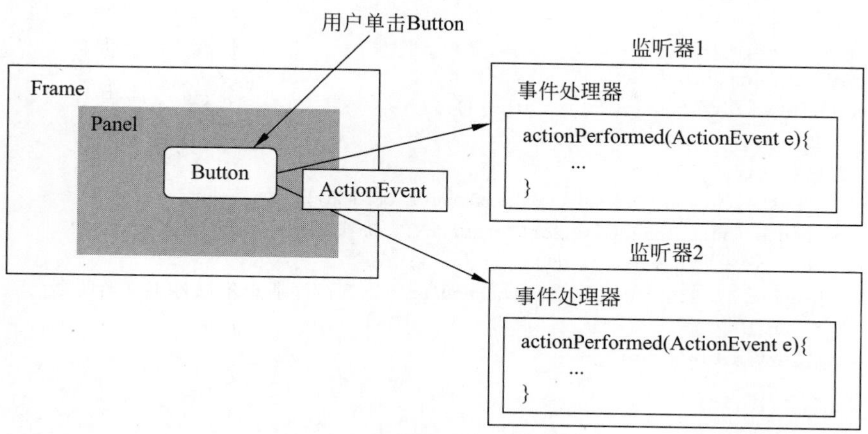

图 8-17　AWT 委托方式事件处理模型

该监听器中包含了能接收和处理事件的事件处理。在该类事件产生时，事件对象只向已注册的监听器报告。因此，委托方式的事件处理机制的实现包括下列两部分。

1. 定义监听器类

（1）声明监听器类。在负责事件处理的类（监听器类）的声明中指定要实现的监听器接口，例如：

```
public class MyClass implements ActionListener {
   ...
}
```

MyClass 将成为处理 ActionEvent 事件的监听器类，它的对象可以作为 Button 等组件的监听器注册。

（2）实现监听器中的接口。在监听器类中实现监听器接口中的所有方法。例如：

```
public class MyClass implements ActionListener {
  ...
     //ActionListener 接口中只定义了 actionPerformed()一个方法
     public void actionPerformed(ActionEvent e) {
        ...                                                   //响应某个动作的代码
     }
  ...
}
```

2. 注册监听器

通过调用组件的 add*XXX*Listener()方法，在组件上将监听器类的实例注册为监听器。例如：

```
someComponent.addActionListener(new MyClass());
```

例 8-10 是一个委托方式事件处理的例子。

例 8-10　单击按钮事件响应。

```
import java.awt.*;
```

```
import java.awt.event. * ;
import javax.swing. * ;
public class TestButton{
    public static void main(String args[ ]){
        JFrame f = new JFrame("Test");
        f.setSize(200,100);
        f.setLayout(new FlowLayout(FlowLayout.CENTER));
        f.setDefaultCloseOperation(JFrame.EXIT_ON_CLOSE);
        JButton b = new JButton("Press Me!");
        b.addActionListener(new ButtonHandler());  //注册单击鼠标事件监听器
        f.add(b);
        f.setVisible(true);
    }
}

//定义 ActionEvent 监听器类
class ButtonHandler implements ActionListener{
    public void actionPerformed(ActionEvent e){
        System.out.println("Action occurred");
        System.out.println("Button's label is:" +
                                e.getActionCommand());
    }
}
```

例 8-10 的运行结果如图 8-18 所示。

图 8-18　例 8-10 的运行结果

例 8-10 运行后,将显示标题为 Test 的白色窗口,其中包含了一个按钮,该按钮注册了一个响应 ActionEvent 的监听器,即 ButtonHandler 类的对象。当单击这个按钮时,系统将调用这个监听器的 actionPerformed()方法,在命令窗口中显示两行字符串。

例 8-10 中的单击鼠标事件监听器也可以使用 Lambda 表达式实现,程序的运行结果与例 8-10 相同(如图 8-18 所示),具体程序如下:

```
importjava.awt. * ;
importjava.awt.event. * ;
importjavax.swing. * ;

public class TestButton{
    public static void main(String args[ ]){
        JFrame f = new JFrame("Test");
        f.setSize(200,100);
        f.setLayout(new FlowLayout(FlowLayout.CENTER));
```

```
        f.setDefaultCloseOperation(JFrame.EXIT_ON_CLOSE);

        JButton b = new JButton("Press Me!");

        //Lambda 表达式实现的单击鼠标事件监听器
        b.addActionListener(e -> {
            System.out.println("Action occurred");
            System.out.println("Button's label is:" + e.getActionCommand());} );

        f.add(b);
        f.setVisible(true) ;
    }
}
```

8.3.3 事件类与事件处理接口

Java 中,定义了很多事件类和事件处理接口(监听器接口)。多数事件类在 java.awt.event 包中,还有一些在其他 API 中。

首先,来看一下事件类的层次结构,如图 8-19 所示。

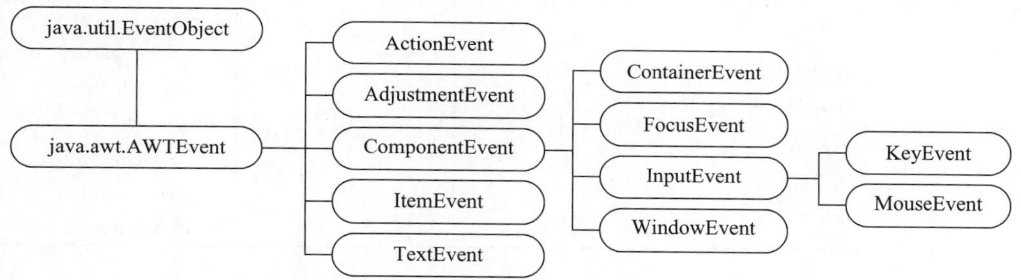

图 8-19　AWT 事件类层次结构图

对于 AWT 每种类型的事件,都定义了相应的事件处理接口,即上面提到的监听器接口。实现某种监听器接口的类,其对象可以作为接收并处理相应事件的监听器。监听器接口中要定义一个或多个事件处理方法,这些方法在特定事件出现时被调用。表 8-1 列出了 AWT 事件类、对应的监听器接口与适配器(Adapter)类,以及监听器接口中所包含的方法。

表 8-1　AWT 事件处理接口及其方法

事　　件	操　　作	接　口　名	适配器类	方　　法
ActionEvent	激活组件操作	ActionListener		ActionPerformed
AdjustmentEvent	移动滚动条	AdjustmentListener		adjustmentValueChanged
ComponentEvent	组件移动、缩放、显示、隐藏等	ComponentListener	ComponentAdapter	componentHidden componentMoved componentResized componentShown
ContainerEvent	容器中增加或删除组件	ContainerListener	ContainerAdapter	componentAdded componentRemoved

续表

事　件	操　作	接　口　名	适配器类	方　法
FocusEvent	组件得到或失去聚焦	FocusListener	FocusAdapter	focusGained focusLost
ItemEvent	条目状态改变	ItemListener		itemStateChanged
KeyEvent	键盘输入	KeyListener	KeyAdapter	keyPressed keyReleased keyTyped
MouseEvent	单击鼠标	MouseListener	MouseAdapter	mouseClicked mouseEntered mouseExited mousePressed mouseReleased
	移动鼠标	MouseMotion-Listener	MouseMotion-Adapter	mouseDragged mouseMoved
TextEvent	文本域或文本区值改变	TextListener		textValueChanged
WindowEvent	窗口激活、去活、打开、关闭、最小化、从图标恢复等	WindowListener	WindowAdapter	windowActivated windowClosed windowClosing windowDeactivated windowDeiconified windowIconified windowOpened

8.3.4 AWT 事件处理示例

例 8-11 中使用一个监听器处理多个组件可能产生多种事件。该例中定义了一个监听器类 ComplexListener,它实现了 3 种监听器接口,能够监听和响应 MouseEvent 和 ActionEvent 事件。该例创建了一个 JFrame,其中包含了 3 个组件：一个 JLabel、一个 JTextArea 和一个 JButton。程序中将同一个 ComplexListener 对象注册为 JTextArea 的监听器和 JButton 的监听器,处理 JTextArea 的鼠标事件,包括响应鼠标拖动以及鼠标单击、进入和退出等操作;同时处理单击 JButton 的操作。

例 8-11 监听多种事件的监听器。

```
import java.awt.*;
import java.awt.event.*;
import javax.swing.*;
public class ComplexListener implements
        MouseMotionListener, MouseListener,ActionListener{
    JFrame f;
    JTextArea tf;
    JButton bt;
    int number = 1;
    public ComplexListener(){
```

```
        JLabel label = new JLabel("click and Drag the mouse");
        f = new JFrame("Complex Listener");
        tf = new JTextArea();
        bt  =  new JButton("退出");

        tf.addMouseMotionListener(this);
        tf.addMouseListener(this);
        bt.addActionListener(this);

        f.add(label,BorderLayout.NORTH);
        f.add(tf,BorderLayout.CENTER);
        f.add(bt,BorderLayout.SOUTH);
        f.setSize(300,200);
        f.setVisible(true);
    }

    //MouseMotionListener 的方法
    public void mouseDragged(MouseEvent e){
        String s  =  number +++ " " + "The mouse Dragged: x =  " + e.getX() + " y = " + e.getY() + "\n";
        tf.append(s);
    }

    //MouseListener 的方法
    public void mouseEntered(MouseEvent e){
        String s  =  number +++ "  " + "The mouse entered" + "\n";
        tf.append(s);
    }

    public void mouseClicked(MouseEvent e){
        String s  =  number +++ "  " + "The mouse clicked." + "\n";
        tf.append(s);
    }

    public void mouseExited(MouseEvent e){
        String s  = number +++ "  " +  "The mouse exit." + "\n";
        tf.append(s);
    }
    //未使用的 MouseMotionListener 方法
    public void mouseMoved(MouseEvent e){ }

    //未使用的 MouseListener 方法
    public void mouseReleased(MouseEvent e){ }
    public void mousePressed(MouseEvent e){ }

    //ActionListener 的方法
    public void actionPerformed(ActionEvent e){
        System.exit(0);
    }
    public static void main(String args[ ]){
        ComplexListener two  =  new ComplexListener();
    }
}
```

例 8-11 的运行结果如图 8-20 所示。

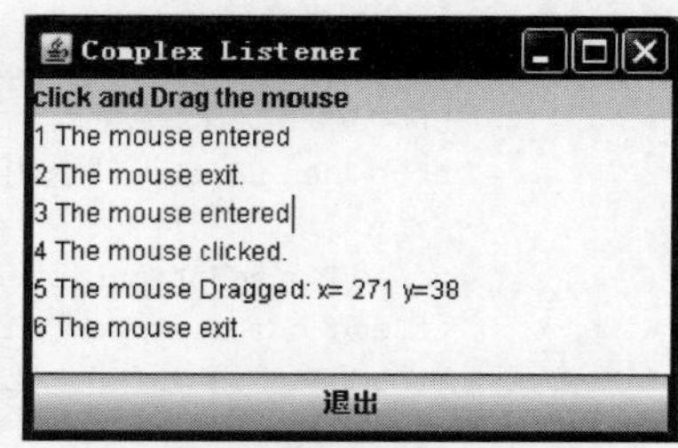

图 8-20　例 8-11 的运行结果

AWT 的事件处理机制允许一个组件上注册多个监听器,而且多个监听器可以监听同一个事件。可以多次调用组件的 add*XXX*Listener()方法,来指定任意数量的不同的监听器。当这些监听器监听的事件发生时,系统将调用所有监听器的相关事件处理方法,这些方法的调用顺序系统是没有定义的。如果各监听器事件处理方法的调用顺序比较重要,则可以只注册一个监听器,由该监听器按照顺序调用其他监听器。

例 8-12 是在组件上注册监听同一个事件的多个监听器的例子。程序中创建了一个窗口,包含两个 JButton 作为事件源,另外还创建了两个监听器。第一个监听器是 MultiListener 类的实例对象,它监听两个 JButton 的 ActionEvent。当接收到事件后,将 JButton 上的标签在窗口上方的文本区中显示。第二个监听器是内部类 Eavesdropper 的实例对象,它只监听窗口中右边 JButton 的 ActionEvent。当接收到事件后,将 JButton 上的标签在窗口的下方的文本区中显示。因此,窗口中右边的 JButton 注册了两个监听 ActionEvent 事件的监听器,当单击该 JButton 时,两个监听器将同时被调用,两个文本域中将同时显示相应的信息。

例 8-12　多监听器示例。

```
import java.awt.*;
import java.awt.event.*;
import javax.swing.*;
public class MultiListener extends JFrame implements ActionListener {
    JTextArea topTextArea;
    JTextArea bottomTextArea;
    JButton button1, button2;

    public MultiListener(String s) {
        super(s);
        JLabel l = null;
        GridBagLayout gridbag = new GridBagLayout();
        GridBagConstraints c = new GridBagConstraints();
        setLayout(gridbag);   //Frame 设置为 GridBagLayout 布局管理器

        c.fill = GridBagConstraints.BOTH;
        c.gridwidth = GridBagConstraints.REMAINDER;
        l = new JLabel("监听器听到的:");
        gridbag.setConstraints(l, c);
        add(l);

        c.weighty = 1.0;
        topTextArea = new JTextArea(5, 20);
        topTextArea.setEditable(false);
        gridbag.setConstraints(topTextArea, c);
```

```
        add(topTextArea);

        c.weightx = 0.0;
        c.weighty = 0.0;
        l = new JLabel("偷听者听到的:");
        gridbag.setConstraints(l, c);
        add(l);

        c.weighty = 1.0;
        bottomTextArea = new JTextArea(5, 20);
        bottomTextArea.setEditable(false);
        gridbag.setConstraints(bottomTextArea, c);
        add(bottomTextArea);

        c.weightx = 1.0;
        c.weighty = 0.0;
        c.gridwidth = 1;
        c.insets = new Insets(10, 10, 0, 10);
        button1 = new JButton("啦 啦 啦");
        gridbag.setConstraints(button1, c);
        add(button1);

        c.gridwidth = GridBagConstraints.REMAINDER;
        button2 = new JButton("你别说话!");
        gridbag.setConstraints(button2, c);
        add(button2);

        //当前 MultiListener 对象同时监听两个 Button 的事件
        button1.addActionListener(this);
        button2.addActionListener(this);

        //为第二个 Button 再注册一个监听器
        button2.addActionListener(new Eavesdropper());

        //向窗口注册响应关闭窗口操作的监听器
        addWindowListener(new WindowAdapter() {
            public void windowClosing(WindowEvent e) {
              System.exit(0);
            }
        });
        pack();
        setVisible(true);
    }

    public void actionPerformed(ActionEvent e) {
        topTextArea.append(e.getActionCommand() + "\n");
    }
```

```
    //第二个 Button 的监听器类
    class Eavesdropper implements ActionListener {
        public void actionPerformed(ActionEvent e) {
            bottomTextArea.append("OK," + e.
                    getActionCommand() + "\n");
        }
    }

    public static void main(String[ ] args){
        MultiListener  m = new MultiListener("Multilistener
                                      example");
    }
}
```

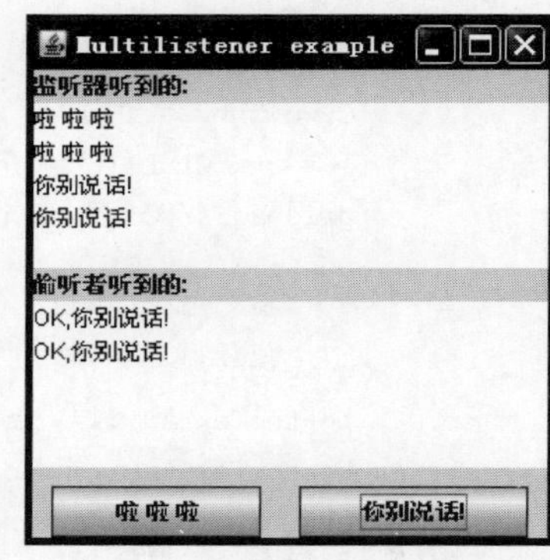

图 8-21 例 8-12 的运行结果

例 8-12 的运行结果如图 8-21 所示。

8.3.5 事件适配器

有些 AWT 事件监听器接口如 MouseListener 和 WindowListener 都包含五六个方法,在定义监听器类时,不管是否使用这些方法,都要将这些方法列出并实现,这给程序开发者带来了不便。为此,Java 为每个包含两个以上方法的监听器接口提供了事件适配器类(Event Adapter),如表 8-1 所示。这些适配器类实现了相应的监听器接口,但所有的方法体都是空的。我们可以把自己的监听器类声明为相应适配器类的子类,这样可只重写需要的方法。

例如,如果要定义一个 MouseClickHandler 监听器类,响应用户单击鼠标的操作,可以这样定义:

```
public class MouseClickHandler extends MouseAdapter{
    public void mouseClicked(MouseEvent e){
        …
    }
}
```

注意:

(1) 用户定义的监听器类只能继承一个适配器类,并且一旦从适配器继承就不能再继承其他类。

(2) 在这样的类中,被重写的适配器方法不能有声明错误,否则就是定义一个新的方法,该方法不能在事件发生时被系统自动调用。

8.3.6 基于内部类与匿名类的事件处理

事件适配器给监听器类的定义带来了方便,但同时也限制了监听器类对其他类的继承。例如,假设要编写一个 Applet 程序,主类名称为 MyApplet,MyApplet 中要包含鼠标事件的处理方法。因为 MyApplet 类是 Applet 类的子类,所以该类将不能再继承 MouseAdapter。解决这个问题的有效方法是采用内部类,即在 MyApplet 类内部定义一个继承 MouseAdapter 的监听器类,该类的对象将可以注册为 MyApplet 及其所包含组件的监听器。

例 8-13 使用内部类继承 WindowAdapter 方式执行关闭窗口操作。

例 8-13 用内部类定义监听器。

```
import java.awt.*;
import java.awt.event.*;
import javax.swing.*;
public class MyFrameCanExit2 extends JFrame {
    public static void main(String args[]){
        MyFrameCanExit2 fr = new MyFrameCanExit2("Hello!");
        fr.addWindowListener(fr.new WindowHandler());   //注册窗口事件监听器
        fr.setSize(200,200);
        fr.setVisible(true);
    }
    public MyFrameCanExit2(String str){
        super(str);
    }
    class WindowHandler extends WindowAdapter{
        public void windowClosing(WindowEvent e) {
            System.exit(0);
        }
    }
}
```

例 8-13 的运行结果是显示一个以"Hello!"为标题的窗口，在单击窗口右上角的关闭按钮时，窗口将关闭并结束程序运行。

还可以采用一种特殊形式的内部类——匿名类来进行 AWT 事件处理。

例 8-14 将例 8-13 中的内部类 WindowHandler 改为匿名类。

例 8-14 用匿名类定义监听器。

```
import java.awt.*;
import java.awt.event.*;
import javax.swing.*;
public class MyFrameCanExit3 extends JFrame {
    public static void main(String args[]){
        MyFrameCanExit3 fr = new MyFrameCanExit3("Hello!");
        fr.addWindowListener(new WindowAdapter(){
                public void windowClosing(WindowEvent e) {
                System.exit(0);
            }
        });                                              //注册窗口事件监听器
        fr.setSize(200,200);
        fr.setVisible(true);
    }
    public MyFrameCanExit3(String str){
        super(str);
    }
}
```

例 8-14 的运行结果同例 8-13。

通过上面的例子可以发现，使用匿名类进行事件处理可以精简程序的代码，但会降低程序的可读性,所以应当限制匿名类的使用。一般匿名类多用于事件处理中,并且只包含一两个方法。

8.3.7 Swing 中新增的事件及其监听器接口

Swing 仍然使用 AWT 的基于监听器的事件处理机制。因此 Swing 中基本的事件处理需要使用 java. awt. event 包中的类,另外 java. swing. event 包中也增加了一些新的事件及其监听器接口。表 8-2 中列出了 Swing 中的组件及其对应的监听器接口。

表 8-2 Swing 组件及其对应的监听器接口

组件名称	监听器 *XXX*Listener							
	Action	Caret	Change	Document,UndoableEdit	Item	ListSelection	Window	其 他
JButton	√		√		√			
JCheckBox	√		√		√			
JColorChooser			√					
JComboBox	√				√			
JDialog							√	
JEditorPane		√		√				HyperLink
JFileChooser	√							
JFrame							√	
JInternalFrame								InternalFrame
JList						√		ListData
JMenu								Menu
JMenuItem	√		√		√			MenuKey MenuDragMouse
JOptionPane								
JPasswordField	√	√		√				
JpopupMenu								PopupMenu
JProgressBar			√					
JRadioButton	√		√		√			
JSlider			√					
JTabbedPane			√					
JTable						√		TableModel TableColumnModel CellEditor
JTextArea		√		√				
JTextField	√	√		√				
JtextPane		√		√				HyperLink
JTree								TreeExpansion TreeWillExpand TreeModel TreeSelection
JViewport			√					

8.4　Swing 组件

Swing 不但用轻量级组件代替了 AWT 中的重量级组件，而且 Swing 组件中增加了其他特性。Swing 中的组件都以 J 开头，很多组件都是在 AWT 的同类组件前增加了一个"J"。本节将对 Swing 组件进行全面介绍。

8.4.1　概述

1. Swing 组件分类

在介绍各个 Swing 组件之前，首先对 Swing 组件进行一下整体介绍。Swing 组件可以分为以下几类。

1）顶层容器组件

这些组件在 Swing GUI 层次体系的顶层，主要包括 JFrame、JApplet、JDialog 等。

2）通用容器

具有普遍应用场合的中间层容器，包括 JPanel、JScrollPane、JSplitPane、JToolBar 等。

3）特殊容器

在 GUI 中起特殊作用的中间层容器，包括 JIternalFrame、JLayeredPane、JRootPane 等。

4）基本控制组件

这些基本组件主要用于接收用户的输入，它们一般也能够显示简单的状态，包括 JButton、JComboBox、JList、JMenu、JSlider、JTestField 等。

5）不可编辑的信息显示组件

完全用来显示信息的组件，包括 JLabel、JProgressBar 等。

6）可编辑的信息显示组件

这些组件用来显示可被用户编辑修改的格式化信息，包括 JTable、JFileChooser、JTree 等。

2. JComponent 类

Swing 组件中，除了顶层容器组件，所有以"J"开头的组件都是 JComponent 类的子类。JComponent 是 java.awt.Container 类的子类，是一个抽象类，提供了 Swing 组件需要的一般性功能和相应的方法，如下所述。

1）组件提示信息

通过 JComponent 类的 setTooltipText(String text)方法，可以向用户提供组件的帮助信息。当光标在组件上短暂停留时，该信息就会显示出来。

2）组件边框设置

使用 JComponent 类的 setBorder(Border border)方法可以设置组件的外围边框。使用 Border 类的子类 EmptyBorder 的对象可以在组件周围留出空白。

3）可设置 L&F

每个 JComponent 对象有一个相应的 ComponentUI 对象，完成确定组件尺寸、绘制组件以及事件处理等工作。ComponentUI 对象依赖当前使用的 L&F，用 UIManager.setLookAndFeel()

可以设置需要的组件显示风格。

4）支持布局

Component 类提供了有关组件布局的方法，如 getPreferredSize()和 getAlignmentX()，JComponent 类在此基础上，又增加了一些相关参数的设置方法，如 setPreferredSize()、setMinimumSize()、setMaximumSize()、setAlignmentX()以及 setAlignmentY()等方法。

5）支持高级访问方式

JComponent 类提供了相关的方法，支持一些辅助性的高级访问技术从 Swing 组件中读取信息。

6）支持拖放

JComponent 类提供了设置组件"传递句柄"(Transfer Handler)的方法。组件传递句柄是实现 Swing 组件之间通过拖放进行数据交换的基础。组件拖放中，组件 1 通过"拖"操作将组件数据打包并用传递句柄指向该包，组件 2 通过"放"的操作将组件 1 传递句柄所指的数据包释放到组件 2 中，从而实现这两个组件之间的数据交换。

7）支持双缓冲

使用双缓冲技术能够改进组件的显示效果。与 AWT 组件不同，JComponent 组件默认采用双缓冲区，应用程序不必自己重写代码。如果想关闭双缓冲区，可以调用组件的 setDoubleBuffered(false)方法。

8）支持键盘上的键与组件的绑定

使用 registerKeyboardAction()方法，能使用户用键盘代替鼠标来驱动组件。JComponent 类的子类 AbstractButton 还提供了 setMnemonic()方法，该方法指定的键值与当前 L&F 使用的特殊修饰共同构成热键。

8.4.2 容器类组件

1. 对话框类

顶层容器主要包括 JFrame、JApplet、JDialog 等。JFrame 已经在前面介绍，JApplet 将在第 9 章 Applet 一章进行说明，本节主要介绍对话框类。

Swing 中有几个类都支持对话框，包括简单标准的对话框 JOptionPane，显示操作进程的 ProgressMonitor，两个标准的对话框 JColorChooser 和 JFileChooser，另外 JDialog 类用来创建可定制的对话框。

每个对话框都依赖于一个窗口(frame)。它会随着窗口的关闭而关闭，随着窗口的最小化而隐藏，随着窗口的复原而再次显示。对话框可以是模式的(Model)或非模式的(Non-Model)。模式对话框在显示时将阻塞用户对所有其他窗口的操作，如 JOptionPane；非模式在显示时并不阻塞用户对其他窗口的操作，如 JDialog。

JOptionPane 是非常简单而又常用的一个对话框类，可以用来方便地建立多种用途的对话框。JOptionPane 支持标准对话框布局，可以指定对话框标题、对话框中显示的图标与文本，并且可以自定义按钮文本。JOptionPane 可以使用的图标包括自定义图标和 4 种标准 JOptionPane 图标：提问(question)、信息显示(information)、警告(warning)和错误(error)。标准图标在每种 Look&Feel 中都有不同的显示风格，图 8-22 是 Java Look&Feel

中 4 种 JOptionPane 标准图标。

JOptionPane 提供了 show*XXX*Dialog()方法，用于显示各种简单的模式对话框，包括确认对话框、输入对话框、消息对话框和选项对话框。由于 show*XXX*Dialog()方法是 JOptionPane 的静态方法，所以可以通过 JOptionPane 类名直接调用。JOptionPane 类所显示的对话框具有图 8-23 所示的一般性结构。

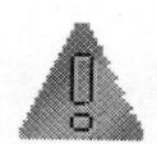

图 8-22 JOptionPane 的 4 种标准图标(Java Look&Feel)

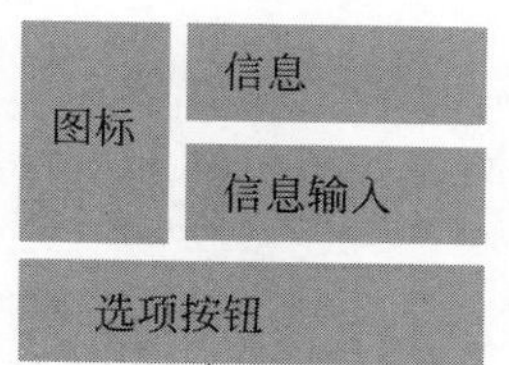

图 8-23 JOptionPane 类对话框的一般结构

显示各种对话框的 show*XXX*Dialog()方法如表 8-3 所示。

表 8-3 JOptionPane 类的显示对话框方法

方 法 名	描 述
showConfirmDialog	确认对话框，询问确认信息，如 yes，no，cancel
showInputDialog	输入对话框，提示用户输入信息
showMessageDialog	消息对话框，告诉用户发生了某件事情
showOptionDialog	选项对话框，是上述 3 个方法的综合

表 8-3 中的 show*XXX*Dialog()方法都要用到如下参数。

- Component *parentComponent*：定义对话框所依赖的窗口。该参数可为 null，这时使用默认的窗口，并且对话框将在屏幕中央显示。
- Object *message*：该参数指定了对话框中要显示的内容。一般指定为一个字符串。
- String *title*：指定对话框的标题。
- int *optionType*：指定对话框底部要出现的一组按钮。从下列标准设置中选取，这些值都是在 JOptionPane 中定义的静态常量：DEFAULT_OPTION、YES_NO_OPTION、YES_NO_CANCEL_OPTION、OK_CANCEL_OPTION。
- int *messageType*：指定信息显示的风格，可以从下列值中选取，这些值都是在 JOptionPane 中定义的静态常量，它们都带有默认的图标：PLAIN_MESSAGE(无图标)、ERROR_MESSAGE、INFORMATION_MESSAGE、WARNING_MESSAGE、QUESTION_MESSAGE。
- Icon *icon*：指定对话框中显示的图标。该参数的默认值是由 *massageType* 参数所指定的值。
- Object[] *options*：是对话框底部按钮更详细的描述。一般是一个字符串数组。
- Object *initialValue*：指定要选取项的默认输入值。

另外，JOptionPane 类还提供了 showInternal*XXX*()的方法，使用内部窗口(internal frame)的方式显示相应的对话框。

下面分别介绍 4 种对话框的 show*XXX*Dialog()方法的使用。

1）ShowMessageDialog——消息对话框

消息对话框用来显示一些提示性信息。

下面的代码创建了图 8-24 所示的两个消息对话框。对话框的标题表示了对话框显示信息的类型。

```
…
//带有"信息"(information)图标、标题为"消息"的对话框
JOptionPane.showMessageDialog(this,
    "Eggs aren't supposed to be green.");
…
//带有"警告"图标的消息对话框
JOptionPane.showMessageDialog(this,
    "Eggs aren't supposed to be green.",
    "Warning", JOptionPane.WARNING_MESSAGE);
```

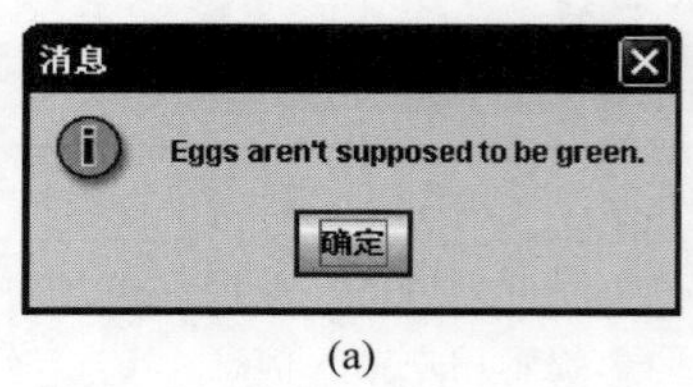

(a)

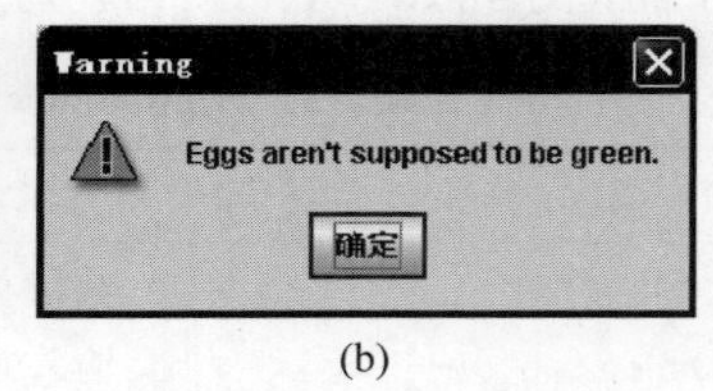

(b)

图 8-24　消息对话框示例

2）showOptionDialog——选项对话框

选项对话框的返回值是用户所单击的按钮在 Options 数组中的序号。下面的代码创建了图 8-25 所示的选项对话框。

```
//定义按钮上的文本
Object[] options = {"Yes, please", "No, thanks",  "No eggs, no ham!"};
int n = JOptionPane.showOptionDialog(frame,
            "Would you like some green eggs to go "
            + "with that ham?",
            "A Silly Question",
            JOptionPane.YES_NO_CANCEL_OPTION,
            JOptionPane.QUESTION_MESSAGE,
            null,options,options[2]);
```

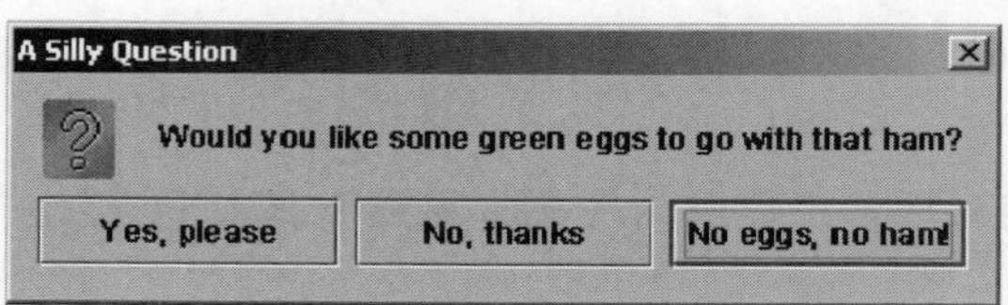

图 8-25　选项对话框示例

3）showInputDialog——输入对话框

showInputDialog()方法有多种格式，它们都是保留 message 参数而省略了其他不同参

数构成的。

下面(a)和(b)两段代码创建了图 8-26 所示的两个输入对话框。

```
(a) Object[] possibleValues = { "First", "Second", "Third" };
    Object selectedValue = JOptionPane.showInputDialog(null,
                                   "Choose one", "Input",
                                   JOptionPane.INFORMATION_MESSAGE, null,
                                   possibleValues, possibleValues[0]);
(b) String inputValue = JOptionPane.showInputDialog("Please input a value");
```

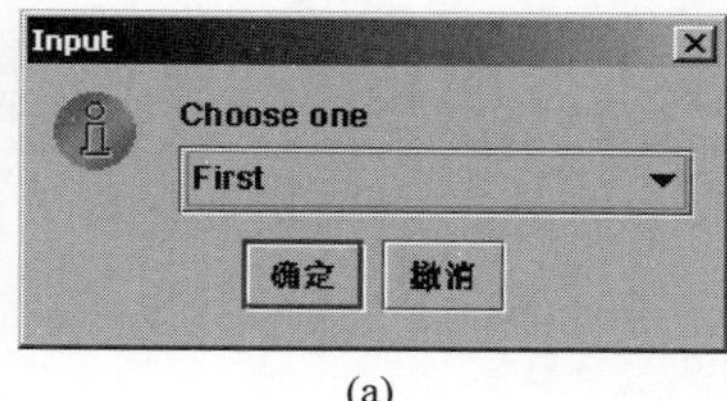

(a)

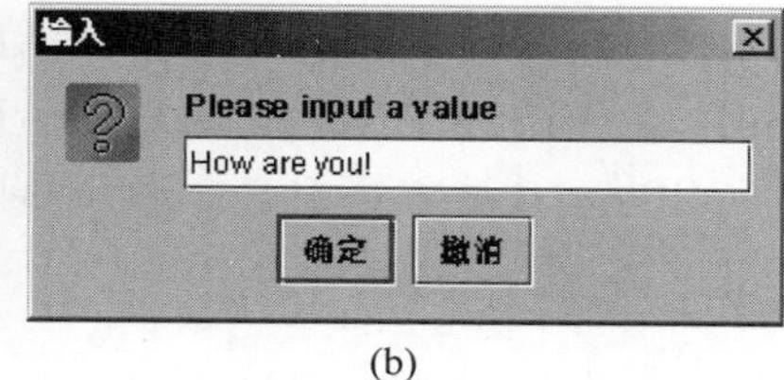

(b)

图 8-26　输入对话框示例

4) showConfirmDialog——确认对话框

下面的代码创建了图 8-27 所示的确认对话框。

```
JOptionPane.showConfirmDialog(null,
            "choose one", "choose one", JOptionPane.
            YES_NO_OPTION);
```

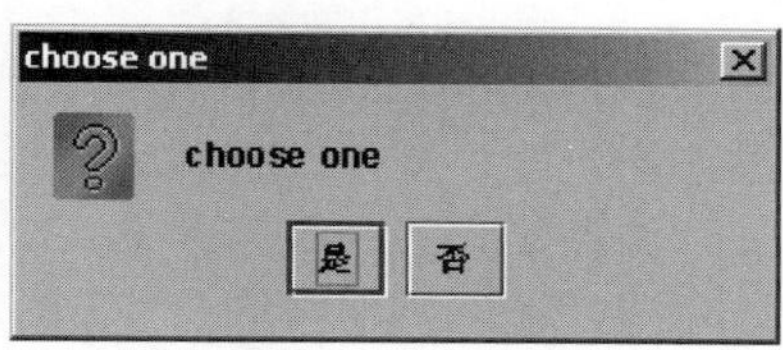

图 8-27　确认对话框示例

2. 通用容器

通用容器是具有广泛用途的普通中间层容器，包括 JPanel、JScrollPane、JSplitPane、JTabbedPane、JToolBar 等。JPanel 已经在前面介绍了，下面介绍其他通用容器。

1) 滚动面板 JScrollPane

JScrollPane 为 Swing 组件提供了可滚动的视图，它由下列部分组成：一个视口(Viewport)、可选的垂直和水平滚动条、可选的行和列的头部以及视口对应显示的组件，称为可滚动的客户组件(scrollable client)，如图 8-28 所示。客户组件实际上是 JScrollPane 的数据模型。

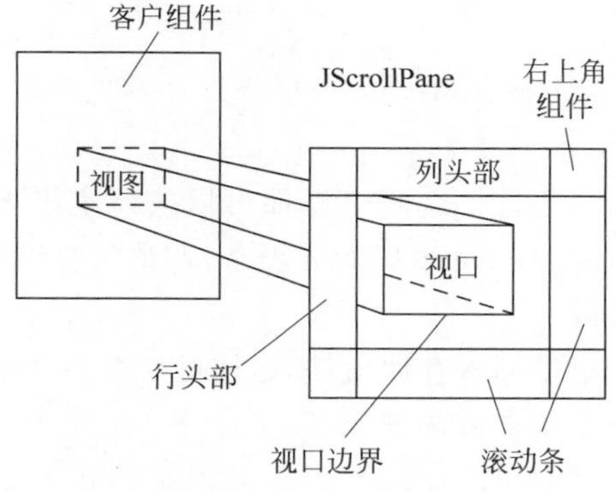

图 8-28　JScrollPane 的结构与原理

创建一个 JScrollPane 时，需要指定客户组件，另外还可以指定水平和垂直滚动条的显示策略。可以通过以下方法构造 JScrollPane：

```
public JScrollPane(Component view, int vsbPolicy, int hsbPolicy);
```

其中各项参数的含义如下。

（1）view 指定客户组件。

（2）vsbPolicy 和 hsbPolicy 指定水平和垂直滚动条的显示策略，从以下值中选取：

- JScrollPane. VERTICAL_SCROLLBAR_AS_NEEDED
- JScrollPane. VERTICAL_SCROLLBAR_NEVER
- JScrollPane. VERTICAL_SCROLLBAR_ALWAYS

另外，JScrollPane 构造方法中 3 个参数都可以分别进行省略，因此还可以使用下列构造方法：

```
public JScrollPane(Component view)
public JScrollPane(int vsbPolicy, int hsbPolicy)
public JScrollPane()
```

如果不指定垂直和水平滚动条显示策略，则是在视口小于客户组件时滚动条自动出现；如果不指定客户组件，则可以通过 setViewportView(Component view)方法指定。

例如下列语句将创建 JScrollPane。所创建的 JScrollPane 如图 8-29 所示。

```
…
textArea = new JTextArea(5, 30);
…
JScrollPane scrollPane = new JScrollPane(textArea);
```

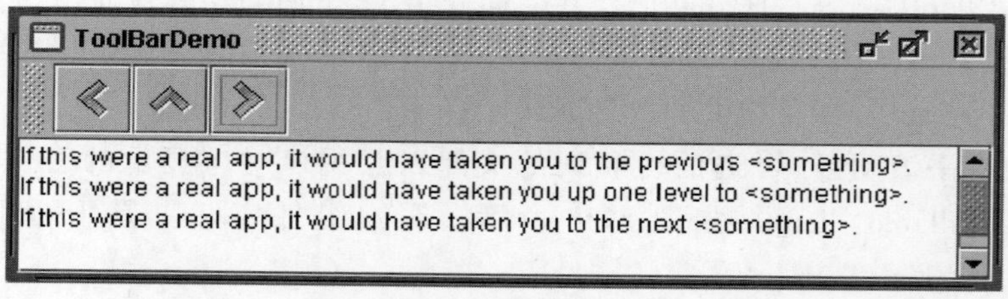

图 8-29　JScrollPane 示例

JScrollPane 类中还包含对 JScrollPane 进行修饰和其他设置的方法。

2）分隔面板 JSplitPane

JSplitPane 可以显示两个组件。这两个组件可以按照水平方向摆放，也可按照垂直方向摆放。用户还可以操作 JSplitPane 中央的分隔条，调整两个组件所占空间的大小。另外，还可以构造嵌套的 JSplitPane。

JSplitPane 中一般使用滚动面板存放组件，这样可以更有效地利用有限的屏幕空间。

JSplitPane 可以使用以下构造方法创建：

```
JSplitPane(int newOrientation, Component newLeftComponent,Component newRightComponent);
```

其中各项参数的含义如下。

- newOrientation 指定 JSplitPane 的分隔方向，可以在两个值中选取：JSplitPane. HORIZONTAL_SPLIT 和 JSplitPane. VERTICAL_SPLIT。
- newLeftComponent 指定位于 JSplitPane 左边或上边区域的组件。
- newRightComponent 指定位于 JSplitPane 右边或下边区域的组件。

下面的代码创建了图 8-30 所示的分隔面板。

```
//创建带有两个滚动面板的分隔面板
splitPane = new JSplitPane(JSplitPane.HORIZONTAL_SPLIT,
                           listScrollPane, pictureScrollPane);
splitPane.setOneTouchExpandable(true);     //设置每个分面板的快速扩展按钮
splitPane.setDividerLocation(150);         //设置分隔条的位置

//指定滚动面板中两个组件的最小尺寸
Dimension minimumSize = new Dimension(100, 50);
listScrollPane.setMinimumSize(minimumSize);
pictureScrollPane.setMinimumSize(minimumSize);
```

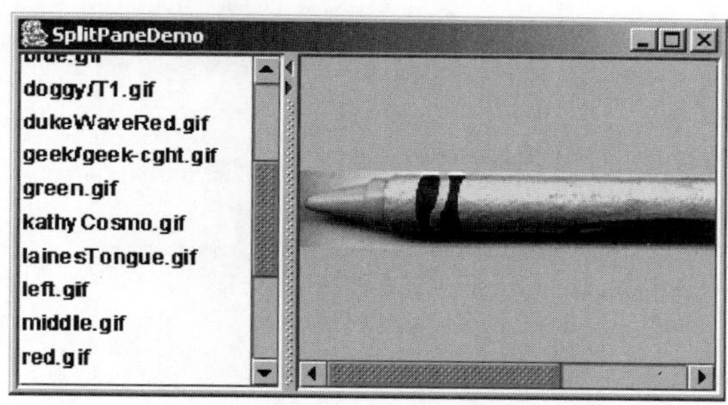

图 8-30　JSplitPane 示例

3）标签面板 JTabbedPane

通过 JTabbedPane 类，可以实现几个组件(通常是面板类组件)共享同一个屏幕显示空间。用户通过选取每个组件所对应的标签来选择并操作组件。JTabbedPane 与 AWT 中的卡片布局管理器(CardLayout)功能相似。

标签面板的创建，只需实例化一个 JTabbedPane 类的对象，创建要显示的各个组件，然后把这些组件添加到 JTabbedPane 的对象中。常用的 JTabbedPane 方法包括如下几种。

(1) JTabbedPane 类构造方法：

```
JTabbedPane();
JTabbedPane(int tabPlacement);
JTabbedPane(int tabPlacement, int tabLayoutPolicy);
```

其中各项参数的含义如下。

- tabPlacement 指定组件标签的显示位置，可取的值包括 JTabbedPane. TOP、JTabbedPane. BOTTOM、JTabbedPane. LEFT 和 JTabbedPane. RIGHT。默认是放在组件顶部。
- tabLayoutPolicy 指定标签的布局策略。当有多个标签充满 JTabbedPane 的窗口时,采用此标签布局策略。可取两个值:WRAP_TAB_LAYOUT 或 SCROLL_TAB_LAYOUT。

(2) 向 JTabbedPane 中添加带有标签的组件:

```
void addTab(String title, Icon icon,Component component,String tip);
void addTab(String title, Icon icon,Component component);
void addTab(String title, Component component);
```

其中各项参数的含义如下。

- title 指定标签上的文字。
- icon 指定标签上的图标。
- component 指定选择该标签时要显示的组件。
- tip 指定标签的提示信息。

例 8-15 创建了一个简单的标签面板。

例 8-15 标签面板示例。

```
import javax.swing.*;
import java.awt.*;
import java.awt.event.*;
public class TabbedPaneDemo extends JPanel {
    public TabbedPaneDemo() {
        ImageIcon icon = new ImageIcon("new.gif");
        JTabbedPane tabbedPane = new JTabbedPane();

        Component panel1 = makeTextPanel("你好!");
        tabbedPane.addTab("One", icon, panel1, "Does nothing");
        tabbedPane.setSelectedIndex(0);

        Component panel2 = makeTextPanel("Blah blah");
        tabbedPane.addTab("Two", icon, panel2, "Does twice as much nothing");

        Component panel3 = makeTextPanel("Blah blah blah");
        tabbedPane.addTab("Three", icon, panel3, "Still does nothing");

        Component panel4 = makeTextPanel("Blah blah blah blah");
        tabbedPane.addTab("Four", icon, panel4, "Does nothing at all");

        //将标签面板添加到当前面板中
        setLayout(new GridLayout(1, 1));
        add(tabbedPane);
    }
    protected Component makeTextPanel(String text) {
        JPanel panel = new JPanel(false);
        JLabel filler = new JLabel(text);
        filler.setHorizontalAlignment(JLabel.CENTER);
        panel.setLayout(new GridLayout(1, 1));
        panel.add(filler);
```

```
        return panel;
    }
    public static void main(String[ ] args) {
        JFrame frame = new JFrame("TabbedPaneDemo");
        frame.addWindowListener(new WindowAdapter() {
            public void windowClosing(WindowEvent e) {System.exit(0);}
        });
        frame.getContentPane().add(new TabbedPaneDemo(),
                                   BorderLayout.CENTER);
        frame.setSize(400, 125);
        frame.setVisible(true);
    }
}
```

例 8-15 的运行结果如图 8-31 所示。

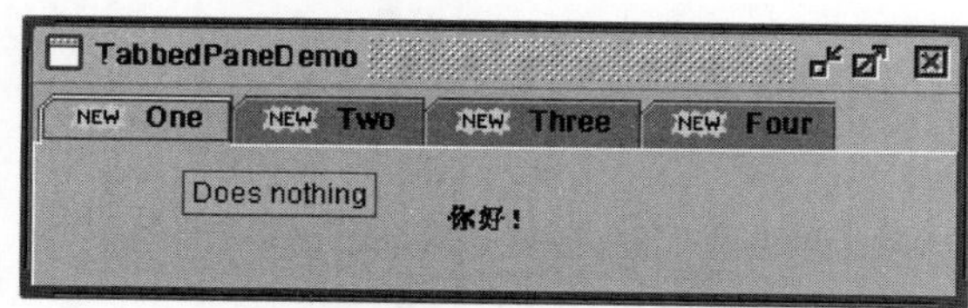

图 8-31　JTabbedPane 示例

4）工具条 JToolBar

工具条 JToolBar 是一个组件容器，它将一些组件(通常是带图标的按钮)以一行或一列显示。工具条通常提供了菜单中某些常用功能的快捷访问方式。

工具条的创建中，首先实例化一个 JToolBar 的对象，然后再向其中增加组件。添加组件方法如下：

```
Component add(Component comp);
```

该方法是 JToolBar 从 java.awt.Container 继承而来的方法。

其他常用的方法包括以下两种。

- void addSeparator()：在工具条的后面添加一个默认大小的分隔符。
- void setFloatable(Boolean b)：设置工具条是否能够被移动，如果 b 为 true 则可以移动，b 为 false 则不可以。

下面的代码创建了如图 8-32 所示的工具条。工具条的第一个按钮可以响应单击操作并带有按钮提示。

```
…
//创建工具条
JToolBar toolBar = new JToolBar();

//创建并添加第一个按钮
button = new JButton(new ImageIcon("left.gif"));
button.setToolTipText("This is the left button");
button.addActionListener(new ActionListener() {
```

```
        public void actionPerformed(ActionEvent e) {
            displayResult("Action for first button");
        }
    });
    toolBar.add(button);

    //创建并添加第二个按钮
    button = new JButton(new ImageIcon("middle.gif"));
    toolBar.add(button);

    //创建并添加第三个按钮
    button = new JButton(new ImageIcon("right.gif"));
    toolBar.add(button);

    //创建并添加第四个按钮
    button = new JButton("Another button");
    toolBar.addSeparator();
    toolBar.add(button);

    //创建并添加一个文本域
    JTextField textField = new JTextField("A text field");
    toolBar.addSeparator();
    toolBar.add(textField);
    …
```

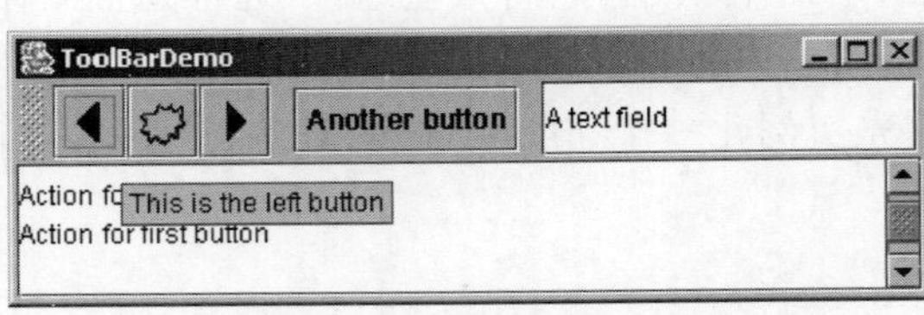

图 8-32 JToolBar 示例

3. 特殊容器

特殊容器是指在 GUI 中起特殊作用的中间层容器,包括 JIternalFrame,JLayeredPane,JRootPane。

1) 内部窗口 JIternalFrame

JIternalFrame 是在一个 JFrame 窗口中显示的窗口。一般将内部窗口放在一个桌面面板上。而该桌面面板可以作为一个 JFrame 的内容面板。桌面面板是 JDesktopPane 的实例。JDesktopPane 类是 JLayeredPane 的子类,它增加了管理多个相互覆盖的内部窗口的 API。图 8-33 显示的是一个普通窗口中包含两个内部窗口。

在使用内部窗口时,必须要考虑仔细并且要遵守以下原则。

- 必须设置内部窗口的大小。
- 应该设置内部窗口在主窗口中的位置。
- 内部窗口的组件要放在该窗口的内容面板中。
- 内部窗口必须添加到一个容器(通常是一个 JFrame)中。

• 为了显示内部窗口,需要调用它的 show()或 setVisible()方法。

• 内部窗口将产生 InternalFrameEvent 而不是 WindowEvent。

2) 分层面板 JLayeredPane

分层面板提供了定位所容纳组件的第三维坐标——深度。当向分层面板中添加组件时,用一个整型数指定其深度。如果不同深度的组件之间有重叠,则深度较大的组件将绘制在深度较小的组件之上。分层面板如图 8-34 所示。

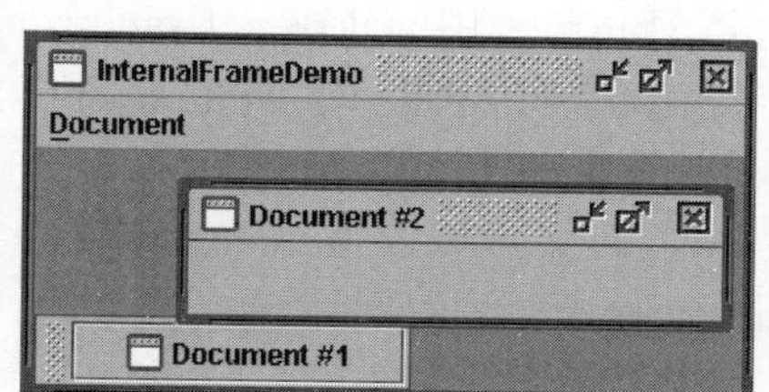

图 8-33 内部窗口示例

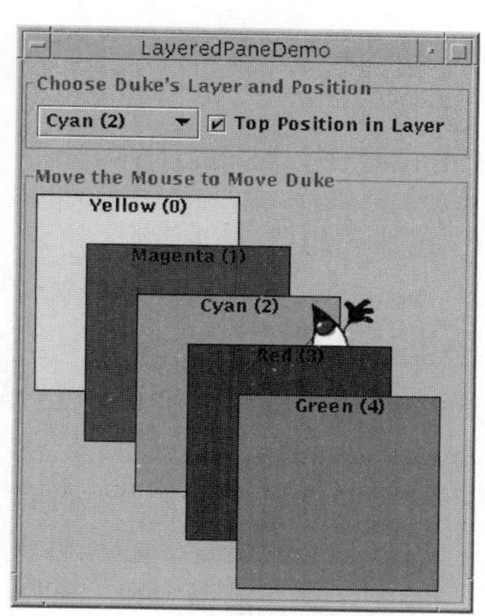

图 8-34 分层面板示例

Swing 提供了两种分层面板: JLayeredPane 和 JDesktopPane。前面已经提到过, JDesktopPane 是 JLayeredPane 的子类,专门用来容纳内部窗口。

向一个分层面板中添加组件时,需要说明将其加入哪一层,并指明组件在该层中的位置,可以使用下列方法:

```
add(Component c, Integer Layer, int position);
```

JLayeredPane 类的 moveToFront(Component)、moveToBack(Component)和 setPosition()方法可用来调整组件在其所在层次中的位置。setLayer()方法可用来改变组件所在的面板层次。

3) 根面板 JRootPane

根面板一般不在程序中显式创建。当创建一个内部窗口或任何一个顶层容器对象时,将得到一个 JRootPane 的对象。根面板由 4 部分组成:玻璃面板(Glass Pane)、内容面板(Content Pane)、分层面板(Layered Pane)和可选的菜单条,如图 8-35 所示。

玻璃面板是完全透明的,默认是不可见的。如果实现了它的 paint()方法,则该面板可实现某些操作,并且将拦截根面板的所有输入事件。分层面板包含了根面板和可选的菜单条。内容面板是根面板中除了菜单条以外其他可见组件的容器。菜单条是可选的,它包含了根面板容器的菜单,一般使用 setJMenuBar()方法设置根面板容器的菜单。

对于一个 JRootPane 对象,可以用 get*XXX*Pane()和 set*XXX*Pane()方法获取和设置根面板中的各种面板。

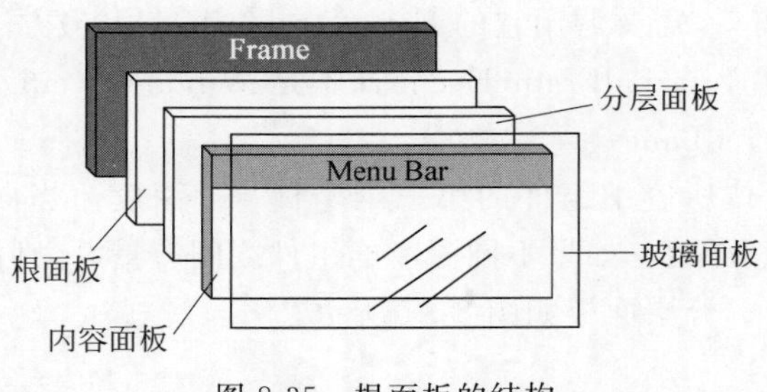

图 8-35　根面板的结构

8.4.3　常用基本组件

1. 按钮类组件

1）AbstractButton 与 JButton

Swing 中定义了一个抽象类 AbstractButton，它是 JButton、JCheckBox、JRadioButton、JMenuItem、JCheckBoxMenuItem 和 JRadioButton 类的父类，因此这些类的对象都具有 AbstractButton 类所定义的如下特征。

- 可以既显示文字又显示图像，如图 8-36 所示。
- 可以定义快捷键。在很多 L&F 中，Alt 键加上按钮上显示的带下画线的字母，就构成了该按钮的快捷键。
- 组件在失效时，当前 L&F 会自动将组件的外观更新为失效状态。
- 事件处理使用 AWT 中的事件处理机制。

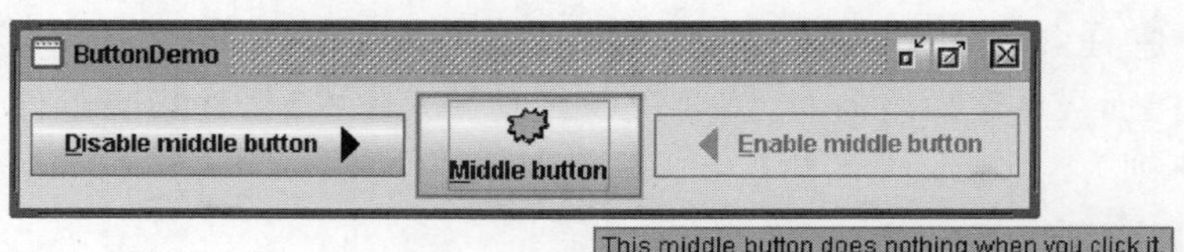

图 8-36　JButton 示例

下面的代码显示 3 个按钮，如图 8-36 所示，按钮上显示了图标，定义了快捷键以及提示信息。

```
…
ImageIcon leftButtonIcon = new ImageIcon("right.gif");
ImageIcon middleButtonIcon = new ImageIcon("middle.gif");
ImageIcon rightButtonIcon = new ImageIcon("left.gif");

//创建左边的按钮
b1 = new JButton("Disable middle button", leftButtonIcon);
b1.setVerticalTextPosition(AbstractButton.CENTER);        //设置文本的垂直位置
b1.setHorizontalTextPosition(AbstractButton.LEADING);     //设置文本的水平位置
b1.setMnemonic(KeyEvent.VK_D);                            //设置快捷键
b1.setActionCommand("disable");

//创建中间的按钮
```

```
b2 = new JButton("Middle button", middleButtonIcon);
b2.setVerticalTextPosition(AbstractButton.BOTTOM);
b2.setHorizontalTextPosition(AbstractButton.CENTER);
b2.setMnemonic(KeyEvent.VK_M);

//创建右边的按钮
b3 = new JButton("Enable middle button", rightButtonIcon);
//使用默认的按钮文本位置：CENTER,RIGHT
b3.setMnemonic(KeyEvent.VK_E);
b3.setActionCommand("enable");
b3.setEnabled(false);
b1.setToolTipText("Click this button to disable the middle button.");
b2.setToolTipText("This middle button does nothing when you click it.");
b3.setToolTipText("Click this button to enable the middle button.");
```

一般常见的按钮，即 JButton 类的对象，在上述 AbstractButton 类功能的基础上增加了一点：可以将某个按钮设置为默认按钮，这样的按钮在显示时就获得了聚焦，用户按回车键就选中了该按钮。

2）复选框 JCheckBox

Swing 的复选框 JCheckBox 与 AWT 的复选框 CheckBox 功能相同，支持选择框按钮，提供选取开关，如图 8-37 所示。因为 JCheckBox 是 AbstractButton 的子类，所以它具有上面介绍的按钮类所具有的一般特征。

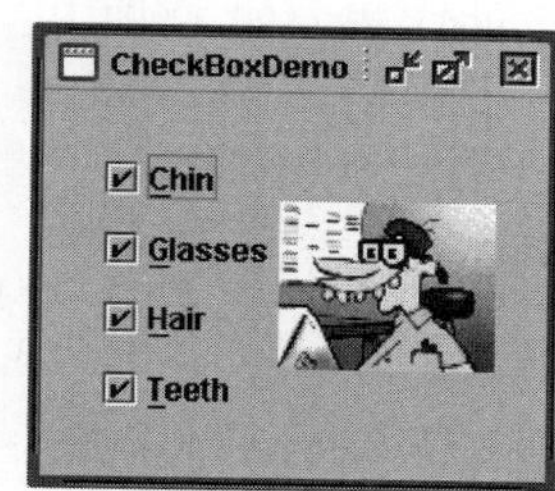

图 8-37　复选框示例

下面的代码创建了图 8-37 所示的复选框。

```
...
chinButton = new JCheckBox("Chin");
chinButton.setMnemonic(KeyEvent.VK_C);
chinButton.setSelected(true);

glassesButton = new JCheckBox("Glasses");
glassesButton.setMnemonic(KeyEvent.VK_G);
glassesButton.setSelected(true);

hairButton = new JCheckBox("Hair");
hairButton.setMnemonic(KeyEvent.VK_H);
hairButton.setSelected(true);

teethButton = new JCheckBox("Teeth");
teethButton.setMnemonic(KeyEvent.VK_T);
teethButton.setSelected(true);

//为复选框注册监听器
chinButton.addItemListener(this);
glassesButton.addItemListener(this);
hairButton.addItemListener(this);
teethButton.addItemListener(this);
...
```

3）单选按钮 JRadioButton

在 AWT 中是通过 CheckBoxGroup 来实现单选按钮的功能。在 Swing 中，单选按钮是一组按钮的集合，同时只能有一个按钮被选中。Swing 中单选按钮的支持类是 JRadioButton 和 ButtonGroup 类。因为 JRadioButton 也是 AbstractButton 的子类，所以它具有按钮类所具有的一般特征。

下面的代码创建了图 8-38 所示的单选按钮。

图 8-38 单选按钮示例

```
…
JRadioButton birdButton = new JRadioButton(birdString);
birdButton.setMnemonic(KeyEvent.VK_B);
birdButton.setActionCommand(birdString);
birdButton.setSelected(true);

JRadioButton catButton = new JRadioButton(catString);
catButton.setMnemonic(KeyEvent.VK_C);
catButton.setActionCommand(catString);

JRadioButton dogButton = new JRadioButton(dogString);
dogButton.setMnemonic(KeyEvent.VK_D);
dogButton.setActionCommand(dogString);

JRadioButton rabbitButton = new JRadioButton(rabbitString);
rabbitButton.setMnemonic(KeyEvent.VK_R);
rabbitButton.setActionCommand(rabbitString);

JRadioButton pigButton = new JRadioButton(pigString);
pigButton.setMnemonic(KeyEvent.VK_P);
pigButton.setActionCommand(pigString);

//将按钮组成单选按钮
ButtonGroup group = new ButtonGroup();
group.add(birdButton);
group.add(catButton);
group.add(dogButton);
group.add(rabbitButton);
group.add(pigButton);

//注册单选按钮的事件监听器
birdButton.addActionListener(this);
catButton.addActionListener(this);
dogButton.addActionListener(this);
rabbitButton.addActionListener(this);
pigButton.addActionListener(this);
…
```

2. 文本类组件

Swing 的文本类组件显示文本并允许用户对文本进行编辑。Swing 提供了 5 个文本组件：JTextField、JPasswordField、JTextArea、JEditorPane、JTextPane，它们都是 JTextComponent 类的子类，能够支持复杂的文本处理。文本类组件按照功能又可分为 3 类：文本控制(Text Control)、无格式文本区(Plain Text Area)和格式文本区(Styled Text Area)，如图 8-39 所示。

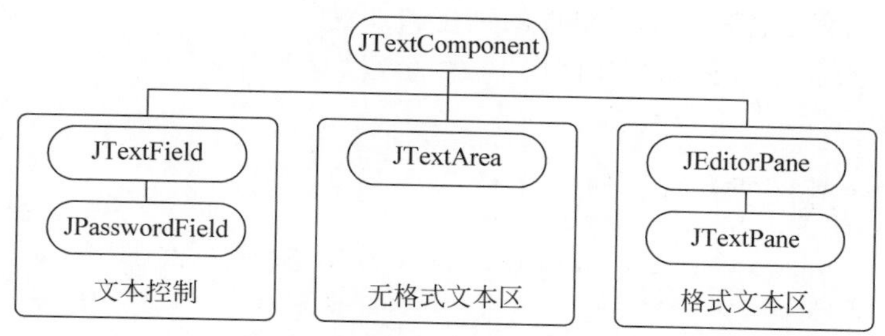

图 8-39　Swing 文本类组件

1) 文本控制组件

文本控制组件包括 JTextField 及其子类 JPasswordField，能够显示和编辑单行文本。使用这样的组件可以从用户获取一些少量的文本信息，并且在用户按下回车键后，将产生与按钮相同的 ActionEvent，表示通知系统采取一定的动作。图 8-40 中左上角的组件即为 JTextField 与 JPasswordField 类型。

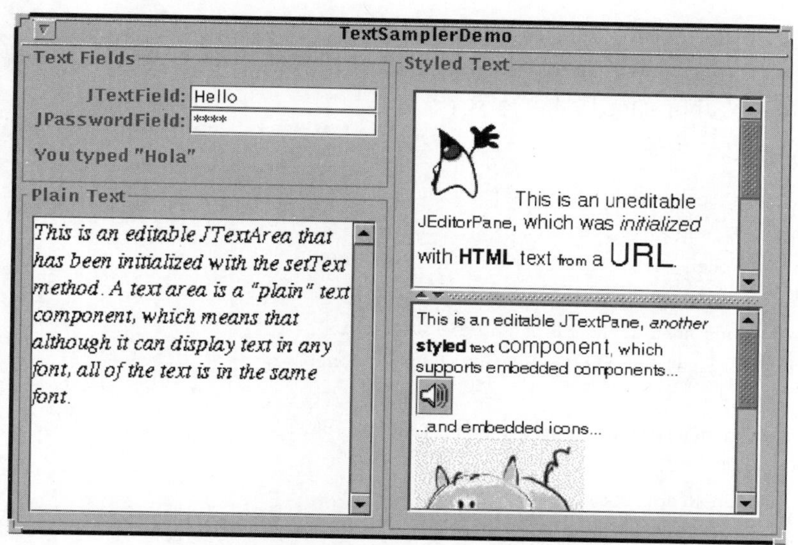

图 8-40　文本组件示例

2) 无格式文本区

无格式文本区只包括 JTextArea 类，可以显示和编辑多行文本，但所显示的所有文本都是相同的字体。该组件使用户输入任意长度无格式的文本，并可以用来显示无格式的帮助信息。图 8-40 中左下角的组件即为 JTextArea 类型。

3）格式文本区

格式文本区包括 JEditorPane 及其子类 JTextPane，它们可以使用多种字体显示和编辑文本。有的格式文本区组件允许在其中嵌入图像甚至其他组件。这类组件功能强大，适用于复杂的应用。JEditorPane 能够方便地显示从一个 URL 加载的格式化文本，因此可用来显示不可编辑的帮助文档。图 8-40 中右上角的组件即为 JEditorPane 类型，右下角的组件是 JTextPane 类型。

下面通过示例介绍各种文本类组件的创建和设置。

(1) JTextField。下列语句创建图 8-40 中的文本域组件：

```
…
final String textFieldString = "JTextField";
JTextField textField = new JTextField(10);
textField.setActionCommand(textFieldString);     //设置命令标识
textField.addActionListener(this);
…
```

(2) JPasswordField。下列语句创建图 8-40 中的口令文本域：

```
…
final String passwordFieldString = "JPasswordField";
JPasswordField passwordField = new JPasswordField(10);
passwordField.setActionCommand(passwordFieldString);
passwordField.addActionListener(this);
…
```

(3) JTextArea。文本区显示多行文本并允许用户使用键盘或鼠标进行编辑。下列语句创建图 8-40 中左下角的无格式文本区：

```
…
JTextArea textArea = new JTextArea(
    "This is an editable JTextArea " +
    "that has been initialized with the setText method. " +
    "A text area is a \"plain\" text component, " +
    "which means that although it can display text " +
    "in any font, all of the text is in the same font."
);
textArea.setFont(new Font("Serif", Font.ITALIC, 16));
//自动换行设置
textArea.setLineWrap(true);
textArea.setWrapStyleWord(true);
…
```

JTextArea 默认情况下将所有信息都在一行显示，不自动换行。上述代码中通过调用 setLineWrap(true)方法设置自动换行，并调用 setWrapStyleWord(true)方法设置换行以单词而不是以字符为边界。如果 JTextArea 是放在滚动面板中，将可以自动换行。

(4) JEditorPane。JEditorPane 支持自定义的文本格式。图 8-40 的右上角使用 JEditorPane 显示了从一个 URL 加载的不可编辑的帮助文件，相关代码如下：

```
...
JEditorPane editorPane = new JEditorPane();
editorPane.setEditable(false);
...                                    //创建一个表示 DemoHelp.html 文件的 URL 对象 url
try {
    editorPane.setPage(url);           //从 url 读取文本并显示
} catch (IOException e) {
    System.err.println("Attempted to read a bad URL: " + url);
}
...
```

setPage()方法用来打开其参数所指的文件，提取文件的格式。如果格式是JEditorPane支持的，则显示文件中的文本。JEditorPane支持无格式、HTML和RTF格式的文本文件。

(5) JTextPane。JTextPane可以显示和编辑各种字体的文字，包括图标和组件。利用JTextPane类的addStyle()方法和StyleContext类的set*XXX*()方法，可以增加JTextPane支持的字体。

对JTextPane所显示的数据进行操作用到了该组件的分离模型。利用JTextComponent类的getDocument()方法，可以获取一个JTextPane对象对应的javax.swing.txt.Document类型的数据模型，进一步使用Document类下列方法可以向JTextPane插入显示的文本：

```
insertString(int offset, String str, AttributeSet a);
```

其中，offset是字符串在文档中的插入位置；str是要插入的字符串；a是与插入内容相关的一些属性，如字体(Style是AttributeSet类的子类)。

下面的代码创建了一个JTextPane，如图8-41所示。

```
...
JTextPane textPane = new JTextPane();
//定义 Text Panel 中显示的文本
String initString = "This is an editable JTextPane.";
Document doc = textPane.getDocument();  //创建 Text Panel 的数据模型
//将 initString 中定义的字符串在 Text Panel 中显示
try {
    doc.insertString(doc.getLength(), initString, null);
} catch (BadLocationException ble) {
    System.err.println("Couldn't insert initial text.");
}
...
```

图8-41 JTextPane示例

3. 标签JLabel

Swing的JLabel类的功能与AWT中的Label类似，但JLabel可以提供带图标的标签，并且图标和文字的相对位置可以在创建标签时通过SetVerticalTextPosition()和setHorizontalTextPosition()方法进行设置。

下列代码创建了图8-42所示的3个标签。

```
ImageIcon icon = createImageIcon("Rabbit.gif");
label1 = new JLabel("Image and Text", icon, JLabel.CENTER);
//设置文字相对于图标的位置
```

```
label1.setVerticalTextPosition(JLabel.BOTTOM);
label1.setHorizontalTextPosition(JLabel.CENTER);
label2 = new JLabel("Text-Only Label");
label3 = new JLabel(icon);
…
```

图 8-42 JLabel 示例

4. 列表 JList

Swing 中的 JList 功能与 AWT 中的 List 类似,只是运行模式上采用了分离的数据模型。数据模型中保存了 JList 中显示的数据条目,并且以后对列表条目的修改也在该数据模型上进行。一般在构造 JList 对象时指定数据模型。

下列代码创建了图 8-43 所示的列表。

```
…
//创建并设置列表数据模型
listModel = new DefaultListModel();
listModel.addElement("Rabbit");
listModel.addElement("Bird");
listModel.addElement("Cat");
listModel.addElement("Dog");
listModel.addElement("Hippo");
listModel.addElement("Fish");

//创建列表并放入滚动面板
list = new JList(listModel);
list.setSelectionMode(ListSelectionModel.SINGLE_SELECTION);
list.setSelectedIndex(0);
list.addListSelectionListener(this);
list.setVisibleRowCount(5);
JScrollPane listScrollPane = new JScrollPane(list);
…
```

5. 表格 JTable

Swing 的 JTable 组件可以将数据以二维表的形式显示出来,并且可以经过设置允许用户对数据进行编辑。JTable 采用分离模型结构,使数据与显示分离。JTable 组件并不包含数据,数据保存在单独的 TableModel 类型的数据模型中,JTable 从该模型中获取数据并显示,如图 8-44 所示。

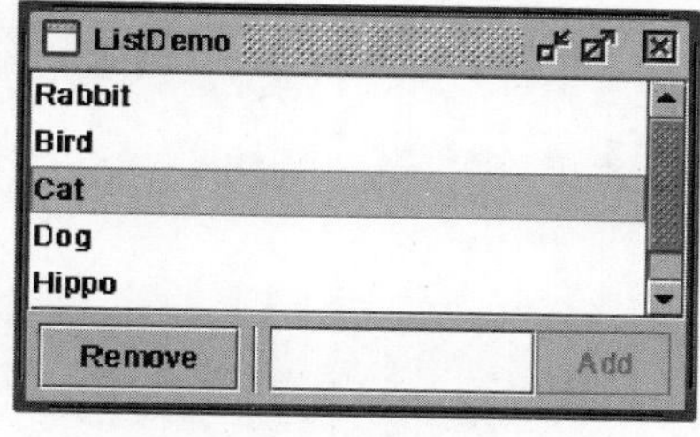

图 8-43　JList 示例

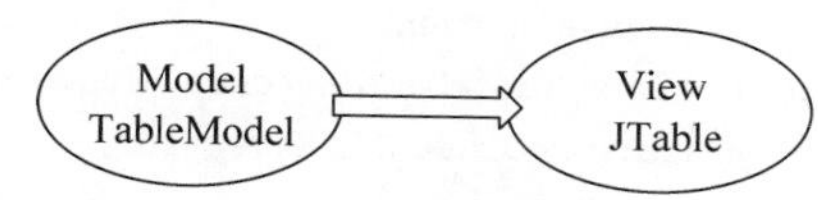

图 8-44　JTable 与其数据模型

javax.swing.text.TableModel 是一个接口，定义了 JTable 用来提取数据的方法。Swing 中的抽象类 AbstractTableModel 实现了 TableModel。在使用 JTable 时，一般通过定义 AbstractTableModel 类的子类来定义 JTable 的数据模型，JTable 会从数据模型对象中获取表格显示所必需的数据，而数据模型对象负责表格大小（行数与列数）的确定、表格数据的填写、表格单元更新操作检测（产生表格更新事件）等一切与表格内容有关的属性及其操作。在程序员定义自己的数据模型类时，要重写 AbstractTableModel 类中的下列方法。

```
int getColumnCount();                                   //获取数据模型中数据的列数
int getRowCount();                                      //获取数据模型中数据的行数
public String getColumnName(int columnIndex);           //获取数据模型中指定列的名字
Object getValueAt(int rowIndex, int columnIndex);       //获取指定行列处数据的值
```

JTable 通过上述方法从数据模型获取显示数据所需的相关信息。

JTable 类常用的方法如下。

1）表格构造与设置方法

JTable 常用下列构造与设置方法。

```
public JTable(TableModel dm);                                   //指定数据模型
public JTable(Object[][] rowData,Object[] columnNames);         //指定数据及列的名称
public JTable(Vector rowData,Vector columnNames);               //指定数据及列的名称
void setPreferredScrollableViewportSize(Dimension size);        //设置表格显示区域的大小
```

2）表格操作方法

表格操作除了用到 JTable 类，还要涉及 TableColumnModel、TableColumn、JTableHeader 类等。表格操作常用的方法包括如下几种。

- 表格列的操作方法，包括获取列的数据模型（JTable 类）、获取列（TableColumnModel 类）、设置/获取列的宽度（TableColumn 类）等。
- 在表格中单元格的绘制方法，如使用编辑器（JTable 类）或修饰器 Renderer（TableColumn 类）。
- 行的选择操作，包括设置/获取行选取的控制模型以及单行/多行选取模式、设置选取方向（按行/按列）等（JTable 类）。

例 8-16 采用用户定义的表格数据模型显示并支持表格数据的修改。

例 8-16 创建并简单操作表格。

```
import javax.swing.*;
import javax.swing.table.AbstractTableModel;
import java.awt.*;
import java.awt.event.*;
public class TableDemo extends JFrame {
    private boolean DEBUG = true;
    public TableDemo() {
        super("TableDemo");
        MyTableModel myModel = new MyTableModel();
        JTable table = new JTable(myModel);
        table.setPreferredScrollableViewportSize(new Dimension(500, 70));

        //表格常常放在滚动面板中
        JScrollPane scrollPane = new JScrollPane(table);

        //将滚动面板放在窗口中
        getContentPane().add(scrollPane, BorderLayout.CENTER);

        addWindowListener(new WindowAdapter() {
            public void windowClosing(WindowEvent e) {
                System.exit(0);
            }
        });
    }

    //自定义表格数据模型.其中的方法都是 AbstractTableModel 中的方法
    //该类是内部类
    class MyTableModel extends AbstractTableModel {

        //定义表格的列名
        final String[] columnNames = {"姓名", "学号", "专业", "性别", "年龄", "婚否"};

        //定义表格中的 5 行数据
        final Object[][] data = {
            {"张山", "200101", "男",
             "计算机", new Integer(20), new Boolean(false)},
            {"王大民", "200103", "男",
             "计算机", new Integer(29), new Boolean(true)},
            {"刘均", "200204","女",
             "电子工程", new Integer(21), new Boolean(false)},
            {"李力", "200208","女",
             "自动控制", new Integer(25), new Boolean(true)},
            {"张爱军", "200301","男",
             "机械制造", new Integer(31), new Boolean(false)}
        };
        public int getColumnCount() {
            return columnNames.length;
        }
        public int getRowCount() {
```

```
        return data.length;
    }
    public String getColumnName(int col) {
        return columnNames[col];
    }
    public Object getValueAt(int row, int col) {
        return data[row][col];
    }

    //获取列的数据类型,JTable使用该方法确定数据的显示格式
    public Class getColumnClass(int c) {
        return getValueAt(0, c).getClass();
    }

    //如果表格是不可编辑的,则不需要实现该方法
    public boolean isCellEditable(int row, int col) {
          //表格前两列不可编辑
        if (col < 2) {
            return false;
        } else {
            return true;
        }
    }

    //改变网格单元的值
    public void setValueAt(Object value, int row, int col) {

    //打印输出修改数据的位置
        if (DEBUG) {
            System.out.println("Setting value at " + row + "," + col
                                + " to " + value
                                + " (an instance of "
                                + value.getClass() + ")");
        }
        if (data[0][col] instanceof Integer
                && !(value instanceof Integer)) {
            try {
                data[row][col] = new Integer(value.toString());
                fireTableCellUpdated(row, col);
            } catch (NumberFormatException e) {
                JOptionPane.showMessageDialog(TableDemo.this,
                    "The \"" + getColumnName(col)
                    + "\" column accepts only integer values.");
            }
        } else {
            data[row][col] = value;
            fireTableCellUpdated(row, col);
        }

      //打印输出修改后表格中的数据
      if (DEBUG) {
```

```
                System.out.println("New value of data:");
                int numRows = getRowCount();
                int numCols = getColumnCount();
                for (int i = 0; i < numRows; i++) {
                    System.out.print("    row " + i + ":");
                    for (int j = 0; j < numCols; j++) {
                        System.out.print("  " + data[i][j]);
                    }
                    System.out.println();
                }
                System.out.println("--------------------------");
            }
        }
    }
    public static void main(String[] args) {
        TableDemo frame = new TableDemo();
        frame.pack();
        frame.setVisible(true);
    }
}
```

例 8-16 的运行结果如图 8-45 所示。

TableDemo

姓名	学号	专业	性别	年龄	婚否
张山	200101	男	计算机	20	☐
王大民	200103	男	计算机	29	☑
刘均	200204	女	电子工程	21	☐
李力	200208	女	自动控制	25	☑
张爱军	200301	男	机械制造	31	☐

图 8-45 JTable 示例

6. 树 JTree

Swing 的树组件 JTree 能够以层次结构显示数据。JTree 每一行只包含一个数据项,称为节点(node)。每个树都有一个根节点。节点可以有子节点,一般把这样的节点称为枝节点(branch node);节点若无子节点则称为叶节点(leaf node)。JTree 组件采用分离数据模型,它本身并不包含数据,只提供数据的视图,JTree 通过查询其数据模型获得显示的数据。

1) JTree 的创建

JTree 的创建过程中,一般要用到 DefaultMutableTreeNode 类和 JTree 类。DefaultMutableTreeNode 类实现了 TreeNode 接口,是树中节点的一般模型。一个节点最多有一个父节点,0 个或多个子节点。DefaultMutableTreeNode 类提供了对节点进行操作的方法,包括通过 add(Object userObject)方法创建子节点,树与子树节点的遍历等。另外该类还保存了对节点数据对象的引用,调用该类的 toString()方法将返回数据对象的字符串表达。

JTree 创建时,首先使用 DefaultMutableTreeNode 类创建根节点,再生成该节点的各个子节点,直到整个树的结构生成完毕。然后再以树的根节点为参数调用 JTree 的构造方法 JTree(TreeNode root)创建树。最后为了有效利用屏幕,将树放入一个滚动面板中。树的创建过程如例 8-17 所示。

2）节点选择操作的响应

树节点选择操作的响应只需实现树的选择操作监听器接口，并把它注册到树组件对象上。例 8-17 中，节点选择操作的响应是在命令窗口中输出用户选取节点的数据对象的字符串表达。

3）JTree 的其他操作

对于树组件还可以进行下列操作。

- 通过 DefaultTreeCellRenderer 类定制树中使用的图标。
- 通过使用树的数据模型即 TreeModel 类的对象，可以对树进行编辑，如改变树节点的名称，增加或删除节点。
- 使用 JTree 类的 getModel()方法，获取树所使用的 DefaultTreeModel 类型的数据模型。DefaultTreeModel 提供了插入、删除节点等很多对树数据模型进行操作的方法。

下列代码实现在用户选定节点下增加子节点的操作。

```
…
model (DefaultTreeModel)tree.getModel();
chosen = (DefaultMutableTreeNode)tree.getLastSelectedPathComponent();
if(chosen == null){
    chosen = root;
}
model.insertNodeInto(child,chosen,0);
…
```

例 8-17　树的创建与操作示例。

```
import javax.swing.*;
import javax.swing.tree.DefaultMutableTreeNode;
import javax.swing.event.TreeSelectionListener;
import javax.swing.event.TreeSelectionEvent;
import javax.swing.tree.TreeSelectionModel;
import java.awt.*;
import java.awt.event.*;

public class TreeDemo extends JFrame {
    //树中要显示的数据
    String[][] data = {{"Books for Java Programmers",
                            "The Java Tutorial: Object-Oriented Programming for the Internet",
                            "The Java Tutorial Continued: The Rest of the JDK",
                            "The JFC Swing Tutorial: A Guide to Constructing GUIs",
                            "The Java Programming Language",
                            "The Java FAQ",
                            "The Java Class Libraries: An Annotated Reference",
                            "Concurrent Programming in Java: Design Principles and Patterns"},
                       {"Books for Java Implementers",
                           "The Java Virtual Machine Specification",
                           "The Java Language Specification"}
```

```
            };
    public TreeDemo() {
        super("TreeDemo");
        //创建树的根节点
        DefaultMutableTreeNode top = new DefaultMutableTreeNode("The Java Series");

        //创建树的两个枝并添加到根节点上
        for( int i = 0; i < data.length; i ++ ){
            top.add(createBranch(data[i]));
        }

        //创建树,一次只允许选取一个节点
        final JTree tree = new JTree(top);
        tree.getSelectionModel().setSelectionMode
                (TreeSelectionModel.SINGLE_TREE_SELECTION);

        //为树注册监听器,监听用户所选取节点的变化
        tree.addTreeSelectionListener(new TreeSelectionListener() {
            public void valueChanged(TreeSelectionEvent e) {
                DefaultMutableTreeNode node = (DefaultMutableTreeNode)
                                  tree.getLastSelectedPathComponent();
                if (node == null) return;
                Object nodeInfo = node.getUserObject();
                System.out.println(nodeInfo.toString());
            }
        });

        //创建滚动面板并将树放入其中
        JScrollPane treeView = new JScrollPane(tree);

        //将滚动面板加到当前窗口中
        getContentPane().add(treeView, BorderLayout.CENTER);
    }

    //创建以 data[0]对象为根的一个枝
    DefaultMutableTreeNode createBranch(String[] data){
        DefaultMutableTreeNode category = new DefaultMutableTreeNode(data[0]);
        DefaultMutableTreeNode book = null;
        for(int i = 1; i < data.length; i ++ ){
            book = new DefaultMutableTreeNode(data[i]);
            category.add(book);
        }
        return category;
    }
    public static void main(String[] args) {
        JFrame frame = new TreeDemo();
        frame.addWindowListener(new WindowAdapter() {
            public void windowClosing(WindowEvent e) {
                System.exit(0);
            }
        });
        frame.setSize(400,250);
```

```
        frame.setVisible(true);
        }
    }
```

例 8-17 的运行结果如图 8-46 所示。

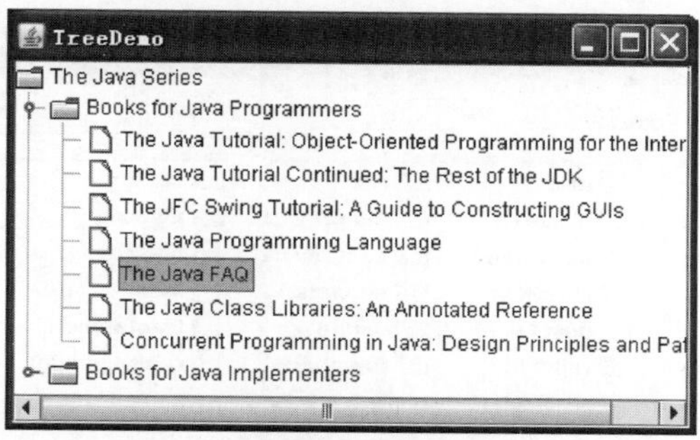

(a) 例8-17创建的树

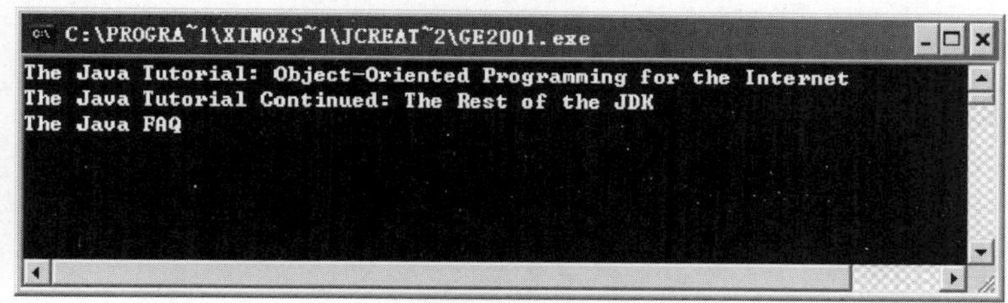

(b) 选择节点时的响应

图 8-46　JTree 示例

7. 选择框 JComboBox

JComboBox 每次只能选择一项，并且有两种形式，如图 8-47 所示：第一种形式是默认的不可编辑形式，由一个按钮与一个下拉列表组成；第二种形式称为可编辑选择框，由一个文本域和一个按钮组成，用户可以在文本域中输入数据以快速定位选项，也可以单击下三角按钮在下拉列表中选择。

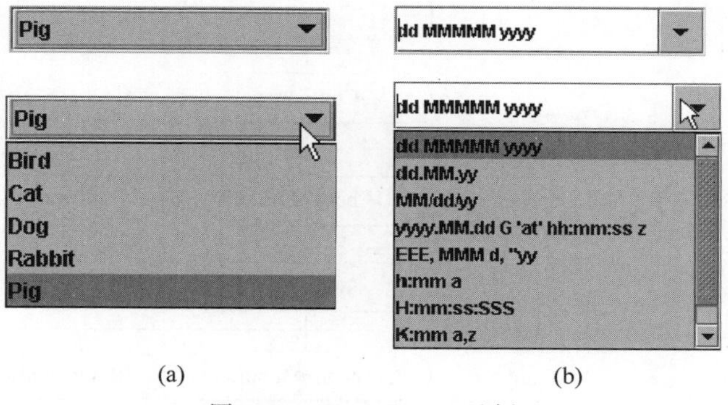

(a)　　(b)

图 8-47　JComboBox 示例

单选按钮(JRadioButton)、列表(JList)和 JComboBox 都是实现用户选择的组件。JComboBox 与 JRadioButton 相比占用较少的屏幕显示空间并且可以容纳较多的选项。而当选项很多(如 20 个以上)或需要多选时，JList 比 JComboBox 具有优势。

8. 文件选择器 JFileChooser

JFileChooser 的功能与 AWT 的 FileDialog 类似,用于选择文件,如图 8-48 所示。JFileChooser 一般放在一个模式对话框中显示,或将其放入其他容器中。JFileChooser API 支持打开和保存两种功能的文件选择器,用户还可以对文件选择器进行定制。

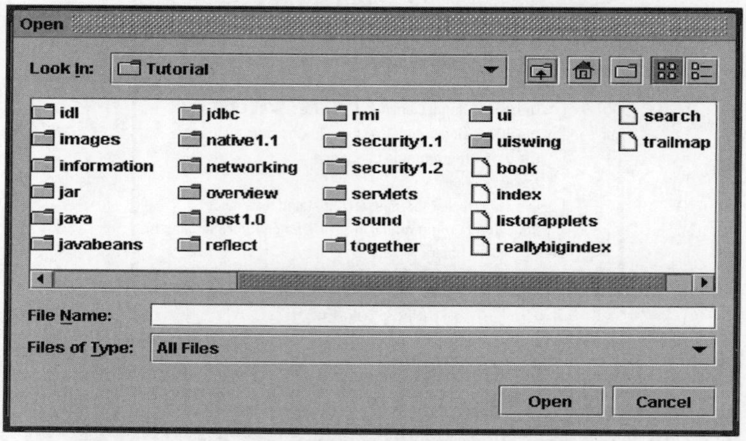

图 8-48 JFileChooser 示例

8.4.4 菜单组件

Swing 的菜单结构和 AWT 类似,所涉及类的层次结构如图 8-49 所示。菜单容器是菜单条 JMenuBar,菜单是 JMenu,菜单项是 JMenuItem、JCheckBoxMenuItem、JRadioButtonMenuItem,也包括 JMenu。

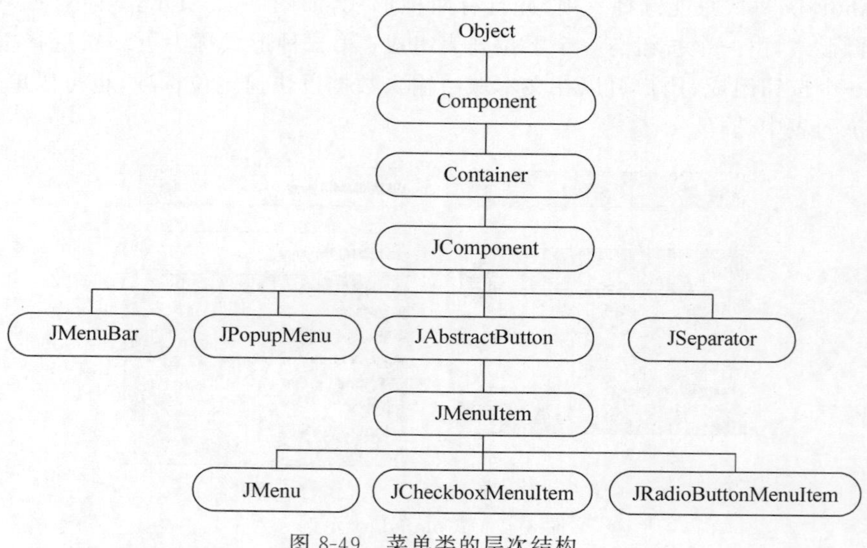

图 8-49 菜单类的层次结构

图 8-50 显示了很多菜单相关的组件,包括菜单条、菜单项、单选按钮菜单项、复选框菜单项以及分隔符。Swing 中菜单项可以是文本或图标,或二者同时出现。还可以设置菜单

的其他属性，如字体和颜色。

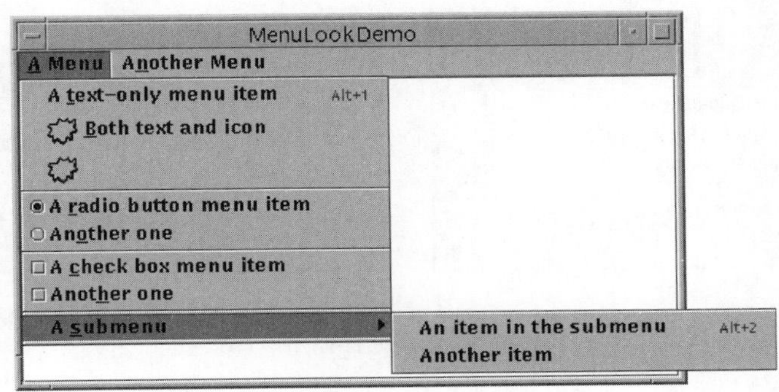

图 8-50　菜单示例

8.4.5　其他组件

1. 颜色选择器 JColorChooser

颜色选择器 JColorChooser 类使用户可以创建调色板，进行文字或背景色等颜色的设置。JColorChooser API 可用来方便地创建一个置于对话框中的颜色选择器，如图 8-51 所示。

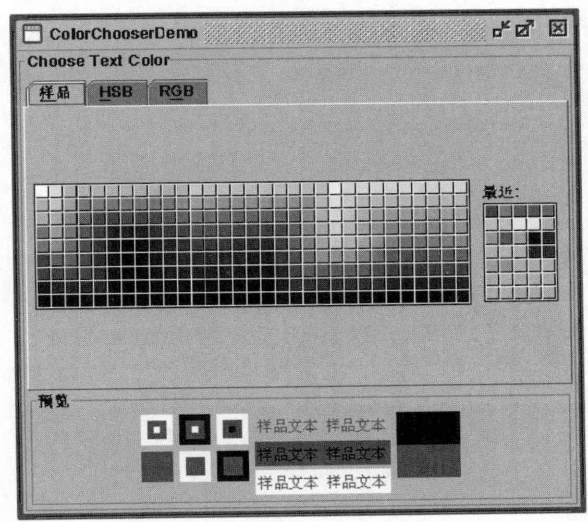

图 8-51　JColorChooser 示例

2. 进程条 JProgressBar

进程条提供了直观的图形化的进度提示。Swing 中提供了如下 3 个进程条相关的类。

- JProgressBar：进程条，是可见组件，显示全部工作的进度，如图 8-52(a)所示。
- ProgressMonitor：进程监视器，是不可见组件。该类的实例监视任务的进展，并可以弹出对话框显示进度，如图 8-52(b)所示。
- ProgressMonitorInputStream：是一个带有进程监视器的输入流，监视该输入流的数据读入进程。

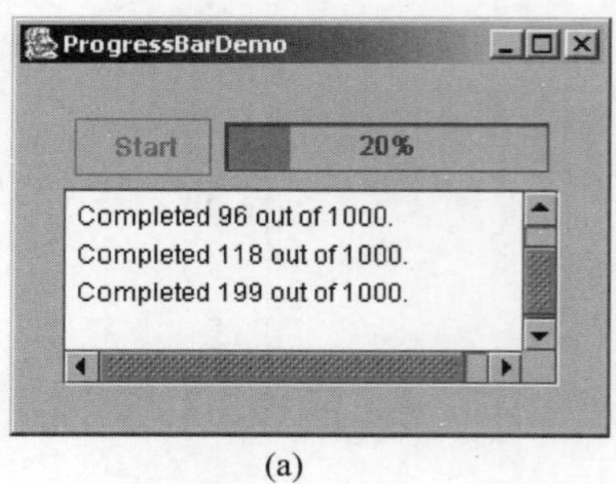

(a)

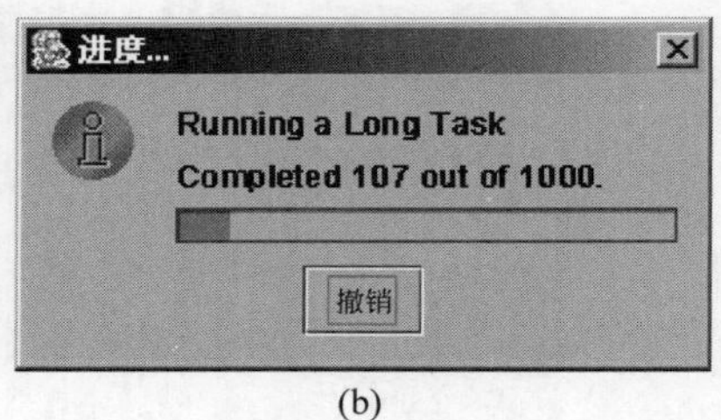

(b)

图 8-52　进程显示

3. 滑动块 JSlider

滑动块 JSlider 使用户能够简单地移动一个滑块，从而在滑动块两端表示的最小值与最大值之间确定一个值。图 8-53 中的滑动块使用户可以调节动画显示中帧刷新频率。

4. 微调器 JSpinner

微调器 JSpinner 是在 JDK 1.4 中新增的 Swing 组件，如图 8-54 所示。JSpinner 与 JComboBox 以及 JList 有点相像，它们都给用户限定了一个取值范围，并且 JSpinner 与 JComboBox 一样也允许用户输入一个值。但 JSpinner 与其他两个组件的区别是，它限制用户以某种预定的顺序进行值的选取。因此用户一般要按照顺序遍历到需要的值，也可以输入一个值直接定位选项。

图 8-53　JSlider 示例

Year: 1999

图 8-54　JSpinner 示例

8.5　小　　结

建立 Java 应用的 GUI 概括起来有两个核心问题：一个问题是如何利用容器、组件以及布局管理器构建用户界面；另一个问题是实现用户在 GUI 上操作的响应。本章主要围绕这两个关键问题，介绍了基于 Swing 构建 GUI 的方法、GUI 事件处理模型以及 Swing 常用组件及其使用方法。本章介绍的构建 GUI 的基本方法与事件处理模型在其他 GUI 高级设计工具中仍然适用，因此深入学习 Java GUI 是非常必要的，可为创建美观、实用的 GUI 奠定扎实的基础。

习 题 8

1. Swing 与 AWT 最大的区别是什么？
2. Swing 组件有哪些特性？
3. Swing 中，能够向 JFrame 中直接添加组件吗？如何向 JFrame 中添加组件构造 GUI？
4. AWT 中支持几种布局管理器？它们各自的风格是怎样的？
5. 设计 GUI 的一般步骤是什么？
6. 试述委托方式（监听器方式）的事件处理机制。
7. 如何采用内部类实现事件处理？
8. Window 组件可以使用哪些类型的监听器？
9. 如何设置组件的颜色和字体？
10. 编写程序创建一个按钮和一个文本域，当单击按钮时将按钮上的文字显示在文本域中。
11. 编写程序，在窗口中包含一个菜单，当选择菜单中的 Exit 菜单项时，可以关闭窗口并结束程序的运行。
12. 编写程序，利用 JTextField 和 JPasswordField 分别接收用户输入的用户名和密码，并对用户输入的密码进行检验。对于每个用户名有 3 次输入密码机会。

第9章

Applet 程序设计

Applet(小应用程序)是 Java 与 Web 相结合而引入的一种重要的 Java 应用形式,它不仅使 Web 页具有动画、声音、图像和其他特殊效果,更重要的是可以使 Web 页能够与用户动态进行交互,接收用户的输入,然后根据用户的输入做出反应。本章将在介绍 Applet 的基本概念和 Applet 的编写方法的基础上,进一步介绍如何使用 AWT 与 Swing 组件构建 Applet 的图形化用户界面、Applet 对多媒体的支持、Applet 的安全控制等方法与技术。

9.1 Applet 基本概念

9.1.1 Applet 的功能

Applet 是能够嵌入到 HTML 页面中,并能够在浏览器中运行的 Java 类。Applet 自身不能运行,必须嵌入在其他应用程序(如 Web 浏览器或 Java appletViewer)中运行。Applet 与 Application 的主要区别在于执行方式上:Application 以 main()函数为入口点运行,而 Applet 要在浏览器或 appletViewer 中运行,运行过程要比 Application 复杂。

下面首先介绍在浏览器中显示"Hello World!"的最简单的 Applet 程序。如例 9-1 所示,首先编写 Applet 的 Java 源代码——HelloWorldApplet. java;然后编写包含这个 Applet 的能在浏览器中运行的 html 文件——hello. html;最后运行这个 Applet,在命令行中输入 appletviewer hello. html 或双击 hello. html 使其在浏览器中运行。程序运行结果如图 9-1 所示。

图 9-1 HelloWorldApplet 的运行结果

例 9-1 HelloWorld Applet 程序。

(1) HelloWorldApplet. java

```
import java.awt. * ;
import java.applet. * ;
```

```
public class HelloWorldApplet extends Applet{
    public void paint(Graphics g){
        g.drawString("Hello World! ",25,25) ;
    }
}
```

(2) hello. html

```
<HTML>
<HEAD>
<TITLE> Hello World </TITLE>
</HEAD>
<BODY>
<APPLET CODE = "HelloWorldApplet.class" WIDTH = 150 HEIGHT = 25>
</APPLET>
</BODY>
</HTML>
```

Applet 的运行环境是 Web 浏览器，所以不能直接通过命令行启动。必须建立 HTML 文件，以告诉浏览器如何加载与运行 Applet。在浏览器中指定该 HTML 文件的 URL，就可以通过该 HTML 文件启动 Applet 的运行。HelloWorldApplet 在浏览器加载和运行的过程如图 9-2 所示。

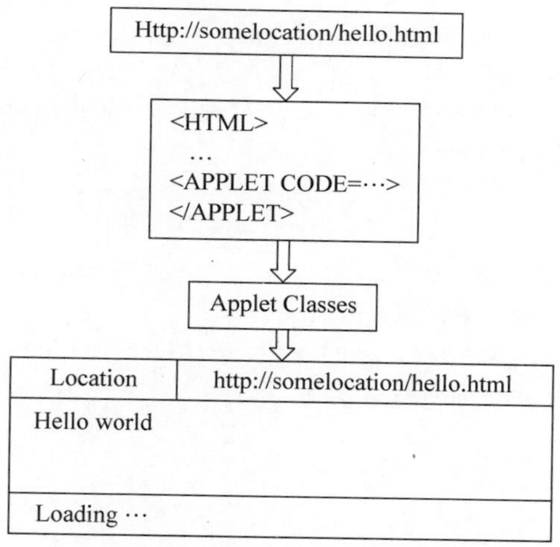

图 9-2　Applet 的运行过程

Applet 的运行过程经历了如下 4 个步骤：①浏览器加载指定 URL 中的 HTML 文件；②浏览器解析 HTML 文件；③浏览器加载 HTML 文件中指定的 Applet 类；④浏览器中的 Java 运行环境运行该 Applet。

9.1.2　Applet 的生命周期

Applet 生命周期是指从 Applet 下载到浏览器，到用户退出浏览器终止 Applet 运行的过程。Applet 生命周期包括 Applet 的创建、运行与消亡 3 个状态。下面结合一个例子说明

Applet 生命周期的概念。

例 9-2 是一个小应用程序 Simple 的代码。该 Applet 将在其生命周期状态发生变化时显示相应的字符。

例 9-2 Applet 的生命周期。

```
import java.applet.Applet;
import java.awt.Graphics;
public class Simple extends Applet {
    StringBuffer buffer;
    public void init() {
        buffer = new StringBuffer();
        addItem("Applet 初始化…");
    }
    public void start() {
        addItem("Applet 启动… ");
    }
    public void stop() {
        addItem("Applet 停止运行…");
    }
    public void destroy() {
        addItem("准备卸载…");
    }
    void addItem(String newWord) {
        System.out.println(newWord);          //将字符串输出在 Java console
        buffer.append(newWord);
        repaint();
    }
    public void paint(Graphics g) {
        //围绕 Applet 显示区域画矩形边框
        g.drawRect(0, 0, getSize().width - 1, getSize().height - 1);
        g.drawString(buffer.toString(), 5, 15);
    }
}
```

1. 加载 Applet

当一个 Applet 被下载到本地系统时,将发生如下操作。

• 产生一个 Applet 主类的实例。

• 对 Applet 自身进行初始化。

• 启动 Applet 运行,将 Applet 完全显示出来。

例 9-2 中的 Simple 在加载阶段将在浏览器中显示:

```
Applet 初始化… Applet 启动…
```

2. 离开或者返回 Applet 所在 Web 页

当用户离开 Applet 所在的 Web 页(比如转到另一页面),Applet 将停止自身运行。而当用户又返回到Applet所在的Web页时，Applet又一次启动运行。

例9-2中的Simple启动后，如果用户离开后又返回该Web页，将有如下显示：

```
Applet 初始化… Applet 启动… Applet 停止运行… Applet 启动…
```

3. 重新加载Applet

当用户执行浏览器的刷新操作时，浏览器将先卸载该Applet，再加载该Applet。在这个过程中，Applet先停止自身的运行，接着实行善后处理，释放Applet占用的所有资源，然后加载Applet，加载过程与前面的加载过程相同。

4. 退出浏览器

当用户退出浏览器时，Applet停止自身执行，实行善后处理，才让浏览器退出。

小应用程序Simple在运行过程中，在生命周期状态发生变化时，也将在Java运行系统的控制台上输出描述性信息，如图9-3所示。

图9-3 小应用程序Simple的生命周期

9.1.3 Applet的类层次结构

任何嵌入在Web页面中或appletViewer中的Applet必须是Java中Applet类的子类。Applet类定义了Applet与其运行环境之间的一个标准的接口，主要包括Applet生命周期、环境交互等一些方法。JApplet是Applet类的扩展，它增加了对JFC/Swing组件结构的支持。Applet是java.awt.panel类的直接子类。Applet类与JApplet类在AWT类中的层次关系如图9-4所示。

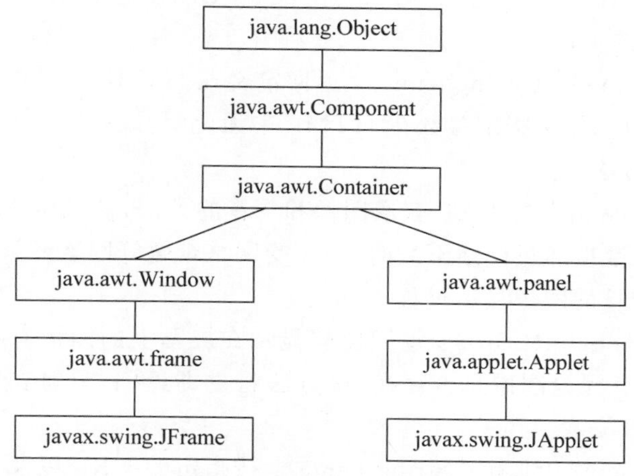

图9-4 Applet类的层次结构

Applet 是一个面板容器，它默认使用 Flow 布局管理器，所以可以在 Applet 中设置并操作 AWT 组件。Applet 类可继承 Component、Container 和 Panel 类的方法。javax.swing.JApplet 是 Swing 的一种顶层容器，可以在 JApplet 中添加 Swing 组件并操作。而 javax.swing.JApplet 是 Applet 类的子类，继承了 Applet 的方法与执行机制。

9.1.4 Applet 类 API 概述

生成 Applet 必须创建 Applet 类的子类，Applet 的行为框架由 Applet 类来决定。本节将分类简要介绍 Applet 类的各种方法，使读者对 Applet 能够实现的操作有所了解。在具体编写 Applet 程序时，用户根据需要在 Applet 主类中可以部分重写这些方法。关于具体方法如何使用，将在后面各相关部分详细介绍。

1. 生命周期方法

9.1.2 节中描述了 Applet 的生命周期。Applet 类中提供了在生命周期不同阶段响应主要事件的 4 种方法，这些方法如下所述。

- void init()：在 Applet 被下载时调用，一般用来完成所有必需的初始化操作。
- void start()：在 Applet 初始化之后以及 Applet 被重新访问时调用。
- void stop()：在 Applet 停止执行时调用。一般发生在 Applet 所在的 Web 页被其他页覆盖时调用。
- void destroy()：在关闭浏览器 Applet 从系统中撤出时调用。stop()总是在此之前被调用。

一个 Applet 不必全部重写这些方法。但是如果 Applet 使用了线程，需要自己释放资源，则必须重写相应的生命周期方法。

2. HTML 标记方法

HTML 标记方法用于获取 HTML 文件中关于 Applet 的信息，如包含 Applet 的 HTML 文件的 URL 地址、通过 HTML 标记传给 Applet 的参数等。这些方法有以下几种。

- URL getDocumentBase()：返回包含 Applet 的 HTML 文件的 URL。
- URL getCodeBase()：返回 Applet 主类的 URL，它可以不同于包含 Applet 的 HTML 文件的 URL。
- String getParameter(string name)：返回定义在 HTML 文件的</PARAM>标记中指定参数的值。如果指定参数在 HTML 中无说明，该方法将返回 null。

3. 多媒体支持方法

Applet 类提供了从指定的 URL 获取图像和声音的方法，使 Applet 可以很方便地实现多媒体功能。当图像数据通过网络下载时，由于受网络带宽等因素的限制，用户在浏览器中看到的一般是渐渐增长的图像显示过程。

- Image getImage(URL url)：返回能够显示在屏幕上的图像对象。参数 url 是一个绝对的 URL。无论图像是否存在，该方法将立即返回，只有在图像需要被显示时，数据才真正被加载。
- Image getImage(URL url,String name)：按指定的 URL 以及相对于该 URL 的图像文件名获取图像。
- AudioClip getAudioClip(URL url)：获取指定 URL 地址上的声音数据，返回一个

类型为 AudioClip 的对象，通过该对象可以实现声音演播。

- AudioClip getAudioClip(URL url,String name)：按指定的 URL 以及相对于该 URL 的声音文件名获取声音数据。
- void play(URL url)：直接演播指定 URL 地址上的声音文件。
- void play(URL url,Sting name)：直接演示指定的 URL 地址上的指定声音文件名的声音文件。

4. 管理 Applet 环境的方法

Applet 能够与其运行的环境进行交互。但是 Applet 类中对于 Applet 环境的管理只是提供一些有限的支持，因为各种浏览器可能具有不同的特性。

- AppletContext getAppletContext()：返回一个 AppletContext 类的实例，通过这个实例 Applet 可以管理它的环境。
- Applet getApplet(string name)：返回名为 name 的 Applet。该名字在 HTML 标记中通过 NAME 属性说明。如果在同一 Web 页上不存在名为 name 的 Applet，该方法返回值为空。
- Enumeration getApplets()：返回当前 Web 页上的所有的 Applet 的列表。为保证安全性，该方法得到的返回集中的 Applet 都是与调用此方法的 Applet 来自同一主机。
- void showDocument(URL url)：用指定的 URL 置换当前 Web 页。

5. Applet 信息报告方法

Applet 信息报告方法使 Applet 能简便地向用户报告一些 Applet 的相关信息，如参数信息等。

- void ShowStatus(String status)：在浏览器状态栏上显示字符串。
- String getAppletInfo()：报告关于 Applet 的作者、版权、版号等有关信息。
- String[][] getparameterInfo()：返回描述 Applet 参数的字符串数组。

通过这些信息，可以知道 Applet 中使用了哪些参数，应该设置哪些参数值。

9.1.5 Applet 的关键方法

Applet 的关键方法主要指 Applet 生命周期方法以及 Applet 显示方法。

1. init ()

Applet 运行时，首先由浏览器调用 init()方法，通知该 Applet 已被加载到浏览器中，使 Applet 执行一些基本初始化。该方法经常被重写，实现设置布局管理器、数据初始化、放置一些组件等功能。

2. start ()

在 init()方法完成后，将调用 start()方法，使 Applet 成为激活状态。该方法在 Applet 每次显示时都要调用。例如浏览器由最小化复原，或浏览器从一个 URL 返回该 Applet 所在的页面。一般常在 start()中启动动画或播放声音等的线程。

3. stop ()

当 Applet 被覆盖时，可用该方法停止线程。start()与 stop()是一对相对应的方法，一般 start()启动一些动作，而在 stop()中暂停这些动作。

4. destroy ()

关闭浏览器时调用,彻底终止 Applet,从内存卸载并释放该 Applet 的所有资源。

5. paint(Graphics g)

Applet 是工作在图形方式下的。向 Applet 中画图、画图像、显示字符串,都要用 paint()方法。每当 Applet 初次显示或更新时,浏览器都将调用 paint()方法。paint()方法有一个参数,该参数是 java. awt. Graphics 类的实例。该实例包含了组成 Applet 的 Panel 的图形上下文信息。可以利用这个上下文信息向 Applet 中写入信息。

在 Applet 生命周期中,有如下 4 种方法可被调用。

- init():在装载 Applet 时被调用。
- start():在 init()方法之后被调用。
- stop():在浏览器离开含有 Applet 的网页时被调用。
- destroy():在浏览器完全关闭之前被调用。

Applet 的生命周期中各种方法的调用次序如图 9-5 所示。

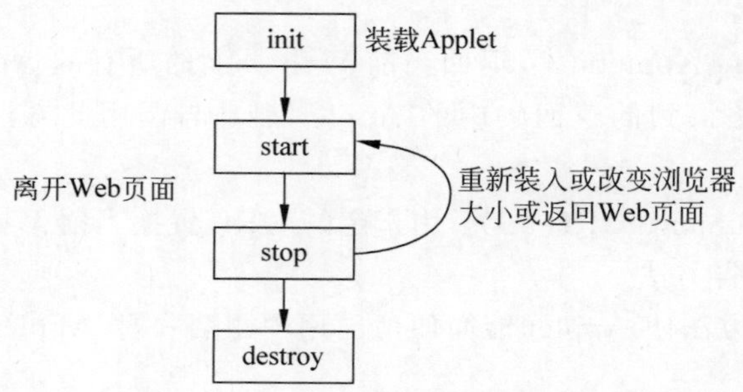

图 9-5 Applet 的生命周期方法

9.1.6 Applet 的显示

Applet 是 Component 类的子类,继承了 Component 类的组件绘制与显示的方法,具有一般 AWT 组件的图形绘制功能。这些方法是 paint()方法、update()方法和 repaint()方法。

在 Applet 中,Applet 的显示更新是由一个专门的 AWT 线程控制的。该线程主要负责两种处理:第一种处理是在 Applet 的初次显示,或运行过程中浏览器窗口大小发生变化而引起 Applet 的显示发生变化时,该线程将调用 Applet 的 paint()方法进行 Applet 绘制;第二种处理是 Applet 代码需要更新显示内容,从程序中调用 repaint()方法,则 AWT 线程在接收到该方法的调用后,将调用 Applet 的 update()方法,而 update()方法再调用组件的 paint()方法实现显示的更新。Applet 这种显示的处理过程及 3 个方法的关系,如图 9-6 所示。

1. Applet 显示相关的 3 个方法

1) paint()方法

Applet 的 paint()方法具体执行 Applet 的绘制。该方法的定义如下:

```
public void paint(Graphics g)
```

paint()方法有一个参数 g 是 Graphics 类的实例,该实例对象由浏览器生成,它包含了

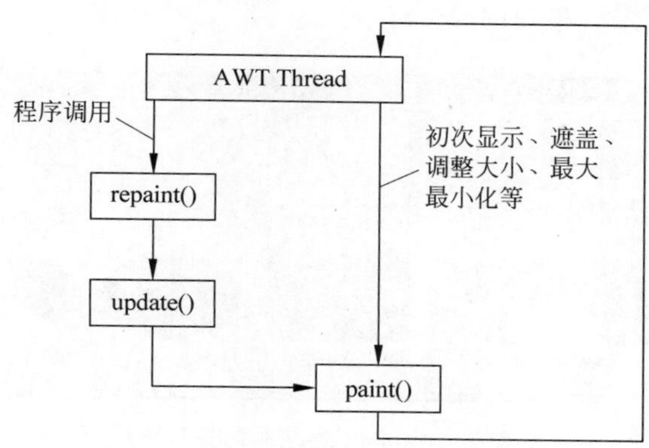

图 9-6 Applet 显示相关的 3 个方法之间的关系

Applet 的图形上下文信息，通过它向 Applet 中显示信息，该对象相当于 Applet 的画笔。在调用 paint()方法时，由浏览器将该对象传递给 paint()方法。

2）update()方法

update()方法的定义如下：

```
public void update(Graphics g)
```

update()方法用于更新 Applet 的显示。该方法将首先清除背景，再调用 paint()方法完成 Applet 的具体绘制。用户定义的 Applet 一般不用重写该方法。

3）repaint()方法

repaint()方法的定义如下：

```
public void repaint()
```

repaint()方法主要用于 Applet 的重新显示，它调用 update()方法实现对 Applet 的更新。Applet 程序可以在需要显示更新时调用该方法，通知系统刷新显示。

2. Graphics 类

Graphics 类在 java. awt 包中，它是 Applet 进行绘制的关键类。Graphics 类支持基本绘图，如输出文字、画线、矩形、圆等几何图形，另外还支持图像的显示。Applet 显示所用到的方法 update()和 paint()都使用由浏览器传递的 Graphics 类对象。

Graphics 类中提供的绘图方法分为两类：一类是绘制图形；另一类是绘制文本。下面分别介绍。

1）Graphics 类的图形绘制方法

Graphics 类定义了绘制各种图形的丰富方法，这些方法包括如下几种。

- 画线（drawLine）；
- 画矩形（drawRect and fillRect）；
- 画立体矩形（draw3DRect and fill3DRect）；
- 画圆边矩形（drawRoundRect and fillRoundRect）；
- 画椭圆（drawOval and fillOval）；
- 画弧（drawArc and fillArc）；
- 画多边形（drawPolygon，drawPolyline，and fillPolygon）。

上述各种图形的显示效果如图 9-7 所示。

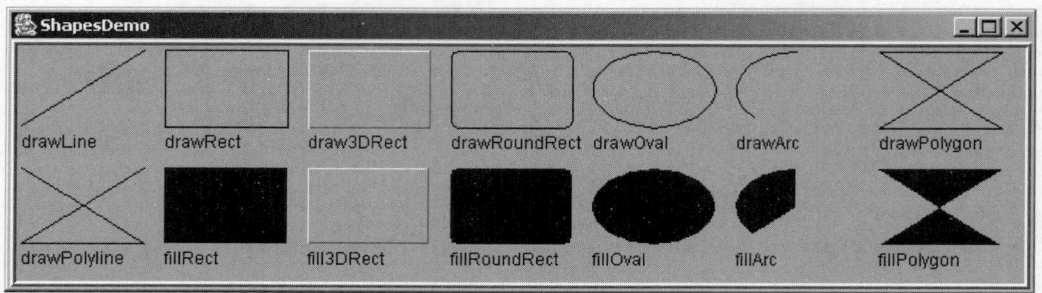

图 9-7　Graphics 类绘制的各种图形

2）Graphics 类显示文本方法

Graphics 类显示文本的方法主要有如下几种。

```
public void drawBytes(byte[ ] data, int offset, int length, int x, int y)
public void drawChars(char[ ] data, int offset, int length, int x, int y)
public abstract void drawString(String str, int x, int y)
```

9.2　Applet 的编写

9.2.1　Applet 编写的步骤

Applet 要在 Java 兼容的浏览器中运行，开发一个 Applet 包括如下步骤。

(1) 引入需要的类和包，如：

```
import java.applet.Applet;
import java.awt.Graphics;
```

(2) 定义一个 Applet 类的子类。

每个 Applet 必须定义为 Applet 类的子类。Applet 从 Applet 类继承了很多功能，包括与浏览器的通信、显示图形化用户界面 GUI 等。

(3) 实现 Applet 类的某些方法。

每个 Applet 必须至少实现 init()、start()、paint()中的一个方法。与 Java Application 不同，Applet 不需要实现 main()方法。

(4) Applet 嵌入在 HTML 页面中运行。

Applet 要嵌入在 HTML 页面中才能运行。通过使用< APPLET >标记，至少要指定 Applet 子类的位置以及浏览器中 Applet 的显示尺寸。当支持 Java 的浏览器遇到< APPLET >标签时，将为 Applet 在屏幕上保留空间，并把 Applet 子类下载到浏览器所在的计算机，创建该子类的实例。

下面将就上述过程中涉及的主要问题进行说明。

9.2.2　用户 Applet 类的定义

在例 9-1 的 HelloWorldApplet 中，对 HelloWorldApplet 类声明如下：

```
...
public class HelloWorldApplet extends Applet {
    public void paint(Graphics g) {
        g.drawString("Hello world!", 50, 25);
    }
}
```

Applet 声明中，这个类必须被声明为 public，而且文件名必须与类名保持一致(包括大小写)，上述 HelloWorld 类的源文件名只能是 HelloWorldApplet. java。另外，HelloWorldApplet 类必须被声明为 java. applet. Applet 类的子类。

一个 Applet 可以定义多个类。除了必要的 Applet 子类，Applet 可以定义其他自定义的类。当 Applet 要使用另一个类时，运行 Applet 的程序(如浏览器)首先在本机上寻找该类，如果没有找到，则到 Applet 子类来自的主机上下载。

编写基于 Swing 的 Applet 时，必须使用如下格式创建一个类：

```
improt javax.swing.*;
public class HelloWorld extends Japplet{ … }
```

同样，对 Japplet 而言，这个类必须被声明为 public，因此文件名必须与类名保持一致，源文件名只能是 HelloWorld. java。另外，类 HelloWorld 必须被声明为 javax. swing. Japplet 类的子类。

9.2.3　在 HTML 页中包含 Applet

将小应用程序 HelloWorldApplet 嵌入在 hello. html 文件中，该 Applet 才能运行。必须使用特殊的 HTML 标记< APPLET >实现 Applet 或 JApplet 的嵌入运行。

例如在 hello. html 中包含了一个 APPLET 标记：

```
<APPLET CODE = "HelloWorldApplet.class" WIDTH = 150 HEIGHT = 25 >
</APPLET>
```

这个标记规定了浏览器要加载保存在 HelloWorldApplet. class 文件中的类。浏览器将到 hello. html 文件所在的 URL 寻找该文件，并且 Applet 的显示区域是宽 150 像素，高 25 像素。

< APPLET >标记的一般格式是：

```
<APPLET
    [CODEBASE = codebaseURL]
    CODE = appletFile
    [ALT = alternateText]
    [NAME = appletInstanceName]
    WIDTH = pixels
    HEIGHT = pixels
    [ALIGN = alignment]
    [VSPACE = pixels]
    [HSPACE = pixels]
>
```

```
[<PARAM NAME = appletParameter 1 VALUE = value>]
[<PARAM NAME = appletParameter 2 VALUE = value>]
…
[alternateHTML]
</APPLET>
```

上述<APPLET>标记中,黑体字是关键字,程序员在进行<APPLET>标记定义时必须准确采用上述关键字。斜体字表示需要以具体的值替换。方括号[] 表示其中的内容是可选的。

<APPLET>标记可以分为 4 个部分:Applet 属性、参数、在非 Java 浏览器中的内容及</APPLET>。下面就 Applet 属性、参数、在非 Java 浏览器中的内容以及其他问题进行说明。

1. <APPLET>属性

在"<APPLET>"尖括号中的项称为<APPLET>属性。各个属性的含义如下。

1) CODEBASE = *codebaseURL*

这个可选的属性指定 Applet 的 URL 地址,该 URL 是包含了 Applet 代码的目录。如果这个属性没有给出,就采用<APPLET>标记所在的 HTML 文件 URL 地址。

2) CODE = *appletFile*

这个属性指定包含 Applet 或 JApplet 字节码的文件名。这个文件名可以包含路径,它是相对于由 CODEBASE 指定的 Applet 代码目录的相对路径,而不是绝对路径。

3) ALT = *alternateText*

这个可选属性指定了一些文字,当浏览器能够理解<APPLET>标记但不能运行 Java Applet 时,将显示这些文字。

4) NAME = *appletInstanceName*

这个可选属性为即将创建的 Applet 定义了一个名字,以便同一个页面中的 Applet 能够彼此发现并进行通信。另外,Web 页面内的 JavaScript 脚本可以利用这个名字调用 Applet 中的方法。

5) WIDTH = *pixels* 和 HEIGHT = *pixels*

这两个在<APPLET>标记中必须指定的属性,定义了 Applet 显示区以像素为单位的高度和宽度。但由 Applet 运行过程中所产生的任何窗口或对话框不受此约束。

6) ALIGN = *alignment*

这个可选属性指定了 Applet 在浏览器中的对齐方式。可选的属性值与 IMG 标记相同,包括 left、right、top、texttop、middle、absmiddle、baseline、bottom、absbottom。

7) VSPACE = *pixels* 和 HSPACE = *pixels*

这两个可选的属性分别指定 Applet 显示区上下(VSPACE)和左右(HSPACE)两边空出的像素数,即指定了 Applet 周围预留空白的大小,它们与 IMG 标记中的 VSPACE 与 HSPACE 的处理相同。

8) ARCHIVE=*archiveFiles*

如果 Applet 有两个以上的文件,应该考虑将这些文件打包成一个归档文件(.jar 或.zip

文件)。当指定归档文件后,浏览器将在 Applet 类文件所在的目录中寻找这些归档文件,并且在归档文件中寻找 Applet 的类文件。使用归档文件的好处是减少 HTTP 连接的次数,从而大大减少了 Applet 整体的下载时间。另外,由于归档文件是一种压缩文件,所以使用归档文件也将减少文件的传输时间。

使用 JDK 的 jar 工具创建 JAR 文件。例如:

```
jar cvf file.zip *.class *.gif
```

上述命令创建了名为 file.zip 的 JAR 文件,该文件包括了当前路径下所有.class 和.gif 文件的压缩版本。

在< APPLET >标记中可以使用 ARCHIVE 属性指定归档文件。可以通过逗号分隔定义多个归档文件。例如:

```
<APPLET CODE = "AppletSubclass.class" ARCHIVE = "file1, file2"
            WIDTH = anInt HEIGHT = anInt >
</APPLET>
```

需要注意的是,并不是所有的浏览器都识别相同的归档文件格式和指定归档文件的 HTML 代码。所以 ARCHIVE 属性并不是< APPLET >标记的基本属性。在使用该属性时,要了解所用的浏览器对归档文件的支持。

2. Applet 参数

Java Application 通过命令行将参数传给 main()方法。而 Applet 获取参数是通过在 HTML 文件中采用< PARAM >标记定义参数。参数允许用户定制 Applet 的操作。通过定义参数,提高了 Applet 的灵活性,使得所开发的 Applet 不需要重新编码和编译,就可以在多种环境下运行。

如果要开发支持参数的 Applet,一般首先需要决定所要支持的参数,因此必须考虑如下问题。

(1) Applet 想让用户配置什么,即 Applet 有哪些方面可以允许用户进行配置。

Applet 支持哪些参数决定于 Applet 自身以及 Applet 的灵活性要求。例如,显示图像的 Applet 可以把图像文件的 URL 参数化,同样播放声音的 Applet 也可以把声音文件的 URL 通过参数指定。除了指定 Applet 使用资源(如图像和声音文件)的位置,Applet 还可以通过参数指定 Applet 的外观和操作。例如一个显示动画的 Applet 可以允许用户指定图像刷新的速率。用户还可以定制 Applet 中显示的字符串。

(2) 参数应该如何命名。

在确定了参数的种类后,需要给出这些参数的名字。下面是一些典型参数的命名习惯。

- SOURCE 或 SRC:用来指定数据文件,如图像文件的参数的名字。
- *XXX*SOURCE (如 IMAGESOURCE):使用户可以指定多种类型的数据文件,其中 *XXX* 是数据类型。
- NAME:只用来表示 Applet 的名字。

注意:参数的名字是不区分大小写的。例如,IMAGESOURCE 和 imageSource 指的是同一个参数。

(3) 每个参数应该取什么样的值。

参数的值都以字符串形式表达。不管用户是否在参数的值上加引号,参数值都将作为一个字符串传递到 Applet 中,由 Applet 以不同的方式对它进行解释。

Applet 一般将参数值解释为如下类型。

- URL;
- 整数;
- 浮点数;
- 布尔值;
- 上述类型值的列表。

(4) 每个参数的默认值应该如何设置。

Applet 应该为每个参数设置一个适当的默认值,这样当用户没有指定参数或参数不正确时,Applet 仍能正常工作。如为一个显示动画的 Applet 合理设置每秒显示的图像的次数(帧速率)。

决定了所要支持的参数后,就可以在 Applet 中编写支持参数的代码。

Applet 被下载时,在 Applet 的 init()方法中使用 getParameter()方法获取参数。因为 Applet 一般不定义构造方法,所有 Applet 初始化工作都由 init()方法完成,getParameter()方法也只能放在 init()方法中。getParameter()方法定义为:

```
public String getParameter(String name)
```

getParameter()方法的入口参数是所取参数的名字(必须与< PARAM >标记中的 NAME 指示的名字相同),返回值是参数的值。Applet 可以将字符串值转换为其他类型,如整型、浮点型等。java. lang 中定义了一套将字符串转换成各种基本数据类型的方法,如 Integer. parseInt(String s)方法等。

例如,一个 Applet 的< APPLET >标记定义为:

```
< APPLET CODE = AppletButton. class CODEBASE = example
    WIDTH = 350 HEIGHT = 60 >
< PARAM NAME = windowClass VALUE = BorderWindow >
< PARAM NAME = windowTitle VALUE = "BorderLayout">
< PARAM NAME = buttonText
     VALUE = "Click here to see a BorderLayout in action">
</APPLET >
```

在 AppletButton 类中,将字符串值转换为整数:

```
int requestedWidth = 0;
…
String windowWidthString = getParameter("WINDOWWIDTH");
if (windowWidthString != null) {
    try {
        requestedWidth = Integer.parseInt(windowWidthString);
    } catch (NumberFormatException e) {

    }
}
```

下面给出通过定义参数定制 Applet 的例子。

例 9-3　通过参数定制 Applet。

(1) para_duke.html。

```
<HTML>
<HEAD>
<TITLE> A Simple Program </TITLE>
</HEAD>
<BODY>
<APPLET CODE = DrawAny.class WIDTH = 100 HEIGHT = 100 ALIGN = bottom>
<PARAM NAME = image VALUE = "duke.gif">
</APPLET>
</BODY>
</HTML>
```

(2) DrawAny.java。

```
import java.awt. * ;
import java.applet. * ;
import java.net.URL;
public class DrawAny extends Applet{
    Image im;
    public void init(){
        URL url = getDocumentBase();
        String imageName = getParameter("image");
        im = getImage(url, imageName);
    }
    public void paint(Graphics g){
        g.drawImage(im,0,0,this);
    }
}
```

例 9-3 中,DrawAny 是一个显示图像的 Applet,并且允许用户通过参数指定所要显示的图像。具体是在 para_duke.html 中,定义了 <APPLET>标记,将 DrawAny 显示的图像文件作为参数定义,并指定显示 duke.gif。在 DrawAny 类的定义中,在 init()方法里调用 getParameter()方法获取了要显示的图像文件名,并下载到浏览器中显示。例 9-3 的运行结果如图 9-8 所示。

图 9-8　例 9-3 的运行结果

支持参数的 Applet 实现后,用户原则上可以通过配置参数来定制 Applet 的行为。然而 Applet 的用户并非 Applet 的设计者,用户不了解 Applet 参数的配置情况,因而 Applet 的设计者必须提供给用户参数的信息,帮助用户正确设置参数。在 Applet 中定义关于参数的信息是实现 Applet 类的 getParameterInfo()方法,直接向用户报告 Applet 参数的全面信息,帮助用户配置 Applet 参数。getParameterInfo()方法的定义是:

```
public String[][] getParameterInfo()
```

getParameterInfo()方法返回 Applet 所支持的参数信息。Applet 类的子类应该重写该方法以返回自己支持的参数的信息。该方法的返回值是一个 String 类型的二维数组,该数组是由格式为{参数名,参数类型,参数含义的描述}的一系列元素构成。例如:

```
public String[][] getParameterInfo(){
    String pinfo[][] = {
        {"fps", "1~10", "frames per second"},
        {"repeat", "boolean", "repeat image loop"},
        {"imgs", "url", "images directory"}
    };
    return pinfo;
}
```

上述 getParameterInfo()方法中,对 Applet 提供的 3 个参数分别进行了说明: fps 是整数型,取值范围是 1~10,表示帧速率; repeat 是布尔型,表示是否重复显示图像的循环; img 是 URL 类型,表示图像文件的目录。

3. 非 Java 兼容浏览器中显示的替换性文本 alternateHTML

Applet 替换性文本是在< APPLET >标记和</APPLET >标记之间除了< PARAM >标志之外的任何 HTML 正文。只有在不支持< APPLET >标记的浏览器才解释替换性的 HTML 代码,Java 兼容浏览器将忽略这些信息。对于理解< APPLET >标记但不能运行 Applet 的浏览器,将显示< APPLET >属性中的 ALT 文本。

9.3 Applet 中的图形化用户界面 GUI

Applet 的主要目的是将动态执行与交互的功能引入到 Web 页面中,因此几乎所有的 Applet 都需要创建 GUI 组件与用户进行动态交互,并通过图形、文本等方式显示运行结果和状态。本节将介绍如何构造基于 AWT 的 GUI 和基于 Swing 的 GUI,以及如何在 Applet 中进行事件处理。

9.3.1 基于 AWT 组件的 Applet 用户界面

Applet 可以通过使用 AWT 创建 GUI。由于 Applet 是 AWT 的 Panel 类的子类, Applet 本身就是一个面板,因此可以像操作 AWT 其他容器一样,向 Applet 中增加组件并且使用布局管理器控制组件在屏幕上的位置和大小。下面分别给出 AWT 提供的 UI 组件以及 Applet 可使用的容器方法。

AWT 提供的 UI 组件及所对应的类如下所述。

- 按钮 (java. awt. Button);
- 检查框 (java. awt. Checkbox);
- 单行文本域 (java. awt. TextField);
- 大的文本显示和编辑区域 (java. awt. TextArea);
- 标签 (java. awt. Label);
- 列表 (java. awt. List);
- 弹出式列表选择 (java. awt. Choice);
- 滑动条 (java. awt. Scrollbar);

- 画布（java. awt. Canvas）；
- 菜单(java. awt. Menu、java. awt. MenuItem、java. awt. CheckboxMenuItem)；
- 容器（java. awt. Panel、java. awt. Window 及其子类）。

Applet 作为一种容器，常用的容器方法如下。

- add()：添加指定的组件。
- remove()：删除指定的组件。
- setLayout()：设置布局管理器。

在编写要输出显示文字的 Applet 的时候，应首先考虑使用某些面向文本的 GUI 组件，如标签(Label)，单行文本域(TextField)和多行文本区(TextArea)，一般在 init()方法中创建相应的组件。如果这些组件不能满足显示要求，可以选择 Graphics 类提供的方法，如 drawBytes()、drawChars()、drawString()等。下面的例 9-4 是将例 9-2 中的 Simple Applet 输出文字的方法，由重写 paint()方法改为使用 AWT 组件。

例 9-4 基于 AWT 的 Applet 用户界面。

```
import java.applet.Applet;
import java.awt.TextField;
public class AwtSimple extends Applet {
    TextField field;
    public void init() {
        field = new TextField();                     //创建一个文本域并设置为不可编辑
        field.setEditable(false);
        setLayout(new java.awt.GridLayout(1,0));  //设置布局管理器,使得文本域中可以显示
                                                      //任意长度的文本
        add(field);
        validate();
        addItem("初始化… ");
    }
    public void start() {
        addItem("启动… ");
    }
    public void stop() {
        addItem("停止… ");
    }
    public void destroy() {
        addItem("准备卸载…");
    }
    void addItem(String newWord) {
        String t = field.getText();
        System.out.println(newWord);
        field.setText(t + newWord);
    }
}
```

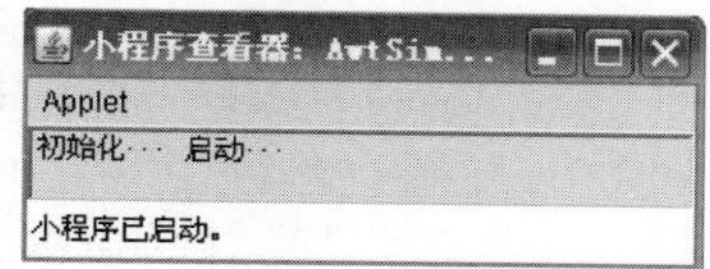

图 9-9 例 9-4 的运行结果

例 9-4 的运行结果如图 9-9 所示。

9.3.2 在 Applet 中使用弹出式窗口

Applet 在 Web 页面中显示区域的大小是有限的,由 HTML 文件中< APPLET >标记的 WIDTH 与 HEIGHT 属性定义。为了使 Applet 突破这一限制,有效的方法是使用弹出式窗口。即在 Applet 中启动一个弹出式窗口,该窗口的大小将不受 Web 页面的限制,Applet 可以在这个窗口中进一步构造所需的用户界面,充分利用有效的屏幕空间。

例 9-5 在小应用程序 ShowAWTButton 中显示了一个按钮,单击该按钮后将弹出一个 AWT 组件显示窗口,该窗口中显示了 AWT 的所有组件。

例 9-5 在 Applet 中使用弹出式窗口。

```
import java.awt.*;
import java.awt.event.*;
import java.applet.Applet;
public class ShowAWTButton extends Applet implements ActionListener {
    private Frame myAWT = new GUIWindow("AWT 组件显示窗口 ");
    public void init() {
        Button myButton = new Button(" 单击此处观看 AWT 所有组件");
        myButton.addActionListener(this);
        add(myButton);
    }
    public void actionPerformed(ActionEvent event) {
        if(myAWT.isVisible())
            myAWT.setVisible(false);
        else{
            myAWT.setSize(500,300);
            myAWT.setVisible(true);
        }
    }
}

//定义 AWT 组件显示窗口
class GUIWindow extends Frame implements ActionListener {
    final String FILEDIALOGMENUITEM = "File dialog…";
    public GUIWindow(String title) {
        super(title);
        Panel bottomPanel = new Panel();
        Panel centerPanel = new Panel();
        setLayout(new BorderLayout());

        //设置菜单
        MenuBar mb = new MenuBar();
        Menu m = new Menu("Menu");
        m.add(new MenuItem("Menu item 1"));
        m.add(new CheckboxMenuItem("Menu item 2"));
        m.add(new MenuItem("Menu item 3"));
        m.add(new MenuItem(" - "));

        MenuItem fileMenuItem = new MenuItem(FILEDIALOGMENUITEM);
```

```
            fileMenuItem.addActionListener(this);
            m.add(fileMenuItem);
            mb.add(m);
            setMenuBar(mb);

            //在窗口的底部摆放一个 Panel,该 Panel 上容纳多个组件
            bottomPanel.add(new TextField("TextField"));
            bottomPanel.add(new Button("Button"));
            bottomPanel.add(new Checkbox("Checkbox"));
            Choice c = new Choice();
            c.add("Choice Item 1");
            c.add("Choice Item 2");
            c.add("Choice Item 3");
            bottomPanel.add(c);
            add("South", bottomPanel);

            //在窗口中间摆放一个 Panel,该 Panel 上容纳多个组件
            centerPanel.setLayout(new GridLayout(1,2));
            centerPanel.add(new MyCanvas());
            Panel p = new Panel();
            p.setLayout(new BorderLayout());
            p.add("North", new Label("Label", Label.CENTER));
            p.add("Center", new TextArea("TextArea", 5, 20));
            centerPanel.add(p);
            add("Center", centerPanel);

            //在窗口右侧摆放 List
            List l = new List(3, false);
            for (int i = 1; i <= 10; i++) {
                l.add("List item " + i);
            }
            add("East", l);
            addWindowListener(new WindowAdapter() {
                public void windowClosing(WindowEvent e) {
                    dispose();
                }
            });
        }

    //当用户选择 FileDialog 菜单项时,调用该方法显示一个文件对话框
        public void actionPerformed(ActionEvent event) {
            FileDialog fd = new FileDialog(this, "FileDialog");
            fd.setVisible(true);
        }
    }
    //在画布上显示简单的几何图形
    class MyCanvas extends Canvas {
        public void paint(Graphics g) {
            int w = getSize().width;
            int h = getSize().height;
            g.drawRect(0, 0, w - 1, h - 1);
            g.drawString("Canvas", (w - g.getFontMetrics().stringWidth("Canvas"))/2, 10);
```

```
        g.setFont(new Font("Helvetica", Font.PLAIN, 8));
        g.drawLine(10,10, 100,100);
        g.fillRect(9,9,3,3);
        g.drawString("(10,10)", 13, 10);
        g.fillRect(49,49,3,3);
        g.drawString("(50,50)", 53, 50);
        g.fillRect(99,99,3,3);
        g.drawString("(100,100)", 103, 100);
    }
}
```

例 9-5 的运行结果,首先在 Applet 中显示一个按钮,如图 9-10 所示。

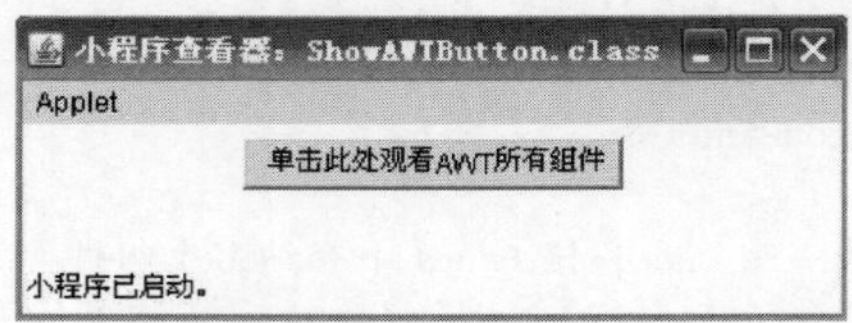

图 9-10 例 9-5 的运行结果 1

在用户单击该按钮后,弹出一个窗口。该窗口带有菜单条并显示了所有 AWT 组件,包括 Canvas、Textfiled、TextAera、Label、List、Button、CheckBox、Choise、Panel 等,如图 9-11 所示。当用户再次单击 Applet 中的按钮时,该窗口将消失,下次单击该窗口又会出现。选择窗口菜单中的 File dialog 菜单项后会弹出文件对话框。

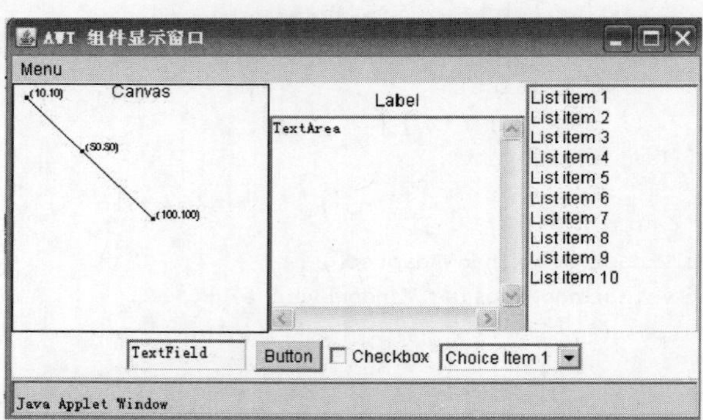

图 9-11 例 9-5 的运行结果 2

9.3.3 基于 Swing 的 Applet 用户界面

JApplet 是一个使 Applet 能够使用 Swing 组件的类。JApplet 类是 java.applet.Applet 类的子类,如图 9-4 所示。包含 Swing 组件的 Applet 必须是 JApplet 类的子类。下面介绍 JApplet 的特点以及需要注意的问题,并给出一个 JApplet 的实例。

1. JApplet 的特点

JApplet 是顶层的 Swing 容器,与其他顶层容器(如 JFrame)一样,JApplet 内部用一个隐含的根面板(JrootPanel)作为唯一的直接后代,而根面板中的内容面板(ContentPanel)才是 JApplet 除菜单条外所有组件的双亲。内容面板使 Swing Applet 与一般 Applet 有以下不同。

（1）向 JApplet 中增加组件，是把组件添加到 Swing Applet 的内容面板，而不是直接添加到 Applet 中。

（2）对 JApplet 设置布局管理器，是对 Swing Applet 的内容面板进行设置，而不是对 Applet 设置。

（3）Swing Applet 的内容面板的默认布局管理器是 BorderLayout，而 Applet 的默认布局管理器是 FlowLayout。

（4）在定制 Swing Applet 的绘图功能时，不能直接改变相应 Swing 组件的 paint()方法，而应该使用 paintComponent()方法。

2. JApplet 内容面板的使用

由于内容面板的存在，通常对 JApplet 添加组件有如下两种方式。

（1）用 getContentPanel()方法获得 JApplet 的内容面板，再向内容面板中增加组件：

```
Container contentPane = getContentPane();
ContentPanel.add(SomeComponent);
```

（2）建立一个 Jpanel 之类的中间容器，把组件添加到容器中，再用 setContentPanel()方法把该容器置为 JApplet 的内容面板：

```
Jpanel contentPanel = new Jpanel();
ContentPanel.add(SomeComponent);
SetContentPane(contentPanel);
```

同样，删除组件与设置布局管理器等操作都是针对内容面板而不是直接针对 JApplet 的，内容面板对象变量（如上例中的 contentPanel）必须指向实际 JApplet 的内容面板，不能被置为 null，一旦 contentPanel 被置为 null，JApplet 会抛出异常。

例 9-6 是将例 9-2 中的 Simple 改写，使其成为一个 JApplet 并完成相同的功能。

例 9-6　将例 9-2 的 Applet 改写为 JApplet。

```
import javax.swing.*;
import java.awt.*;
public class SwingSimple extends JApplet {
    JTextField jField;
    public void init() {
        Container contentPane = getContentPane();
        jField = new JTextField();
        jField.setEditable(false);
        contentPane.setLayout(new GridLayout(1,0));
        contentPane.add(jField);
        addItem("初始化… ");
    }
    public void start() {
        addItem("启动… ");
    }
    public void stop() {
        addItem("停止… ");
    }
```

```
    public void destroy() {
        addItem("准备卸载…");
    }
    void addItem(String newWord) {
        String t = jField.getText();
        System.out.println(newWord);
        jField.setText(t + newWord);
    }
}
```

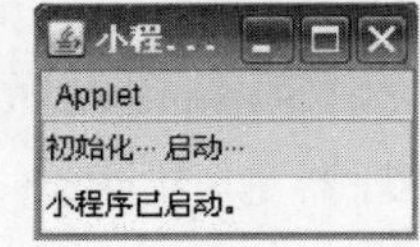

图 9-12　例 9-6 的运行结果

例 9-6 的运行结果如图 9-12 所示。

3. JApplet 中自定义组件绘制

对于一般的 Applet 设计,现有的 Swing 组件就能够满足 Applet 的显示要求。显示图像可以在标准的 Swing 组件如标签 JLable 和按钮 Jbutton 中使用 icon。显示各种风格的文本,可以使用文本类的组件,即使用 JTextComponent 的子类,如 JTextField、JPasswordField、JTextArea、JEditorPane、JTextPane 等。定制组件的边框,可以使用有关组件边框操作的类和方法,如 BorderFactory 类和 setBorder()方法。

在需要自定义 Swing 组件的时候,首先要确定使用哪种组件类作为所定制组件的父类,建议继承 JPanel 类或更具体的 Swing 组件类。例如,如果要创建一个自定义的按钮类,应该继承 JButton 或 JToggleButton,这样将继承了这些类提供的状态管理。如果要创建在一个图像上绘画的组件,则需继承 JLable 类。如果要实现在空的背景中产生并显示图形的组件,则可能需要继承 JPanel 类。

当实现自定义的绘图代码时,要注意以下两点。

- 在 paintComponent()方法中加入自定义的绘图代码。
- 一般要在自定义的组件周围使用边框。

PaintComponent()方法位于 JComponent 类,该方法与 paint()方法类似,也要求一个 Graphics 类的实例为参数。在 Swing 中通常应该使用 painComponent()方法而不是使用 paint()方法绘图,这是因为 JComponent 类的 paint()方法要执行大量复杂行为(比如设立图形内容和图像缓冲),如果重写了该方法,会发生冲突,导致程序不能正常运行。

无论在系统开始执行时,或窗口被最小化后再恢复,以及窗口被覆盖后需要被重新绘制时,paintComponent()方法都会被系统自动调用,所以在程序中不要调用它,否则会与自动化过程冲突。

如果需要重新绘制 Applet,就调用 repaint()方法,而不是 paintComponent()方法。repaint()方法将引起系统调用所有组件的 paintComponent()方法,并且使得所有组件的 paintComponent()方法的 Graphics 变量被正确配置。

需要注意的是,在 JPanel 子类的 paintComponent()方法中调用了超类 JComponent 的 paintComponent()以完成组件背景的绘制。所以,在 JPanel 子类中重写 paintComponent()方法时,必须在绘制之前调用 super.paintComponent()。

例 9-7 中定制了一种图像面板——ImagePanel 类。在该类中重写了 paintComponent()方法,实现带有某种图像的 Panel。而在 CustomPainting 小应用程序中,创建了 3 个分别显示不同图像的 ImagePanel 类的对象。

例 9-7　自定义图像面板及其使用。

```
import java.awt.*;
import java.awt.event.*;
import javax.swing.*;
public class CustomPainting extends JApplet {
    static String[] imageFile = {"t1.gif","t3.gif","t9.gif"};
    public void init() {
        Container c = getContentPane();
        c.setLayout(new GridLayout(1,3));
        for (int i=0;i<imageFile.length;i++){
            Image image = getImage(getCodeBase(), imageFile[i]);
            ImagePanel imagePanel = new ImagePanel(image);
            c.add(imagePanel);
        }
    }
}
class ImagePanel extends JPanel {
    Image image;
    public ImagePanel(Image image) {
        this.image = image;
    }
    public void paintComponent(Graphics g) {
        super.paintComponent(g);          //绘制背景
        g.drawImage(image, 0, 0, this); //绘制图像
    }
}
```

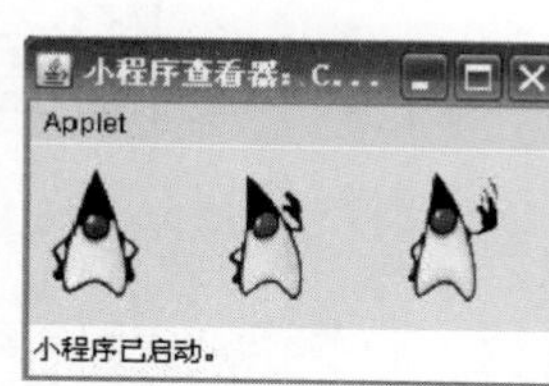

图 9-13　例 9-7 的运行结果

例 9-7 的运行结果如图 9-13 所示。

9.3.4　Applet 中的事件处理

Applet 中的事件处理机制与 Java Application 相同，采用监听器方式。JApplet 也是采用相同的技术。

例 9-8 中的小应用程序 Click 将对用户在 Applet 区域中单击鼠标进行计数，并同时在 Applet 上显示出来。

例 9-8　Applet 中的事件处理。

```
import java.awt.event.MouseListener;
import java.awt.event.MouseEvent;
import java.applet.Applet;
import java.awt.Graphics;
public class Click extends Applet implements MouseListener {
    int num = 0;
    public void init() {
        addMouseListener(this);
    }
    public void paint(Graphics g) {
        //在 Applet 的显示区域周围显示矩形边框
        g.drawRect(0, 0, getSize().width - 1, getSize().height - 1);
```

```
            //在矩形框内显示用户鼠标单击次数
            g.drawString(" 鼠标在此单击    " + num + " 次", 5, 15);
        }
        public void mouseEntered(MouseEvent event) {
        }
        public void mouseExited(MouseEvent event) {
        }
        public void mousePressed(MouseEvent event) {
        }
        public void mouseReleased(MouseEvent event) {
        }
        public void mouseClicked(MouseEvent event) {
            num++;
            repaint();
        }
    }
```

例 9-8 的运行结果如图 9-14 所示。

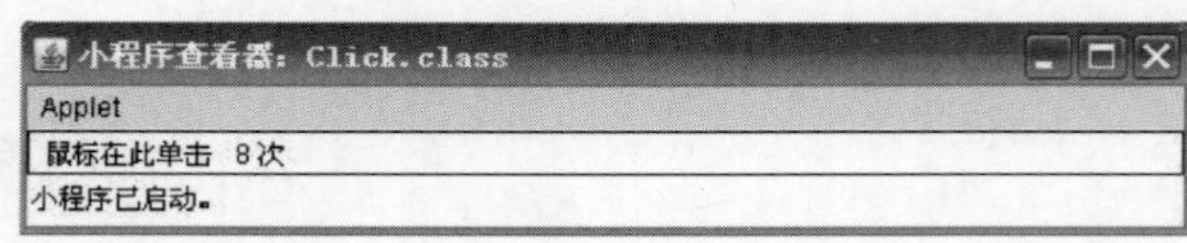

图 9-14　例 9-8 的运行结果

9.4　Applet 的多媒体支持

在 Applet 中有丰富的多媒体支持功能。主要包括显示图像、动画和声音。本节将对这些多媒体功能进行介绍。在 Java Application 中也支持多媒体应用，本节所论述的技术一般也适用于 Application。

9.4.1　显示图像

在 java.applet、java.awt、java.awt.image 包中包含许多支持图像的类和方法。在程序中图像由一个 java.Image 类的对象来表示。目前 Java 所支持的图像格式有 GIF、JPEG 和 PNG 3 种。其中 PNG 格式是 JDK 1.3 以上版本支持的一种光栅图像格式，它的显示方法与其他两种格式相同。

在 Applet 中加载图像使用 Applet 类提供的 getImage()方法，获得包含该图像的一个 Image 类的对象。该方法的定义如下：

```
public Image getImage(URL url) ;
public Image getImage(URL url,String name);
```

上述第一种方法中的 URL 类型的参数是包含图像文件名的绝对 URL。第二种方法中的 URL 参数是图像文件所在目录的 URL，当 Applet 与图像文件在一个目录下时，可以使用 getCodeBase()方法获取该 URL；而当图像文件与 Applet 嵌入的 HTML 文件在同一个目录下时，可以使用 getDocumentBase()方法获得该 URL。第二种方法中的另一个参数是相对于 URL 参数指定目录的文件名。

在加载图像文件时，getImage()方法不是等到图像完全加载完毕才返回，而是立即返回，由 Java 新生成一个线程在后台异步地完成图像加载任务。另外为了节省时间和空间，只有当图像需要画到屏幕上时，获取图像的行为才开始进行。

Java 设立了一种追踪图像加载过程的机制，使用户可以随时了解图像加载情况。实现这种机制有两种方法：一种是使用 MediaTracker 类；另一种是实现 ImageObserver 接口。在第一种方法中，需要创建 MediaTracker 类的对象并指定要跟踪的一个或多个图像，然后就可以在需要的时候从该对象获取这些图像的状态。ImageObserver 接口可以实现对图像加载更具体的跟踪。使用 ImageObserver 接口，需要实现 ImageObserver 的 imageUpdate()方法，并且要保证实现该接口的类的实例对象作为图像观察者注册。一般注册过程是通过在图像操作相关方法(如 drawImag()等)中指定 ImageObserver 参数完成。imageUpdate()方法能够反映正在加载图像的状态，如果加载还在进行，图像还在更新则返回 true，否则返回 false。

显示图像使用的是 Graphics 类中的 drawImage()方法。Graphics 类定义了如下 4 种 drawImage()方法，它们都返回一个布尔值，但返回值一般很少用。如果图像完全加载并且显示出来，返回 true，否则返回 false。

- boolean drawImage(Image img, int x, int y, ImageObserver observer)
- boolean drawImage(Image img, int x, int y, int width, int height, ImageObserver observer)
- boolean drawImage(Image img, int x, int y, Color bgcolor, ImageObserver observer)
- boolean drawImage(Image img, int x, int y, int width, int height, Color bgcolor, ImageObserver observer)

Graphics 类的 drawImage()方法参数含义如下。

- Image img：要绘制的图像对象。
- int x, int y：图像的左上角坐标，以像素为单位。
- int width, int height：图像的宽度和高度，以像素为单位。
- Color bgcolor：图像的背景色。当图像有透明色时使用。
- ImageObserver observer：实现了 ImageObserver 接口类的对象。这使得该对象成为了要显示图像的观察者。这样当关于图像的信息一更新，就将通知该对象。一般用 this 作为参数的值。这是因为 Component 类实现了 ImageObserver 接口，它在 imageUpdate()方法的实现中调用了 repaint()方法，使得图像能够在图像加载的同时逐步刷新显示。

图像显示的例子可以参看例 9-3。

9.4.2　动画制作

电影和电视都是一种动画显示，它们的帧速率是每秒 30 帧左右，利用人眼的视觉暂停效应产生一个连贯的动作显示过程。制作动画的典型过程如图 9-15 所示。

图 9-15 是一个不断绘制图形的动画循环，它是显示动画的关键。帧速率对于动画的效果起决定性的作用。如果太慢，会使动画看起来闪烁；如果太快，将看不到帧之间的变化，

只能看到最后一帧,因而在显示相连的帧之间需要有停顿时间,如 200ms。每一帧的图形或图像可以存放在一个文件中;也可以在一个文件中保存多帧,这种方式会提高图像加载的效率。

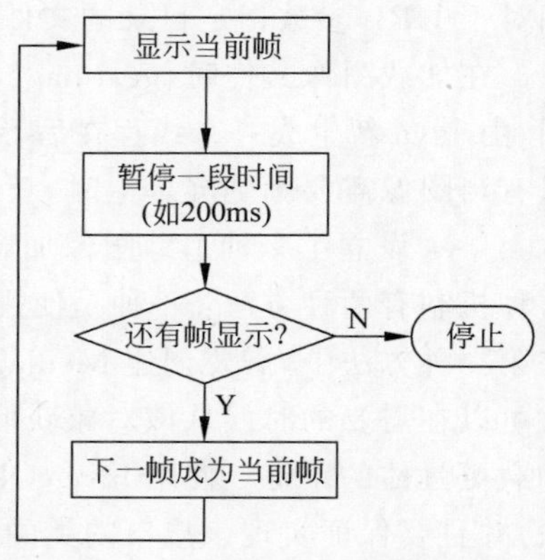

图 9-15 显示动画的基本原理

实现动画 Applet 最主要的是创建动画循环。Applet 中应该有一个专门动画显示线程,在这个线程的 run()方法中实现图 9-15 所示的动画循环。通过在 Applet 的 start()方法中创建这个线程来启动动画,在 Applet 的 stop()方法中撤销这个线程,终止动画。

另外 Applet 中显示动画会有不同程度的闪烁,原因是帧的绘制速度太慢。导致帧绘制速度慢的主要原因有两点:一是 Applet 在显示下一帧画面时,调用了 repaint()方法,在 repaint()方法调用 update()时,要清除整个背景,然后再调用 paint()方法显示画面;二是由于 paint()方法可能要进行复杂的计算,图像中各像素的值不能同时得到,使得动画的生成频率低。针对上述原因,可以采用下面的方法来消除闪烁:一种方法是重写 update()方法,使该方法不进行背景的清除;另一种方法是采用双缓冲技术生成一幅后台图像,然后把后台图像一次显示到屏幕。

例 9-9 是一个动画显示的例子。该 Applet 中动画刷新的帧速率可以通过参数设定。

例 9-9 Applet 中的动画显示。

```
import java.awt.*;
import java.applet.*;
import java.awt.event.*;
public class DukeWave extends Applet implements Runnable{
    private Thread duke;
    private Image image;
    private boolean flag;
    int frameNum = 0;
    int delay = 0;
    Image[] images = new Image[10];

    //init()方法中获取 HTML 文件的<APPLET>标记中定义的帧速率
    //下载动画文件并注册鼠标监听器,使用户可以控制动画的启停
    public void init(){
        delay = Integer.parseInt(getParameter("delay"));
        for (int i = 1; i <= 10; i++) {
            images[i-1] = getImage(getCodeBase(), "T" + i + ".gif");
        }
        image = images[0];
        addMouseListener(new MouseAdapter(){
            public void mousePressed(MouseEvent ev){
                if(duke == null)
                    start();
                else
                    stop();
```

```
            }
        });
    }
    public void start(){
        flag = true;
        duke = new Thread(this);
        duke.start();
        showStatus("click to stop");
    }
    public void stop(){
        flag = false;
        duke = null;
        showStatus("click to restart");
    }
    public void paint(Graphics g)  {
        g.drawImage(image,0,0,null);
    }
    //显示动画的线程
    public void run(){
        long startTime = System.currentTimeMillis();
        while (flag)  {
            repaint();
            if ( frameNum < 9 )
                frameNum ++ ;
            else
                frameNum  =  0;
            try{
                Thread.sleep(delay);
            }
            catch(InterruptedException e){
            }
            image  =  images[frameNum];
        }
    }
}
```

例 9-9 的运行结果是 Java 吉祥物 duke 不断地挥舞手臂，如图 9-16 所示。并且用户可以通过在 Applet 上单击对动画的启动和停止进行控制。

图 9-16　例 9-9 的运行结果

9.4.3　播放声音

在 java.applet 包中的 Applet 类和 AudioClip 接口提供了播放声音的基本支持。以前，Java 只支持一种声音格式，即 8 位、8kHz、单通道、u 律的.au 文件，其他格式的音频文件必须使用音频转换程序转换成.au 文件才能播放。而在 Java 2 平台中增加了所支持的音频文件的种类，包括.au、.aif、.midi、.wav、.rfm 等。

1. 与播放声音相关的 Applet 类方法

Applet 类中实现声音播放的方法有如下两类。

(1) 加载声音文件:

```
public AudioClip getAudioClip(URL url)
public AudioClip getAudioClip(URL url, String name)
```

这两种方法都是返回一个实现了 AudioClip 接口类的对象。上述第一种方法中的 URL 类型的参数是包含声音文件名的绝对 URL。第二种方法中的 URL 参数是声音文件所在目录的 URL,当 Applet 与声音文件在同一个目录下时,可以使用 getCodeBase()方法获取该 URL;而当声音文件与 Applet 嵌入的 HTML 文件在同一个目录下时,可以使用 getDocumentBase()方法获得该 URL。第二种方法中的另一个参数是相对于 URL 参数指定目录的文件名。

(2) 直接播放指定 URL 中的文件:

```
public void play(URL url)
public void play(URL url, String name)
```

参数的含义与 getAudioClip()方法相同。如果没有找到指定的声音文件,该方法将直接返回,不执行任何操作。

2. AudioClip 接口中定义的方法

AudioClip 类是播放声音数据的接口,多个 AudioClip 对象可以被同时播放,它们的声音将混合在一起形成交响效果,以下 3 个方法用于播放 AudioClip 数据。

(1) public void play():开始播放声音文件,这个方法每次被调用时,都是对声音文件从头播放。

(2) public void loop():开始声音文件的循环播放。

(3) public void stop():停止播放声音文件。

一般在 Applet 中,声音文件的加载只需要进行一次,一般放在 init()方法中。而声音文件的播放和停止可能进行多次,所以可放在 start()与 stop()方法中,或者通过相应的动作按钮的事件处理方式进行控制。

另外在 Java 2 之前的版本中,只有在 Applet 中才能播放声音,而 Application 不能播放。而在 Java 2 中增加了在 Application 中支持播放声音。主要是使用 Applet 类中定义的一个静态方法:

```
public static AudioClip newAudioClip(URL url)
```

在 Application 中使用上述静态方法从指定的 URL 获得一个 AudioClip 的对象,该对象中包含要播放的声音文件,然后通过该对象调用 AudioClip 类的 play()、loop()和 stop()播放声音文件。

例 9-10 在 Applet 中播放 aif 与 midi 格式的声音文件。

```
import java.applet.*;
import java.awt.*;
import java.awt.event.*;
import java.net.*;
public class Sound extends Applet implements ActionListener {
    String onceFile = "file:/d:/javaex/1.aif";
```

```
    String loopFile = "file:/d:/javaex/1.mid";
    AudioClip onceClip;
    AudioClip loopClip;

    Button playOnce;
    Button stopOnce;
    Button startLoop;
    Button stopLoop;

    boolean looping = false;
    boolean playing = false;

    public void init() {
        try{
            onceClip= getAudioClip(new URL(onceFile));
            loopClip = getAudioClip(new URL(loopFile));
        }catch(MalformedURLException e){
        }
        playOnce = new Button("Play aif");
        stopOnce = new Button("Stop aif");
        stopOnce.setEnabled(false);
        playOnce.addActionListener(this);
        add(playOnce);
        stopOnce.addActionListener(this) ;
        add(stopOnce);

        startLoop = new Button("Loop midi");
        stopLoop = new Button("Stop Loop");
        stopLoop.setEnabled(false);
        startLoop.addActionListener(this);
        add(startLoop);
        stopLoop.addActionListener(this);
        add(stopLoop);
    }
    public void stop() {
        if (playing) {
            onceClip.stop();                          //暂停播放
        }
        if (looping) {
            loopClip.stop();                          //暂停循环播放
        }
    }
    public void start() {
        if (playing) {
          onceClip.play();                            //重新开始播放
        }
        if (looping) {
            loopClip.loop();                          //重新开始循环播放
        }
    }
```

```
        public void actionPerformed(ActionEvent event) {
            Object source = event.getSource();
            if (source == playOnce) {                   //响应 play Button 事件
                if (onceClip != null) {
                    playing = true;
                    onceClip.loop();                    //播放音乐文件
                    stopOnce.setEnabled(true);          //stop 按钮可用
                    playOnce.setEnabled(false);         //play 按钮变灰
                    showStatus("Playing sound " + onceFile + ".");
                } else {
                    showStatus("Sound " + onceFile + " not loaded yet.");
                }
                return;
            }
            if (source == stopOnce) {                   //响应 stop Button 事件
                if (playing) {
                    playing = false;
                    onceClip.stop();                    //暂停播放
                    playOnce.setEnabled(true);          //play 按钮可用
                    stopOnce.setEnabled(false);         //stop 按钮变灰
                }
                showStatus("Stopped playing sound " + onceFile + ".");
                return;
            }
            if (source == startLoop) {                  //响应 loop Button 事件
                if (loopClip != null) {
                    looping = true;
                    loopClip.loop();                    //开始声音的循环播放
                    stopLoop.setEnabled(true);          //Stop Loop 按钮可用
                    startLoop.setEnabled(false);        //loop 按钮变灰
                    showStatus("Playing sound " + loopFile + " continuously.");
                } else {
                    showStatus("Sound " + loopFile + " not loaded yet.");
                }
                return;
            }
            if (source == stopLoop) {                   //响应 stop loop Button 事件
                if (looping) {
                    looping = false;
                    loopClip.stop();                    //停止声音的循环播放
                    startLoop.setEnabled(true);         //loop 按钮可用
                    stopLoop.setEnabled(false);         //Stop Loop 按钮变灰
                }
                showStatus("Stopped playing sound " + loopFile + ".");
                return;
            }
        }
    }
```

运行结果如图 9-17 所示。当单击 Play aif 按钮时，将播放一种 aif 格式的音乐，单击 Stop aif 将停止该音乐的播放。单击 Loop midi 按钮时，将循环播放一种 midi 格式的音乐文件，单击 Stop Loop 按钮将停止循环播放。并且当浏览器离开播放声音的 Applet 所在的页面时，将停止音乐的播放，当该页面恢复时将又开始播放。

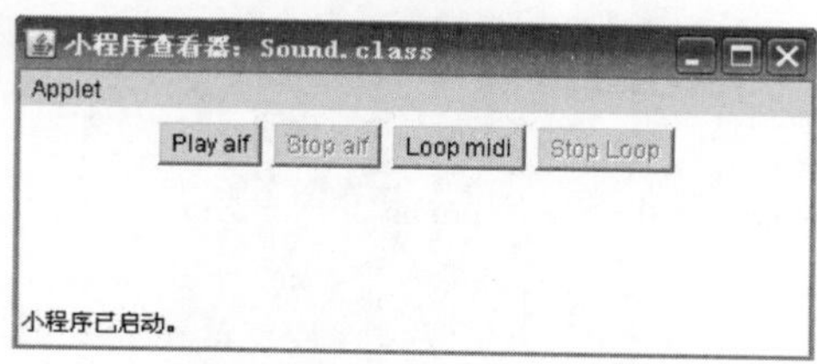

图 9-17 例 9-10 的运行结果

9.5 Applet 与 Application

Applet 与 Application 是 Java 的两种应用程序形式。但在 Java 中可以编写同时具有 Applet 和 Application 特征的程序，这样的程序既可用 appletViewer 或浏览器加载执行，也可利用 Java 解释器从命令行启动运行，使得程序具有灵活多样的运行方式，适应不同的使用环境。

编写这样程序的思想是使该程序同时具有 Applet 与 Application 的特征。具体方法是：作为 Application 要定义 main()方法，并且把 main()方法所在的类定义为一个 public 类。为使该程序成为一个 Applet，main()方法所在的这个 public 类必须继承 Applet 类或 JApplet 类，在该类中可以像普通 Applet 类一样重写 Applet 类的 init()、start()、paint()等方法，如下面的代码：

```
public class ClassName extends Applet {
    public void init(){ … }
    …
    public static void main(String args[ ]){
        ClassName app = new ClassName();
        …
        app.init();
        …
    }
}
```

在上面的代码中，作为一个 Application，main()方法在调用 ClassName 的方法之前，需要创建一个所在类(即 public 类型类)的对象，然后就像普通 Application 一样，创建一个 Frame 或 JFrame 对象，构造 GUI 并注册所需的事件监听器，最后将 Frame 或 JFrame 的内容显示出来。Applet 类的方法如 init()、start()等作为这个类的普通的成员方法，可以在需要的时候调用。如果 Application 实现的 Swing 界面，即创建了 JFrame 对象，则要取得该 JFrame 对象的内容面板，将 public 类的对象加入内容面板中。另外，对 Frame 或 JFrame 对象可以注册一个窗口监听器，结束这个程序的运行。

程序在作为 Applet 运行时,可以像普通 Applet 一样构造,不必在意 main()方法的存在,在运行 Applet 时,main()方法一般是不被调用的。例 9-11 既是 Applet 又是 Application 的应用程序。

例 9-11 既是 Applet 又是 Application 的应用程序。

```
import java.applet.*;
import java.awt.*;
import java.awt.event.*;
public class FindMax extends Applet implements ActionListener{
    Label result;
    TextField in1,in2,in3;
    Button btn;
    int a=0, b=0, c=0,max;
    public void init(){
        result= new Label("请先输入 3 个待比较的整数");
        in1=new TextField(5);
        in2=new TextField(5);
        in3=new TextField(5);
        btn=new Button("比较");
        add(in1);
        add(in2);
        add(in3);
        add(btn);
        add(result);
        btn.addActionListener(this);
    }
    public static void main(String args[]){
        FindMax find = new FindMax();
        Frame f = new Frame("Find Max");
        f.addWindowListener(new WindowAdapter(){
            public void windowClosing(WindowEvent e){
                System.exit(0);
            }
        });
        f.setLayout(new FlowLayout());
        f.setSize(400,100);
        f.add(find);
        find.init();
        f.setVisible(true);
    }
    public void actionPerformed(ActionEvent e){
        a=Integer.parseInt(in1.getText());
        b=Integer.parseInt(in2.getText());
        c=Integer.parseInt(in3.getText());
        if (a>b)
            max=(a>c?a:c);
        else
            max=(b>c?b:c);
        result.setText("3 个数中最大值是: "+max);
    }
}
```

分别在 appletViewer 和 Java 解释器中运行例 9-11，运行结果分别如图 9-18(a)和(b)所示。

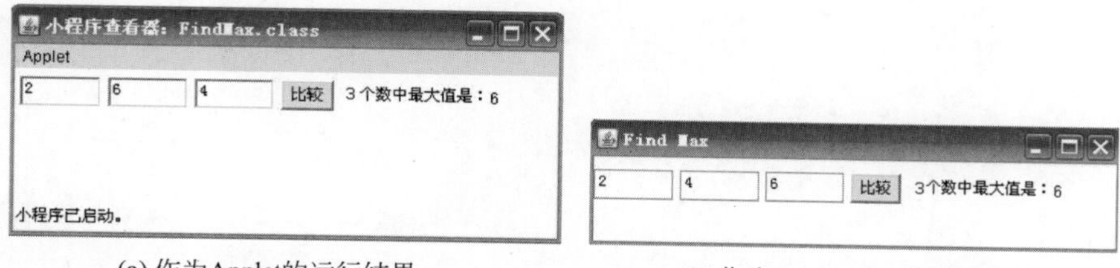

(a) 作为Applet的运行结果　　(b) 作为Application的运行结果

图 9-18　例 9-11 的运行结果

9.6　小　　结

Java Applet 实现了 Java 应用的计算分布，在基于 Web 的系统中有很广泛的应用。本章对 Applet 的基本原理与设计方法进行了介绍，并且对 Applet 实现多媒体功能、安全控制方法、Applet 与外界的通信等高级实用技术进行了讲解。读者可以在掌握 Applet 基本理论的基础上，进一步深入学习 Applet 的高级技术。

习　题　9

1. Applet 的运行过程是怎样的？
2. Applet 生命周期相关的方法有哪些？这些方法是如何被调用的？
3. Applet 显示或刷新过程中要调用哪些方法？
4. 编写 Applet 显示一个字符串，该字符串的值要求在< APPLET >标记中通过参数指定。
5. 编写 Applet 包含一个文本域、一个文本区以及一个按钮。当用户单击按钮时，将用户在文本域中输入的字符显示在文本区中。
6. 编写 Applet 实现加、减、乘、除 4 种算术运算的计算器，试分别用 GridLayout 和 BorderLayout 实现。
7. JApplet 中是否可以添加 AWT 组件？为什么？

第 2 篇

应用技术篇

第10章

视频讲解

视频讲解

线程

支持多线程的程序设计是Java语言的重要特征之一，是Java的一种高级实用技术。本章将对Java中多线程的概念与基本操作方法，以及线程的并发控制、线程同步等技术进行介绍。

10.1 线程的概念

10.1.1 什么是线程

在多任务操作系统中，通过运行多个进程来并发地执行多个任务。由于每个线程都是一个能独立执行自身指令的不同控制流，因此一个包含多线程的进程也能够实现进程内多项任务的并发执行。例如，一个进程中可以包含3个线程，第一个线程运行GUI，第二个线程执行I/O操作，第三个线程执行后台计算工作。线程虽然在20世纪80年代末才被真正引入，但由于多线程在提高系统效率等方面有显著作用，因此线程在高性能的操作系统中得到了广泛的使用，Windows、Solaris等都是支持线程的操作系统。在单处理器的计算机上，多个线程实际上并不能并发执行，但系统可以按照某种调度策略在线程之间切换。线程间的切换是由系统在极短的时间内完成的，所以给人的感觉是并发执行。

线程与进程在概念上是相关的。进程是由代码、数据、内核状态和一组寄存器组成，而线程是由表示程序运行状态的寄存器（如程序计数器、栈指针）以及堆栈组成，线程不包含进程地址空间中的代码和数据，线程是计算过程在某一时刻的状态。所以，系统在产生一个线程或在各个线程之间切换时，负担要比进程小得多，因此线程也被称为轻型进程(lightweight process)。进程是一个内核级的实体，进程结构的所有成分都在内核空间中，一个用户程序不能直接访问这些数据。线程是一个用户级的实体，线程结构驻留在用户空间中，能够被普通的用户级函数直接访问。

Java语言的一个重要的特性是在语言级支持多线程的程序设计。所有的程序员都熟悉编写单个执行流的程序。这种程序都有开始、一个执行顺序以及一个结束点。程序在执行期间的任一时刻，都只有一个执行点。线程与这种单个执行流的程序类似，但一个线程本身不是程序，它必须运行于一个程序（进程）之中。因此，线程可以定义为一个程序中的单个执行流。多线程是指一个程序中包含多个执行流，多线程是实现并发的一种有效手段。

深入理解线程的概念，需要了解程序、进程与线程之间的关系。程序是一段静态的代码，它是应用软件执行的蓝本。进程是程序的一次动态执行过程，它对应了从代码加载、执行到执行完毕的一个完整过程。这个过程也是进程本身从产生、发展到消亡的过程。作为执行蓝本的同一段程序,可以被多次加载到系统的不同内存区域执行,形成不同进程。而线程是比进程更小的单位。一个进程在其执行过程中,可以产生多个线程,形成多个执行流。每个执行流即每个线程也有它自身的产生、存在和消亡的过程,也是一个动态的概念。

多线程程序设计的含义是可以将程序任务分成几个并行的子任务。特别是在网络编程中,有很多功能是可以并发执行的。Hotjava 浏览器就是一个多线程应用的实例。当下载一个 Applet 或图片时,可以同时执行其他任务,例如播放动画或声音。多线程程序设计允许单个程序创建多个并行执行的线程来完成多个子任务。很多程序语言需要利用外部的线程支持库来实现多线程,这种方式的缺陷是很难保证线程的安全性。因为程序员很难保证在需要的时候加锁,而在某个合适的时候又能恰当地将它释放。而 Java 却在语言中支持多线程,提供了很多线程操作需要的类和方法,极大地方便了应用程序员,有效地减少了多线程并行程序设计的困难。

10.1.2 Java 中的线程模型

线程是程序中的一个执行流。一个执行流是由 CPU 运行程序代码并操作程序的数据所形成的。因此,线程被认为是以 CPU 为主体的行为。在 Java 中线程的模型就是一个 CPU、程序代码和数据的封装体,如图 10-1 所示。

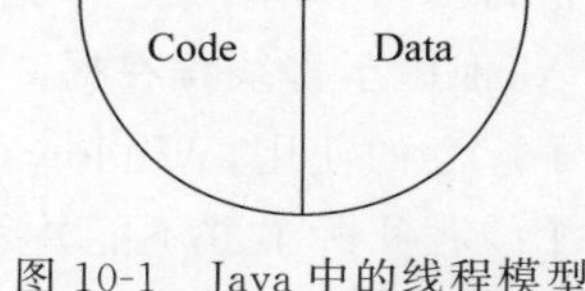

图 10-1 Java 中的线程模型

Java 中的线程模型包含如下三部分。

(1) 一个虚拟的 CPU。

(2) 该 CPU 执行的代码。代码与数据是相互独立的,代码可以与其他线程共享,也可以不共享,当两个线程执行同一个类的实例代码时,它们共享相同的代码。

(3) 代码所操作的数据。数据与代码是相互独立的,数据也可被多个线程共享,当两个线程对同一个对象进行访问时,它们将共享数据。

线程模型在 Java 中是由 java. lang. Thread 类进行定义和描述的。程序中的线程都是 Thread 的实例。因此用户可以通过创建 Thread 的实例或定义并创建 Thread 子类的实例建立和控制自己的线程。

10.2 线程的创建

10.2.1 Thread 类的构造方法

java. lang 中的 Thread 类是多线程程序设计的基础。创建线程是通过调用 Thread 类的构造方法实现的。按照线程的模型,一个具体的线程也是由虚拟的 CPU、代码与数据组成,其中代码与数据构成了线程体,线程体决定了线程的行为。虚拟的 CPU 是在创建线程时由系统自动封装进 Thread 类的实例中,而线程体要应用程序通过一个对象传递给 Thread 类的构造函数。Java 中的线程体是由线程类的 run()方法定义,在该方法中定义线程的具体行为。线程开始执行时,也是从它的 run()方法开始执行,就像 Java Application 从 main()开始,Applet 从 init()开始一样。

下面分析 Thread 类的构造方法。Thread 类在 Java API 的 java. lang 包中定义,Thread 类的构造方法有多个,这些方法的一般结构可以表示如下:

```
public Thread(ThreadGroup group, Runnable target, String name);
```

其中参数的含义如下。

- group: 指明该线程所属的线程组。
- target: 提供线程体的对象。Java. lang. Runnable 接口中定义了 run()方法,实现该接口的类的对象可以提供线程体,线程启动时该对象的 run()方法将被调用。
- name: 线程名称。Java 中的每个线程都有自己的名称,如果 name 为 null,则 Java 自动给线程赋予唯一的名称。

上述方法的每个参数都可以为 null。不同的参数取 null 值,就成为 Thread 类的各种构造方法:

```
public Thread();
public Thread(Runnable target);
public Thread(ThreadGroup group, Runnable target);
public Thread(String name);
public Thread(ThreadGroup group, String name);
public Thread(Runnable target, String name);
public Thread(ThreadGroup group, Runnable target, String name);
```

线程创建中,线程体的构造是关键。任何实现 Runnable 接口的对象都可以作为 Thread 类构造方法中的 target 参数,而 Thread 类本身也实现了 Runnable 接口,因此可以有两种方式提供 run()方法的实现: 实现 Runnable 接口和继承 Thread 类。下面分别介绍这两种创建线程的方法。

10. 2. 2 通过实现 Runnable 接口创建线程

在 java. lang 中 Runnable 接口的定义为:

```
public interface Runnable{
    void run();
}
```

使用这种方式创建线程的步骤如下。

(1) 定义一个类实现 Runnable 接口,即在该类中提供 run()方法的实现。

(2) 把 Runnable 的一个实例作为参数传递给 Thread 类的一个构造方法,该实例对象提供线程体 run()。

下面给出通过实现 Runnable 接口创建线程的例子。

例 10-1 通过实现 Runnable 接口创建线程。

```
public class ThreadTest{
    public static void main(String args[]){
```

```
            Thread t1 = new Thread(new Hello());
            Thread t2 = new Thread(new Hello());
            t1.start();
            t2.start();
        }
    }
    class Hello implements Runnable{
        int i;
        public void run(){
            while(true){
                System.out.println("Hello" + i++);
                if (i==5)  break;
            }
        }
    }
```

在例 10-1 中,Hello 类实现了 Runnable 接口。在 ThreadTest 类的 main()方法中,以 Hello 类的两个实例对象分别创建了 t1、t2 两个线程,并将线程启动。在创建的线程中,Hello 类的 run()方法就是线程体,其中“int i”是线程的数据。当 t1、t2 启动时,是从 Hello 类对象的 run()开始执行的,每个线程分别打印输出 5 个字符串。

下面是例 10-1 某次运行的结果:

```
Hello0
Hello1
Hello2
Hello3
Hello4
Hello0
Hello1
Hello2
Hello3
Hello4
```

因此,一个线程是 Thread 类的一个实例。线程是从一个传递给线程的 Runnable 实例的 run()方法开始执行。线程所操作的数据是来自该 Runnable 类的实例。

另外,新建的线程不会自动运行,必须调用线程的 start()方法,如 t1.start()。该方法的调用把嵌入在线程中的虚拟 CPU 置为可运行(Runnable)状态,意味着它可被调度运行,但这并不意味着线程会立即运行。

10.2.3 通过继承 Thread 类创建线程

在 java.lang 包中,Thread 类的声明如下:

```
public class Thread extends Object implements Runnable
```

因此,Thread 类本身实现了 Runnable 接口,在 Thread 类的定义中可以发现 run()方法。通过继承 Thread 类创建线程的步骤如下。

(1) 从 Thread 类派生子类,并重写其中的 run()方法定义线程体。

(2) 创建该子类的对象创建线程。

下面给出一个例子。

例 10-2 通过继承 Thread 类创建线程。

```
public class ThreadTest2 {
    public static void main(String args[ ]){
        Hello t1 = new Hello();
        Hello t2 = new Hello();
        t1.start();
        t2.start();
    }
}
class Hello extends Thread{
    int i;
    public void run(){
        while( true){
            System.out.println("Hello" + i++ );
            if (i==5)  break;
        }
    }
}
```

例 10-2 中，类 Hello 继承了 Thread 类，并将 Thread 类的 run()方法进行了重写，run()方法的功能与例 10-1 中的线程行为相同。在 ThreadTest2 中，创建了 Hello 类的两个实例对象，即两个线程，并分别把它们启动。

10.2.4 创建线程的两种方法的比较

线程创建的两种方法各有自己的特点。

1. 采用继承 Thread 类方法的优点

这种方法中程序代码简单，并可以在 run()方法中直接调用线程的其他方法。

2. 实现 Runnable 接口的优势

1）符合面向对象设计的思想

因为从 OO 设计的角度，Thread 类是虚拟 CPU 的封装，所以 Thread 的子类应该是关于 CPU 行为的类。但在继承 Thread 类子类构造线程的方法中，Thread 类的子类大都是与 CPU 不相关的类。而实现 Runnable 接口的方法，将不影响 Java Thread 类的体系，所以更加符合面向对象的设计思想。

2）便于继承其他类

实现了 Runnable 接口的类可以用 extends 继承其他类。因此提倡采用实现 Runnable 接口的方式，但具体应用中，应根据具体情况选择。

10.3 线程的调度与线程控制

10.3.1 线程优先级与线程调度策略

Java 中的线程是有优先级的。Thread 类有 3 个有关线程优先级的静态常量：MIN_PRIORITY、MAX_PRIORITY、NORM_PRIORITY。其中，MIN_PRIORITY 代表最低优

先级,通常为 1;MAX_PRIORITY 代表最高优先级,通常为 10;NORM_PRIORITY 代表普通优先级,默认值为 5。线程的优先级是 MIN_PRIORITY 与 MAX_PRIORITY 之间的一个值,并且数值越大优先级越高。

新建线程将继承创建它的父线程的优先级。父线程是指执行创建新线程的语句所在线程,它可能是程序的主线程,也可能是另一个用户自定义的线程。一般情况下,主线程具有普通优先级。可以通过 getPriority()方法来获得线程的优先级,也可以通过 setPriority()方法来设定线程的优先级。这两个方法的定义为:

```
public final int getPriority();
public final void setPriority(int newPriority);
```

虽然概念上多个线程可以并发执行,但由于目前计算机多数是单个 CPU,所以一个时刻只能运行一个线程。在单个 CPU 上以某种顺序运行多个线程,称为线程的调度。

Java 的线程调度策略是一种基于优先级的抢先式调度。这种调度策略的含义是:Java 基于线程的优先级选择高优先级的线程进行运行。该线程(当前线程)将持续运行,直到它中止运行,或其他高优先级线程成为可运行的。在后一种情况,低优先级线程被高优先级线程抢占运行。线程中止运行的原因可能有多种,如执行 Thread. sleep()调用,或等待访问共享资源。

在 Java 运行系统中可以按优先级设置多个线程等待池,JVM 先运行高优先级池中的线程,高优先级等待池空后,才考虑低优先级。如果线程运行中有更高优先级的线程成为可运行的,则 CPU 将被高优先级线程抢占。

抢先式调度可能是分时的,即每个同等优先级池中的线程轮流运行,也可能不是,即线程逐个运行,由具体 JVM 而定。线程一般通过使用 sleep()等方法保证给其他线程运行时间。

10.3.2 线程的基本控制

Thread 类提供了如下基本线程控制方法。

1. sleep()

sleep()方法能够把 CPU 让给优先级比其低的线程。该方法使一个线程运行暂停一段固定的时间。在休眠时间内,线程将不运行。

由于线程的调度是按照线程的优先级的高低顺序进行的,当高优先级的线程不结束时,低优先级的线程将没有机会获得 CPU。有时高优先级的线程需要与低优先级的线程进行同步,或需要完成一些费时的操作,则高优先级线程将让出 CPU,使优先级低的线程有机会运行。高优先级线程可以在它的 run()方法中调用 sleep()方法来使自己退出 CPU,休眠一段时间。休眠时间的长短由 sleep()方法的参数决定。sleep()方法结束后,线程将进入可运行(Runnable)状态。

sleep()方法的格式是:

- static void sleep(int millsecond):休眠时间以毫秒为单位。
- static void sleep(int millsecond,int nanosecond):休眠时间是指定的毫秒数与纳秒数之和。

2. yield()

调用该方法后,可以使具有与当前线程相同优先级的线程有运行的机会。如果有其他线程与当前线程具有相同优先级并是可运行的，该方法将把调用 yield()方法的线程放入可运行线程池，并允许其他线程运行。如果没有同等优先级的线程是 Runnable 状态，yield()方法将什么也不做，即该线程将继续运行。

3. join ()

t.join()方法使当前的线程等待直到线程 t 结束为止，该线程恢复到 Runnable 状态。有如下 3 种调用格式。

- join()：如当前线程发出调用 t.join()，则当前线程将等待线程 t 结束后再继续执行。
- join(long millis)：如当前线程发出调用 t.join()，则当前线程将等待线程 t 结束或最多等待 mills 毫秒后，再继续执行。
- join(long millis,int nanos)：如当前线程发出调用 t.join()，则当前线程将等待线程 t 结束或最多等待 mills 毫秒＋nanos 纳秒后，再继续执行。

例 10-3 给出了使用 join()方法进行线程控制的例子。

4. interrupt ()

如果一个线程 t 在调用 sleep()、join()、wait()等方法被阻塞时，则 t.interrupt()方法将中断 t 的阻塞状态，并且 t 将接收到 InterruptException 异常。

5. currentThread ()

Thread 类的静态方法 currentThread()返回当前线程，具体是返回当前线程的引用。

6. isAlive ()

有时线程的状态可能未知，用 isAlive()测试线程以确定线程是否活着。该方法返回 true 意味着线程已经启动但还没有运行结束。

7. stop ()

当线程完成运行并结束后，将不能再运行。线程除正常运行结束外，还可用其他方法控制使其停止：用 stop()方法，强行终止线程。该方法的调用容易造成线程的不一致，因此不提倡采用这种方法。可以使用标志 flag，通过设置 flag 通知一个线程应该结束。

8. suspend ()与 resume ()

在一个线程中调用 t.suspend()，将使另一个线程 t 暂停执行。要想恢复线程，必须由其他线程调用 t.resume()。不提倡使用该方法，因为容易造成死锁。

下面给出两个使用线程基本控制方法的例子。例 10-3 是关于使用 join()方法线程汇合，例 10-4 是关于线程终止的控制。

例 10-3　Thread.join()方法的使用。

```
public class ThreadJoinTest {
    public static void main(String args[]) throws Exception{
        int i = 0;
        Hello t = new Hello();
        t.start();
        while(true){
            System.out.println("Good Morning" + i++);
            if (i == 2 && t.isAlive()){
                System.out.println("Main waiting for Hello!");
                t.join();  //等待 t 运行结束
```

```
            }
            if (i==5)  break;
        }
    }
}
class Hello extends Thread{
    int i;
    public void run(){
        while( true){
            System.out.println("Hello" + i++);
            if (i==5)  break;
        }
    }
}
```

例 10-3 的运行结果如下：

```
Good Morning0
Good Morning1
Main waiting for Hello!
Hello0
Hello1
Hello2
Hello3
Hello4
Good Morning2
Good Morning3
Good Morning4
```

例 10-4 从一个线程中终止另一个线程。

```
public class ThreadTerminate {
    public static void main(String args[]) throws Exception{
        int i=0;
        Hello h = new Hello();
        Thread t = new Thread(h);
        t.setPriority(Thread.MAX_PRIORITY);
        t.start();
        System.out.println("Please stop saying Hello and say good morning!");
        h.stopRunning();                          //设置线程 t 的终止标志
        while(i<5){
            System.out.println("Good Morning" + i++);
        }
    }
}
class Hello implements Runnable{
    int i = 0;
    private boolean timeToQuit = false;
    //标志没有被设置前,将每隔 10ms 输出两行 hello
    public void run(){
        while(!timeToQuit){
            System.out.println(" Hello" + i++);
```

```
                try{
                    if (i%2 == 0)
                        Thread.sleep(10);
                } catch(Exception e){ }
            }
        }
        public void stopRunning(){
            timeToQuit = true;
        }
    }
```

例 10-4 运行时将有两个线程，一个是主线程，另一个是使用无限循环输出“Hello0”“Hello1”等的线程 t。t 的优先级要高于主线程。t 每输出两行 Hello，就休眠 10ms。在 t 休眠期间，主线程将有机会运行，并且主线程中将对 t 设置停止标志，使 t 结束。

例 10-4 的某次运行结果如下：

```
Please stop saying Hello and say good morning!
Hello0
Good Morning0
Good Morning1
Good Morning2
Good Morning3
Good Morning4
```

10.4 线程同步

10.4.1 多线程并发操作中的问题

在多线程的程序中，当多个线程并发执行时，虽然各个线程中语句的执行顺序是确定的，但线程的相对执行顺序是不确定的。有些情况下，这种因多线程并发执行而引起的执行顺序的不确定性是无害的，不影响程序运行的结果。但在有些情况下如多线程对共享数据操作时，这种线程运行顺序的不确定性将会产生执行结果的不确定性，使共享数据的一致性被破坏，因此在某些应用程序中必须对线程的并发操作进行控制。

本节将通过介绍两个线程对一个堆栈的可能操作过程，分析线程并发操作中的问题。例 10-5 是堆栈类与对堆栈进行访问的两个线程类的定义。

例 10-5(**a**) 一个简单堆栈类的定义。

```
public class MyStack{
    private int idx = 0;
    private char[ ] data = new char[6];

    public void push(char c){
        data[idx] = c;
        idx ++;
    }
    public char pop(){
        idx -- ;
```

```
        return data[idx];
    }
    public int getIdx(){
        return idx;
    }
}
```

例 10-5(b)　访问堆栈的两个线程类 A 和 B 的定义。

```
class A extends Thread{
    MyStack s;
    char c;
    public A(MyStack s){
        this.s = s;
    }
    public void run(){
        for (int i = 0; i < 100; i ++ ){
            if (s.getIdx() < 5){
                c = (char)(Math.random() * 26 + 'A');
                s.push(c);
                System.out.println("A:push " + c);
            }
        }
    }
}
class B extends Thread{
    MyStack s;
    char c;
    public B(MyStack s){
        this.s = s;
    }
    public void run(){
        for (int i = 0; i < 100; i ++ ){
            if (s.getIdx() > 0){
                c = s.pop();
                System.out.println("B:pop " + c);
            }
        }
    }
}
```

例 10-5(a)中定义了一个简单的堆栈类 MyStack，该类中定义了长度为 6 的字符数组作为堆栈的数据区，并且定义了整型变量 idx 为栈顶指针，idx 指向栈顶的空单元。MyStack 类还定义了进行压栈和弹栈的方法 push()和 pop()。push()的操作过程是压栈的数据放入栈顶，并且移动栈顶指针 idx；pop()操作过程是压栈操作的逆操作，即先移动栈顶指针，使其指向栈顶第一个数据单元，并读取其中的数据。例 10-5(b)中定义了两个线程类 A 和 B。A 实现压栈操作，B 实现弹栈操作。

现在假设在某个应用程序中，创建了 A 类的实例线程 a 和 B 类的实例线程 b，它们都对一个堆栈 MyStack 类的实例 s 进行操作，一个向堆栈中压数据，另一个从堆栈中取数据。

如果发生图 10-2 所示的执行顺序，则将使运行结果发生错误。

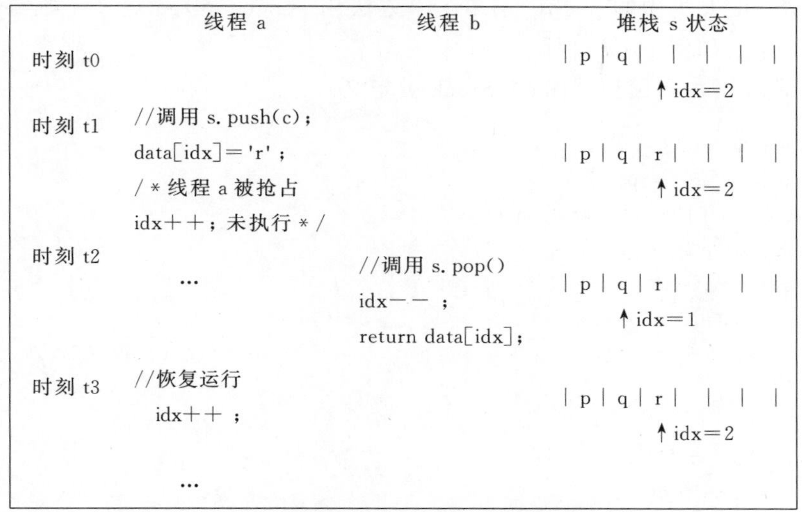

线程 a
线程 b
堆栈 s 状态
时刻 t0
| p | q | | | | |
↑ idx=2
时刻 t1
//调用 s.push(c);
data[idx]='r';
/*线程 a 被抢占
idx++; 未执行*/
| p | q | r | | | |
↑ idx=2
时刻 t2
...
//调用 s.pop()
idx-- ;
return data[idx];
| p | q | r | | | |
↑ idx=1
时刻 t3
//恢复运行
idx++ ;
...
| p | q | r | | | |
↑ idx=2

图 10-2　两个线程并发访问堆栈的一种可能执行顺序

在图 10-2 中，t0 时刻堆栈 s 处于正常状态。t1 时刻线程 a 执行压栈操作，它调用了方法 s.push(c)。首先线程 a 将执行 push()方法的第一条语句 data[idx]='r'，将字符'r'放入了堆栈，t2 时刻就在要执行第二条语句 idx++移动栈顶指针时，线程 a 被抢占，线程 a 中栈顶指针未移动，它将暂停运行。而线程 b 运行后，将调用 s.pop()对堆栈 s 进行弹栈操作。线程 b 首先将向左移动栈顶指针，并返回该单元中的数据。在 t3 时刻，线程 a 恢复运行。线程 a 将执行 idx++移动栈顶指针，并结束压栈操作。

如果在某个 t4 时刻，线程 b 再次弹栈，调用 s.pop()，则得到的结果还是字母'q'，与上次弹栈的结果相同，相当于'q'被两次压栈；而线程 a 压入的数据'r'将丢失。堆栈 s 的数据发生了错误。

这个例子说明了当多线程对共享数据并发操作时会发生问题，导致共享数据发生错误。因此需要一种机制对共享数据的操作进行并发控制，保证共享数据的一致性。

10.4.2　对象锁及其操作

Java 中对共享数据操作的并发控制是采用传统的封锁技术。

一个程序的各个并发线程中对同一个对象进行访问的代码段，称为临界区(critical sections)。在 Java 语言中，临界区可以是一个语句块或是一个方法，并且用 synchronized 关键字标识。

临界区的控制是通过对象锁进行的。Java 平台将每个由 synchronized(someObject){}语句指定的对象 someObject 设置一个锁，称为对象锁(monitor)。对象锁是一种独占的排他锁(exclusive locks)。这种锁的含义是，当一个线程获得了对象的锁后，便拥有该对象的操作权，其他任何线程不能对该对象进行任何操作。线程在进入临界区时，首先通过 synchronized(someObject)语句测试并获得对象的锁，只有获得对象锁才能继续执行临界区中的代码，否则将进入等待状态。

在例 10-5 堆栈的并发访问例子中，将堆栈的 push()与 pop()方法中的堆栈操作语句定义为临界区。当一个线程对某个堆栈对象进行压栈或弹栈操作时，其他线程不能对该堆栈进行操作。MyStack 类中的 push()与 pop()方法用 synchronized 定义了临界区。改写后 MyStack 类的定义如例 10-5(c)所示。

例 10-5(c)　增加封锁控制的 MyStack 类定义。

```
public class MyStack{
    private int idx = 0;
    private char[] data = new char[6];
    public void push(char c){
        synchronized(this){
            data[idx] = c;
            idx ++;                                  //栈顶指针指向栈顶空单元
        }
    }
    public char pop(){
        synchronized(this){
            idx --;
            return data[idx];
        }
    }
}
```

例 10-5(c)中的 MyStack 类的 push()与 pop()方法包含了 synchronized 关键字。则 Java 运行系统将为 MyStack 类的对象设置唯一的锁。调用堆栈 s 的 push()或 pop()方法的某个线程在获得 s 的锁进入 synchronized 语句块后，其他线程将不能执行这些方法直到堆栈 s 被解锁。

当 MyStack 类采用了上述对象锁的机制后，线程 a 和线程 b 对同一个堆栈对象 s 的并发访问过程如图 10-3 所示。

```
                 线程 a                      线程 b                   堆栈 s 状态
时刻 t0                                                          | p | q |   |   |   |   |
                                                                          ↑ idx=2
时刻 t1    /* 调用 s.push()，获
           得 s 的 monitor 后运行 */                             | p | q | r |   |   |   |
           data[idx]='r' ;                                                ↑ idx=2
           /* 线程 a 被抢占 */
时刻 t2        …                      /* 调用 s.pop()，
                                      未获得 s 的锁，b           | p | q | r |   |   |   |
                                      到 s 的 lock pool 中                ↑ idx=2
                                      等待 */
           //恢复运行
时刻 t3      idx++ ;                        …                    | p | q | r |   |   |   |
           /* 完成，并交回 s 的                                                ↑ idx=3
           锁 */
时刻 t4                               //运行 pop()               | p | q | r |   |   |   |
                                      //得结果 r                          ↑ idx=2
```

图 10-3　通过对象锁实现多线程访问共享堆栈的并发控制

在图 10-3 中，线程 a 与线程 b 对同一个堆栈对象 s 进行并发操作。在 t1 时刻，线程 a 调用 s. push()，将获得 s 的锁并开始运行 push()方法，线程 a 首先将'r'放入堆栈。与图 10-2 相同的是，t2 时刻在线程 a 即将移动栈顶指针时被抢占，暂停运行，堆栈的状态如图 10-3 所示。此时线程 b 占有 CPU 并开始运行。它调用 s. pop()，结果未获得 s 的锁，堆栈 s 的 pop()方法没有执行，线程 b 将到 s 的 lock pool 中等待 s 的锁，此时堆栈 s 的状态没有变化。在 t3 时刻，线程 a 恢复运行，移动栈顶指针，结束 push()方法，则 a 所持有的堆栈 s 的锁将返还，而线程 b 将获得 s 的锁，运行 s. pop()方法，得到了线程 a 压到堆栈 s 中的数据'r'。堆栈 s 一直处在正常状态。

因此，在 MyStack 类中对临界区采用封锁机制进行控制，实现了多线程并发操作的有效控制，保证了共享数据的一致性。

对于对象锁的使用有如下几点说明。

(1) 关于对象锁的返还。

对象的锁在如下几种情况下由持有线程返还。

- 当 synchronized()语句块执行完后。
- 当在 synchronized()语句块中出现异常(Exception)。
- 当持有锁的线程调用该对象的 wait()方法。此时该线程将释放对象的锁，而被放入对象的 wait pool 中，等待某种事件的发生。

(2) 共享数据的所有访问都必须作为临界区，使用 synchronized 进行加锁控制。

对共享数据所有访问的代码，都应该作为临界区使用 synchronized 进行标识。这样保证所有的操作都能够通过对象锁的机制进行控制。如果有一种访问操作未标记为 synchronized，则这种操作将绕过对象锁，很可能破坏共享数据的一致性。

(3) 用 synchronized 保护的共享数据必须是私有的。

将共享数据定义为私有的，使线程不能直接访问这些数据，必须通过对象的方法。而对象的方法中带有由 synchronized 标记的临界区，实现对并发操作多个线程的控制。

(4) 如果一个方法的整个方法体都包含在 synchronized 语句块中，则可以把该关键字放在方法的声明中。

如在例 10-5(c)的程序中，push()方法也可定义为：

```
public synchronized void push(char c){
    data[idx] = c;
    idx ++;
}
```

这种方式程序的可读性好，便于理解，因此比较常用。但控制对象锁的时间稍长，因此并发执行的效率会受到一定的影响，但影响不是很大。

(5) Java 中对象锁具有可重入性。

Java 运行系统中，一个线程在持有某个对象的锁的情况下，可以再次请求并获得该对象的锁，这就是对象锁具有可重入性的含义。锁的可重入性是很重要的，因为这可以避免单个线程因为自己已经持有的锁而产生死锁。例如下面的程序。

例 10-6 Java 对象锁的可重入性。

```
public class Reentrant {
    public synchronized void a() {
        b();
        System.out.println("here I am, in a()");
    }
    public synchronized void b() {
        System.out.println("here I am, in b()");
    }
    public static void main(String args[]){
        Reentrant r = new Reentrant();
        r.a();
    }
}
```

在例 10-6 的程序中,类 Reentrant 定义了两个带有 synchronized 的方法,分别是 a()和 b()。在 Reentrant 类的 main()方法中,对 Reentrant 类的实例 r 调用了方法 a()——r. a(),在 a()中将调用 b()。r. a()的执行过程中,线程的控制将首先请求并获得 r 的锁,并开始执行 a()方法。由 b()的定义可知,线程需要首先获得 r 的对象锁才能运行该方法。而此时 r 的锁已经由该线程获得,根据 Java 对象锁的可重入性,该线程将再次获得 r 的锁,并开始方法 b()的运行。

例 10-6 的运行结果如下:

```
here I am, in b()
here I am, in a()
```

10.4.3 死锁的防治

如果程序中多个线程互相等待对方持有的锁,而在得到对方锁之前都不会释放自己的锁,由此导致这些线程不能继续运行,这就是死锁。

例如,线程 t1 和 t2 要同时访问 A,B 两个对象的数据,它们都必须获得每个对象的锁才能进行访问。如果在某一时刻,线程 t1 获得 A 的锁并请求 B 的锁;而线程 t2 获得了 B 的锁,并请求 A 的锁。这时,线程 t1、t2 都获得了部分资源,而在等待其他资源,如果不获得等待的资源,两个线程都无法继续运行也不可能释放已持有的资源,这就造成两个线程无限期的互相等待,即发生了死锁。

Java 中没有检测与避免死锁的专门机制。因此完全由程序进行控制,防止死锁的发生。应用程序可以采用的一般做法是:如果程序要访问多个共享数据,则要首先从全局考虑定义一个获得锁的顺序,并且在整个程序中都遵守这个顺序。释放锁时,要按加锁的反序释放。

10.4.4 线程间的交互 wait()和 notify()

有时,当某个线程进入 synchronized 块后,共享数据的状态并不满足它的需要,它要等待其他线程将共享数据改变为它需要的状态后才能继续执行。但由于此时它占有了该对象的锁,其他线程无法对共享数据进行操作。为此 Java 引入 wait()和 notify()。这两个方法是 Java. lang. Object 类的方法,是实现线程通信的两个方法。

如果线程调用了某个对象 X 的 wait()方法——X.wait(),则该线程将放入 X 的 wait pool,并且该线程将释放 X 的锁；当线程调用 X 的 notify()方法——X.notify()时,则将会使对象 X 的 wait pool 中的一个线程移入 lock pool,在 lock pool 中等待 X 的锁,一旦获得便可运行。notifyAll()把对象 wait pool 中的所有线程都移入 lock pool。

因此用 wait()和 notify()可以实现线程的同步。当某线程需要在 synchronized 块中等待共享数据状态改变时,可以调用 wait()方法,这样该线程等待并暂时释放共享数据对象的锁,其他线程可以获得该对象的锁并进入 synchronized 块对共享数据进行操作。当其操作完后,只要调用 notify()方法就可以通知正在等待的线程重新占有锁并运行。

系统中使用某类资源的线程一般称为消费者,产生或释放同类资源的线程称为生产者。生产者-消费者问题是关于线程交互与同步问题的一般模型。

例 10-7 就是一个生产者-消费者的例子。这个例子中,生产者向堆栈中压数据,消费者从堆栈中弹数据。生产者与消费者作为两个线程同时运行并共享同一个堆栈。本例共由以下 4 个 Java 程序构成。

(1) Producer.java：定义了 Producer 类。该类中的 run()方法定义了生产者线程的行为：每隔 300ms 产生一个大写字母并放入栈中,共 200 个。

(2) Consumer.java：定义了 Consumer 类。该类中的 run()方法定义了消费者线程的行为：从栈中取出 200 个字符,间隔 300ms。

(3) SyncStack.java：定义了 SyncStack 类,实现堆栈。

(4) SyncTest.java：包含了创建并运行生产者与消费者线程的 main()方法。

例 10-7　生产者-消费者同步示例。

(1) Producer.java。

```
public class Producer implements Runnable{
    private SyncStack theStack;
    private int num;
    private static int counter = 1;
    public Producer(SyncStack s){
        theStack = s;
        num = counter++;
    }
    //run()方法是生产者线程的线程体,每次随机产生一个字母放入堆栈
    //然后休眠 300ms,共进行 200 次
    public void run(){
        char c;
        for(int i = 0;i < 200; i++){
            c = (char)(Math.random() * 26 + 'A');
            theStack.push(c);
            System.out.println("Producer" + num + ":" + c);
            try{
                Thread.sleep(300);
            }catch(InterruptedException e){ }
        }
    }
}
```

(2) Consumer.java。

```
public class Consumer extends Thread {
    private SyncStack theStack;
    private int num;
    private static int counter = 1;
    public Consumer(SyncStack s){
        theStack = s;
        num = counter++;
    }

    //run()方法是消费者线程的线程体,每次执行弹栈操作,并将得到的数据输出
    //然后休眠 300ms,共进行 200 次
    public void run(){
        char c;
        for(int I = 0; I < 200; I++){
            c = theStack.pop();
            System.out.println("Consumer" + num + ":" + c);
            try{
                Thread.sleep(300);
            }catch(InterruptedException e){ }
        }
    }
}
```

(3) SyncStack.java。

```
import java.util.Vector;
public class SyncStack{
    private Vector<Character> buffer = new Vector<Character>(400,200);

    //为了保证共享数据一致性,push()方法和 pop()方法定义为 synchronized
    public synchronized char pop(){
        char c;

        //如果堆栈为空,则执行该方法的线程必须等待,直到堆栈中有数据
        while(buffer.size() == 0 ){
            try{
                this.wait();
            }catch(InterruptedException e){    }
        }
        c = ((Character)buffer.remove(buffer.size() - 1)).charValue();   //进行弹栈操作
        return c;
    }
    public synchronized void push(char c){
        this.notify();                                  //通知等待的线程
        Character charObj = new Character(c);
        buffer.addElement(charObj);
    }
}
```

（4）SyncTest.java。

```
public class SyncTest{
    public static void main(String args[]){
        SyncStack stack = new SyncStack();

        Producer p1 = new Producer(stack);
        Thread prodT1 = new Thread(p1);
        prodT1.start();

        Producer p2 = new Producer(stack);
        Thread prodT2 = new Thread(p2);
        prodT2.start();

        Consumer c1 = new Consumer(stack);
        Thread consT1 = new Thread(c1);
        consT1.start();

        Consumer c2 = new Consumer(stack);
        Thread consT2 = new Thread(c2);
        consT2.start();
    }
}
```

例 10-7 的进一步说明如下所述。

（1）SyncStack 类的 pop()方法中，wait()调用放在循环中的目的是：当线程的等待被中断时，如果栈仍然为空，线程可以继续等待。这样可以有效保证线程执行弹栈操作时，堆栈中一定有数据。

（2）SyncStack 类的 push()方法中：

- this.notify()把当前堆栈对象 wait pool 中的一个线程释放到 lock pool，等待该堆栈的锁以便运行。
- 在数据压栈前调用 notify()不会有错误。因为该堆栈的锁只在运行完 synchronized 块后才释放，所以在堆栈被修改期间 lock pool 中的线程无法得到堆栈的锁。

例 10-7 的运行结果如下：

```
Producer1:Q
Producer2:R
Consumer1:R
Consumer2:Q
Producer1:T
Producer2:L
Consumer1:L
Consumer2:T
Producer1:G
Producer2:O
Consumer1:O
Consumer2:G
Producer1:G
Producer2:R
```

```
Consumer1:R
Consumer2:G
…
```

10.4.5 不建议使用的一些方法

在线程的同步过程中,以下方法是不建议使用的。

1. stop ()

stop()强行终止线程的运行,容易造成数据的不一致。如在堆栈的例子中,一个线程在压入值但未修改指针时被调用 stop()方法终止,就将造成堆栈数据不一致。建议使用标志 flag 终止其他线程。

2. suspend ()和 resume ()

在 JDK 1.2 以上的版本中,反对使用这两种方法。

这两种方法使得一个进程可以直接控制另外一个进程的执行,容易造成死锁。例如,线程 a,b。b 有一个对象的锁,但 a 调用了 b.suspend(),则 b 停止运行。因为 b.suspend()方法不使 b 释放已经持有的锁,所以如果线程 a 需要线程 b 的锁,则会发生死锁。建议使用 wait()和 notify()。

10.5 线程状态与生命周期

线程创建后,就开始了它的生命周期。在不同的生命周期阶段线程有不同的状态。对线程调用各种控制方法,就使线程从一种状态转换为另一种状态。线程的生命周期主要分为如下几个状态:新建状态、可运行状态、运行状态、阻塞状态、终止状态,如图 10-4 所示。

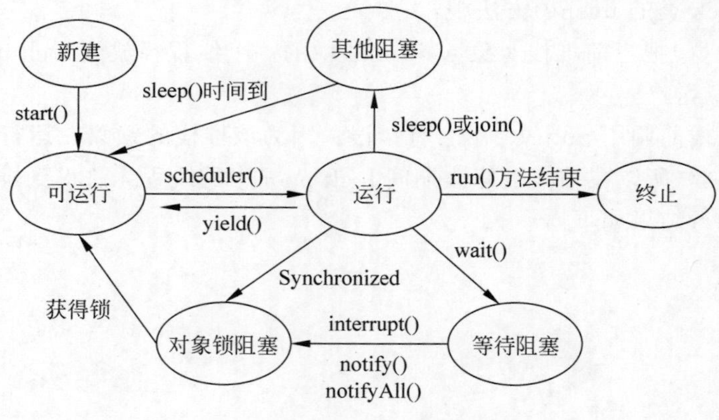

图 10-4 线程的生命周期

1. 新建状态(new)

调用一个线程类的构造方法,便创建了一个线程,如:

```
Thread myThread = new MyThreadClass();
```

该语句仅是创建了线程,并不马上启动,此时线程处于新建状态。新建状态的线程还没有被分配有关的系统资源,此时线程只能使用 start()和 stop()两种控制方法。

2. 可运行状态(Runnable)

新建的线程调用 start()方法,如 myThread. start(),将使线程的状态从 New 转换为 Runnable。start()方法使系统为线程分配必要的资源,将线程中虚拟的 CPU 置为 Runnable 状态,并将线程交给系统调度。

Runnable 表示系统处于运行就绪状态,此时线程仅仅是可以运行,但不一定在运行中。在多线程程序设计中,系统中往往会有多个线程同时处于 Runnable 状态,它们将竞争有限的 CPU 资源,由运行系统根据线程调度策略进行调度。

3. 运行状态(Running)

运行状态是线程占有 CPU 并实际运行的状态。此时线程状态的变迁有如下 3 种情况。

(1) 如果线程正常执行结束或应用程序停止运行,线程将进入终止状态。

(2) 如果当前线程执行了 yield()方法,或者当前线程因调度策略(执行过程中,有一个更高优先级的线程进入可运行状态,这个线程立即被调度执行,当前线程占有的 CPU 被抢占;或在分时方式时,当前执行线程执行完当前时间片)由系统控制进入可运行状态。

(3) 如果发生下面几种情况时,线程就进入阻塞状态。

- 线程调用了 sleep()方法或 join()方法,进入阻塞状态。
- 线程调用 wait()方法时,由运行状态进入阻塞状态。
- 如果线程中使用 synchronized 来请求对象的锁未获得时,进入阻塞状态。
- 如线程中有输入/输出操作,也将进入阻塞状态,待输入/输出操作结束后,线程进入可运行状态。

4. 阻塞状态(Blocked)

阻塞状态根据产生的原因又可分为对象锁阻塞(blocked in lock pool)、等待阻塞(blocked in wait pool)和其他阻塞(otherwise blocked)。状态相应变迁如下。

(1) 线程调用了 sleep()方法或 join()方法时,线程进入其他阻塞状态。由于调用 sleep()方法而进入其他阻塞状态的线程,睡眠时间到时将进入可运行状态;由于调用 t. join()方法而进入其他阻塞状态的线程,当 t 线程结束或等待时间到时,进入可运行状态。

(2) 线程调用 wait()方法时,线程由运行状态进入等待阻塞状态。在等待阻塞状态下的线程若被 notifyAll()和 notionAll() 唤醒,被 interrupt()中断或者等待时间到,线程将进入对象锁阻塞状态。

(3) 如果线程中使用 synchronized 来请求对象的锁但未获得时,进入对象锁阻塞状态。该状态下的线程当获得对象锁后,将进入可运行状态。

5. 终止状态(Dead)

终止状态是线程执行结束的状态,没有任何方法可改变它的状态。

10.6 线程相关的其他类与方法

10.6.1 支持线程的类

在 Java 中,有如下几种支持线程的类。

1. java. lang. Thread

正如前面介绍的,在 Java 中线程是通过 java. lang 包中的 Thread 类创建的。可以通过派生 Thread 类的子类定义用户自己的线程,也可以使用 Runnable 接口。

2. java. lang. Runnable

Java 中定义了 Runnable 接口,目的是使任何类都可以为线程提供线程体,即 run()方法。

3. java. lang. Object

Object 是 Java 中的根类。它定义了线程同步与交互的方法:wait()、notify()以及 notifyAll()。

4. java. lang. ThreadGroup

Java 应用程序中,所有的线程都属于一个线程组,线程组中的线程一般是相关的。java. lang 包中的 ThreadGroup 类实现了线程组,并提供了对线程组或组中的每一个线程进行操作的方法。在 10.6.2 节中将进一步介绍线程组的概念。

5. java. lang. ThreadDeath

一般用于杀死线程。

10.6.2 线程组

Java 中每个线程都属于某个线程组。线程组使一组线程可以作为一个对象进行统一处理或维护。例如可以用一个方法统一调用、启动或挂起线程组内的所有线程。一个线程只能在创建时设置其所属的线程组,在线程创建后就不允许将线程从一个线程组移到另一个线程组。

线程组是由 java. lang 包中的 ThreadGroup 类实现的。在创建线程时可以显式地指定线程组,此时需要从如下 3 种线程构造方法中选择一种:

```
public Thread(ThreadGroup group, Runnable target);
public Thread(ThreadGroup group, String name);
public Thread(ThreadGroup group, Runnable target, String name);
```

若在线程创建时并没有显式指定线程组,则新创建的线程自动属于父线程所在的线程组。在 Java 应用程序启动时,Java 运行系统为该应用程序创建了一个称为 main 的线程组。如果以后创建的线程没有指定线程组,则这些线程都将属于 main 线程组。

程序中可以利用 ThreadGroup 类显式创建线程组,并将新创建的线程放入该线程组,例如:

```
ThreadGroup myThreadGroup = new ThreadGroup("my Group of Threads");
Thread myThread = new Thread(myThreadGroup,"a thread for my group");
```

这个例子中创建了一个称为 myThreadGroup 的线程组,并且在该线程组中创建了一个线程 myThread。

通过 Thread 类的 getThreadGroup()方法,可以获得线程所属的线程组,例如:

```
theGroup = myThread.getThreadGroup();
```

ThreadGroup 类对 Java 应用程序中的线程组进行管理。一个线程组可以包含任意数目的线程。一个线程组内不仅可以包含线程,还可以包含其他线程组。在 Java 应用程序中,最顶层线程组是 main。在 main 中可以创建线程或线程组,并且可以在 main 的线程组中进一步创建线程组。因此 Java 应用程序中，形成了以 main 为根的线程与线程组的树状结构。

10.6.3 Thread 类的其他方法

1. setName ()方法

public final void setName(String name)，把线程的名字改为 name。

2. getName ()方法

public final String getName()，返回线程的名字。

3. activeCount ()方法

public static int activeCount()，返回当前线程的线程组中活动线程的个数。

4. getThreadGroup ()方法

public final ThreadGroup getThreadGroup()，返回当前线程所属的线程组名。已经终止的线程返回 null。

5. setDaemon ()方法

public final void setDaemon(boolean on)，设置当前线程为 Daemon 线程，该方法必须在线程启动前调用。Daemon 有时可称为服务线程，通常以比较低的优先级运行，它为同一个应用程序中的其他线程提供服务。例如，Java 运行环境中的垃圾收集线程就是一个 Daemon 线程。

6. isDaemon ()方法

public final boolean isDaemon()，测试线程是否为 Daemon 线程，若是返回 true，否则返回 false。

7. toString ()方法

public String toString()，返回线程的以字符串形式表达的信息，包括线程的名字、优先级和线程组。

8. enumerate ()方法

public static int enumerate(Thread[] tarray)，把当前线程的线程组中的活动线程复制到 tarray 线程数组中，包括它们的子线程。

9. checkAccess ()方法

public final void checkAccess()，t. checkAccess()确定当前线程是否允许访问另一个线程 t。如果运行系统中有安全管理器，则会以线程 t 为参数调用安全管理器的 checkAccess()方法，并有可能抛出 SecurityException 异常。

10.7 小　　结

多线程程序设计是 Java 中很重要的一项技术，但同时又是 Java 语言的一个难点。如果读者能够了解操作系统知识并对进程等概念有比较深入的理解，则可以很好掌握本章中的主要知识点，包括线程的概念与创建方法、线程的调度、线程的并发控制与同步、线程生命周期等。

习　题　10

1. 试述进程与线程之间的关系。

2. Java 中线程的模型由几部分构成?

3. 创建线程的两种方式是什么?

4. 什么是线程调度? Java 的线程调度策略是什么?

5. 线程的生命周期中包含几个状态? 各状态之间是如何进行转换的?

6. Java 中采用什么机制实现多线程的同步?

7. 线程创建后如何启动? 下列哪些方法是 Thread 类的静态方法? 哪些方法在 Java 2 中已经不建议使用?

run(); start(); stop(); suspend(); resume(); sleep(); yield()。

8. 编写程序创建 5 个线程,分别显示 5 个不同的字符串。用继承 Thread 类以及实现 Runnable 接口的两种方式实现。

9. 编写生产者-消费者模式的程序。生产者每隔 100ms 产生 0～9 的一个数,保存在一个 MyNumber 类型的对象中,并显示出来。只要这个 MyNumber 对象中保存了新的数字,消费者就将其取出并显示。试定义 MyNumber 类,编写消费者和生产者程序,并编写主程序创建一个 MyNumber 对象,以及一个生产者线程、一个消费者线程,并将这两个线程启动运行。

第 11 章

Java 网络程序设计

Java 是一种网络编程能力很强的语言，它能够方便地访问 Internet 与 3W 上的资源，这也是 Java 语言受到广泛重视的重要原因之一。本章首先简要介绍有关网络通信的基础知识以及 Java 对网络通信的支持，然后介绍 Java 基于 URL 的 3W 资源访问技术，以及基于底层 Socket 的有连接和无连接的网络通信方法。

11.1 概　　述

11.1.1 网络通信基础

Internet 的通信协议是一种四层协议模型：链路层（包括 OSI 七层模型中的物理层与数据链路层）、网络层、传输层与应用层。运行于计算机中的网络应用利用传输层协议——传输控制协议（Transmission Control Protocol，TCP）或用户数据报协议（User Datagram Protocol，UDP）进行通信，如图 11-1 所示。

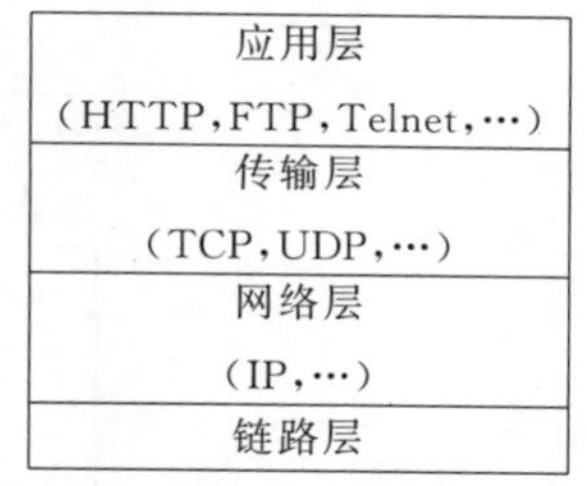

应用层 （HTTP，FTP，Telnet，…）
传输层 （TCP，UDP，…）
网络层 （IP，…）
链路层

图 11-1　Internet 网络协议层次

实现网络通信的 Java 程序位于图 11-1 中的应用层。Java 提供了网络编程支持类，使程序员在编写网络应用程序时，只需要了解和使用 Java 提供的网络编程 API，而不必关心传输层中 TCP 与 UDP 的实现细节，并且所编写的应用程序将独立于任何底层平台。为了能够确定恰当的类并正确使用这些类，首先需要理解传输层中的几个重要概念。

1. TCP

TCP 是一种基于连接的协议，它为两个计算机之间提供了点到点的可靠数据流，保证从连接的一个端点发送的数据能够以正确的顺序到达连接的另一端。应用层的常用协议，如 HTTP 等都是需要可靠通信通道的协议，数据在网络上的发送和接收顺序对于这些应用来说是至关重要的。例如，当使用 HTTP 协议从一个 URL 执行读操作的时候，数据被接收的顺序必须与发送时的顺序相同，否则得到的 HTML 文件将包含乱码。因此 HTTP、FTP 以及 Telnet 等协议都采用 TCP 作为传输层协议。

2. UDP

UDP 与 TCP 不同，不是基于连接的，它从一个计算机向另一个计算机发送独立的数据包称为数据报，各数据报之间是相互独立的，并且 UDP 不能保证数据报以正确的顺序到达目的主机,因此 UDP 不能保证数据的可靠传输。

对于很多应用保证数据的可靠传输是非常关键的,但也有某些应用并不需要高可靠性的数据传输,使用 UDP 可以减少 TCP 中的额外开销,提高数据传输速度,例如要进行大量声音或图像文件传输的多媒体应用。另外,还有的应用必须使用 UDP,例如测试网络连接状况的 ping 命令。该命令通过统计两个主机间发送数据报的丢失或乱序情况,确定连接的状态。

3. 端口(port)

计算机与网络间只有一条物理连接,发送给一个主机的所有数据都传送到该连接上。一般主机上可能同时运行多个应用,可以通过端口号确定应该到达的应用。

Internet 上传输的数据都带有标识目的主机与端口号的地址信息。主机的地址由 32 位的 IP 地址标识,IP 协议通过该地址把数据发送到正确的目的主机。端口号由一个 16 位的数字标识,TCP 与 UDP 协议用它把数据传递给正确的应用。因此 TCP 和 UDP 协议用端口号把外来的数据映射到主机中运行的特定应用(进程)。

在基于连接的通信如 TCP 中,应用的服务器端将一个 Socket(套接字)与一个特定端口号绑定。这相当于将该服务器注册到系统中,以使服务器端能够接收发送到该端口的所有数据。另外应用的客户端可以在该端口和服务器端汇合。在基于数据报的通信如 UDP 中,数据报中包含了端口号,UDP 通过该端口号将数据报转交给对应的应用。端口号的上述作用如图 11-2 所示。

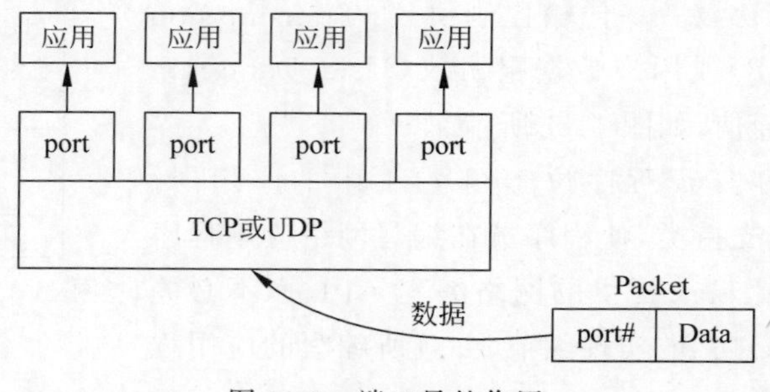

图 11-2 端口号的作用

端口号的取值范围是 0～65 535。0～1023 之间的端口号是为 HTTP、FTP 等系统应用保留的,称为众所周知的端口号;用户应用程序一般使用 1024 以上的端口号。

11.1.2 Java 网络通信的支持机制

Java 是针对网络环境的程序设计语言,提供了强有力的网络支持。Java 提供了两个不同层次的网络支持机制,如图 11-3 所示。

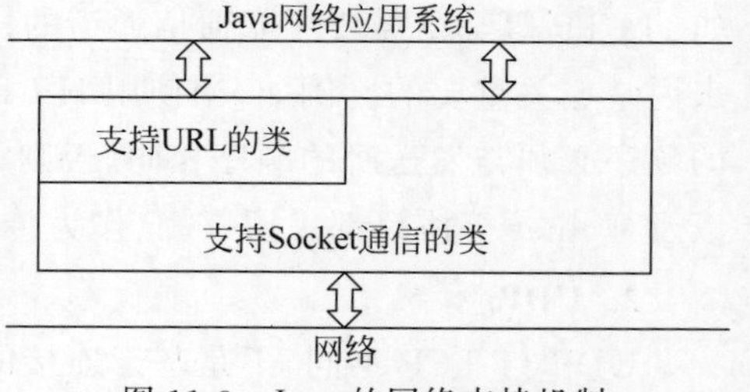

图 11-3 Java 的网络支持机制

1. URL 层次

支持使用 URL(Uniform Resource Locator,统一资源定位符)访问网络资源。Java 提供了使用 URL 访问网络资源的类,使得用户不需要考虑

URL 中标识的各种协议的处理过程，就可以直接获得 URL 资源信息。这种方式适用于访问 Interent 尤其是 WWW 上的资源。

2. Socket 层次

Socket 表示应用程序与网络之间的接口，如 TCP Socket、UDP Socket。Socket 通信主要是针对客户/服务器模式的应用和实现某些特殊协议的应用。通信过程是基于 TCP/IP 协议中的传输层接口 Socket 来实现，Java 中提供了对应 Socket 机制的一组类，支持流和数据报两种通信过程。这种机制中，用户需要自己考虑通信双方约定的协议，虽然烦琐但具有更大的灵活性和更广泛的适用领域。

支持 URL 的类，实际上也是依赖于下层支持 Socket 通信的类来实现的，不过这些类中已有几种主要协议的处理，如 FTP、HTTP 等。因此，对于基于 WWW 或 FTP 的应用，用 URL 类较好。

总之，Java 的网络编程 API 隐藏了网络通信程序设计的一些烦琐细节，为用户提供了与平台无关的使用接口。

Java 支持网络通信的类在 java. net 包中。通过这些类，Java 应用程序能够使用 TCP 或 UDP 进行通信。URL 类、URLConnection 类、Socket 类和 ServerSocket 类都使用 TCP 实现网络通信；DatagramPacket 类、DatagramSocket 类、MulticastSocket 类都支持 UDP 通信方式。

下面分别介绍基于 URL 的通信机制与基于 Socket 的通信机制。

11.2　URL 通信机制

URL 表示了 Internet 上一个资源的引用或地址。Java 网络应用程序也是使用 URL 来定位要访问的 Internet 上的资源。URL 在 Java 中是由 java. net 包中的 URL 类表示的。

11.2.1　URL 的基本概念

URL 常常用来表示 WWW 上的一个文件。URL 是由一个字符串来描述的，它包括如下两个部分，这两个组成部分用"：//"进行分隔。

(1) 协议标识：表示访问资源所需的协议。例如 HTTP、FTP 等。

(2) 资源名称：表示要访问的资源地址。资源名称的格式完全取决于所使用的协议。但大多数协议(包括 HTTP)的资源名称都包含以下几部分。

- 主机名：资源所在的主机名称。
- 文件名：要访问的文件在主机上的路径及文件名。
- 端口号：要连接的端口号，一般是可选的，用协议默认的端口号。
- 引用：指向资源(文件)内部某个特定位置的引用。一般是可选的。

对于很多协议，需要指定主机名和文件名，而端口号和引用是可选的。例如：

```
http://java.sun.com/
```

其中结尾处的"/"是"/index. html"的省略写法。

11.2.2 URL 对象的创建

Java 中定义了 URL 类来描述 URL,一个 URL 对象表示一个 URL 地址。可以通过下面的构造方法来初始化一个 URL 对象。

(1) public URL(String spec);

通过一个表示 URL 地址的字符串可以构造一个 URL 对象。例如:

```
URL urlBase = new URL("http://www.sina.com/");
```

(2) public URL(URL context,String spec);

通过基地址 URL 和表示相对路径的字符串构造一个 URL 对象。例如:

```
URL net263 = new URL("http://www.sina.com/");
URL index263 = new URL(net263,"index.html");
```

(3) public URL(String protocol,String host,String file);

通过协议名、主机名和文件名构造一个 URL 对象。例如:

```
new URL("http", "www.gamelan.com", "/pages/Gamelan.net.html");
```

(4) public URL(String protocol,String host,int port,String file);

通过协议名、主机名、端口号和文件名构造一个 URL 对象。例如:

```
URL gamelan = new URL("http","www.gamelan.com",80,
                      "Pages/Gamelan.network.html");
```

注意:

(1) URL 类的每个构造方法在 URL 地址残缺或无法解释时,都将抛出 MalformedURLException 例外。一般将创建 URL 对象的语句放入 try catch 语句块中。例如:

```
try {
    URL myURL  =  new URL( … )
} catch (MalformedURLException e) {
    …
    //异常处理代码
    …
}
```

(2) URL 对象一旦创建后就不能被修改,它的任何属性包括协议、主机名、文件名或端口号都不能改变。

11.2.3 URL 的解析

URL 类提供了访问 URL 对象信息的方法。可以通过以下方法得到协议、主机名、端口号、文件名等信息。

- getProtocol():获取该 URL 的协议名。
- getHost():获取该 URL 的主机名。

- getPort()：获取该 URL 的端口号，如果没有设置端口，则返回－1。
- getFile()：获取该 URL 的文件名。
- getRef()：获取该 URL 文件的相对位置(引用)。

并不是所有的 URL 地址都包含上述信息。因为 HTTP URL 中一般包含这些信息，而这类 URL 又是最常用的，所以 URL 类提供了这些方法。例 11-1 中创建了一个 URL 并使用上述方法获取该 URL 的相关信息。

例 11-1 URL 对象信息的获取。

```
import java.net.*;
import java.io.*;
public class ParseURL {
    public static void main(String[] args) throws Exception {
        URL aURL = new URL("http://java.sun.com:80/docs/books/"
                        + "tutorial/index.html#DOWNLOADING");
        System.out.println("protocol = " + aURL.getProtocol());
        System.out.println("host = " + aURL.getHost());
        System.out.println("filename = " + aURL.getFile());
        System.out.println("port = " + aURL.getPort());
        System.out.println("ref = " + aURL.getRef());
    }
}
```

例 11-1 的运行结果如下：

```
protocol = http
host = java.sun.com
filename = /docs/books/tutorial/index.html
port = 80
ref = DOWNLOADING
```

11.2.4 从 URL 直接读取

当成功创建了 URL 对象后，就可以利用该对象访问网上的资源。URL 对象的一种最简便的使用是在 Applet 中，通过调用 Applet 类的 getAudioClip()、getImage()、play()等方法直接读取或操作 URL 所表示的声音或图像文件，通过 URL 可以像访问本地文件一样访问网络上其他主机中的文件。在第 9 章中已经介绍了这种用法，如例 9-10 所示。

除了这种使用方法之外，还可以通过 URL 的 openStream()方法，得到 java.io.InputStream 类的对象，从该输入流方便地读取 URL 地址的数据。该方法的定义是：

public final InputStream openStream() throws IOException;

例 11-2 的程序中，通过使用 openStream()方法获取了到 URL(http://www.google.com/index.html)的输入流，然后在该输入流基础上创建了一个 BufferedReader，通过对 BufferedReader 流的读取操作获得该 URL 中的数据并显示。

例 11-2 从 URL 直接读取数据。

```
import java.net.*;
import java.io.*;
```

```
public class URLReader {
    public static void main(String[] args) throws Exception {
        URL google = new URL("http://www.google.com/index.html");
         BufferedReader in = new BufferedReader(
                new InputStreamReader(google.openStream()));
        String inputLine;
        while ((inputLine = in.readLine()) != null)
        System.out.println(inputLine);
        in.close();
    }
}
```

例 11-2 运行后,将在命令窗口中显示 http://www.google.com/index.html 文件的内容,如下所示:

```
<!doctype html><html><head><meta http-equiv="content-type" content="text/html; charset=ISO-8859-1"><title>Google</title><script>window.google={kEI:"fpHmSo3OJqHW6gPey8z1BQ",
kEXPI:"17259,21766,22107,22217,22416",…
```

11.2.5 基于 URLConnection 的读写

对一个指定的 URL 数据的访问,除了使用 URL.openStream()方法实现读操作以外,还可以通过 URLConnection 类在应用程序与 URL 之间建立一个连接,通过 URLConnection 类的对象,对 URL 所表示的资源进行读写操作。要通过 URL 连接进行数据访问,首先要创建一个表示 URL 连接的 URLConnection 类的对象,然后再进行读写数据访问。

URLConnection 类提供了很多连接设置和操作的方法。其中重要的方法是获取连接上的输入/输出流的方法:

InputStream getInputStream();

OutputStream getOutputStream();

通过返回的输入/输出流可以实现对 URL 数据的读写。

1. 创建到 URL 的连接对象

URL 连接对象的建立过程中,首先要创建 URL 对象,然后调用该 URL 对象的 openConnection()方法,创建到该 URL 的一个连接对象,如下所示:

```
try {
    URL google = new URL("http://www.google.com/index.html");
    URLConnection googleConnection = google.openConnection();

} catch (MalformedURLException e) {                    //创建 URL 对象失败
    …
} catch (IOException e) {                              //openConnection()方法失败
    …
}
```

2. 从 URLConnection 读

在 URLConnection 对象创建后,就可以从该对象获取输入流,执行对 URL 数据的读操作，如例 11-3 所示。例 11-3 是采用 URLConnection 改写例 11-2 中直接对 URL 进行读写的方式。

例 11-3 采用 URLConnection 从 URL 读取数据。

```
import java.net.*;
import java.io.*;
public class URLConnectionReader {
    public static void main(String[] args) throws Exception {
        URL google = new URL("http://www.google.com/");
        URLConnection gl = google.openConnection();
        BufferedReader in = new BufferedReader(
                                new InputStreamReader(
                                gl.getInputStream()));
        String inputLine;
        while ((inputLine = in.readLine()) != null)
            System.out.println(inputLine);
        in.close();
    }
}
```

例 11-3 的运行结果与例 11-2 相同。

3. 对 URLConnection 写

URLConnection 支持程序向 URL 写数据。利用这个功能，Java 程序可以向服务器端的 CGI 脚本发送数据，例如一些用户输入数据等。要实现 URLConnection 写操作，一般采取如下步骤。

(1) 获取 URL 的连接对象，即 URLConnection 对象。

(2) 设置 URLConnection 的 output 参数。

(3) 获取 URL 连接的输出流。该输出流是与服务器端 CGI 脚本的标准输入流相连的。

(4) 向该输出流写。

(5) 关闭输出流。

例如下面的代码实现了向 URL 为 http://java.sun.com/cgi-bin/backwards 的 CGI 脚本的写操作，将客户端 Java 程序的输入发送给服务器中名为 backwards 的 CGI 脚本：

```
…
URL url = new URL("http://java.sun.com/cgi-bin/backwards");
URLConnection connection = url.openConnection();
connection.setDoOutput(true);
PrintWriter out = new PrintWriter(connection.getOutputStream());
out.println("string");
out.close();
…
```

URL 类和 URLConnection 类提供了 Internet 上资源的较高层次的访问机制。当需要编写较低层次的网络通信程序(例如 Client/Server 应用程序)时，就需要使用 Java 提供的基于 Socket 的通信机制。

11.3 Socket 通信机制

11.3.1 基于 Socket 的通信机制概述

Socket 是两个程序进行双向数据传输的网络通信的端点，一般由一个地址加上一个端口号来标识。每个服务程序都在一个众所周知的端口上提供服务，而想使用该服务的客户端程序则需要连接该端口。Socket 通信机制是一种底层的通信机制，通过 Socket 的数据是原始字节流信息，通信双方必须根据约定的协议对数据进行处理与解释。

Socket 通信机制提供了两种通信方式：有连接方式(TCP)和无连接方式(UDP 数据报)。有连接方式中，通信双方在开始时必须进行一次连接过程，建立一条通信链路。通信链路提供了可靠的、全双工的字节流服务。无连接方式中，通信双方不存在一个连接过程，一次网络 I/O 以一个数据报形式进行，而且每次网络 I/O 可以和不同主机的不同进程进行。无连接方式的开销小于有连接方式，但是所提供的数据传输服务不可靠，不能保证数据报一定到达目的地。

Java 同时支持有连接和数据报通信方式。在这两种方式中都采用了 Socket 表示通信过程中的端点。在有连接方式中，java.net 包中的 Socket 类和 ServerSocket 类分别表示连接的 Client 端和 Server 端；在数据报方式中，DatagramSocket 类表示了发送和接收数据报的端点。当不同机器中的两个程序要进行通信时，无论是有连接还是无连接方式，都需要知道远程主机的地址或主机名以及端口号。通信中的 Server 端必须运行程序等待连接或等待接收数据报。

本章前面已经介绍了 TCP/IP 系统中的端口号是 16 位的数字，取值范围是 0～65535。一般前 1023 个由预先定义的服务占用，如 HTTP 服务的端口号为 80，Telnet 服务的端口号为 21，FTP 服务的端口号为 23，所以在选择端口号时最好选择一个大于 1023 的数，以防止发生冲突。

下面分别介绍 Java 基于 Socket 的两种通信方式。

11.3.2 有连接通信方式

Java 的有连接通信采用流式 I/O 模式。Socket 是两个进程间通信链的端点，每个 Socket 有两个流：一个输入流和一个输出流。只要向 Socket 的输出流写，一个进程就可以通过网络连接向其他进程发送数据；同样，通过读 Socket 的输入流，就可以读取传输来的数据。

有连接通信一般要经历下列 4 个基本步骤。

(1) 创建 Socket，建立连接。

(2) 打开连接到 Socket 的输入/输出流。

(3) 按照一定的协议对 Socket 进行读写操作。

(4) 关闭 Socket。

第(3)步是程序员用来调用 Socket 和实现程序功能的关键步骤，其他 3 步在各种程序中基本相同。

1. 创建 Socket，建立连接

java.net 包中的两个类 Socket 与 ServerSocket 分别表示连接的 Client 端和 Server 端。

建立连接首先要创建这两个类的对象并把它们关联起来。

1）Socket 类与 ServerSocket 类的构造方法

Socket 类和 ServerSocket 类常用的构造方法如下。

（1）创建 Socket 连接到指定主机的指定端口。

```
Socket(InetAddress address, int port);
Socket(String host, int port);
```

其中，参数 address，host 和 port 分别表示通信连接中另一方（通常是 Server 端）的 IP 地址、主机名和端口号。

（2）创建 Socket 连接到指定主机的指定端口，同时将该 Socket 绑定到本地地址和端口。

```
Socket(InetAddress address, int port, InetAddress localAddr, int localPort);
Socket(String host, int port, InetAddress localAddr, int localPort);
```

其中，参数 address，host 和 port 的含义同上。参数 localAddr，localPort 分别表示本地地址和端口号。

（3）创建一个 Server 端的 Socket，绑定到指定的端口上。

```
ServerSocket(int port);
```

（4）创建一个 Server 端的 Socket，绑定到指定的端口上，并指出连接请求队列的最大长度。

```
ServerSocket(int port, int backlog);
```

其中，backlog 参数指出连接请求队列的最大长度，并且取值要是大于 0 的整数。

2）建立连接的过程

在 Client 和 Server 建立连接之前，Server 端程序将监听一个众所周知的端口。当 Client 端的连接请求达到时，如果 Server 同意建立连接，则将创建一个新的 Socket 并绑定到另一个端口，使用这个新创建的 Socket 与该 Client 建立连接，而 Server 将继续在原来的端口上监听，等待新的连接请求。上述过程如图 11-4 所示。

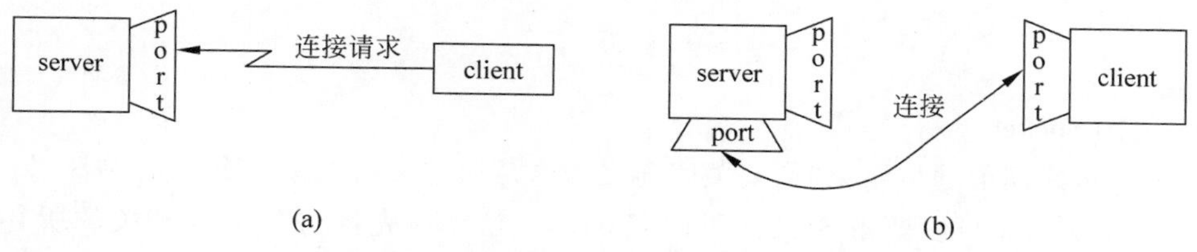

图 11-4　Client/Server 应用中 Server 端 Socket 的建立

利用 Socket 类和 ServerSocket 类建立连接的过程如图 11-5 所示。

经过图 11-5 中的 1～4 的步骤将在 Client 与 Server 间建立连接。

2. 数据传输

连接建立后，要进一步获取连接上的输入/输出流并通过这些流进行数据传输。

Socket 类提供了 getInputStream()和 getOutputStream()方法来获取连接上的输入/输出流，

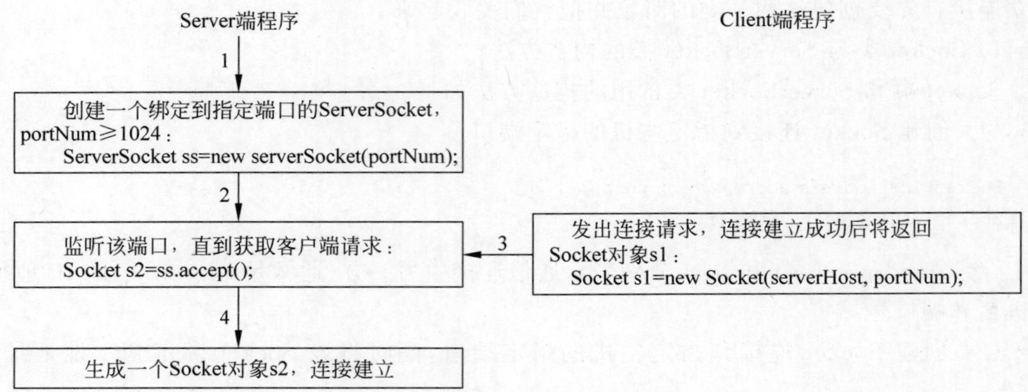

图 11-5　连接建立的过程

这两个方法分别返回 InputStream 和 OutputStream 类的对象。为了便于读写数据，可以在所获取的输入/输出流对象上建立过滤流，如 DataInputStream、DataOutputStream 或 PrintStream 类型的流。对于字符数据，还可以建立字符流，如 InputStreamReader、OutputStreamReader、PrintWriter、BufferedReader 和 BufferedWriter 等。

例如对于图 11-5 所建立的连接，可以通过如下代码得到 Socket 的 I/O 流，进一步通过这些流实现数据传输。

Server 端：

```
OutputStream out2 = s2.getOutputStream();
InputStream in1 = s2.getIntputStream();
int c = in1.read();
…
```

Client 端：

```
int m;
…
OutputStream out1 = s1.getOutputStream();
InputStream in1 = s1.getInputStream();
Out1.write(m);
…
```

3. 关闭 Socket

两个主机之间的通信结束时，要关闭连接。这是通过关闭连接两个端点的 Socket 来实现的。关闭 Socket 可以调用 Socket 类的 close()方法。应先将与 Socket 相关的所有输入/输出流关闭，然后再关闭 Socket。例如对于图 11-5 所建立的连接在通信结束后调用下列语句关闭连接：

```
Server 端               Client 端

…                       …
out2.close();           out1.close();
in2.close();            in1.close();
s2.close();             s1.close();
```

11.3.3　有连接通信示例

下面首先给出一个有连接通信的 Client/Server 程序示例，然后再给出一个利用多线程机制实现的多 Client 对 Server 并发访问的例子。

1. 简单的 Client/Server 程序示例

例 11-4 包括 Client 端和 Server 端两个程序。这两个程序是在本机上运行的两个独立进程，所以连接的主机地址是 127.0.0.1。Client 和 Server 都从标准输入读取数据发送给对方，并将从对方接收到的数据在自己的标准输出上显示。

例 11-4　基于连接的 Client/Server 程序示例。

(1) Client 端程序。

```
import java.io.*;
import java.net.*;
public class MyClient{
    public static void main (String args[]){
        try{
            Socket socket = new Socket("127.0.0.1",1680)  //发出连接请求

            //连接建立,通过 Socket 获取连接上的输入/输出流
            PrintWriter out = new PrintWriter(socket.getOutputStream());
            BufferedReader in = new BufferedReader(
                                new InputStreamReader(socket.getInputStream()));

            //创建标准输入流,从键盘接收数据
            BufferedReader sin = new BufferedReader(
                                new InputStreamReader(System.in));

            //从标准输入中读取一行,发送 Server 端,当用户输入 bye 时结束连接
            String s;
            do{
                s = sin.readLine();
                out.println(s);
                out.flush();
                if (!s.equals("bye")){
                    System.out.println("@ Server response:   " + in.readLine());
                }
                else{
                    System.out.println("The connection is closing… ");
                }
            }while(!s.equals("bye"));
            //关闭连接
            out.close();
            in.close();
            socket.close();
        }catch (Exception e) {
            System.out.println("Error" + e);
        }
    }
}
```

(2) Server 端程序。

```
import java.io.*;
import java.net.*;
public class MyServer{
    public static void main (String args[]){
        try{
            //建立 Server Socket 并等待连接请求
            ServerSocket server = new ServerSocket(1680);
            Socket socket = server.accept();

            //连接建立,通过 Socket 获取连接上的输入/输出流
            BufferedReader in = new BufferedReader(
                                    new InputStreamReader(socket.getInputStream()));
            PrintWriter out = new PrintWriter(socket.getOutputStream());

            //创建标准输入流,从键盘接收数据
            BufferedReader sin = new BufferedReader(
                                    new InputStreamReader(System.in));

            //先读取 Client 发送的数据,然后从标准输入读取数据发送给 Client
            //当接收到 bye 时关闭连接
            String s;
            while(!(s = in.readLine()).equals("bye")){
                System.out.println("# Received from Client:  " + s);
                out.println(sin.readLine());
                out.flush();
            }
            System.out.println("The connection is closing… ");
            //关闭连接
            in.close();
            out.close();
            socket.close();
            server.close();
        }catch(Exception e){
            System.out.println("Error:" + e);
        }
    }
}
```

例 11-4 的运行结果如图 11-6 所示。

2. 多 Client 对 Server 并发访问的示例

例 11-4 中,Server 端的程序是单线程的,不能支持多个 Client 的并发访问。而实际应用中有很多 Client/Server 应用程序,其 Server 端需要同时为多个 Client 提供服务,支持多 Client 的并发访问。这种访问模式的实现思想是 Server 端应用程序采用多线程机制。例 11-5 是对例 11-4 中的 Server 端程序进行修改,使其能够支持多 Client 的并发访问。例 11-5 中,使用与例 11-4 中相同的 Client 端程序。

```
命令提示符
D:\javaex\c-s>java MyClient
Hi!
@ Server response:  Hi!
I'm a client.
@ Server response:  I'm a server.
I want your tt.txt.
@ Server response:  OK, I'll give you .
Thank you .
@ Server response:  You're welcome.
bye
The connection is closing...

D:\javaex\c-s>_
```

(a) Client端显示结果

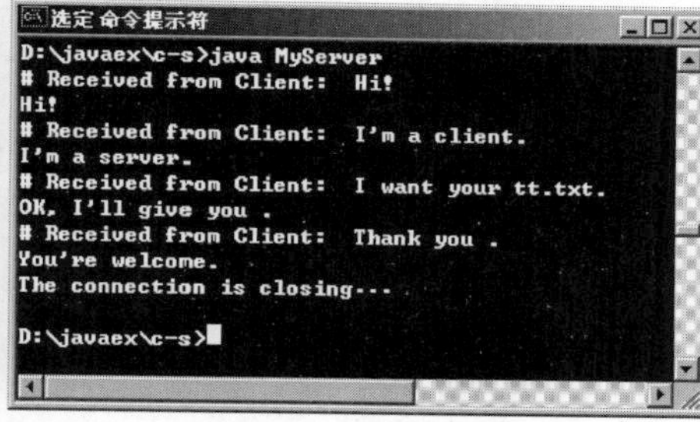

(b) Server端显示结果

图 11-6　例 11-4 的运行结果

例 11-5　支持多 Client 的并发访问的 Server 端程序。

```
import java.io.*;
import java.net.*;
public class MultiClientServer implements Runnable{
    static int SerialNum = 0;          //每个 Client 的序列号
    Socket socket;
    public MultiClientServer(Socket ss){
        socket = ss;
    }
    public static void main (String args[]){
        int MaxClientNum = 5;
        try{
            //建立 Server Socket
            ServerSocket server = new ServerSocket(1680);
            for(int i = 0; i<MaxClientNum;i++){
                Socket socket=server.accept();

                //连接建立,创建一个 Server 端线程与 Client 端通信
                Thread t = new Thread(new MultiClientServer(socket));
                t.start();
            }
            server.close(); //关闭 Server Socket
        }catch(Exception e){
            System.out.println("Error:"+e);
        }
    }

    //Server 端通信线程的线程体
    public void run(){
        int myNum = ++SerialNum;
        try{
            //通过 Socket 获取连接上的输入/输出流
            BufferedReader in = new BufferedReader(
                                    new InputStreamReader(socket.getInputStream()));
```

```
            PrintWriter out = new PrintWriter(socket.getOutputStream());

            //创建标准输入流,从键盘接收数据
            BufferedReader sin = new BufferedReader(
                                    new InputStreamReader(System.in));

            /* 先读取 Client 发送的数据,然后从标准输入读取数据发送给 Client
            /* 当接收到 bye 时关闭连接 */
            String s;
            while(!(s = in.readLine()).equals("bye")){
                System.out.println("# Received from Client No." + myNum + ": " + s);
                out.println(sin.readLine());
                out.flush();
            }
            System.out.println("The connection to Client No." +
                                    myNum + " is closing… ");

            //关闭连接
            in.close();
            out.close();
            socket.close();
        }catch(Exception e){
            System.out.println("Error:" + e);
        }
    }
}
```

例 11-5 的运行结果如图 11-7 所示。

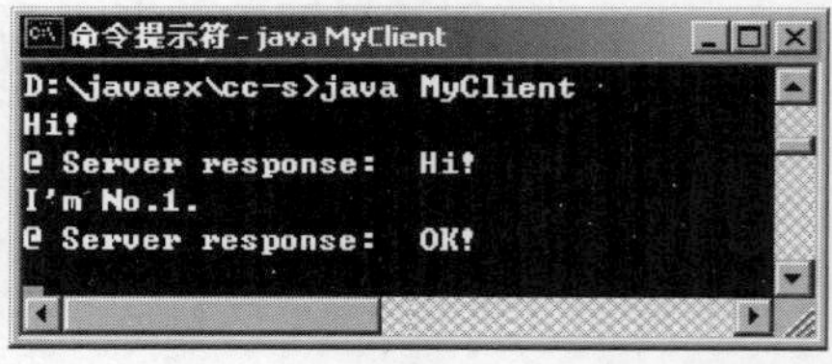

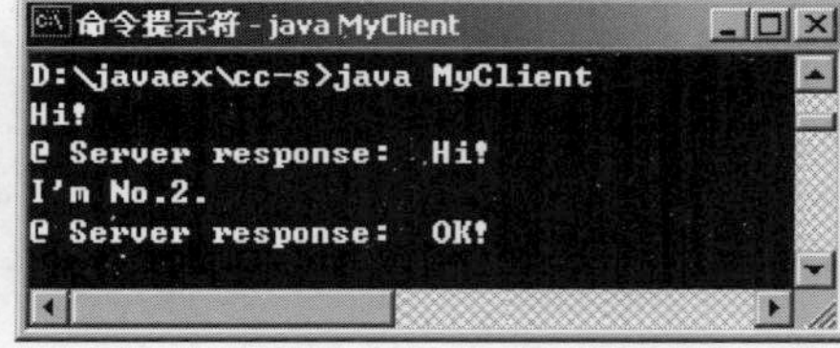

(a) 两个同时运行的Client端

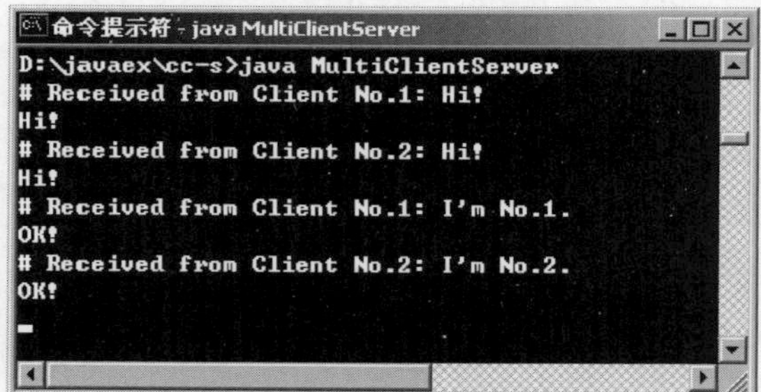

(b) Server端程序的运行

图 11-7　例 11-5 的运行结果

11.3.4 数据报通信方式

用户数据报协议 UDP 是传输层的无连接通信协议。数据报是一种在网络中独立传播的自身包含地址信息的消息，它能否到达目的地、到达的时间以及到达时内容能否保持不变，这些都是不能保证的。数据报是一种很基本的通信方式，面向连接的通信实际上是在数据报通信方式的基础上加上对报文内容和顺序的校验、流控等处理实现的。对许多网络应用来说，通信双方有时并不需要高质量的通信服务，或者不适于采用面向连接方式，此时可以采用 UDP。

Java 在 java.net 包中提供了两个类支持数据报方式通信：DatagramSocket 和 DatagramPacket。

1. DatagramSocket 类和 DatagramPacket 类对象的创建

DatagramSocket 的对象是数据报通信的 Socket，而 DatagramPacket 的对象是一个数据报。在数据报方式实现 Client/Server 通信程序时，无论在 Client 端还是在 Server 端，都要首先建立一个 DatagramSocket 对象，用来表示数据报通信的端点，应用程序通过该 Socket 接收或发送数据报，然后使用 DatagramPacket 对象封装数据报。这两个类的构造方法如下。

1) DatagramSocket

DatagramSocket 常用的构造方法有如下 3 个。

- DatagramSocket()：与本机任意可用的端口绑定。
- DatagramSocket(int port)：与指定的端口绑定。
- DatagramSocket(int port,InetAddress iaddr)：与指定本地地址的指定端口绑定。InetAddress 类在 java.net 包中定义，用来表示一个 IP 地址。

注意：上述构造方法都声明抛出 SocketException 类型的异常，程序中要进行异常处理。

2) DatagramPacket

DatagramPacket 对象中封装了数据报(数据)、数据长度、数据报地址等信息。DatagramPacket 类的构造方法可以用来构造两种用途的数据报：接收外来数据的数据报和要向外发送的数据报。

(1) 用于接收的数据报构造。

- DatagramPacket(byte[] buf,int length)：构造用来接收长度为 length 的数据报。数据报将保存在数组 buf 中。注意 length 必须小于或等于 buf.length。
- DatagramPacket(byte[] buf, int offset, int length)：构造用来接收长度为 length 的数据报，并指定数据报在存储区 buf 中的偏移量。注意 length 必须小于或等于 buf.length。

(2) 用于发送的数据报构造。

- DatagramPacket(byte[] buf,int length,InetAddress address,int port)：构造用于发送的指定长度的数据报，该数据报将发送到指定主机的指定端口。其中，buf 是数据报中的数据，length 是数据的长度，address 是目的地址，port 是目的端口。注意 length 必须小于或等于 buf.length。

• DatagramPacket(byte[] buf,int offset,int length,InetAddress address,int port):与上一个构造方法不同的是,指出了数据报中的数据在缓存区 buf 中的偏移量 offset。

2. 数据报方式的通信过程

采用数据报方式进行通信的过程主要分为以下 3 个步骤。

(1) 创建数据报 Socket。

(2) 构造用于接收或发送的数据报,并调用所创建 Socket 的 receive()方法进行数据报接收或调用 send()发送数据报。

(3) 通信结束,关闭 Socket。

下面将给出以数据报方式进行数据通信的例子。

11.3.5 数据报通信示例

例 11-6 是采用数据报通信方式实现 Client/Server 的通信程序。该例由 Client 端程序和 Server 端程序两部分组成。Server 端的主机中有一个名为 sentences.txt 文件,该文件中保存了若干条英文句子。Server 端程序每接收到一个 Client 端的请求,就从该文件中读取一个句子发送给 Client 端。当该文件中所有句子都发送完毕,Server 端程序将退出。Client 端程序首先构造一个数据报作为请求发送给 Server 端,然后等待接收 Server 的响应。在接收到 Server 的响应数据报后,提取数据并显示,然后结束通信。

例 11-6 数据报通信方式实现 Client/Server 通信。

(1) Client 端程序。

```
import java.io.*;
import java.net.*;
public class MyUdpClient {
    public static void main(String[] args) throws IOException {
        //创建数据报 Socket
        DatagramSocket socket = new DatagramSocket();

        //构造请求数据报并发送
        byte[] buf = new byte[256];
        InetAddress address = InetAddress.getByName("localhost");
        DatagramPacket packet = new DatagramPacket(
                                    buf, buf.length, address, 4445);
        socket.send(packet);

        //构造接收数据报并启动接收
        packet = new DatagramPacket(buf, buf.length);
        socket.receive(packet);

        //收到 Server 端响应数据报,获取数据并显示
        String received = new String(packet.getData());
        System.out.println("The sentence send by the server: \n     "
                                        + received);
        socket.close(); //关闭 Socket
    }
}
```

(2) Server 端程序。

```
import java.io.*;
import java.net.*;
public class MyUdpServer{
    DatagramSocket socket = null;
    BufferedReader in = null;
    boolean moreQuotes = true;

    public void serverWork() throws IOException{
        socket = new DatagramSocket(4445);  //创建数据报 Socket
        in = new BufferedReader(new FileReader("sentences.txt"));
        while (moreQuotes) {
            //构造接收数据报并启动接收
            byte[] buf = new byte[256];
            DatagramPacket packet = new DatagramPacket(buf, buf.length);
            socket.receive(packet);

            //接收到 Client 端的数据报.从 sentences.txt 中读取一行
            //作为响应数据报中的数据
            String dString = null;
            if ((dString = in.readLine()) == null) {
                in.close();
                  moreQuotes = false;
                dString = "No more sentences. Bye.";
            }
            buf = dString.getBytes();

            //从接收到的数据报中获取 Client 端的地址和端口
            //构造响应数据报并发送
            InetAddress address = packet.getAddress();
            int port = packet.getPort();
            packet = new DatagramPacket(buf, buf.length, address, port);
            socket.send(packet);
        }
        socket.close(); //所有句子发送完毕,关闭 Socket
    }

    public static void main(String[] args){
        MyUdpServer server = new MyUdpServer();
        try{
            server.serverWork();
        }catch(IOException e){}
    }
}
```

例 11-6 的运行结果是在 Client 端的命令窗口中显示从服务器返回的一个句子,例如:

```
The sentence send by the server:
    Life is wonderful. Without it we'd all be dead.
```

11.3.6 基于数据报的多播通信

DatagramSocket 类实现程序间互相发送数据报。除了 DatagramSocket 类,java.net 还提供了一个类 MulticastSocket。这种 Socket 用于 Client 端接收 Server 端发送的广播数据报。

在多播通信中,数据报是从一个 Server 向一个多播组发送的。一个多播组由一个 D 类 IP 地址指定。D 类 IP 地址的范围是 224.0.0.0~239.255.255.255,其中 224.0.0.0 是保留地址,不能使用。要加入到多播组,需要创建一个 MulticastSocket 并绑定到指定端口,然后调用该 Socket 的 joinGroup(InetAddress groupAddr)方法。

例 11-7 是对例 11-6 进行了改写,以实现多播功能。新的 Server 端将以固定间隔(5s)向多个 Client 广播 sentences.txt 中的语句。新的 Client 端将在一个多播的 Socket 上监听 Server 端发送的广播数据报。

在例 11-7 中,为了实现多播通信,Server 端要将发送数据报的目的主机地址与端口固定为多播组地址。例 11-7 中所固定的目的主机地址是 228.5.6.7,端口是 4446。这样 Server 所发送的数据报将被 228.5.6.7 组中监听 4446 的所有 Client 接收。Client 端创建了一个 MulticastSocket 并绑定到 4446 端口,并加入到 228.5.6.7 多播组中。然后就可以从 Server 接收 5 个数据报,显示其数据。

例 11-7 多播通信示例。

(1) Client 端程序。

```
import java.io.*;
import java.net.*;
public class MultiUdpClient {
    public static void main(String[] args) throws IOException {

        //创建多播数据报 Socket,并加入到一个多播组
        MulticastSocket socket = new MulticastSocket(4446);
        InetAddress group = InetAddress.getByName("228.5.6.7");
        socket.joinGroup(group);

        //从 Server 端接收 5 个数据报,并显示数据报中的数据
        DatagramPacket packet;
        for (int i = 0; i < 5; i++) {
            byte[] buf = new byte[256];
            packet = new DatagramPacket(buf, buf.length);
            socket.receive(packet);
            String received = new String(packet.getData());
            System.out.println("The sentence send by the server: \n      "
                                        + received);
        }
        socket.leaveGroup(group);                   //离开多播组
        socket.close();                             //关闭 Socket
    }
}
```

（2）Server 端程序。

```
import java.io.*;
import java.net.*;
public class MultiUdpServer{
    DatagramSocket socket = null;
    BufferedReader in = null;
    boolean moreQuotes = true;

    public void serverWork() throws IOException{
        socket = new DatagramSocket(4445);          //创建数据报 Socket
        in = new BufferedReader(new FileReader("sentences.txt"));
        while (moreQuotes) {
            byte[] buf = new byte[256];
            DatagramPacket packet;

            //从 sentences.txt 中读取一行,作为数据报中的数据
            String dString = null;
            if ((dString = in.readLine()) == null) {
                in.close();
                moreQuotes = false;
                dString = "No more sentences. Bye.";
            }
            buf = dString.getBytes();

            //构造发往多播组的数据报并发送
            InetAddress group = InetAddress.getByName("228.5.6.7");
            packet = new DatagramPacket(buf, buf.length, group, 4446);
            socket.send(packet);

            try{
                Thread.sleep(5000);                 //间隔 5s
            }catch(InterruptedException e){}
        }
        socket.close(); //所有句子发送完毕,关闭 Socket
    }
    public static void main(String[] args){
        MultiUdpServer server = new MultiUdpServer();
        try{
            server.serverWork();
        }catch(IOException e){}
    }
}
```

例 11-7 的运行结果是每个加入多播组 Client 端的命令窗口中陆续显示 5 个 Server 端发送的句子，每个句子的格式如例 11-6 的运行结果所示。

注意，例 11-7 要在联网的环境下运行，否则 Client 端在加入多播组时将出现异常。

11.4 小 结

本章介绍了 Java 网络编程的基本技术和方法。Java 网络编程主要分为 URL 和 Socket 两个层次。URL 相关的类支持某些应用层标准协议如 HTTP、FTP 等，因此非常适合用于

访问 WWW 上的资源；支持 Socket 编程的 Java 类没有封装任何高层应用协议，可以用于开发基于自定义通信协议的网络应用。基于 Socket 的应用虽然要比基于 URL 的应用复杂，但具有很强的灵活性。在基于 Socket 的通信中，可以根据应用的具体需要选择采用具有高可靠性的面向连接方式，或选择采用具有高传输效率但可靠性无保证的数据报方式。

习 题 11

1. Java 对网络编程提供了哪些支持?
2. 利用 URL 通信机制可以使用哪些方式进行网络通信?
3. 基于 Socket 可以实现哪两种通信? 简述这两种通信的工作原理。
4. 编写 Applet 显示或播放指定 URL 的图像和声音文件。
5. 编写一个客户/服务器程序，服务器端的功能是计算圆的面积。客户端将圆的半径发送给服务器端，服务器端将计算得出的圆面积发送给客户端，并在客户端显示。

第12章 JDBC技术

JDBC是为在Java程序中访问数据库而设计的一组Java API，是Java数据库应用开发中的一项核心技术。本章将首先介绍JDBC的相关概念以及JDBC API，在此基础上介绍利用JDBC开发数据库应用的一般过程和方法。

12.1 JDBC概述

12.1.1 JDBC体系结构

JDBC的含义是Java Database Connectivity（JDBC并不是这些英文单词的首字母组合，而是商标名），是Java程序中访问数据库的标准API。目前，Microsoft提出的开放数据库连接标准ODBC可能是使用最广的关系数据库访问接口，Java为什么不直接使用ODBC，而要提出JDBC呢？这主要从几个方面考虑：一方面因为ODBC API是C的库函数，在Java程序调用本地C代码有比较大的局限，如安全性、健壮性、可移植性等；另一方面因为语言本身的差异，不能将ODBC的C语言API逐个翻译为Java的API，例如，Java中没有指针操作，而ODBC中反复用到指针。因此，Java的JDBC以ODBC为基础，采用了与ODBC相同的标准——X/Open SQL CLI（CALL Level Interface），包含了通过SQL语句操作数据库的一组API，并且具有Java的风格与优良特性。尤其是JDBC保留了ODBC基本的设计特征，使熟悉ODBC的人们很容易使用JDBC，这些都使JDBC得到迅速的应用和推广。

目前流行的关系数据库管理系统产品很多，如Oracle、Sybase、Informix和MS SQL Server等。对于不同产品的数据库服务器，客户端需要使用不同的数据库访问协议，这给应用系统的移植和重用带来许多困难。JDBC技术的主要思想就是为应用程序访问数据库提供统一的接口，屏蔽各种数据库之间的异构性，保证Java程序的可移植性。为此，JDBC采用了如图12-1所示的体系结构。

在JDBC技术中，程序员使用JDBC API将标准的SQL语句通过JDBC驱动管理器（JDBC Driver Manager）传递给相应的JDBC驱动（JDBC Driver），并由该JDBC驱动传送给所指定的数据库服务器，这样就不必为访问不同的数据库而分别编写不同的接口程序。

图12-1中的JDBC驱动管理器是Java虚拟机的一个组成部分。它既负责管理针对各种类型DBMS的JDBC驱动程序，也负责和用户的应用程序交互，为Java应用程序建立数

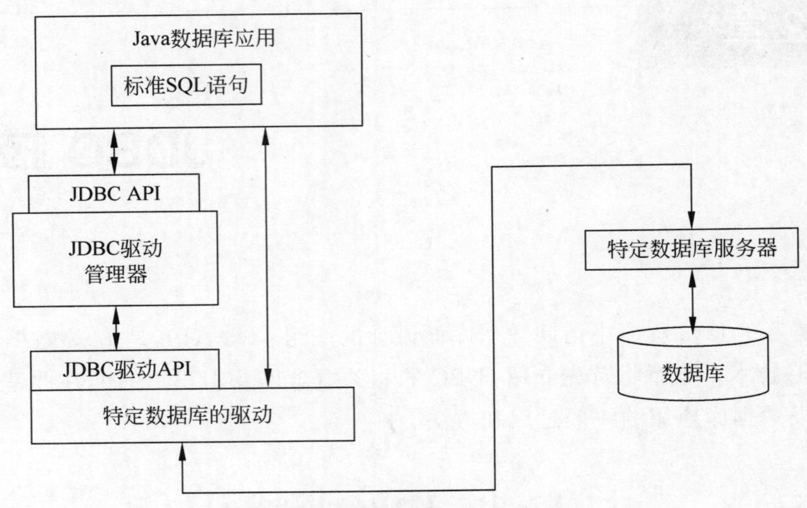

图 12-1 JDBC 的体系结构示意图

据库连接。Java 应用程序通过 JDBC API 向 JDBC 驱动管理器发出请求,指定要装载的 JDBC 驱动程序类型和数据源。驱动管理器会根据这些要求装载合适的 JDBC 驱动程序并使该驱动连通相应的数据源。一旦连接成功,该 JDBC 驱动程序就会负责 Java 应用与该数据源的一切交互,即作为中间的翻译将 Java 应用中对 JDBC API 的调用转换成特定 DBMS 能够理解的命令,将数据库返回的结果转换成 Java 程序所能识别的数据。

12.1.2 JDBC 驱动类型

JDBC 驱动有 4 种类型:JDBC-ODBC 桥、本地 API 部分 Java 驱动、网络协议完全 Java 驱动、本地协议完全 Java 驱动,如图 12-2 所示。

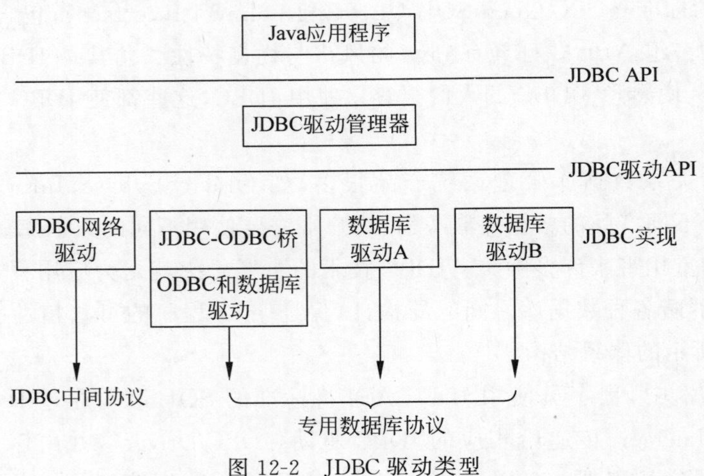

图 12-2 JDBC 驱动类型

1. JDBC-ODBC 桥(JDBC-ODBC Bridge)

JDBC-ODBC 桥实际上是利用了现有的 ODBC,它将 JDBC 调用翻译为 ODBC 的调用,如图 12-3 所示。这种类型的驱动使 Java 应用可以访问所有支持 ODBC 的 DBMS。

Java 应用
JDBC 驱动管理器
JDBC-ODBC 桥
ODBC 驱动管理器
ODBC 驱动(Driver Library)

图 12-3 JDBC-ODBC 桥

虽然 JDBC-ODBC 桥是一种在现有 ODBC 配置基础上,实现 Java 数据库操作的简便方式,但使用 JDBC-ODBC 桥的 Java 程序要调用底层 ODBC 驱动管理器、ODBC 驱动以及数据库客户端的本地代码,这会造成 Java 应用具有平台相关性、安全性降低以及可移植性差等局限。

2. 本地 API 部分 Java 驱动(Native-API Partly Java Driver)

该类驱动将 JDBC 调用转换成对特定 DBMS 客户端 API 的调用,这与 JDBC-ODBC 桥相同,也需要调用本地代码,是用特定 DBMS 客户端取代 JDBC-ODBC 桥和 ODBC,因此也具有与 JDBC-ODBC 桥相类似的局限性。

3. 网络协议完全 Java 驱动(Net-Protocol Fully Java Driver)

这种类型的驱动将 JDBC 的调用转换为独立于任何 DBMS 的网络协议命令,并发送给一个网络服务器中的数据库中间件。该中间件进一步将网络协议命令转换成某种 DBMS 所能理解的操作命令。这种数据库中间件往往捆绑于网络服务器软件中,并且支持多种 DBMS。由于网络协议是平台无关的,使用这种类型驱动的 Java 应用可以与服务器端完全分离,具有相当大的灵活性。同时,由于这种驱动不调用任何本地代码,完全用 Java 语言实现,所以使用这种驱动的 Java 程序是纯 Java 程序。

4. 本地协议完全 Java 驱动(Native-Protocol Fully Java Driver)

这种类型的驱动直接将 JDBC 的调用转换为特定 DBMS 所使用的网络协议命令,并且完全由 Java 语言实现。这允许一个客户端程序直接调用 DBMS 服务器,在 Intranet 环境中,是一种很实用的方式。因为很多这样的协议都是专有的,所以往往由 DBMS 厂商提供。

12.2 JDBC API

JDBC API 是实现 JDBC 标准支持数据库操作的类与方法的集合,JDK 6 中支持 JDBC 4.0,JDK 7 中支持 JDBC 4.1,JDK 8 中支持 JDBC 4.2。JDBC API 包括 java.sql 和 javax.sql 两个包。java.sql 包含了 JDBC 的核心 API,javax.sql 包含了 JDBC 的可选 API。javax.sql 包把 JDBC API 的功能从客户端的 API,扩展为服务器端的 API,并且成为 Java EE 的基本组成部分。因为 JDBC 标准从一开始就设计良好,所以 JDBC 1.0 到目前为止都没有改变,后续 JDBC 标准都在 JDBC 1.0 的基础上扩展。JDBC 4.0 API 合并了前面所有版本的 JDBC API,包括 JDBC 1.0 API、JDBC 1.2 API、JDBC 2.0 API、JDBC 3.0 API。

JDBC API 提供的基本功能如下。

(1) 建立与一个数据源的连接。

(2) 向数据源发送查询和更新语句。

(3) 处理得到的结果。

实现上述功能的 JDBC API 的核心类和接口都在 java.sql 包中,主要的类和接口及其功能如下。

（1）驱动程序管理。

• java.sql.Driver：提供数据库驱动程序信息，是每个数据库驱动器类都要实现的接口。

• java.sql.DriverManager：提供管理一组 JDBC 驱动程序所需的基本服务，包括加载所有数据库驱动器，以及根据用户的连接请求驱动相应的数据库驱动器建立连接。

• java.sql.DrivePropertyInfo：提供驱动程序与建立连接相关的特性。

（2）数据库连接。

java.sql.Connection：表示与特定数据库的连接。通过连接执行 SQL 语句并获取 SQL 语句执行结果。

（3）SQL 语句。

• java.sql.Statement：包含了执行 SQL 语句的方法，用来执行 SQL 语句并返回结果。

• java.sql.PreparedStatement：表示预编译的 SQL 语句，该类的对象可用来多次执行对应的 SQL 语句，并可提高语句的运行效率。

• java.sql.CallableStatement ：用来执行 SQL 的存储过程。

（4）数据。

java.sql.ResultSet：表示数据库结果集的一个数据表，一般是在执行 SQL 查询语句时产生的。

（5）异常。

• java.sql.SQLException：表示数据库访问异常或其他异常，提供异常的相关信息。

• java.sql.SQLWarning：表示数据库访问中的警告，提供相关警告信息。

上述 JDBC 核心类和接口之间的关系如图 12-4 所示。通过 JVM 中的驱动管理器，应用程序可以建立与多个数据源的连接。每个连接上可建立多个语句对象，包括 Statement 类型、CallableStatement 类型和 PreparedStatement 类型。通过这些语句对象可以对数据库进行更新和查询操作，获取数据库中的元数据和数据，并可以使用 ResultSet 的方法对返回的数据进行操作。

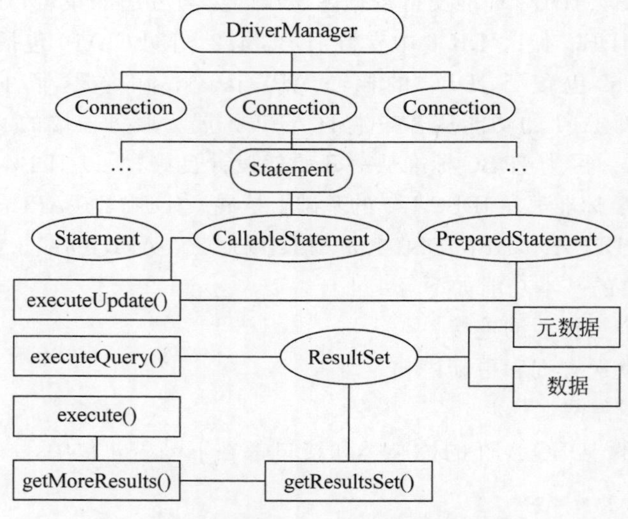

图 12-4 JDBC 核心类和接口之间的关系

12.3 基于 JDBC 的数据库应用开发方法

12.3.1 JDBC 应用开发的基本方法

利用 JDBC 开发数据库应用一般包括如下步骤。

(1) 建立与数据库的连接。

(2) 执行 SQL 语句。

(3) 处理结果集。

(4) 关闭数据库连接。

下面对上述步骤进行介绍。

1. 建立与数据库的连接

数据库连接的建立包括两个步骤：首先要加载相应数据库的 JDBC 驱动程序，然后建立连接。

1) 加载 JDBC 驱动程序

JDBC 的驱动管理器查找到相应的数据库驱动程序并加载。加载的方式有两种，从系统属性 java. sql 中读取 Driver 的类名，并一一注册；或在程序中使用 Class. forName()方法动态装载并注册数据库驱动。第二种驱动程序加载方法是比较常用的。为了使应用程序的代码尽可能地具有广泛的适应性，对驱动程序的加载最好避免使用固定类名，因此使用 java. lang. Class. forName()方法。该方法是 Class 类的静态方法，参数是以字符串形式表达的类长名，返回所创建的该类的对象。该方法可能抛出 ClassNotFoundException 异常，所以在调用该方法时要注意进行异常处理。

例如，如果要加载和注册 JDBC-ODBC 桥驱动，则使用下列语句：

```
Class.forName("sun.jdbc.odbc.JdbcOdbcDriver");
```

如果使用其他驱动程序，则驱动程序的文档中将说明驱动的类名。如果驱动程序的类名是 jdbc. DriverXYZ，可以使用下列语句：

```
Class.forName("jdbc.DriverXYZ");
```

例如，下列语句分别加载 Oracle 和 MySQL 的 JDBC 驱动：

```
Class.forName("oracle.jdbc.driver.OracleDriver");
Class.forName("com.mysql.jdbc.Driver");
```

Class. forName()方法的执行，将创建数据库驱动的实例并注册到驱动管理器。在某种数据库的驱动程序加载后，就可以建立与该 DBMS 的连接了。

2) 建立数据库连接

这个步骤中要使数据库驱动连接到相应的 DBMS。连接的建立通过使用 DriverManager 类的 static 方法 getConnection()，该方法的定义如下：

```
public static Connection getConnection(String url, String user, String password)
                                    throws SQLException
```

其中各参数的含义如下。

(1) url 是数据库连接串,指定使用的数据库访问协议以及数据源,其一般格式是:

```
jdbc:<subprotocol>:<subname>
```

例如,如果使用 JDBC-ODBC 桥,数据源的名称是 wombat,则 url 参数为:

```
"jdbc:odbc:wombat"
```

(2) user 和 password 分别是建立数据库连接所使用的数据库用户名及口令。

例如:

```
Connection con = DriverManager.getConnection(jdbc:odbc:wombat, "Fernanda", "J8");
```

2. 执行 SQL 语句

在所建立的数据库连接上,创建 Statement 对象,将各种 SQL 语句发送到所连接的数据库执行。

对于已创建的数据库连接对象,调用 createStatement()方法,便可得到一个 Statement 对象。该方法的格式是:

```
public Statement createStatement()  throws SQLException;
```

例如,如果所创建的连接对象是 con,则使用下列语句创建一个 con 上的 Statement 对象:

```
Statement stmt = con.createStatement();
```

接下来就可以通过该 Statement 对象发送 SQL 语句。对于 SQL 的检索操作,使用 Statement 的 ExecuteQuery()方法;对于更新操作,使用 ExecuteUpdate()方法。这两个方法的定义如下。

(1) public ResultSet executeQuery(String sql) throws SQLException:执行指定的 SQL 语句,一般是 SQL 的 SELECT 语句,返回一个 ResultSet 的对象。

(2) public int executeUpdate(String sql) throws SQLException:执行指定的 SQL 语句,语句可能包括 SQL 更新语句:INSERT、UPDATE、DELETE,返回操作所影响的数据库元组数;也可能是 SQL 的 DDL 语句,如 CREATE、ALTER、DROP 等。

在上述方法中,参数 sql 就是以字符串形式表达的 SQL 语句。需要特别注意的是:在 Java 中,字符串如果超过一行将出现编译错误,所以在构造 sql 参数时,需要将表达多行的字符串的每一行加上双引号并将各行用加号(+)连接,例如:

```
String createTableCoffees = "CREATE TABLE COFFEES " +
    "(COF_NAME VARCHAR(32), SUP_ID INTEGER, PRICE FLOAT, " +
    "SALES INTEGER, TOTAL INTEGER)";
```

下面的语句将执行 SQL 的更新和查询操作:

```
ResultSet resultSet = stmt.executeUpdate(createTableCoffees);
ResultSet resultSet = stmt.executeQuery("SELECT a, b, c FROM Table1");
```

另外,对于多次执行但参数不同的 SQL 语句,可以使用 PreparedStatement 对象,并可以使用 CallableStatement 对象建立并调用数据库上的存储过程。

3. 处理结果集

结果集是保存 SQL 的 SELECT 语句返回的结果记录的表，是 ResultSet 类的对象。在结果集中通过游标(cursor)控制具体记录的访问，游标指向结果集中的当前记录。使用 ResultSet 类的 next()方法将游标移到下一行，并将该行作为用户可以操作的当前行。如果当前行已经是结果集中的最后一行，则调用 next()方法将返回 false，否则返回 true。因为一个结果集中游标的初始位置是在第一行记录之前，所以第一次对 next()方法的调用将把游标移到第一行。后续对该方法的调用，将自顶向下每次移动一行。在 JDBC 2.0 中，还可以将游标移动到指定位置。

在定位到结果集中的一行后，就可以执行数据的读取。这时对于不同的 SQL 数据类型要使用不同的读取方法，以实现 SQL 数据类型与 Java 数据类型的转换。具体是根据不同的 SQL 数据类型，使用相应的 get*XXX*()方法获取每个列的值。对于各种数据类型的数据获取方法 get*XXX*()，JDBC 提供了两种形式。一种是以列名为参数，格式是 get*XXX*(String colName)。例如：

```
ResultSet resultSet = stmt.executeQuery("SELECT a, b, c FROM Table1");
while (rs.next()){
    int x = rs.getInt("a");
    String s = rs.getString("b");
    float f = getFloat("c");
}
```

另一种是以结果集中列的序号为参数，序号从 1 开始递增，格式是 get*XXX*(int columnIndex)。例如：

```
…
while (rs.next()){
    int x = rs.getInt(1);
    String s = rs.getString(2);
    float f = getFloat(3);
}
```

表 12-1 列出了获取各种 JDBC 类型数据的 ResultSet. get*XXX*()方法。表的列表示 SQL 的数据类型，行表示 Java 中数据获取方法。该表包含了 JDBC 2.0 API 增加的 get*XXX*()方法，这些方法支持新的 SQL3 数据类型。

4. 关闭数据库连接

在数据库所有操作都完成后，要显式地关闭连接。一般在关闭连接时先释放 Statement 对象，例如：

```
Connection con = DriverManager.getConnection(jdbc:odbc:wombat,"Fernanda", "J8");
Statement stmt = con.createStatement();
…
stmt.close();
con.close();
```

表 12-1　ResultSet 的 get*XXX*()方法读取 JDBC 数据类型

SQL 数据类型 / 数据获取方法	TINYINT	SMALLINT	INTEGER	BIGINT	REAL	FLOAT	DOUBLE	DECIMAL	NUMERIC	BIT	CHAR	VARCHAR	LONGVARCHAR	BINARY	VARBINARY	LONGVARBINARY	DATE	TIME	TIMESTAMP	CLOB	BLOB	ARRAY	REF	STRUCT	JAVA OBJECT
getByte	X	x	x	x	x	x	x	x	x	x	x	x	x												
getShort	x	X	x	x	x	x	x	x	x	x	x	x	x												
getInt	x	x	X	x	x	x	x	x	x	x	x	x	x												
getLong	x	x	x	X	x	x	x	x	x	x	x	x	x												
getFloat	x	x	x	x	X	x	x	x	x	x	x	x	x												
getDouble	x	x	x	x	x	X	X	x	x	x	x	x	x												
getBigDecimal	x	x	x	x	x	x	x	X	X	x	x	x	x												
getBoolean	x	x	x	x	x	x	x	x	x	X	x	x	x												
getString	x	x	x	x	x	x	x	x	x	x	X	X	x	x	x	x	x	x	x						
getBytes														X	X	x									
getDate											x	x	x				X		x						
getTime											x	x	x					X	x						
getTimestamp											x	x	x				x	x	X						
getAsciiStream											x	x	X	x	x	x									
getUnicodeStream											x	x	X	x	x	x									
getBinaryStream														x	x	X									
getClob																				X					
getBlob																					X				
getArray																						X			
getRef																							X		
getCharacterStream											x	x	x	X	x	x									
getObject	x	x	x	x	x	x	x	x	x	x	x	x	x	x	x	x	x	x	x	x	x	x	x	X	X

注：“x”表示该方法可用来获取相应的 JDBC 类型，“X”表示该方法被推荐用来获取相应的 JDBC 类型。

因为一个数据库连接的开销通常很大，所以只有所有的数据库操作都完成时，才关闭连接。重复使用已有的连接是一种很重要的性能优化方法。

5. 示例

下面给出一个 JDBC 应用程序示例。例 12-1 操作的是 MySQL 中的表 student，该表的定义如图 12-5 所示。例 12-1 中执行的数据库操作包括：向 student 表中插入一行记录；检索 student 表中的所有记录并获取数据输出；检索高等数学成绩 80 分以上的学生信息。

例 12-1　JDBC 应用示例。

```
import java.sql.*;
public class JdbcTest {
    public static void main(String args[]) {
```

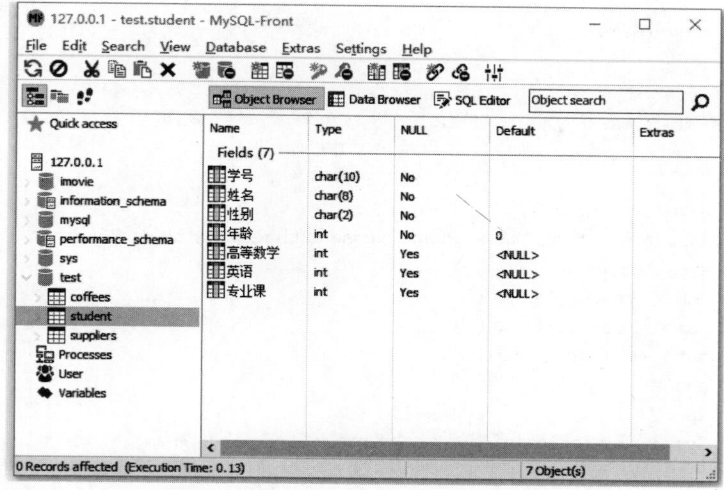

图 12-5 student 表的定义

```
String url = "jdbc:mysql://localhost/test";
Connection con;
String sql;
Statement stmt;
String num, name, sex;
int age, math, eng, spec;
try {
    Class.forName("com.mysql.jdbc.Driver");
} catch(java.lang.ClassNotFoundException e) {
    System.err.print("ClassNotFoundException: ");
    System.err.println(e.getMessage());
}
try {
    con = DriverManager.getConnection(url, "root", "java");
    stmt = con.createStatement();

    //向 student 表中插入一行记录
    sql = "INSERT INTO STUDENT " +
                        "VALUES('200108','赵小龙','男',20,71,62,76)";
    stmt.executeUpdate(sql);

    //检索 student 表中的所有记录并获取数据输出
    sql = " SELECT * FROM STUDENT";
    ResultSet rs = stmt.executeQuery(sql);
    System.out.println("学号          姓名          性别    年龄" +
                                "    高等数学    英语    专业课");
    while(rs.next()){
        num = rs.getString(1);
        name = rs.getString(2);
        sex = rs.getString(3);
        age = rs.getInt(4);
        math = rs.getInt(5);
        eng = rs.getInt("英语");
        spec = rs.getInt("专业课");
```

```
            System.out.println(num + "    " + name + "    " + sex + "    " + age + "    " + math
                                        + "    " + eng + "    " + spec);
        }
        //检索高等数学成绩 80 分以上的学生信息
        rs = stmt.executeQuery("SELECT 学号,姓名,高等数学,英语,专业课 " +
                               "FROM STUDENT  " +
                               "WHERE 高等数学>=80" );

        System.out.println();
        System.out.println("The students whose math mark is beyond 80 are:");
        while(rs.next()){
            num = rs.getString(1);
            name = rs.getString(2);
            math = rs.getInt(3);
            eng = rs.getInt("英语");
            spec = rs.getInt("专业课");
            System.out.println("学号=" + num + "    " + "姓名=" + name + "    " + "高等数学=
                               " + math + "    " + "英语=" + eng + "    " + "专业课=" +
                               spec);
        }
        //关闭连接
        stmt.close();
        con.close();
        } catch(SQLException ex) {
            System.err.println("SQLException: " + ex.getMessage());
        }
    }
}
```

例 12-1 的运行结果如图 12-6 所示。

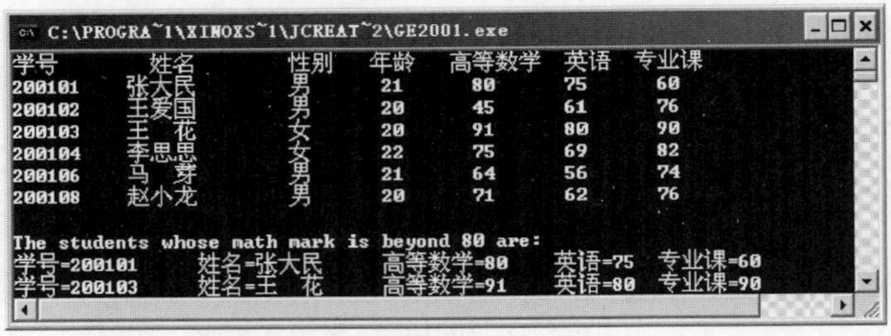

```
C:\PROGRA~1\XINOXS~1\JCREAT~2\GE2001.exe
学号      姓名      性别   年龄   高等数学  英语  专业课
200101    张大民    男     21     80        75    60
200102    王爱国    男     20     45        61    76
200103    王  花    女     20     91        80    90
200104    李思思    女     22     75        69    82
200106    马  芽    男     21     64        56    74
200108    赵小龙    男     20     71        62    76

The students whose math mark is beyond 80 are:
学号=200101    姓名=张大民    高等数学=80    英语=75  专业课=60
学号=200103    姓名=王  花    高等数学=91    英语=80  专业课=90
```

图 12-6　例 12-1 的运行结果

12.3.2　JDBC 的高级特征的使用

除了上面介绍的 JDBC 基本数据库应用开发方法,JDBC 中还提供了一些高级的特性,如预编译语句、存储过程、事务等,下面将对它们进行介绍。首先给出本小节例子中要用到的两个表 COFFEES 和 SUPPLIERS 的定义。COFFEES 表的定义及所包含的数据如图 12-7 所示。

表 COFFEES 中各字段的含义是:COF_NAME——咖啡的名称,是该表的主码;SUP_ID——供应商号码;PRICE——咖啡的价格;SALES——该种咖啡本周的销售量;TOTAL——该种咖啡到目前为止所有的销售量。

SUPPLIERS 表的定义及所包含的数据如图 12-8 所示。

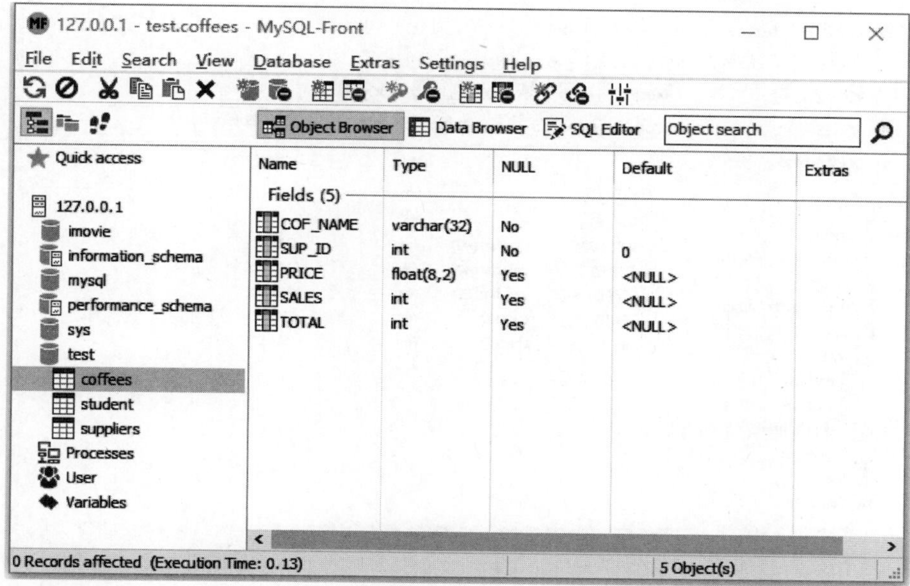

(a) COFFEES表的定义

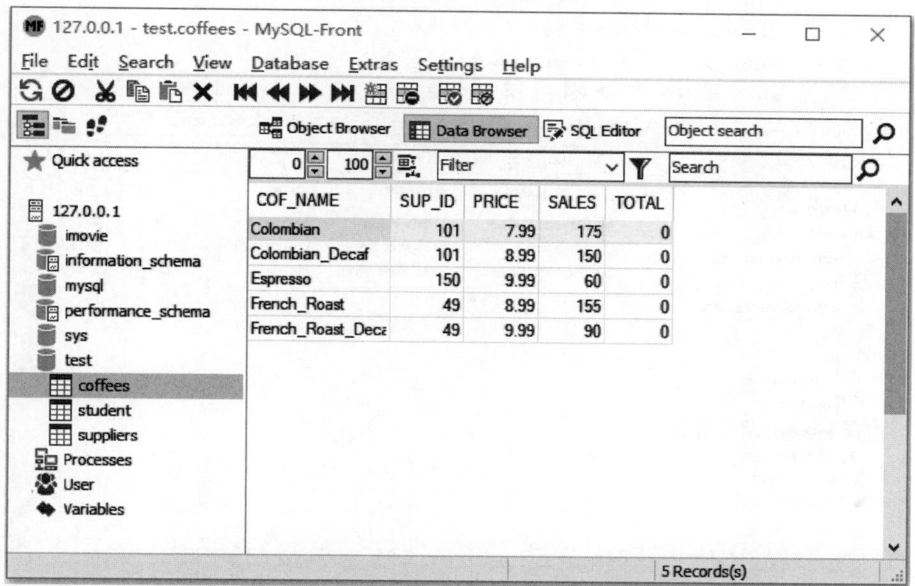

(b) COFFEES表所包含的数据

图 12-7　COFFEES 表

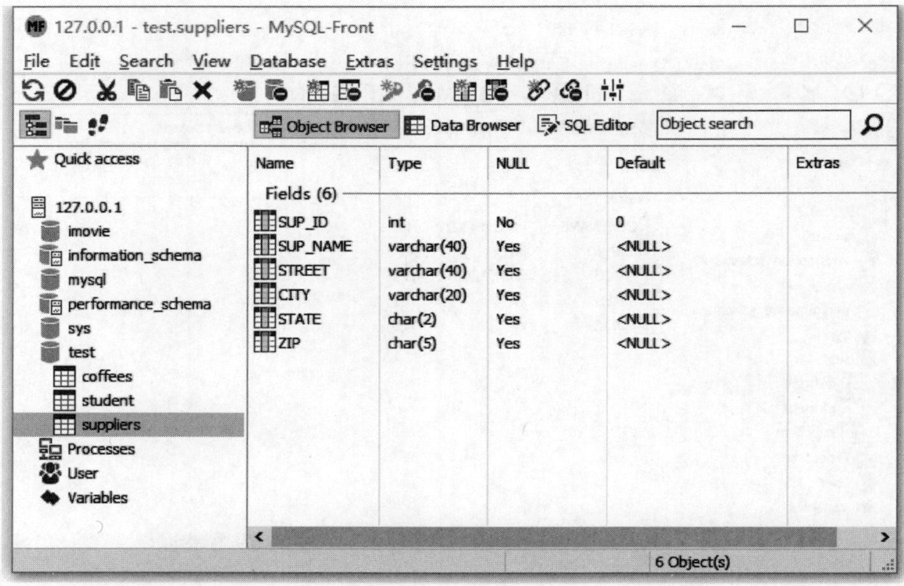

(a) SUPPLIERS表的定义

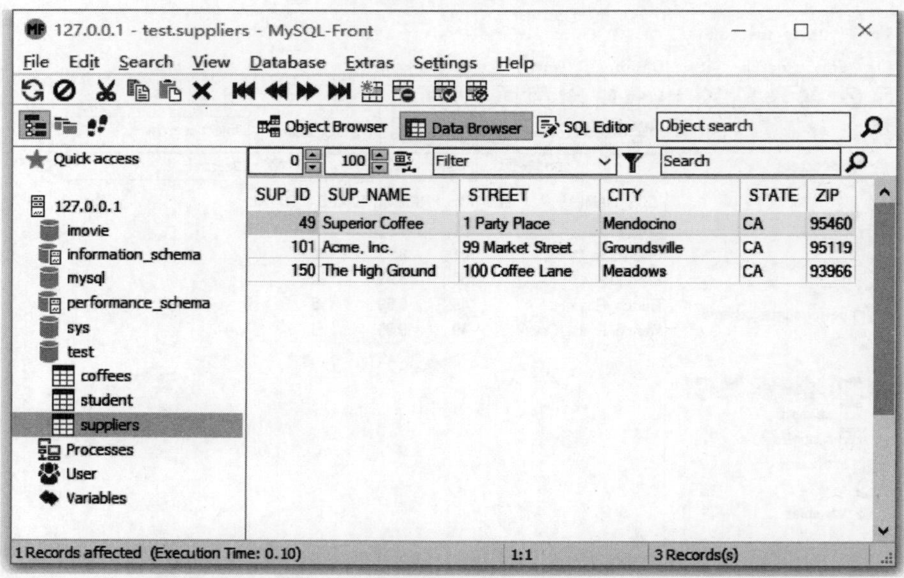

(b) SUPPLIERS表所包含的数据

图 12-8 SUPPLIERS 表

表 SUPPLIERS 中各字段的含义是：SUP_ID——供应商号码，是该表的主码；SUP_NAME——供应商名称；STREET——供应商所在的街牌号；CITY——供应商所在的城市；STATE——供应商所在的省；ZIP——供应商的邮政编码。

1. 预编译语句

预编译语句 PreparedStatement 是 java.sql 中的一个接口，它是 Statement 的子接口。通过 Statement 对象执行 SQL 语句时，需要将 SQL 语句发送给 DBMS，由 DBMS 首先进行编译然后再执行。预编译语句与 Statement 不同，在创建 PreparedStatement 对象时就指定了 SQL 语句，该 SQL 语句将立刻发送给 DBMS 进行编译。当该预编译语句被执行时，DBMS 可以直接运行编译后的 SQL 语句，而不需要像其他 SQL 语句那样首先将其编译。另外，预编译语句还支持带有参数的 SQL 语句，这使得我们可以对相同的 SQL 语句替换参数从而多次使用。因此，当一个 SQL 语句需要执行多次时，使用预编译语句可以减少执行时间，提高执行效率。

1）预编译语句的创建

预编译语句的创建，可以使用 Connection 接口的 prepareStatement()方法创建。该方法常用的一种格式如下：

```
PreparedStatement prepareStatement(String sql)   throws SQLException
```

其中，参数 sql 是可以包含参数表示符"?"的 SQL 语句。

例如，下面的语句将创建一个预编译语句对象：

```
PreparedStatement updateSales = con.prepareStatement(
                "UPDATE COFFEES SET SALES = ? WHERE COF_NAME = ?");
```

则 updateSales 表示一个已经发送到 DBMS 并经过编译的 SQL 语句。

2）预编译语句参数值的设置

如果预编译语句中含有参数，则在执行该语句时需要设定参数的值。预编译语句参数值的设置，是使用 PrepareStatement 接口的 set*XXX*()方法。对于 SQL 中的所有类型(如表 12-1 所示)，都有一个相应的 set*XXX*()方法。该方法的一般格式是：

```
void setXXX(int paramIndex, XXX x);
```

其中，第一个参数是所设置参数在 SQL 语句所有参数中的序号；第二个参数是所设置的参数值。例如：

```
updateSales.setInt(1, 75);
updateSales.setString(2, "Colombian");
```

预编译语句 updateSales 在经过上述参数设置后，将等价于一个普通的 SQL 语句。因此下列代码片段 1 与代码片段 2 将实现同样的操作。

代码片段 1：

```
String updateString = "UPDATE COFFEES SET SALES = 75 " +
            "WHERE COF_NAME = 'Colombian'";
stmt.executeUpdate(updateString);
```

代码片段 2：

```
PreparedStatement updateSales = con.prepareStatement(
                    "UPDATE COFFEES SET SALES = ? WHERE COF_NAME = ? ");
updateSales.setInt(1, 75);
updateSales.setString(2, "Colombian");
updateSales.executeUpdate();
```

注意：预编译语句中的参数经过设置后，其值将一直保留，直到被设为新值或者是调用了该预编译语句的 clearParameters()方法将所有的设置清除。

3）预编译语句的使用

一般是在需要反复使用一个 SQL 语句时，使用预编译语句。因此预编译语句常常放在一个 for 或 while 循环中使用，通过循环反复设置参数从而多次使用该 SQL 语句。

预编译语句的执行，是通过调用 PrepareStatement 的下列两个方法进行的：

```
ResultSet executeQuery() throws SQLException;
int executeUpdate() throws SQLException;
```

例 12-2 是使用预编译语句对表 COFFEES 的多行记录进行更新的例子。

例 12-2 预编译语句示例。

```
import java.sql.*;
public class PreparedTest {
    public static void main(String args[]) {
        String url = "jdbc:mysql://localhost/test";
        Connection con;
        Statement stmt;
        String name;
        int sale;
        try {
        Class.forName("com.mysql.jdbc.Driver");
        } catch(java.lang.ClassNotFoundException e) {
            System.err.print("ClassNotFoundException: ");
            System.err.println(e.getMessage());
        }
        try {
            con = DriverManager.getConnection(url, "root", "java");
            stmt = con.createStatement();
            showValues(stmt,"The original values:");
            PreparedStatement updateSales;
            String updateString = "update COFFEES " +
                        "set SALES = ? where COF_NAME = ? ";
            updateSales = con.prepareStatement(updateString);
            int [] salesForWeek = {150, 140, 50, 145, 85};
            String [] coffees = {"Colombian", "French_Roast", "Espresso",
                                    "Colombian_Decaf", "French_Roast_Decaf"};
            int len = coffees.length;
            for(int i = 0; i < len; i++) {
                updateSales.setInt(1, salesForWeek[i]);
                updateSales.setString(2, coffees[i]);
                updateSales.executeUpdate();
```

```
            }
            System.out.println();
            showValues(stmt,"The new values:");
        } catch(SQLException ex) {
            System.err.println("SQLException: " + ex.getMessage());
        }
    }
    public static void showValues(Statement stmt,String s) throws SQLException{
        String name;
        int sale;
        ResultSet rs = stmt.executeQuery("SELECT COF_NAME,SALES " +
                                                    "FROM COFFEES ");
        System.out.println(s);
        while(rs.next()){
            name = rs.getString(1);
            sale = rs.getInt(2);
            System.out.println("COFF_NAME = " + name + " ;    " + "SALE = " + sale);
        }
    }
}
```

例 12-2 的运行结果如图 12-9 所示。

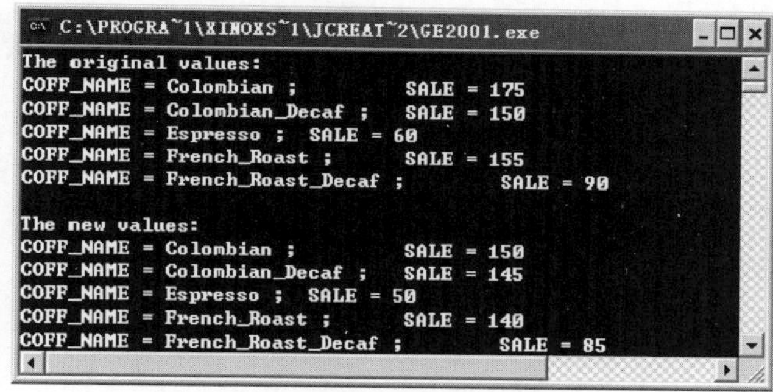

图 12-9 例 12-2 的运行结果

2. 存储过程

存储过程是一组 SQL 语句，它们形成一个相对独立的逻辑单元，能够完成特定的任务。存储过程封装了对数据库的一组更新或查询操作，它们可以经过编译，并可以带有参数。很多 DBMS 都支持存储过程，但不同 DBMS 之间存储过程的语法和功能都相差很大。本书以 MySQL 为例对存储过程进行介绍。

1）存储过程的创建

在 MySQL 中，使用 CREATE PROCEDURE 语句创建存储过程。例如：

```
create procedure SHOW_SUPPLIERS()
begin
select SUPPLIERS.SUP_NAME, COFFEES.COF_NAME
from SUPPLIERS, COFFEES
where SUPPLIERS.SUP_ID = COFFEES.SUP_ID
order by SUP_NAME;
end
```

存储过程的创建是通过在已经建立的数据库连接上创建 Statement 对象，再调用该对象的 executeUpdate()方法。例如：

```
String createProcedure = "create procedure SHOW_SUPPLIERS01() " +
            "begin " +
            "select SUPPLIERS.SUP_NAME, COFFEES.COF_NAME " +
            "from SUPPLIERS, COFFEES " +
            "where SUPPLIERS.SUP_ID = COFFEES.SUP_ID " +
            "order by SUP_NAME; " +
            "end";
Statement stmt = con.createStatement();
stmt.executeUpdate(createProcedure);
```

2）存储过程的调用

在 Java 程序中通过 JDBC 可以调用存储过程。首先要通过一个打开的数据库连接创建一个 CallableStatement 类型的对象，该对象将包含对存储过程的调用。然后再调用该对象的 executeQuery()方法执行存储过程。下面的代码将调用前面所创建的存储过程 SHOW_SUPPLIERS：

```
CallableStatement cs = con.prepareCall("{call SHOW_SUPPLIERS}");
ResultSet rs = cs.executeQuery();
```

在返回的结果集合中将包含如下数据：

```
SUP_NAME                  COF_NAME
----------------          -----------------------
Acme, Inc.                Colombian_Decaf
Acme, Inc.                Colombian
Superior Coffee           French_Roast_Decaf
Superior Coffee           French_Roast
The High Ground           Espresso
```

注意：

- prepareCall()方法的参数是"{call SHOW_SUPPLIERS}"。不同 DBMS 调用存储过程的语法可能是不相同的。但在 JDBC 中，隐藏了具体 DBMS 的存储过程调用语法，而使用这种统一的格式。运行时刻由 JDBC 驱动负责将这种格式转换为具体 DBMS 所采用的语句格式。
- 存储过程的执行要根据其包含的 SQL 语句选取不同的方法。在本例中，只包含一个 SELECT 语句，所以使用 executeQuery()方法。如果存储过程中包含一个更新或数据定义语句，则要使用 executeUpdate()方法。如果存储过程包含多个 SQL 语句，可能同时包含检索与更新语句，则会产生多个结果集，这时需要使用 execute()方法。

3. 事务

事务是保证数据库中数据的完整性与一致性的重要机制。事务由一组 SQL 语句组成，这组语句要么都执行，要么都不执行，因此事务具有原子性。JDBC 中支持事务机制。

JDBC 中实现事务操作，关键是下面 Connection 接口的 3 个方法。

1）setAutoCommit()

一个连接在创建后就采用一种自动提交模式，即每一个 SQL 语句都被看作一个事务，在执行后其执行结果对数据库中数据的影响将是永久的。要把多个 SQL 语句作为一个事务就要关闭这种自动提交模式，这是通过调用当前连接的 setAutoCommit(false)来实现的。

2）commit()

当连接的自动提交模式被关闭后，SQL 语句的执行结果将不被提交直到我们显式调用连接的 commit()方法。从上一次 commit()方法调用后到本次 commit()方法调用之间的 SQL 语句被作为一个事务。

3）roolback()

当一个事务执行过程中出现异常而失败时，为了保证数据的一致性，该事务必须回滚。JDBC 中事务的回滚是调用连接的 roolback()方法。这个方法将取消事务，并将该事务已执行部分对数据的修改恢复到事务执行前的值。如果一个事务中包含多个 SQL 语句，则在事务执行过程中一旦出现 SQLException 异常，就应该调用 roolback()方法，将事务取消并对数据进行恢复。

例 12-3 是在 JDBC 中实现事务处理的例子。该例在一个事务中定义了两个对 COFFEES 表执行更新的预编译语句，其中一个语句是更新 SALES 字段的值，另一个是更新 TOTAL 字段。因为这两个字段的更新必须同时进行，所以要把执行更新的两个语句定义为一个事务。该事务中使用了一个循环，多次设置与调用两个预编译语句，实现对 COFFEES 表中所有记录的修改。例 12-3 中还对事务执行中抛出的异常，调用 rollback()方法执行事务的撤销与回滚操作。

例 12-3 事务示例。

```
import java.sql.*;
public class TransactionTest {
    public static void main(String args[]) {
        String url = "jdbc:mysql://localhost/test";
        Connection con = null;
        Statement stmt;
        PreparedStatement updateSales;
        PreparedStatement updateTotal;
        String updateString = "update COFFEES " +
                              "set SALES = ? where COF_NAME = ?";
        String updateStatement = "update COFFEES " +
                "set TOTAL = TOTAL + ? where COF_NAME = ?";
        String query = "select COF_NAME, SALES, TOTAL from COFFEES";
        try {
            Class.forName("com.mysql.jdbc.Driver");
        } catch(java.lang.ClassNotFoundException e) {
            System.err.println("ClassNotFoundException: ");
            System.err.println(e.getMessage());
        }
        try {
            con = DriverManager.getConnection(url, "root", "java");

            //创建两个预编译语句
```

```
            updateSales = con.prepareStatement(updateString);
            updateTotal = con.prepareStatement(updateStatement);
            int [] salesForWeek = {175, 150, 60, 155, 90};
            String [] coffees = {"Colombian", "French_Roast",
                                 "Espresso", "Colombian_Decaf",
                                 "French_Roast_Decaf"};
            int len = coffees.length;

            //关闭事务自动更新模式
            con.setAutoCommit(false);

            //循环的每次执行都作为一个单独的事务
            for (int i = 0; i < len; i++) {
                updateSales.setInt(1, salesForWeek[i]);
                updateSales.setString(2, coffees[i]);
                updateSales.executeUpdate();

                updateTotal.setInt(1, salesForWeek[i]);
                updateTotal.setString(2, coffees[i]);
                updateTotal.executeUpdate();
                con.commit();
            }

            //恢复事务自动更新模式
            con.setAutoCommit(true);
            updateSales.close();
            updateTotal.close();
            stmt = con.createStatement();
            ResultSet rs = stmt.executeQuery(query);
            while (rs.next()) {
                String c = rs.getString("COF_NAME");
                int s = rs.getInt("SALES");
                int t = rs.getInt("TOTAL");
                System.out.println(c + "     " +  s + "     " + t);
            }
            stmt.close();
            con.close();
        } catch(SQLException ex) {
            System.err.println("SQLException: " + ex.getMessage());
            if (con != null) {
                try {
                    System.err.println("Transaction is being rolled back");
                    con.rollback();      //如果事务执行中有异常抛出,则撤销事务
                } catch(SQLException excep) {
                    System.err.println("SQLException: " + excep.getMessage());
                }
            }
        }
    }
}
```

如果在运行例 12-3 前，COFFEES 表中 TOTAL 字段的值都为 0，则例 12-3 的运行结果如下：

```
Colombian       175     175
Colombian_Decaf       155     155
Espresso      60     60
French_Roast      150     150
French_Roast_Decaf       90      90
```

12.4 JDBC 2.0 与 JDBC 3.0 的新特性

前面介绍的是包含在 JDBC 1.0 中的实现数据库操作的基本功能。在 JDBC 1.0 以后又出现了 JDBC 2.0、JDBC 3.0 和 JDBC 4.0。JDBC 规范的高版本都兼容前序版本，因此 JDBC 4.0 包括了 JDBC 1.0、JDBC 2.0 以及 JDBC 3.0 的功能。下面简要介绍 JDBC 2.0 与 JDBC 3.0 中的新增功能。

1. JDBC 2.0 的新特性

JDBC 2.0 主要增加了下列功能。

(1) 在 SQL 语句执行所返回的结果集中，可以向前或向后滚动记录，并可以定位到指定的记录。

在 JDBC 2.0 中提供了更多的结果集游标的操作方法，包括向前移动、向后移动、移动到指定的行以及返回游标的当前位置等。这使得 Java 程序可以灵活操作结果集，例如可以利用 GUI 浏览结果记录。

(2) 利用 Java API 对数据库表中的数据进行更新。

在 JDBC 2.0 中可以创建可更新的结果集对象，该对象中的数据可以通过 Java 语言的方法进行更新，而不需要再向数据库发送 SQL 语句。例如下面的语句：

```
Connection con = DriverManager.getConnection("jdbc:mySubprotocol:mySubName");
Statement stmt = con.createStatement(ResultSet.TYPE_SCROLL_SENSITIVE,
                    ResultSet.CONCUR_UPDATABLE);
ResultSet uprs = stmt.executeQuery("SELECT COF_NAME, PRICE FROM COFFEES");
uprs.last();  //定位到结果集中的最后一行
uprs.updateFloat("PRICE", 10.99f); //数据更新
uprs.updateRow();                    //更新操作生效，即更新数据库表中对应的数据
```

(3) 批量更新操作。

所谓批量更新，是指可以一次向 DBMS 发送多条 SQL 语句。在某些情况下批量更新与单独发送每个 SQL 语句相比，大大提高了运行效率。

在 JDBC 2.0 中，Statement，PreparedStatement 以及 CallableStatement 的对象都维护了一个 SQL 语句列表，使用 addBatch()方法向列表中增加 SQL 语句。列表中的语句将作为一个单元发送到 DBMS，以进行批量执行。例如：

```
con.setAutoCommit(false);
Statement stmt = con.createStatement();
stmt.addBatch("INSERT INTO COFFEES " +
```

```
        "VALUES('Amaretto', 49, 9.99, 0, 0)");
stmt.addBatch("INSERT INTO COFFEES " +
        "VALUES('Hazelnut', 49, 9.99, 0, 0)");
stmt.addBatch("INSERT INTO COFFEES " +
        "VALUES('Amaretto_decaf', 49, 10.99, 0, 0)");
stmt.addBatch("INSERT INTO COFFEES " +
        "VALUES('Hazelnut_decaf', 49, 10.99, 0, 0)");
int[] updateCounts = stmt.executeBatch();   //执行 stmt 中的 SQL 语句,进行批量更新
```

(4) 使用 SQL 3 中的数据类型。

SQL3 数据类型是将要在下一个 ANSI/ISO SQL 标准中采用的新类型。JDBC 2.0 中,提供了一些接口实现 SQL 3 数据类型与 Java 语言数据类型之间的映射。使用这些接口,可以像使用其他数据类型一样使用 SQL 3 的数据类型。

2. JDBC 3.0 的新特性

JDBC 3.0 中在预编译语句、存储过程调用、结果集处理以及所支持的数据类型等方面增加了很多功能,下面主要介绍其中的两个新特性。

(1) 数据库连接池的操作与配置。

在某些应用如基于 Web 的应用中,服务器端的 Java 程序(Servlet 或 Java Bean)需要频繁连接数据库,这将大大降低系统的运行效率。为了解决这一问题,JDBC 中引入了连接池的机制。数据库连接池提供了一套高效的连接分配和使用策略,最终目标是实现连接的高效及安全的复用。

连接池最基本的思想就是预先建立一些连接放置于内存对象中以备使用。当程序中需要建立数据库连接时,一般只需从内存中取一个用而不用新建。同样,使用完毕后,只需放回内存即可。而连接的建立、断开都由连接池自身来管理。同时,还可以通过设置连接池的参数来控制连接池中的初始连接数、连接的上下限数以及每个连接的最大使用次数、最大空闲时间等。通过使用连接池,将大大提高程序运行效率,同时,可以通过其自身的管理机制来监视数据库连接的数量、使用情况等。javax.sql 包中的 PooledConnection、ConnectionPoolDataSource 等是支持连接池操作的接口。

(2) 事务处理中安全点(save point)的支持。

一个事务中可以建立几个安全点,安全点表示该时刻数据库处于一个正确状态。调用 rollback()方法进行事务回滚时,可以回滚到指定的安全点。

12.5 JDBC 4.0 的新特性

在 JDBC 4.0 中,提供了更好的代码可管理性和灵活性,并且支持更复杂的数据类型。在 JDBC 4.0 中,新特性或新的增强可总结为如下 4 个方面。

- 驱动和连接管理;
- 异常处理;
- 数据类型支持;
- API 的变化。

下面就上述 4 个方面分别进行简要介绍。

1. 驱动和连接管理

在 JDBC 4.0 以前的版本中，与目标数据库建立连接需要一组步骤。首先要做的是加载一个适当的 JDBC 驱动。在 JDBC 4.0 中，不再需要使用 Class.forName()方法来显式加载驱动。当程序需要建立数据库连接时，DriverManager 会自动在程序的 CLASSPATH 中找到驱动。这是在 JDBC 4.0 中增加的一个很重要的特性。

2. 异常处理

在 JDBC 4.0 中增加了一些简单而有效的异常处理功能，包括连锁异常（chained exception）以及使用增强的 for 循环获取连锁异常中的每个异常。例如下面的代码：

```
try {
    con = ds.getConnection();
    stmt = con.createStatement();
    rs = stmt.executeQuery("select * from " + tableName);
} catch (SQLException sx) {
    for(Throwable e : sx ) {
        System.err.println("Error encountered: " + e);
    }
}
…
```

如果在执行上述 try 语句块时，变量 tableName 指定的表不存在，则会抛出异常。通过 catch 语句块中的 for 循环，可把连锁异常中的各个异常信息都显示出来，以便于采取适当的操作消除异常。而在 JDBC 4.0 以前的版本中，需要通过反复调用 getNextException()方法，获取连锁异常中的各个异常。

3. 数据类型支持

JDBC 4.0 增加了一些新的数据类型并增强了对一些类型的支持。为了更好支持 XML，增加了一个新的接口 SQLXML。SQLXML 是 Java 语言中 XML 数据类型在 SQL 中的映射。XML 是一种内置的数据类型，它将 XML 数据作为表的一行记录中的一个列值进行存储。默认情况下，实现 SQLXML 接口的驱动，将把 SQLXML 的一个对象实现为一个指向 XML 数据的逻辑指针，而不是 XML 数据本身。

SQL ROWID 标识了一个表中的一行记录，并且是存取表中数据的最快的方式。在 JDBC 4.0 中增加了一个 RowID 接口，使得从 Java 类中可以访问 SQL 的 RowID 类型的值。

JDBC 4.0 增强了对大对象类型（Large Object Type）的支持，在对应 SQL 大对象如 CLOB、BLOB、ARRAY、STRUCT 的接口 Clob、Blob、Array 和 Struct 上增加了更多的方法，以支持对这些数据对象的操作。

另外，JDBC 4.0 中还增加了对 NCS（National Character Set）字符集的支持。SQL 2003 中提供了对 SQL 数据类型——NCHAR、NVARCHAR、LONGNVARCHAR、NCLOB 的支持。这些类型与 CHAR、VARCHAR、LONGVARCHAR、CLOB 相对应，但类型值使用的是不同字符集，它们使用的是 NCS。如果程序中需要更广泛的字符处理操作，可以使用 NCS 数据类型。

4. API 的更改

JDBC 4.0 的很多增强体现在 API 层次。为支持 SQL 2003 增加了一些 API，另外，在常用的接口中也增加了一些方法以支持更简单、更好的数据操作，例如在 Array、Connection 与 PooledConnection、DatabaseMetaData、Statement、PreparedStatement、CallableStatement 等接口都增加了方便使用的方法。具体可参见 Java SE 的 API 文档。

JDBC 4.1 中，主要是引入了 RowSetFactory 接口和 RowSetProvider 类，使程序员可以创建 JDBC 驱动支持的所有类型的 row 集合。JDBC 4.2 中，增加支持 REF_CURSOR 并增加了 DriverAction、SQLType 等接口以及 JDBCType 枚举类型，改变了某些 API。

12.6 小结

本章对 JDBC 技术的基本原理与使用方法进行了介绍，包括数据库的基本访问流程、预编译语句、存储过程、事务支持等。依据这些方法 Java 应用可以实现对数据库数据的有效存取访问。另外本章还介绍了 JDBC 的高级特性，为高级的数据应用和 Web 应用的数据库访问提供了有力的支持。

习题 12

1. 试述 JDBC 的体系结构。
2. JDBC 驱动有哪几种类型？
3. 利用 JDBC 开发数据库应用的一般步骤是什么？
4. 什么是预编译语句？怎样使用预编译语句？
5. 什么是存储过程？怎样使用存储过程？
6. 什么是事务？怎样实现事务操作？
7. JDBC 2.0 与 JDBC 3.0 中增加了哪些新特性？
8. JDBC 4.0 中增加了哪些新特性？
9. 在数据库中建立图书信息表，保存图书编号、书名、作者、价格等信息。编写 JDBC 程序实现对图书信息的检索和更新操作。
10. 编写程序，利用预编译语句或存储过程实现学生管理系统。管理的数据包括学生信息、课程信息以及学生选课信息，系统提供的操作包括根据学生学号检索学生信息、学生选课信息以及相关课程信息，并具有各类数据的更新功能。

第 13 章

Java EE 入门

Java EE(Java Platform，Enterprise Edition)是以 Java SE 为基础的面向企业级应用开发的平台。它为企业应用提供了基于组件的设计、开发、装配和部署的方法。Java EE 平台提供了多层的分布式应用模型、可重用的组件、统一的安全模型、灵活的事务控制功能以及 Web Services 支持，是一个非常庞大的技术体系。本章将对 Java EE 技术体系的整体进行概要介绍，包括 Java EE 的体系结构、重要概念术语以及 Java EE 应用的开发、装配与部署方法。

13.1 概　　述

13.1.1 什么是 Java EE

Java EE 是面向大规模企业级应用的开发平台。企业级应用的复杂性体现在：运行环境中主机、操作系统等异构性强；用户数量大并且应用的生命周期长；需要具有很好的可维护性、可重用性与可伸缩性，并且支持事务管理、资源缓存、安全控制、多线程、永久化以及生命周期管理等功能。有效解决企业级应用的上述复杂问题，需要特殊的技术，包括：专用的应用框架结构和中间件；强大的支撑平台和标准的 API；多层的应用体系结构模型等。

Java EE 正是满足这些需求的企业级应用的支撑平台。它最早是在 1999 年提出的，目前最新的版本是 Java EE 7。Java EE 平台和应用编程模型是 Java EE 的主要组成部分。Java EE 平台是支持 Java EE 应用的标准平台，它规定了一组标准的 API、规范和一系列策略。Java EE 应用编程模型是为开发多层的、瘦客户端应用而提出的一个标准编程模型。理解与掌握 Java EE 平台、Java EE 应用编程模型是学习 Java EE 的关键。另外，Sun 还提供了实现 Java EE 平台的 Java EE 企业服务器 GlassFish，学习过程中可以从 http://java.oracle.com 网站上下载该软件，通过实际操作加深对 Java EE 的理解。

13.1.2 Java EE 的平台技术

Java EE 平台规范的设计过程是开放的，采纳了很多企业计算供应商的技术，使得 Java EE 平台能够满足各种企业级应用的需求，也使得很多厂商和组织能够迅速采纳和支持 Java EE 平台标准。

Java EE 平台将 Sun 面向企业计算的所有技术集成在一个体系结构中，包括 EJB

(Enterprise Java Bean)、Servlet、JSP(Java Server Page),Java Web Server,Web Services 的支持,JNDI、JDBC、JTA、JMS、JavaMail、JAXP、JMX 等,如图 13-1 所示。

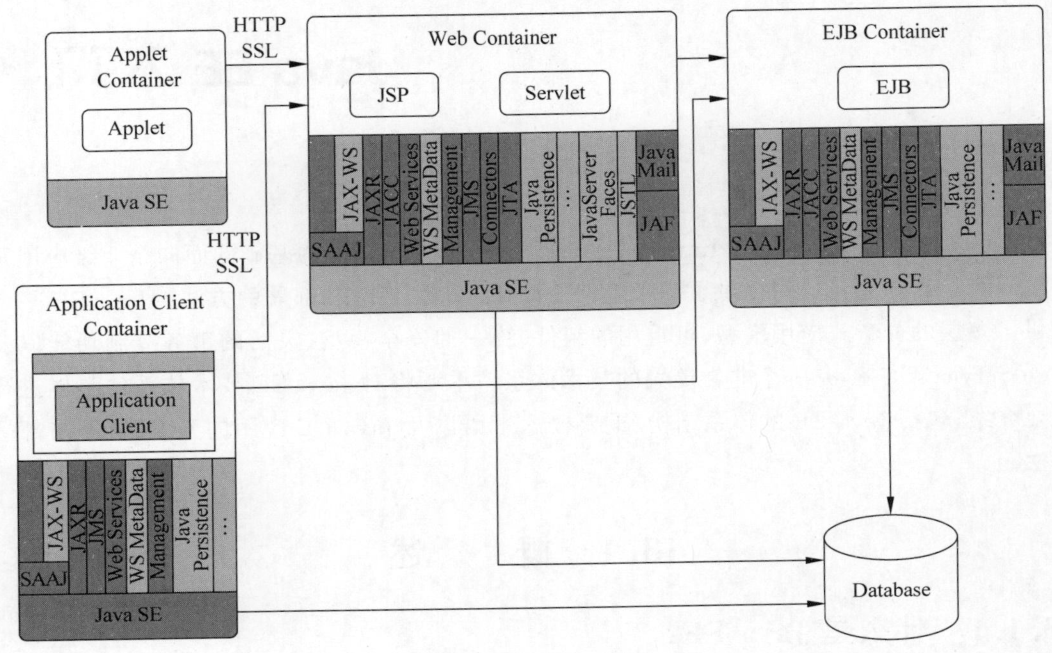

图 13-1 Java EE 平台

另外,从图 13-1 可以看到,Java EE 平台支持多层的应用模型。支持多种类型的客户端,并通过 JSP、Servlet、EJB 等技术以及对 Web Services 的支持,使得应用中间层的开发变得容易。

图 13-2 从另一个角度说明了 Java EE 平台的结构。Java EE 平台以 Java SE 为基础,EJB,Servlet 与 JSP 是 Java EE 中的基本组件,Java EE 为这些组件提供了称为容器(Container)的执行环境。组件通过 Container 可以利用平台所提供的各种服务,如 Mail、Messaging 等,还可以利用容器通过连接器(Connector)与已有系统进行通信。另外 Java EE 还提供了工具展示如何在 Java EE 平台上开发应用,并提供了详细的技术文档(BluePrints)指导应用的开发。

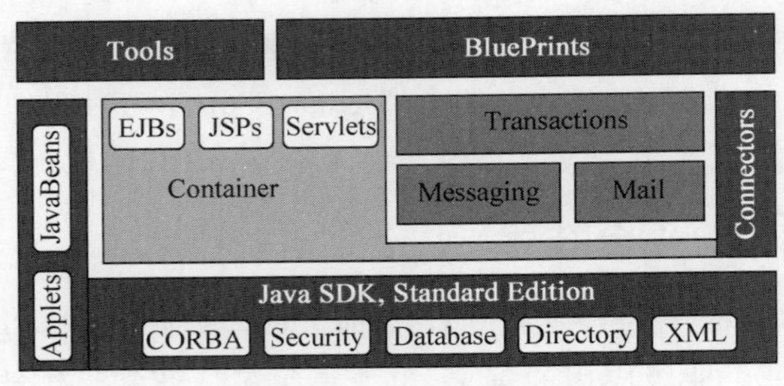

图 13-2 Java EE 平台的结构

13.1.3 Java EE 应用编程模型

Java EE 平台支持多层次的分布式应用模型。Java EE 的多层模型可以概括为 3 个大的层次：客户端、中间层(包括多个子层)以及后端层，如第 1 章中的图 1-2 所示。在这种应用模型下，应用系统可以依据应用逻辑和功能划分为若干个组件，各个组件可以根据所属的多层模型的相应层次安装部署在不同的机器上。

Java EE 应用模型的客户层支持多种类型的客户端，可以分布在防火墙内部或外部。应用模型的中间层通过 Web 层的 Web 容器向客户提供服务，并通过 EJB 容器中的 EJB 组件实现应用逻辑。在应用模型的后端是企业信息系统 EIS 层，Java EE 应用可以通过标准 API 访问企业信息系统。

13.1.4 Java EE 的优点

基于 Java EE 的企业应用开发具有下列优点。

(1) 应用的体系结构简单清晰，并且易于开发。

Java EE 支持一种简单的、基于组件的开发模型。这不仅使应用系统结构清晰，还使得应用系统的开发可以重用已有的组件或外购组件，从而大大降低系统开发的难度和工作量。

(2) 可以自由选择服务器、工具和应用组件。

由于 Java EE 规范得到了广泛的支持，因此出现了 Java EE 服务器、工具和应用组件的巨大市场。应用开发者可以从硬件平台、操作系统以及服务器配置等多个方面选择满足自己需要的 Java EE 服务器；可以选择图形化工具来节省大量手工编码实现 EJB 与 JSP 组件；出现了具有特定功能的可重用的组件市场，应用开发者可以从中选取用户界面模板等通用组件解决应用中的特定问题。

(3) 方便实现与已有信息系统的集成。

Java EE 平台与 Java SE 平台包含了一系列访问已有信息系统的标准 API，如下所述。

- Java EE Connector 是实现与各种 EIS(如 ERP、CRM 等)交互的结构。
- JDBC 是访问关系数据库的标准接口。
- JTA(Java Transaction API)是管理和协调异构企业信息系统之间事务的 API。
- JNDI(Java Naming and Directory Interface)是访问命名和目录服务系统的 API。
- JMS(Java Message Service)是 Java EE 应用之间发送和接收消息的 API。
- 其他 API 包括 JavaMail、Java IDL 以及支持 XML、Web Services 的 API 等。

(4) 具有可扩展性以支持需求的变化。

Java EE 容器为所容纳的组件提供了事务管理、数据库连接、生命周期管理以及其他影响应用系统性能的服务。当应用系统规模扩大时，容器会采用某些机制保证应用系统的性能。如在数据库连接大量增加时提供了数据库连接池的机制，而 Web 容器对于急剧增加的访问请求，会自动采用负载平衡控制。因此，基于 Java EE 的分布式应用的规模可以动态地扩展。

(5) 具有灵活、统一的安全模型。

Java EE 安全模型支持对应用系统的单点登录控制，并且提供了可编程的安全控制，使得在应用系统开发阶段，就可以根据需要指定应用组件的安全控制。

13.2 Java EE 平台的构成

Java EE 平台提供了多层企业应用所需的各种技术。Java EE 平台是以这些技术为核心构造的。除了所提供的技术,Java EE 平台还包括其他重要的机制(如 Java EE 容器)以及 Java EE 平台中的角色。本节将对 Java EE 平台的核心技术及机制进行介绍。

13.2.1 Java EE 中的组件

组件是一个具有独立状态、行为的自包含软件功能单元,通过接口与外界进行交互,可以参与组装 Java EE 应用。在 Java EE 中,主要有 3 类组件：客户组件、Web 组件以及应用逻辑组件。

1. 客户组件

Java EE 平台支持多种类型的客户端,包括 Applet、Application 客户端以及基于 MIDP(Mobile Information Device Profile)技术的无线客户端。

2. Web 组件

Web 组件对客户的请求做出反应,它们一般产生基于 Web 的用户界面。Java EE 平台规定了两种类型的 Web 组件：Servlet 和 JSP 页面。

Servlet 以一种高效和可移植的方式扩展了 Web 服务器的功能。Servlet 运行在 Web 服务器的 Servlet 容器中。Web 服务器将一组 URL 映射到一个特定的 Servlet,所以对这些 URL 的 HTTP 请求将激活该 Servlet,执行相应操作,如访问数据库或调用一个 EJB 组件,从而产生结果。然后 Servlet 将结果以 HTML 或 XML 格式返回给请求者。

JSP 提供了一种为 Web 客户端产生动态页面的方法。一个 JSP 页面是一个文本文档,描述了如何处理一个请求并产生响应。JSP 组件一般包括显示 Web 页面所需的模板数据,另外还包括产生动态页面所需的 JSP 元素和 Java 程序片段。

在 Java EE 5 及以后的版本中,可以使用 JSF(Java Server Face)技术。JSF 技术构建于 Servlet 和 JSP 之上,为 Web 应用提供了一种用户界面组件框架。

3. 应用逻辑组件

应用逻辑组件由 EJB 构成。EJB 结构是 Java EE 应用开发中的一种服务器端技术。EJB 组件或称为企业级的 Java Bean,具有可扩展性、支持事务、支持多用户并发操作等特性。EJB 组件主要有两种类型：会话 Bean(SessionBean)以及消息驱动 Bean(Message-driven Bean)。会话 Bean 有两种类型的接口：一个组件接口和一个 Home 接口。Home 接口定义了创建、查找和删除 Bean 的方法；而组件接口定义了 Bean 的应用逻辑方法。消息驱动 Bean 没有任何接口。

13.2.2 Java EE 中的容器

一般认为瘦客户端的多层应用在开发上有很大难度,因为这样的应用需要在服务器端进行事务处理、多线程控制、资源池管理以及其他复杂的底层控制。但基于组件并且平台独立的 Java EE 技术却使 Java EE 应用的开发变得容易。这是因为 Java EE 的应用逻辑以可重用的组件为单位进行组织,并且 Java EE 服务器以容器的形式为每种类型的组件都提供了应用所需的复杂的底层控制服务，从而使得应用开发者可以专注于应用逻辑。

1. 容器提供的服务

容器是组件与其底层支持平台之间的接口。在 Java EE 的各种类型组件（包括 Web 组件、EJB 组件、应用客户端组件）在执行前，必须组装为一个 Java EE 模块并且部署在其容器中。组装过程要为每个组件和 Java EE 应用进行容器设置，即定义与配置应用所使用的 Java EE 平台提供的底层支持，如安全控制、事务管理、命名服务等。下面列出一些容器向组件提供的重要服务。

1）安全控制

Java EE 安全模型使开发者可以对 Web 组件和 EJB 组件进行访问权限的配置，使得系统资源只被授权用户使用。

2）事务处理

Java EE 的事务模型使开发者可以通过定义事务指定某些方法之间的特殊关系，通过事务的特性保证这些方法能够作为一个不可分割的单元被处理，从而保证系统中共享数据的正确性与一致性。

3）命名服务

JNDI 服务能够对多种命名服务和目录服务提供统一的接口，这使得 Java EE 应用可以访问到多种命名服务。

4）远程连接服务

Java EE 的远程连接模型管理客户端与 EJB 组件之间的底层通信。在一个 EJB 被创建后，客户端通过该服务就可以直接调用它，就像它们是运行于一个 JVM 之中。

2. 容器类型

Java EE 服务器与容器之间的关系如图 13-3 所示。

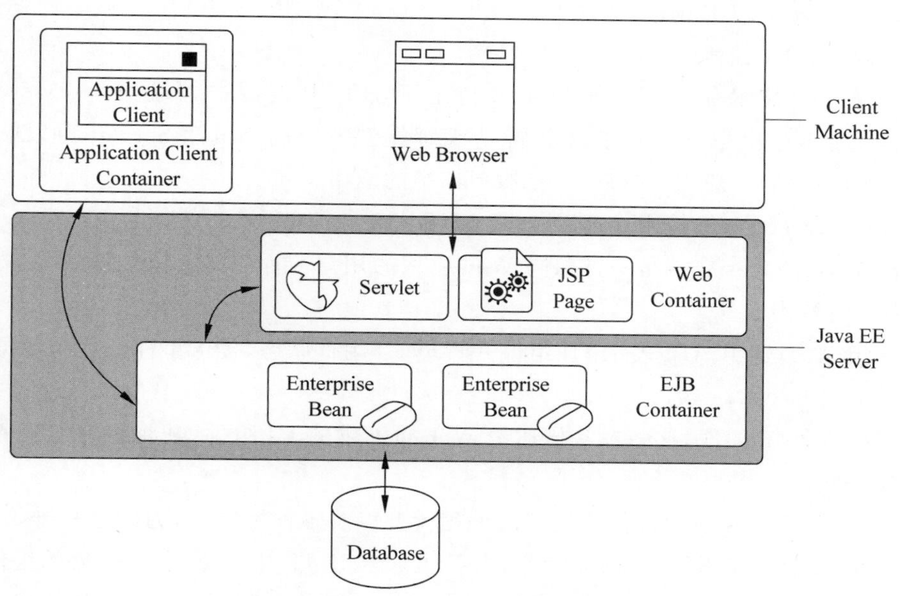

图 13-3 Java EE 服务器与容器

Java EE 服务器是 Java EE 产品的可运行部分,它主要提供 EJB 容器和 Web 容器。Java EE 中的容器包括下列类型。

- EJB 容器:管理 Java EE 应用的 EJB 组件的运行。EJB 组件及其容器都运行于 Java EE 服务器中。
- Web 容器:管理 Java EE 应用的 JSP 页面和 Servlet 组件的运行。Web 组件及其容器都运行于 Java EE 服务器中。
- 应用客户端容器:管理应用的客户端组件的运行。应用的客户端及其容器都运行在客户端。
- Applet 容器:管理 Applet 的运行,由运行于客户端的 Web 浏览器和 Java Plugin 组成。

13.2.3 Java EE 平台主要技术与 API

1. EJB 技术

一个 EJB 组件或 Enterprise Bean,是具有属性和方法、能够实现商业逻辑的代码体。它可以独立使用或和其他 EJB 组件一起在 Java EE 服务器中执行商业逻辑。EJB 分为两种类型:会话 Bean(Session Bean)和消息驱动 Bean(Message-driven Bean)。

会话 Bean 表示与客户端的一次会话。当客户端执行完毕时,会话 Bean 及其数据便会被清除。

消息驱动 Bean 集成了会话 Bean 和消息监听器的特点,允许商业组件异步接收消息。这些消息一般是 Java 消息服务(JMS)的消息。

在 Java EE 5 之前版本中的实体 Bean(Entity Bean),已经被 Java 持久化 API 实体(Java Persistence API Entity)所替代。

2. Java Servlet 技术

Java Servlet 技术使程序员可以定义特定于 HTTP 的服务器端类(Servlet Class)。Servlet 类使服务器可以支持基于请求-响应编程模型的应用。虽然 Servlet 可以响应任意类型的请求,但它们一般用于扩展 Web 服务器中的应用。

3. Java Server Faces 技术

Java Server Faces 技术是一种面向 Web 应用的用户界面(User Interface,UI)框架,由下列几部分内容构成。

- 一组 API,这组 API 表示 UI 组件并管理 UI 组件状态,提供事件处理与数据转换等功能。
- 各种标签(tag)库,这些标签描述了 Web 页面中的 UI 组件,并将组件与服务器端对象关联。

Java Server Faces 技术提供了良好的编程模型以及各种标签库,为建立和维护 Web 应用服务器端 UI 提供了很好的支持。利用 JSF,可以构建 UI 中可重用、可扩展的组件;通过组件标签可以将组件加入到 Web 页面中;将组件产生的事件与服务器端应用代码关联;将页面上的 UI 组件与服务器端的数据绑定;保存与恢复 UI 状态等。

4. Java Server Pages 技术

JSP 技术使程序员可以把服务器端的代码片段直接放到文本类的文档中。一个 JSP 页面包含两种类型的文本：以 HTML、WML 和 XML 格式表示的静态数据，以及构造页面动态内容的 JSP 元素。

5. JSP 标准标签库

JSP 标准标签库(Java Server Pages Standard Tag Library，JSTL)封装了很多 JSP 应用都需要的核心功能。通过 JSTL、JSP 应用可以使用一种标准的标签，而不是混合使用来自多个供应商的标签。JSTL 使程序员可以将应用部署到任何支持 JSTL 的 JSP 容器中。

6. Java 持久性 API

Java 持久性 API(Java Persistence API) 是对于持久性问题的一种基于 Java 标准的解决方案。它采用一种对象-关系映射的方法，实现面向对象模型与关系数据库之间的数据交流。除了 Java EE 环境，Java Persistence API 还可以在 Java SE 应用中使用。Java 持久性技术包括以下 3 个方面。

- Java Persistence API；
- 查询语言；
- 对象-关系映射元数据。

7. Java 事务 API

Java 事务 API——JTA(Java Transaction API)提供了定义事务的标准接口。Java EE 平台中，提供了一种默认的自动提交功能来处理事务提交和回滚。自动提交的含义是，在每个数据库读和写操作后，其他所有浏览数据库中数据的应用都将看到更新后的数据。但是，如果应用中有两个不同的数据库操作而这两个操作又彼此依赖，则需要使用 JTA 来定义整个事务，指出事务的开始、包含的操作、何时回滚和提交。

8. Java RESTful Web Services API(JAX-RS)

Java 表述性状态转移的 Web 服务 API(JAX-RS)，为开发基于表述性状态转移 REST (Representational State Transfer)结构风格的 Web 服务提供了编程接口。REST 结构风格规定了 Web 服务应该遵守的包括操作性能、可扩展性、可修改性等特性的一些约束，使得 Web 服务能够更好地运行。在 REST 结构风格中，数据和功能都被认为是资源，这些资源都通过统一资源标识符 URI(Uniform Resource Identifier)进行访问，URI 一般是 Web 上的链接。外界都是通过资源的一组简单、定义明确的操作对其进行访问。REST 结构风格采用 Client/Server 结构，并且使用无状态的通信协议如 HTTP，Client 和 Server 使用标准的接口和协议交换资源的表述。这些都使得 REST 应用简单并且具有高性能。

9. Java 消息服务 API

Java 消息服务 API——JMS(Java Message Service) API 是 Java EE 应用组件创建、发送、接收和读取消息的一种标准。JMS API 提供了一种松耦合的、可靠的、异步的分布式通信技术。

10. Java EE 连接器结构

Java EE 连接器结构(Java EE Connector architecture)是工具供应商和系统集成人员用来创建资源适配器的一种技术。资源适配器支持对插入到 Java EE 应用中的企业信息系统(EIS)的访问,使得 Java EE 应用中的组件可以与 EIS 的资源管理器进行交互。因为资源适配器特定于某个 EIS 的资源管理器,所以一般不同类型的数据库或 EIS 都具有不同的资源适配器。

Java EE 连接器结构还支持基于 Java EE 的 Web 服务与现有 EIS 之间同步或异步的集成。已有的通过 Java EE 连接器结构集成到 Java EE 平台中的应用和 EIS,可以通过使用 JAX-WS 和 Java EE 组件模型构造为基于 XML 的 Web 服务。因此,JAX-WS 和 Java EE 连接器结构是企业应用集成(Enterprise Application Integration,EAI)和端到端商业集成中的两种互补的技术。

11. JavaMail API

JavaMail API 使 Java EE 应用组件可以在 Internet 上发送邮件通知。

12. Java 授权服务 JACC

Java 授权服务 JACC(Java Authorization Service Provider Contract for Containers)定义了 Java EE 应用服务器与授权服务软件之间的接口。该接口规定了授权服务如何安装、配置以及如何在访问控制中使用该服务。所有的 Java EE 容器都支持这个接口。JACC 使得一个授权服务软件可以集成到 Java EE 产品中。

13. Java 身份认证服务 JASPIC

Java 身份认证服务(Java Authentication Service Provider Interface for Containers,JASPIC)规定了一种服务提供者接口(Service Provider Interface,SPI)。通过该接口,实现消息认证机制的认证服务提供者可以与客户端或服务器端的消息处理功能集成,以提供消息接收者与发送者之间的身份认证服务。

14. Java XML 注册 API(JAXR)

JAXR(Java API for XML Registries)使得 Java 程序可以访问 Web 上商业的通用的注册服务。JAXR 支持 ebXML 注册、Repository 标准以及 UDDI 规范。通过使用 JAXR,开发人员可以通过单一的 API 访问基于上述标准的注册服务。

15. 简易的系统集成技术

Java EE 平台是一种独立的、开放的、全方位的系统集成平台。在 Java EE 的 API 中提供了如下系统和应用的集成支持。

- 基于企业 Bean 的多层次统一应用模型。
- 基于 Web 页面与 Servlet 的简单的请求-响应机制。
- 基于 JAAS 的可靠安全模型。
- 基于 JAXP,SAAJ,JAX-WS 的 XML 数据交换与集成。
- 基于 Java EE 连接器结构的简易互操作技术。
- 基于 JDBC API 的数据库连接。
- 基于消息驱动 Bean 以及 JMS,JTA,JNDI 的企业应用集成技术。

13.2.4 Java EE 平台中的角色

Java EE 平台定义了在应用开发和部署生命周期中几个不同的角色:Java EE 产品提供商、应用组件提供商、应用组装者、应用部署者、系统管理员以及工具提供商。

1. Java EE 产品提供商

Java EE 产品提供商一般是指操作系统供应商、数据库系统供应商、Java EE 应用服务器供应商或 Web 服务器供应商，他必须保证 Java EE 应用组件能够通过容器访问到各种 Java EE API。Java EE 产品提供商一般也提供应用部署和管理工具。

2. 应用组件提供商

应用组件提供商包括 HTML 文件的设计者与编写者、EJB 组件的开发者、JSP 页面开发者、Servlet 的开发者等。这类角色使用工具开发 Java EE 应用的组件。

3. 应用组装者

应用组装者把应用组件提供商所提供的一系列组件组装为一个完整的 Java EE 应用。所组装的 Java EE 应用采用企业归档文件(Enterprise Archie File ——. ear)形式。

4. 应用部署者

应用部署者负责配置和部署 Java EE 应用。具体将组件及应用安装到 Java EE 服务器中，并配置应用组件提供商和组装者所提出的所有外部依赖。

5. 系统管理员

系统管理员负责配置和管理应用的计算机和网络结构，并负责监控 Java EE 应用的日常运行。

6. 工具提供商

工具提供商提供部署、组装以及组件的打包工具。

13.3 Java EE 的多层应用模型

13.3.1 Java EE 应用模型结构

Java EE 应用的多层模型包括如下层次，如图 13-4 所示。

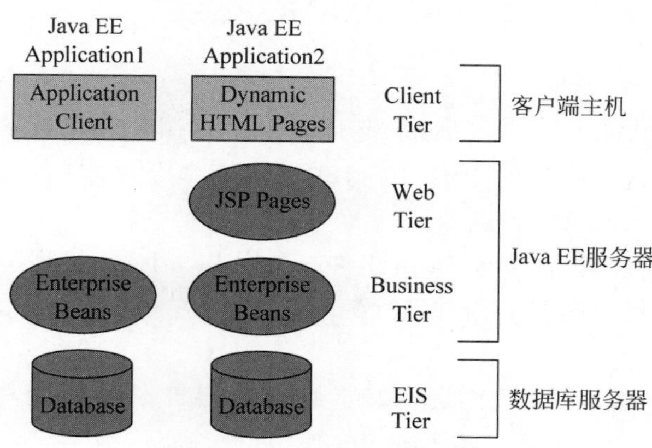

图 13-4 Java EE 多层应用模型

- 客户层，在客户端机器上运行。
- Web 层，在 Java EE 服务器上运行。
- 应用逻辑层，在 Java EE 服务器上运行。
- EIS 层(企业信息系统层)，在 EIS 服务器上运行。

具体的 Java EE 应用可能采用三层模型或四层模型，分别如图 13-4 中 Java EE Application1 和 Java EE Application2 所示。从图 13-4 可以看到，因为 Java EE 应用的组件分布于 3 个不同的位置——客户端主机、Java EE 服务器主机以及后端的数据库或 EIS 主机，所以 Java EE 应用模型也被认为是三层模型。Java EE 的多层模型是对传统的 Client/Server 两层模型的扩充，它在 Client 与后端数据库之间增加了支持多线程的应用服务器。

1. 客户层

Java EE 应用模型的客户层主要有两种类型：一类是 Web 客户端，另一类是 Java Application 作为客户端，如图 13-5 所示。Web 客户端由动态页面、Applet 以及浏览器组成，这种客户端将很多应用逻辑的处理集中在应用服务器中，属于“瘦”客户端。Java Application 客户端可以与 Java EE 服务器上的应用逻辑层直接通信，并为用户提供复杂的功能，属于“肥”客户端。

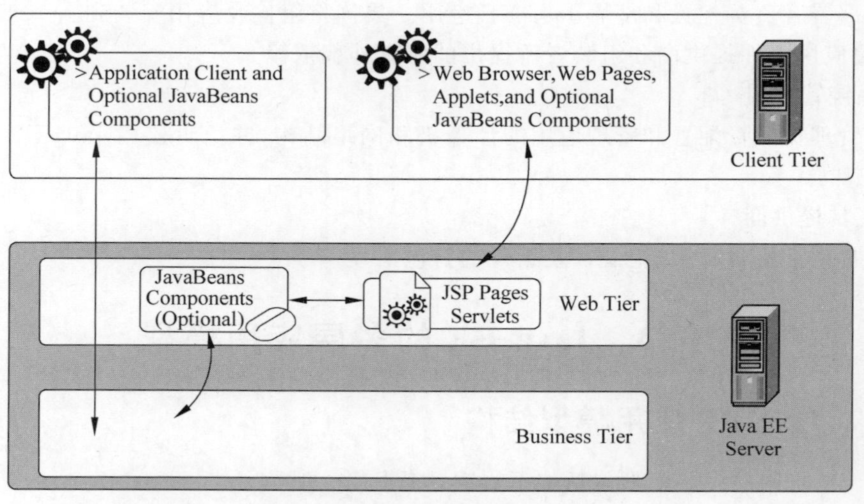

图 13-5　Java EE 应用模型的 Web 层

2. Web 层

Java EE 应用的 Web 层包括 Servlet 或 JSP 页面，如图 13-5 所示。Servlet 是能够动态处理外来操作请求并构造响应的 Java 类。JSP 页面是基于文本的文档，它们作为 Servlet 运行但具有易于开发与调试的特点。

在 Web 层中，也可以包含 Java Bean 组件。利用 Java Bean 接收用户的输入，并把用户输入传送给应用逻辑层中的 EJB 组件进行处理。

3. 应用逻辑层

应用逻辑代码解决或满足特定商业领域(如银行、零售等)的功能需求，是由应用逻辑层的 EJB 或 Web 层进行处理的。在图 13-6 中，展示了一个 EJB 从客户端程序接收请求，进行处理，然后将数据发送到企业信息系统层 EIS 进行存储的整个过程。一个 EJB 还可以从存储上检索数据，进行处理后发送给客户端程序。

4. EIS 层

Java EE 应用模型的企业信息系统 EIS 层包括 ERP、数据库系统等企业已有的信息系统，如图 13-6 所示。Java EE 应用可能需要访问这些系统的数据库。

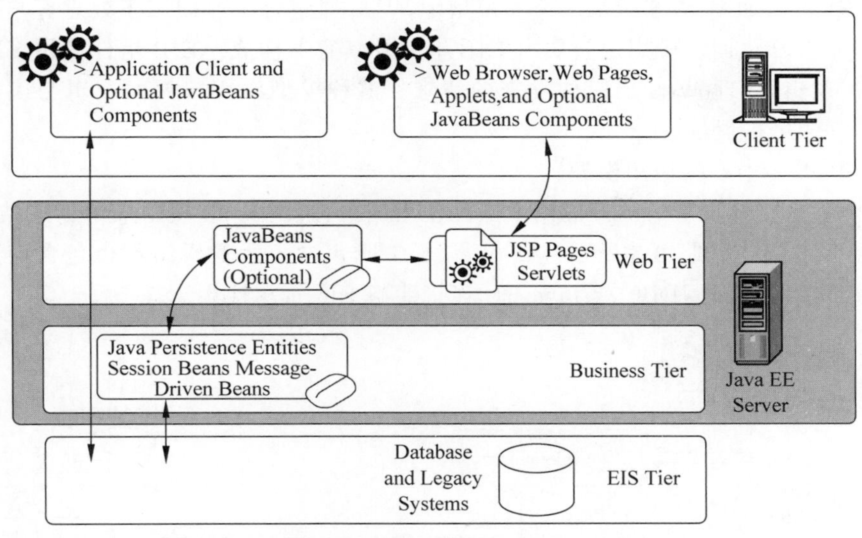

图 13-6　Java EE 应用模型中的应用逻辑层与 EIS 层

13.3.2　几种典型的 Java EE 应用模型

在实际应用中，Java EE 应用模型可以根据系统结构和功能的具体要求，在多层模型的基础上有所变化。Java EE 规范也提倡 Java EE 应用模型的多样性。

Java EE 应用多层模型是非常灵活的，可以支持多种类型的客户端，并且 Web 容器与 EJB 容器都可以作为可选的。图 13-7 表示了可能的一组应用模型配置，包括客户层-Web 层-EIS 层、客户层-EJB 应用逻辑层-EIS 层，以及完整的多层模型：客户层-Web 层-EJB 应用逻辑层-EIS 层。

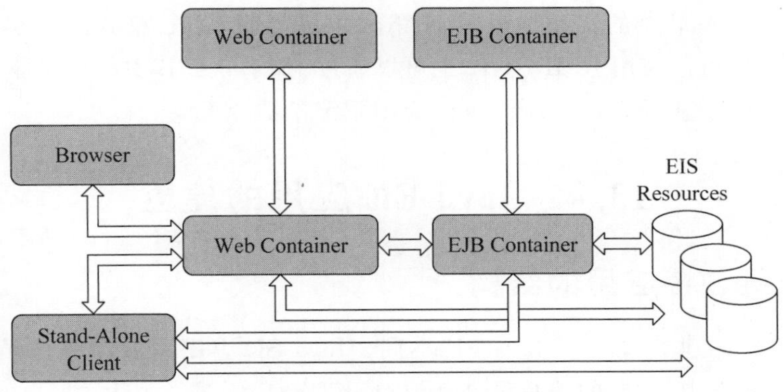

图 13-7　Java EE 应用模型的各种结构

Java EE 多层应用模型的核心是各层之间的无缝集成，使得整个模型形成一个有机整体，既能够支持面向组件的代码重用，又具有柔性与可扩展性。下面简要介绍几种常用的 Java EE 应用模型。

1. 多层应用模型

多层应用模型是指包含 Java EE 应用模型所有层次的模型，即客户层-Web 层-EJB 应用逻辑层-EIS 层,如图 13-7 所示。这种模型中,Web 层包含了专门用于处理客户端显示逻辑的组件,如 JSP 页面。应用逻辑层由 EJB 组件及其容器构成。EJB 组件使用 EIS 层的资源实现应用逻辑,处理 Web 层组件发来的请求。这种模型将用户界面逻辑与应用逻辑分离,具有很好的可扩展性。

2. 以 Web 为中心的应用模型

这种模型是在开发 Java EE 应用中广泛使用的一种模型。该模型采用三层结构:客户层-Web 层-EIS 层,如图 13-8 所示。在 Web 层中既包含表示逻辑组件也包含应用逻辑组件。应用逻辑组件通过 JDBC 或 Java EE 连接器与 EIS 资源连接。

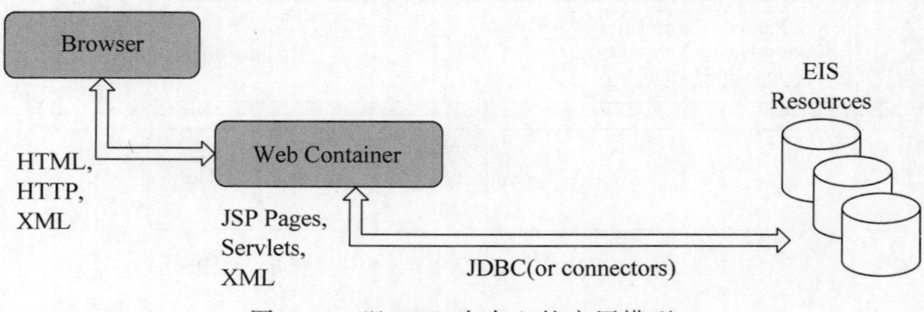

图 13-8　以 Web 为中心的应用模型

以 Web 为中心的应用模型是一种简单实用的模型。当应用系统规模不大、功能不是十分复杂的情况下,可以采用这种模型而不必使用 EJB。

3. 以 EJB 为中心的应用模型

这种模型中,客户层往往是基于 Java Application 的独立客户端,该客户端直接与 EJB 容器中的 EJB 组件进行交互。EJB 组件通过 JDBC 或 Java EE 连接器访问后端 EIS 资源。

4. B2B 应用模型

B2B(Business-to-Business)应用模型的关键是两个应用系统的 Web 容器与 EJB 容器之间对等交互。Web 容器的交互是利用 HTTP 协议传输 XML 格式消息实现的。EJB 容器之间的对等通信可以使用 RMI-IIOP,也可以通过 JMS 与 EJB 中的消息驱动 Bean 实现。B2B 应用模型适合于基于 Web Services 的应用系统松耦合集成。

13.4　Java EE 应用的建立

13.4.1　Java EE 应用的结构

Java EE 应用的建立过程与 Java SE 不同。Java SE 应用主要由程序员编程实现,而 Java EE 应用的开发中,代码的编写只是其中的一部分工作,整个应用的建立过程包括组件开发、组装与部署等。

Java EE 应用由一个或多个 Java EE 模块(module)和 Java EE 应用部署描述文件构成。Java EE 模块被作为 Java EE 应用的基本组成单元,一个模块由若干 Java EE 组件和一个模块级部署描述文件组成。因为采用柔性化的、可扩展的组件模型,Java EE 组件的打包和部署彼此相对独立,可以形成相对独立的组件或组件库。

由 Java EE 基本单元描述的 Java EE 应用结构如图 13-9 所示。图中 DD(Deployment

Discriptor)表示部署描述文件。

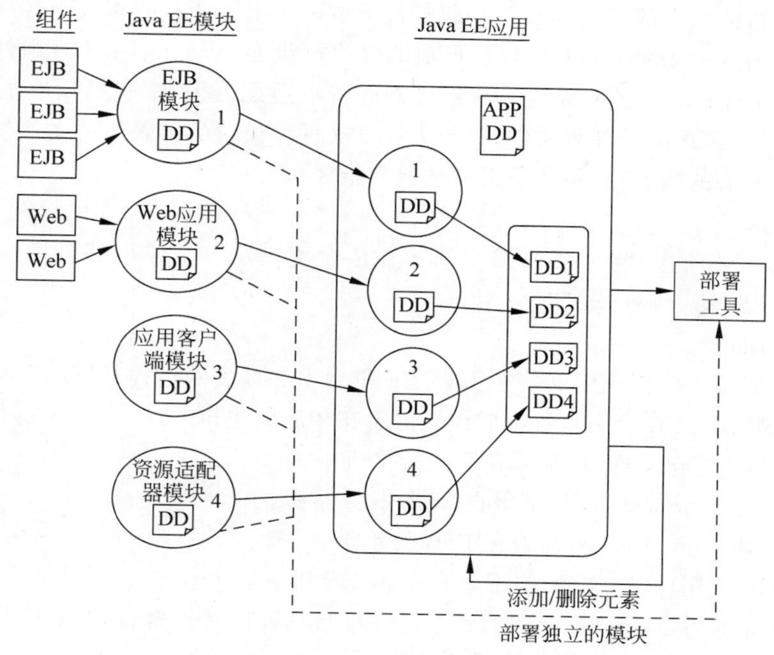

图 13-9 Java EE 应用的结构

13.4.2 Java EE 应用开发的周期

Java EE 应用开发的周期包括 3 个阶段：组件创建、应用组装与应用部署，如图 13-10 所示。Java EE 应用开发从创建各个 Java EE 组件开始。这些组件开发完成后，将与一个部署描述文件一起打包，构成一个 Java EE 应用模块。Java EE 应用模块可以与一个应用部署描述文件装配在一起构成 Java EE 应用并进行部署。Java EE 应用模块也可以作为独立单元部署。

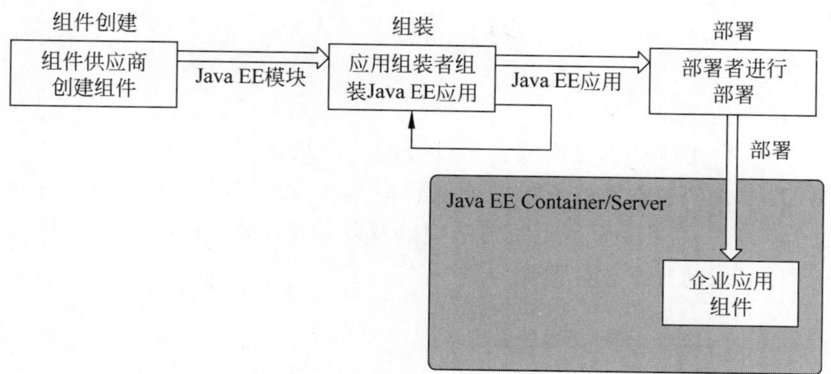

图 13-10 Java EE 应用开发的周期

1. 组件的创建

Java EE 应用组件，如客户端组件、Web 组件、EJB 组件等，是由组件供应商利用 Java

集成开发环境和其他工具开发的Java类或文本文件。在得到这些组件后,同一容器类型的组件要与该容器的一个部署描述文件一起打包形成一个Java EE的模块。客户端组件所形成的模块打包为.jar文件;Web组件所形成的模块打包为.war文件;EJB组件所形成的模块打包为.jar文件;构成某个特定EIS连接器的资源适配器模块,包括所有的接口、类、本地库、文档以及资源适配器部署文件,打包为.rar文件。模块的部署描述文件包含了模块中组件在部署时所需的信息,并包含了组件的组装指令。

2. 应用的组装

在应用的组装阶段,将一个或多个Java EE模块以及一个应用部署描述文件打包为.ear文件,从而形成一个Java EE应用。

3. 应用的部署

应用的部署阶段将把应用安装在Java EE平台上。部署的过程是使用工具提供商提供的部署工具,将Java EE应用及各组成模块部署在相应的主机中。

- 客户模块(.jar文件)将部署在客户端主机中。
- Web模块(.war文件)将部署在Web服务器中。
- EJB模块(.jar文件)将部署在EJB服务器中。
- Java EE应用(.ear文件)将部署在Java EE服务器中。

部署工作完成后,Java EE应用的各个组件将与其容器有机融合,并且应用各个层次之间也将实现无缝集成,整个应用能够正确运转。

13.5 小 结

Java EE是Java支持企业级计算的庞大技术体系。本章从体系结构、各种实用技术以及它们之间的关系、Java EE应用的开发等方面对Java EE进行系统、全面的介绍,使读者能够对Java EE技术有系统、整体的初步认识,为进一步学习Java EE中的某项技术(如JSP、Servlet、EJB、JNDI等)奠定基础。

习 题 13

1. Java EE包括哪些部分?
2. Java EE平台由哪些部分组成?每部分的功能是什么?
3. Java EE平台中包含哪些组件?哪些容器?容器的作用是什么?
4. 试述Java EE的多层应用模型的结构以及几种常用的Java EE应用模型结构。
5. Java EE应用的开发过程是怎样的?

第 14 章

Java 编程规范

本章编辑整理了一些公认的 Java 编程规范，供读者参考。

14.1 Java 编程规范的作用与意义

Java 程序员能够依据 Java 编程规范养成良好的编程习惯，是编写良好 Java 程序的先决条件。对于 Java 编程规范首先要准确理解。例如，每行声明一个局部变量，不仅仅要知道是 Java 编程规范的要求，更重要的是要理解这样增加了代码的易懂性。理解好 Java 编程规范是发挥规范作用的基础。理解规范中的每一个原则仅仅是开始，进一步需要相信这些规范是编码的最好方法，并且在编程过程中坚持应用。另外，应该在编程过程中坚持一贯遵循这些规范，培养成习惯，这样能够保证开发出干净代码(clean code)，使开发和维护工作都更简单。从一开始就写干净的代码，可以在程序开发过程中以及程序维护阶段不断受益。

本章中介绍的 Java 编程规范主要包括 Java 命名约定、Java 注释规则、Java 源文件结构规则、Java 源代码排版规则，以及更深入的编程建议。

14.2 Java 命名约定

Java 中标识符命名尽量使用完整的英文描述符及适用于相关领域的术语。为了增加标识符的可读性，形式上要采用大小写混合方式。标识符的长度虽然没有限定，但应尽量避免使用长的名字，一般少于 15 个字母。另外要少用或慎用缩写，如果使用则要保证在整个应用程序中风格统一。要避免使用拼写类似的标识符，或者仅仅是大小写不同的标识符，并且除静态常量名称外，应避免使用下画线。

Java 中的名称包括包(package)名、类(class)名、接口(interface)、变量名、方法名、常数名。Java 对于这些名称命名约定的基本原则如下。

(1) _，$ 不作为变量名、方法名的开头。

(2) 变量名、方法名首单词小写，其余单词只有首字母大写，如 anyVariableWorld。

(3) 接口名、类名首单词第一个字母大写。

(4) 常量完全大写。

1. 包的命名规则

包名采用完整的英文描述符，应该都是由小写字母组成。对于全局包，可以将所在公司的 Internet 域名反转再接上包名，如 com. taranis. graphics。

2. 类、接口以及枚举类型的命名规则

类名、接口名以及枚举类型名都采用完整的英文描述符，并且所有单词的第一个字母大写，如 Customer、SavingsAccount。另外接口名后面可以加上后缀 able、ible 或者 er，但这不是必需的，如 Contactable、Prompter。

3. 变量的命名规则

1) 类的属性(变量)

采用完整的英文描述符，第一个字母小写，任何中间单词的首字母大写，如 firstName，lastName。

2) 方法参数

方法参数的命名规则与属性的命名规则相同，如 public void setFirstName(String firstName){this. firstName=firstName;}。

3) 局部变量

局部变量的命名规则与属性的命名规则相同。

4) 变量命名的某些习惯

异常(Exception)：通常采用字母 e 表示异常。

循环计数器：通常采用字母 i、j、k 或者 counter。

4. 常量或静态常量(static final)

常量名全部采用大写字母，单词之间用下画线分隔，如 MIN_BALANCE、DEFAULT_DATE。

5. 方法的命名规则

1) 普通成员方法

采用完整的英文描述说明成员方法功能，第一个单词要采用一个生动的动词，第一个字母小写，如 openFile()、addAccount()。

2) 属性存取器方法

属性存取器是类中对某个私有属性值进行读写的方法。对于读取属性值的方法称为属性获取方法，而对于属性赋值的方法称为属性设置方法。

- 属性获取方法的命名：访问属性名的前面加上前缀 get，如 getFirstName()、getLastName()。所有布尔型获取方法必须用单词 is 作前缀，如 isPersistent()、isString()。
- 属性设置方法的命名：被访问字段名的前面加上前缀 set，如 setFirstName()、setLastName()、setWarpSpeed()。

6. 组件(Component)的命名规则

组件使用完整的英文描述来说明组件的用途，末端应接上组件类型，如 cancelButton、customerList、fileMenu。

14.3 Java 注释规则

注释是 Java 程序的重要组成部分。恰当的注释增强了程序的可读性与可维护性。注释的基本原则包括如下几种。

（1）注释应该增加代码的清晰度。

（2）注释要简洁。

（3）在写代码之前写注释，这样可以保证注释含义系统、完整地表达。注释中不仅指出代码做了什么，还要进一步指出这样做的原因。

1. 3 类注释的使用

1）文档注释 /**　　*/

文档注释被 javadoc 处理，可以建立类的一个外部说明性文件。文档注释必须书写在类、域、构造函数、方法，以及字段(field)定义之前，对这些定义的含义、功能等进行说明。文档注释由两部分组成——描述和块标记。例如：

```
/**
 * The doGet method of the servlet.
 * This method is called when a form has its tag value method
 * equals to get.
 * @param request
 *   the request send by the client to the server
 * @param response
 *   the response send by the server to the client
 * @throws ServletException
 *   if an error occurred
 * @throws IOException
 *   if an error occurred
 */
public void doGet (HttpServletRequest request, HttpServletResponse response)
                                 throws ServletException, IOException {
    doPost(request, response);
}
```

上述例子中，前两行为描述，后面由@符号起头为块标记注释。注释标签语法如下：

- @author：对类的说明，标明开发该类模块的作者。
- @version：对类的说明，标明该类模块的版本。
- @see：对类、属性、方法的说明，也就是相关主题。
- @param：对方法的说明，对方法中某参数的说明。
- @return：对方法的说明，对方法返回值的说明。
- @exception：对方法的说明，对方法可能抛出的异常进行说明。

2）C 语言风格注释 /*　　*/

采用 C 语言风格的注释在程序中注释掉一行或多行的代码段。这种方式可以用于去掉当前不再使用，但仍想保留的代码，或进行条件编译标记。例如：

```
/*
This code was commented out by B.Gustafsson, June 4 1999 because it was replaced by the preceding
code. Delete it after two years if it is still not applicable.
…（源代码）
*/
```

3）单行注释 //

在成员方法内采用单行注释，说明代码段的业务逻辑、临时变量的声明等。格式为：注释符“//”后紧跟一个空格，然后才是注释信息。例如：

```
// Apply a 5 % discount to all invoices
// over $ 1000 as defined by the Sarek
// generosity campaign started in
```

2. 注释的使用原则

1）类

在类的定义中要对以下方面考虑注释。

- 类的功能和用途。
- 类的开发和维护历史。

2）接口

在接口的定义中要对以下方面考虑注释。

- 接口的用途。
- 使用环境与使用方法。

3）属性的注释

属性的描述。如果属性的访问权限定义不是私有(private)的，应该在注释中适当说明理由。

4）成员方法注释

(1) 成员方法基本信息注释。

成员方法注释位于源代码的顶部。注释的内容包括与方法相关的所有信息。注释具体可以包含如下内容。

- 成员方法的功能：成员方法功能的说明，使方法更容易被别人理解，增加代码的重用性。
- 成员方法参数说明：说明方法接收的参数的含义及使用方法。
- 成员方法返回值说明。
- 已知漏洞：说明成员方法中明显的问题，提示其他编程人员该成员方法的缺陷和难点。如果在一个类中这个漏洞出现在多个成员方法中，则应在类的注释中对这个漏洞加以说明。
- 成员方法抛出的异常：说明成员方法抛出的全部异常，使得调用该方法的其他编程人员知道要捕获什么，如何进行异常处理。
- 成员方法访问权限说明：如果觉得其他开发人员会质疑该成员方法的访问权限定义，如把一个成员方法设置为公共的(public)，但没有任何对象调用它，那么就有必要说明这样定义的原因。这将有助于其他开发者对该方法的设计思想清晰地了解。
- 正确引用成员方法的例子：看实例是了解一段代码如何工作的一个简单方法。可以考虑将如何调用成员方法的一两个例子放在注释中。
- 对多线程并发控制进行必要说明：多线程并发控制问题是比较复杂的问题，应该适当对同步属性及其访问约束条件加以说明。

(2) 成员方法内部注释。

除了成员方法注释外，还需要在成员方法的代码体中加入注解，对方法实现中的某些问题加以说明，使方法更容易被理解、维护和扩展。成员方法的实现中，可以在以下方面增加注释。

- 控制结构：对于每个控制结构，如条件分支结构和循环，可以在控制结构的代码前加上简要的注解，说明这个控制结构的主要功能。
- 关键代码的逻辑：对方法中实现逻辑的关键代码段进行必要的说明，包括代码段实现什么功能，以及如此实现的理由。即说明与代码所实现应用逻辑相关的一些商业规则、相关约束等，使得其他开发人员能够对代码更准确地理解。例如，一行代码实现的功能是给全部的订货打 5%的折扣。该代码的注释中除了说明代码的功能外，还应说明为什么要打 5%的折扣，即指出所依据的某种商业规则。
- 局部变量：成员方法中的每一个局部变量应该用行内注解来说明它的用途。
- 难懂或复杂的代码：对成员方法中难懂或复杂的代码应该进行详细的注释，包括代码的流程等。
- 处理顺序：如果代码必须要按照一定的次序执行，那么要在注释中说明。
- 注释结束括号：对于代码体中控制结构嵌套的情况，可以对控制结构的结束符号"}"进行注释，以增加程序的可读性，例如//end if，//end for，//end switch。

14.4　Java 源文件结构规则

所有的 Java 源文件(*.java)都必须遵守如下的样式规则。

1. 版权信息

版权信息必须在 Java 文件的开头，其他不需要出现在 javadoc 的信息也可以放在源文件的开头。例如：

```
/**
 * Copyright 2000 Shanghai XXX Co. Ltd.
 * All right reserved.
 */
```

2. package/import 语句

package 语句在 import 语句之前。import 中标准的包名要在本地的包名之前，而且按照字母顺序排列。例如：

```
package hotjava.net.stats;
import java.io.*;
import java.util.Observable;
import hotjava.util.Application;
```

3. 类定义

一个类的定义分为类注释、类声明和类体的定义。

1) 类的注释

类的定义部分首先是类的注释，一般是用来解释类的。例如：

```
/**
 * A class representing a set of packet and byte counters
 * It is observable to allow it to be watched, but only
 * reports changes when the current set is complete
 */
```

2) 类的声明

类的声明有时包含了 extends 和 implements,这两个关键字一般放在不同的行。例如:

```
public class CounterSet extends Observable implements Cloneable
```

3) 类体的定义

类体包括构造方法和类的成员变量以及成员方法。程序中所有类的类体元素定义顺序应该统一。本书中建议采用如下顺序。

public 类型属性;
protected 类型属性;
default 类型属性;
private 类型属性;
构造方法;
属性存取方法;
public 类型成员方法;
protected 类型成员方法;
default 类型成员方法;
private 类型成员方法。

下面给出各部分定义的具体说明。

(1) 属性/成员变量的定义。

public 的成员变量必须生成文档(javadoc)。protect、private 和 package 定义的成员变量如果名字含义明确的话,可以没有注释。

(2) 属性获取方法和属性设置方法。

属性获取方法和属性设置方法是类变量的存取的方法。如果只是简单地获取类的变量值,可以简单地写在一行上,而其他成员方法体不要与方法的声明写在一行上。例如:

```
public int[] getPackets() {return packets;}
public void setPackets(int[] packets) {this.packets = packets;}
```

(3) 构造方法。

如果有多个构造方法,应该把参数多的写在后面。例如:

```
public CounterSet(int size){this.size = size;}
```

(4) 复制(clone)方法。

如果这个类是可以被复制的,可以定义 clone()方法。

(5) 类的成员方法定义。

可以首先给出成员方法的整体信息注释,然后给出成员方法声明及其方法体。成员方法中对局部变量的声明应注意每行代码中只声明一个变量。数组的定义格式应该在程序中统一，在两种定义格式中选定一种。

（6）toString 方法。

如果需要，可以定义 toString 方法。例如：

```
public String toString() { … }
```

（7）main 方法。

main()方法应该写在类的底部。

14.5　Java 源代码排版规则

Java 源程序中代码的书写应该遵循统一的格式。建议采用如下的风格。

1. 代码行缩进

整个源程序中，代码行的缩进应该采用统一的单位，如两个或四个英文字符。尽量不要使用 Tab 字符，因为不同的源代码管理工具用户设置 Tab 字符的宽度可能不同，从而使代码的缩进参差不齐。

2. 源文件页宽

源文件页宽应该设置为 80 字符。超长的语句应该在一个逗号或者一个操作符后换行。语句换行后，应该比原来的语句再缩进两个英文字符。

3. { } 对

“{ ”“}”以及{}中的语句都应该单独一行。“{ ”应紧跟在它的所属语句的后面，并且语句应该相对于“{ ”所在行缩进两个英文字符。“}”单独一行，并且与其前面语句的第一个字符对齐。下面例子中表示了相同代码的两种不同格式，第一种格式是推荐采用的。

格式一：

```
if (i>0) {
  i ++
};                                  //推荐采用
```

格式二：

```
if (i>0) {i ++};                    //不推荐采用
```

4. 括号

左括号和后一个字符之间不应该出现空格；同样，右括号和前一个字符之间也不应该出现空格。例如：

```
CallProc( AParameter );         //不推荐采用
CallProc(AParameter);           //推荐采用
```

5. 空行的使用

可以将一些空行加入代码，把代码分割成小的、容易读的段落，可以大大增加 Java 代码的可读性。建议使用一个空行来划分代码的逻辑组，例如分支、循环等控制结构，用两个空行来分隔成员方法的定义。

14.6 编程建议

1. 成员方法的30秒原则和第32条原则

成员方法的30秒原则是指：其他编程人员应能够在阅读你的成员方法30秒内，就完全理解它是做什么的，为什么这么做，以及如何去做。如果不是这样，那么你的代码就过于难懂，不好维护，需要对其进行改进。第32条原则指的是，成员方法不要太长，一般如果一个成员方法体能够在一个屏幕(通常是32条语句)内显示，那么长度是比较合适的。

2. 最小化公共接口和受保护的接口

尽量减少类中公共接口和受保护的接口(成员方法)是面向对象的设计的基本原则之一。这个原则的好处如下所述。

1）易学性

要学习如何用一个类，只要学习使用它的公共接口。公共接口越少，就越好学习。

2）减少耦合性

无论何时，一个类的实例发送消息给另一个类的实例或者直接发给这个类本身，这两个类就称为耦合。最小化了公共接口就意味着最小化了耦合的机会。

3）更大的适应性

这直接与耦合性相关。如果要改变公共接口(公共成员方法)的实现方式，比如要改变成员方法的返回值，这样可能不得不修改所有调用这个方法的代码。公共接口越小，封装性越好，因此也就有更大的适应性。

除了最小化公共接口，也要最小化类中受保护的接口。因为父类中所有受保护的接口从子类的观点实际上是公共的。任何受保护的接口中的成员方法都可以被子类调用。因此，基于最小化公共接口同样的原因，也应当最小化受保护的接口。

3. 提高程序性能

(1) 不要在循环中创建和释放对象。

(2) 使用 StringBuffer 对象。

在处理字符串时，要尽量使用 StringBuffer 类。StringBuffer 类是构成 String 类的基础。String 类将 StringBuffer 类封装了起来，(以花费更多时间为代价)为开发人员提供了一个安全的接口。当构造字符串的时候，应该用 StringBuffer 来实现大部分的工作，当工作完成后将 StringBuffer 对象再转换为需要的 String 对象。例如，如果有一个字符串必须不断地在其后添加许多字符来完成构造，那么应该使用 StringBuffer 对象和它的 append()方法。如果用 String 对象代替 StringBuffer 对象的话，会花费许多不必要的创建和释放对象的时间。

(3) 避免太多地使用 synchronized 关键字。

避免不必要地使用关键字 synchronized，应该在必要的时候再使用它，这样可以减少发生死锁的概率。必须使用时，也应尽量控制范围，最好在语句块一级。

4. 成功编写代码的几点建议

1）为人，而不是为机器编程

编写代码的过程中，应时刻意识到所编写的代码不仅要能够在机器中运行，还要使别人容易看懂。机器能够运行而别人无法理解的程序，不是好的程序。为此要尽量遵循下列原则，写干净的代码。

- 遵守命名规则。
- 为代码写文档、注释。
- 为代码分段。
- 适当使用空白行。
- 遵循第 32 条规则。

2）先设计，后编码

在编码之前做好程序的设计工作，可以大大减少以后重复修改代码的工作量，做到事半功倍。因此在真正开始编码前，花一定时间搞清楚怎样写代码，将来可能会花更少的时间编写代码，而且会减少将来大量修改代码的机会。

3）一小步一小步地逐步开发

一小步一小步地开发，写几个成员方法，测试它们，再写更多的成员方法，这比一下子写一大批代码然后努力调试更有效率。测试和修正 10 行代码比 100 行简单多了。如果已有的代码是非常可靠的，那么增加新代码后程序出现的漏洞多是在刚写的新代码里。在小段代码里捕获漏洞比在大段代码里要快得多。通过一小步一小步地开发，减少了寻找漏洞的平均时间，从而减少了整个的开发时间。

4）保持代码简洁

复杂代码可能写的时候让你觉得自己很聪明，但如果其他人读不懂就不好了。在调试、升级等情况下，修改或重写代码的概率是很大的，对于难于理解的复杂代码将加大上述工作的复杂性，甚至使这些工作无法进行。所以编写代码还是应该遵循 KISS 规则（Keep it simple，stupid.），即保持代码的简洁易懂。

习　题　14

1. Java 中标识符命名约定的基本原则包括哪些？
2. Java 中包的命名规则是什么？
3. Java 中有几种类型的注释？它们的用途分别是什么？
4. Java 源文件的结构规则是什么？

第 15 章

功能驱动的 Java 程序设计方法

前面章节的内容主要介绍了 Java 语言的设施与机制。在掌握了 Java 语言后，可以进行 Java 程序的设计与开发。Java 程序是由一系列自主并相互交互的对象构成，这些对象有序协同以完成特定的任务，使系统具有规定的功能。然而对于初学者，面对系统的功能需求，要建立哪些类和对象、每种对象需要具有什么特性以及对象间如何交互，常常感到无从下手。实际上，Java 程序开发的起点应该是面向对象的系统分析和设计而不是编码，要首先建立类和对象构成的面向对象系统结构，然后再开始利用 Java 语言编程实现。本章采用 Rebecca Wirfs-Brock 等人提出的职责驱动面向对象程序设计方法（Responsibility-Driven Design）的思想，并将 Resposibility 的含义理解为功能，给出了功能驱动的 Java 程序设计方法。该方法可以推广应用到系统级的架构设计以及单个类的设计。本章将介绍职责驱动面向对象程序设计思想，以及一些 Java 程序设计的简单有效的方法与技术。

15.1　面向对象程序的基本概念

15.1.1　对象与类

1. 对象与对象类型

在系统设计阶段，正如本书第 2 章中所描述的，对一个求解问题会涉及现实世界、概念世界和计算机世界。首先，会在现实世界中进行问题分析，将问题描述为各类对象之间的相互作用；然后，将这种问题描述抽象到信息世界，得到由对象类型以及对象类型之间关联所构成的问题概念模型；最后，将概念模型用面向对象程序设计语言中的设施包括类、对象等进行描述和实现。因此，在设计阶段，对象常用来指现实世界问题域中的实体，对象类型有时也称为对象，用来描述信息世界的概念。而类主要是机器世界的概念，对应现实世界的一类实体。由于对象、对象类型以及类是很相关的概念，并且它们之间有对应关系，在本章中，这些名词有时在使用上会不加区分。

2. 类与对象

在面向对象程序中，类用来描述具有相似行为的一组对象，类一般由行为和状态来构成。行为描述了类能够做什么，是一组操作；状态是类包含的信息或数据，是类所描述对象的属性。类中可以被外界访问的所有行为的描述称为协议，是提供操作的类和访问这些操作的对象都要依据的约定。类的状态是其对象在特定时刻所保持的信息，状态不是静止的，是随着时间变化的。并不是所有的类都需要保存和维护状态信息，如果对象运行过程中不

需要保存任何信息，只是进行操作，就可以没有状态信息。但是，一般大多数类都包含状态。

一个类的单个代表体被称为实例或对象。行为是与类相关的，即一个类的所有实例将对相同的指令做出响应，并且以相类似的方式执行操作。然而，状态是个体的特性。不同的实例会有不同的状态，但都可以执行相同的操作。

15.1.2 面向对象程序的架构

面向对象系统由一系列类和对象构成，而系统中的类可以根据承担的职责分为不同类型，各种类型的类就构成了系统的基本架构。面向对象程序可以采用模型-外部接口-数据管理的架构模式，其中：

- 模型(Model)：指负责实现系统业务功能的类和对象。
- 外部接口(External interface)：指负责系统外部接口(例如实现用户交互)的类和对象。
- 数据管理(Data management)：指负责保存和维护系统数据的对象。这些对象负责对存储在文件或数据库中的数据进行存取访问。

例如，对于一个测试计数器的简单系统，模型对象只有一个类即 Counter，外部接口对象是一个类 CounterTester，系统中没有数据存取访问，所以不需要数据管理对象。类的定义如例 15-1 所示：

例 15-1　简单的计数器程序。

```
class Counter {
    private int count;
    public Counter () {
        count = 0;
    }
    public int currentCount () {
        return count;
    }
    public void incrementCount () {
        count = count + 1;
    }
    public void reset () {
        count = 0;
    }
}

class CounterTester{
    private Counter counter;
    public CounterTester(){
        counter = new Counter();
    }
    public void start(){
        System.out.println("Starting count:");
        System.out.println(counter.currentCount());
        counter.incrementCount();
        counter.incrementCount();
        counter.incrementCount();
```

```
        System.out.println(" After three increment:");
        System.out.println(counter.currentCount());
        counter.reset();
        System.out.println("After reset:");
        System.out.println(counter.currentCount());
    }
}
```

为了使程序运行,需要再增加一个含有 main()方法的类:

```
public class Test{
    public static void main(String [ ] args){
        CounterTester tester = new CounterTester();
        tester.start();
    }
}
```

15.2 功能驱动的设计方法

15.2.1 功能驱动的系统架构设计方法

面向对象程序设计的目标,是使系统执行特定的操作从而完成用户要求的全部功能。在功能驱动的面向对象设计中,强调以系统的功能要求作为设计与开发系统的根本依据,并以系统的行为即对外提供的操作来刻画系统。这种方法的基本思路是:系统设计过程以系统的行为或功能为出发点,使用分治原理(Divide-and-Conquer Principle),将系统的功能(或称为问题)迭代地进行分解,直到得到一组描述清晰且相对简单易解的子问题。然后将子问题中的每个行为都分配到确定的对象上,即每个行为都有特定的对象负责完成。对象所承担的行为就是对象的功能。这样,程序就被分解为一系列彼此交互的类和对象,它们的全体就构成了系统的架构。系统的功能需求是开发人员最先接触到的也是最容易理解的信息,因此,功能驱动设计方法使得设计工作能够快速启动并展开。与功能驱动设计方法相对的是数据驱动的设计方法,这种方法的思想是先确定系统中的数据,然后确定数据的操作方法,从而定义类和对象。这两种方法相比,功能驱动的设计方法更容易使用,并且能够保证实现系统的功能目标。

在功能驱动的设计过程中,何时终止分解,以及一个对象或方法究竟要承担多少任务,是需要一定经验的。另外,很多时候可能存在多种好的设计。如何合理地确定类,并正确定义类中的状态和行为,可以利用后续介绍的类设计方法。

对象负责完成的功能就是对象的职责。对象的职责意味着一定程度的独立性和不可干扰性,即对象有责任独立地完成指定的行为,对象之间在需要的时候进行协同,以完成更复杂的行为。在功能驱动的设计中,采用 Client/Server 对象封装与交互模型,尽量减少代码之间的耦合,保证对象的独立性。

15.2.2 功能驱动的类设计方法

随着应用规模的扩大,程序变得越来越复杂。管理这种复杂性最有效的方法是利用抽象,而在面向对象程序设计中,最有效的抽象方法是封装。封装使程序具有很好的可重用性、易测试性、可维护性以及可扩展性。虽然面向对象程序设计语言有很多机制实现封装,但设计阶段可以最有效地提升程序的封装性,只有在设计阶段程序的封装性得到充分体现,面向对象程序才会具有上述优点。

功能驱动的设计思路,关注在设计阶段最大限度地提升程序的封装性,具体是通过采用 Client/Server 对象交互模型来实现的。

1. Client/Server 模型

Client/Server(C/S)模型描述了两个实体间的交互:Client 请求 Server 进行某些操作,而 Server 在接收到请求后提供相应的服务。Client 与 Server 的交互内容由 Server 提供的协议来描述,协议中列出了 Client 可以向 Server 发出的所有请求。Client 和 Server 都必须遵守这个协议:Client 只能请求协议中列出的操作,而 Server 只对协议中规定的操作请求做出响应。在面向对象程序设计中,Client 和 Server 都是类或对象,任何对象在任何时候都可以作为 Client 或 Server。

C/S 模型的好处是只关注 Server 能为 Client 提供什么功能(What),而不关注 Server 如何实现这些功能(How)。Server 的实现细节都被封装起来,对 Client 是不可见的。因此,在功能驱动的设计方法中,关注的是 Client 与 Server 之间的协议,这个协议就是对象对外提供的接口。

2. 类职责的划分

类和对象是面向对象系统的最基本的构成单元。每个系统都具有特定的功能,而功能可以由一组必须完成的任务组成。这些任务由系统中的各个对象分担。因此,对象具有特定的行为,并且需要保存相关的数据。在功能驱动的设计方法中,对象的行为是为了响应外部请求而执行的操作,而对象的职责可以分为信息共享以及完成特定任务。因此,对象响应的操作即对象的职责可以分为两类:查询(query)和命令(command)。

- 查询类操作,使对象提供特定的数据或状态信息。例如,查询一个学生对象的姓名。
- 命令类操作,使对象进行某种操作。操作可能导致对象的数据发生变化,改变对象的状态。

查询操作和命令操作的集合就构成了对象的行为特征,构成了对象的职责。

3. 设计中提升封装性的原则

提高程序的封装性的两个有效原则是低耦合高内聚和信息隐藏。

1) 低耦合高内聚

类设计中的两个重要概念是耦合与内聚。内聚是指单个类的各项职责的整体性,高内聚指类的各项职责或操作以某种方式高度相关。耦合描述的是类之间的关系。一般,要尽量减少耦合。因为耦合增加了程序开发和维护的难度,并限制了重用。特别是,当类必须访问另一个类的数据或状态时,类的耦合性会增加。此时,可以将访问这些数据的操作转移到保存这些数据的类中。因此,在设计类时,如果行为可以由多个对象承担,可以使用这样的原则进行分配。

2) 信息隐藏

强调用行为刻画类有一个很大的好处,就是使得程序员知道如何使用其他程序员开发的类,而不需要知道这些类是如何实现的。将接口的实现细节对外部屏蔽称为信息隐藏。

人们说类封装了某种行为,是指类展示了可以如何被使用,而没有展现这些行为的具体执行过程。这导致了类的两种不同的视图:接口视图是被其他程序员看到的类,它描述了一个类能够做什么;实现视图是被开发人员看到的一面,它描述了类是如何完成一个任务的。

将接口与实现分开,并将接口公开而将实现隐藏是实现封装的有效机制。信息隐藏对于有多人参与开发的系统具有重要意义,有时被称为面向接口的开发,是目前很多大规模面向对象系统设计开发中所采用的方法。

功能驱动的类设计方法强调对象行为与状态的封装。该方法首先依据系统的功能要求为每个类确定需要具有的行为,即应承担的一组职责。在后续的实现阶段可以依据这些协议性的职责确定类需要保存的数据,从而完成类的建立。

15.3 面向对象程序设计的过程

面向对象程序的生命周期中包含了程序设计和开发的各个不同阶段,包括需求分析阶段:明确问题,给出程序功能的详细描述;设计阶段:确定系统中的类,描述各种类、方法以及数据的细节信息;实现阶段:用Java语言进行实际编程;测试阶段:对程序的功能进行测试,以确保其正确性。系统设计的任务主要在上述需求分析阶段和设计阶段完成。

一个公认的说法是,越快进入编码阶段,则完成编程的时间可能会越长,这说明在编码之前,要有足够的时间进行设计。

面向对象程序的设计开发过程如图15-1所示,可以分为六个步骤:

(1)问题描述:在程序开发任务启动时,都会有关于系统需求的大致描述,包括系统要解决什么问题,系统将来会被如何使用以及系统需要具有什么功能。这个描述一般是对系统的粗略说明,很多细节并没有描述得很清楚。因此,需要对问题描述进行分解和细化。

(2)问题分解与详细说明:这个阶段可以使用功能驱动的设计方法与分治原理。即通过问题的不断分解,最终将问题的每个分支或子问题的细节都能描述清楚。在分解过程中,以系统的功能为主线进行分解。最终可以按问题的分解层次,给出系统问题和各个子问题或子功能的详细描述。

(3)类的初步设计:在系统详细描述的基础上,针对每个子问题的描述初步确定类,包括类在系统中的角色、需要完成的操作以及需要保存的数据等。这个步骤中,要保证系统所有的子问题或子功能都有相应的类来负责解决和实现。

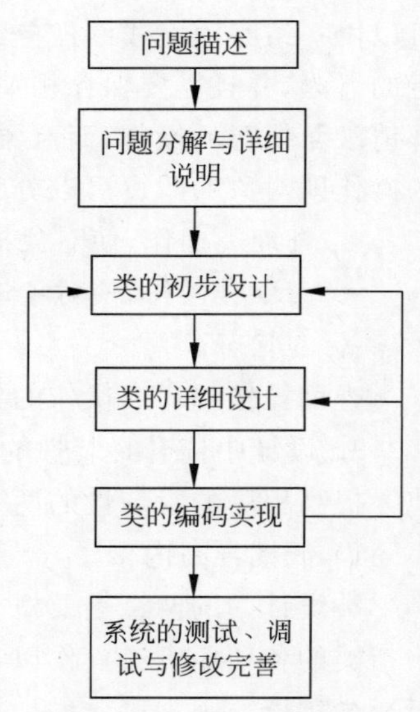

图15-1 面向对象程序开发的一般过程

(4)类的详细设计:在有了类的初步设计后,可以按照OOP中类的基本结构,进行类的详细设计,给出各个类的详细规范说明,包括所包含的数据,对外提供的接口以及需要隐藏的信息,给出接口的名称、参数以及功能详细描述、构造方法的初始化操作等。类的详细设计过程中,可以对类的初步设计进行调整和修改。

(5) 类的编码实现：得到了系统中所有类的规格说明后，可以利用 Java 语言，定义类中数据的类型与访问权限(如 public，private 等)，将方法的算法编码实现。在类的实现过程中，有时会发现类设计上的问题，可以对类的详细设计甚至是初步设计进行修改。因此，系统的设计开发是不断迭代完善的过程。

(6) 系统的测试、调试与修改完善：进行系统代码的调试与修改完善，最终完成系统的开发。

15.4 问题分解描述与类的初步设计

在功能驱动的面向对象程序开发中，用行为即系统对外提供的操作来刻画系统。在设计开始时，看到的系统行为与功能需求描述往往是很简略和模糊的。基于这样的描述一般是无法进行类的设计，需要利用功能驱动方法和分治方法对系统功能进行迭代分解，并对各个子系统的行为进行刻画。只有当所有的行为都明确并进行了准确描述，才可以开始类的设计和编码工作。

因此，系统设计的第一步，需要从系统行为或功能的角度细化系统的需求。这个阶段主要明确两个方面的问题，即程序的功能是什么，以及程序会怎样被使用。要搞清楚这些问题，可以从构造和分析一系列应用场景入手。假设系统已经在运行，设计一组应用场景和实例。通过运行这些例子，可以细化并确定系统的行为，并勾画出系统最终呈现的形态。然后将系统形态进行描述并和用户交流沟通，在此基础上撰写系统的需求规格说明。

得到了系统需求的详细描述后，可以开始类的设计，首先开始类的初步设计。在系统的详细需求描述中，会包含系统所有行为的明确描述，而每个行为都要有对象承担和负责完成。因此，系统设计首先需要确定需要有哪些类，每个类的职责，这些类的整体就构成了程序的基本结构。在类的设计中，可以采用迭代求精的方法，即按照功能驱动的思路初步确定一组类，赋予每个类具体的行为或职责，然后基于这些类的行为以及类之间的相互协同，初步验证当前设计是否能够满足系统需求，并在验证过程中不断调整类的设计，直到满足系统的设计目标。在这个过程中，根据需求描述初步确定有哪些类是最为关键的，可以利用一种非常简单但有效的方法——名词抽取法。

名词抽取法的基本思路是：阅读系统的详细需求描述，用下画线把描述中的名词画出来。这些名词可以作为程序中的类的候选。有些词特别是出现频率比较高的，有可能作为系统中的类，其他名词则可能有两种情况：

(1) 作为类中的属性。确定一个名词是类还是属性，要看名词所表示的实体在系统中是否要承担操作。如果不需要完成任何操作，则可以作为属性。

(2) 作为系统范围之外其他对象，一般不需要为这些对象建立模型，即不需要将其在系统中表示为类。

另外，有时名词间会存在一般到特殊的联系，可能意味着名词所对应的类之间会存在继承关系。

同样，画出描述中的所有动词，这些动词是对象的行为。这就是进行类设计的起点。

需要注意的是，类的设计并不是一次设计就可以完成的。随着设计过程的进行，可能要增加新的类，或随着对象职责的逐步清晰化，类的定义也可能发生变化和修改。

15.5 类的详细设计与实现

15.5.1 类的详细设计

在初步确定了系统所包含的类及其职责后,可以开始进行类的详细设计。这个阶段,需要根据类初步设计的结果,确定每个类中应包含的数据以及提供的操作;用文字给出每个类数据和操作的规格说明,确定类需要对外公开的接口,以及需要隐藏的部分;确定类中数据的类型以及操作的实现算法。

在功能驱动的系统设计中,可以首先从对象承担的职责入手,分析确定对象所属类应包含的数据和方法。可以通过下列步骤进行类的详细设计。

(1) 类的对象在程序中承担什么职责。

明确类在系统中要完成的任务以及承担的角色。

(2) 类的对象需要完成的每项操作是什么。

明确类需要完成哪些操作,这些操作可能包括查询类和命令类,并且列出每项操作的具体内容。

(3) 类的对象在完成职责时需要什么数据或信息。

对象的查询类操作所访问的对象自身信息,将作为对象数据的一部分;对象的命令类操作执行时需要访问的对象自身属性或状态,可以确定为对象需要保存的另一部分数据,而命令类操作中需要知悉的其他对象的信息,可以确定为相应对象应保存的数据以及该对象应提供的查询类行为。因此,设计类时采用功能驱动的思路,可以在确定了对象的职责即对象的操作后,根据对象的操作分析确定应该包含的数据。

(4) 类的对象需要对外提供哪些接口,需要隐藏什么信息。

依据 Client/Server 模型以及封装性原则,确定类中哪些行为可作为接口对外提供,哪些行为和数据需要隐藏。一般地,要用来与其他对象通信(提供对象的信息或对外提供服务)的方法需要作为接口,而除了接口以外的对象信息与其他对象没有关系,应该隐藏。因此,确定对象接口的原则是:接口应该只包括外部与这个对象通信,或使用该对象某种功能所需要的方法,而信息隐藏的原则是:隐藏对象关于实现的大多数信息。

上述过程设计的是能够完成系统功能的类,主要是系统中的模型类和数据管理类,进一步可以确定系统的外部接口类,最后引入一个只包含 main()方法的类。main()方法创建对象并启动系统运行。例如,main()方法可以创建模型对象、外部接口对象,并启动外部接口对象,从而使系统开始运行。

15.5.2 类的规格说明与编码实现

根据上述类的详细设计,可以撰写类的规格说明。在规格说明中,对类的每个职责或操作都要进行命名,并将职责名称映射到方法名上。方法名确定后,方法接收的参数类型以及返回类型也要确定。另外,要描述类自身维护的所有数据或属性。

类的规格说明中,可以用下列形式描述类:

• 类名(Class name);

- 角色或职责(Role)；
- 属性(Attributes)：属性是对象完成其角色职责所需要的数据。给出属性的名称和含义；
- 行为(Behaviors)：行为是对象需要具有的操作，用方法来表示。要表示出哪些方法是接口，哪些信息或属性需要隐藏。将需要隐藏的方法和信息都标记为私有的，在大多数的类中，属性都是私有的。另外，要描述方法的实现算法。算法描述了解决问题的步骤或操作序列，最后还要确定方法将产生的返回结果。

在编写了类的规格说明后，可以把对象相互驱动完成系统功能的详细流程描述出来，以验证设计的正确性。这时，如果发现问题，可以修改类的设计。可以采用构造系统的业务流程图或 UML 时序图等方法。

类的设计完成后，需要进行类的实现，定义类中数据的表示结构并编写方法的代码。在定义数据时，就要考虑采用经典数据结构。数据结构的选择很重要，要和类实现的行为相匹配。数据结构设计不合适，可能会导致方法代码复杂、效率低。确定数据结构以后，依据类行为的描述算法，用 Java 语言实现各个方法。

在系统的各个类都实现完成后，可以采用单元测试到集成测试的方法完成整个系统的开发。先从简单的几个类协同运行开始，其他类再慢慢地逐步加入和测试。在单元测试即单个类的测试时，可以为相关类设置暂时的简化实现(称为桩 stub)。随着集成的进行，会有桩逐步被相应的真实类替代，最终实现所有类的集成。

15.6　示　　例

本节将以取子游戏(Nimgame)的设计开发为例，说明如何利用功能驱动的设计方法进行 Java 语言程序设计与开发。

1. Nim 游戏的描述

Nim 游戏是博弈论中非常经典的模型。需要开发的是一个供两个人玩的简单 Nim 游戏，游戏的规则是：两个人轮流从一堆小木棍中拿走几根木棍，每次至少拿 1 根最多拿 3 根，即每人每次可以拿 1、2 或 3 根。拿到最后一根小木棍的人就输掉了游戏。Nim 游戏程序中，两个游戏者通过键盘终端输入要移走的小木棍数目。

2. 类的初步确定

上述 Nim 游戏的描述已经是比较详细的了。其中出现的名词包括游戏者、木棍堆、木棍。需要完成的行为包括将一定数量的木棍从堆中移走，记录堆中木棍的数目。第一个动作由游戏者和木棍堆共同完成，而第二个动作由木棍堆完成。木棍不需要提供任何操作。因此，负责系统功能的模型类的对象可包括两个：游戏者和木棍堆。另外系统需要设计一个外部接口类，负责接收游戏者的输入，控制游戏的进行。系统没有负责数据存储与访问的类。系统还可以建立一个包含 main()方法的启动类。

3. 类的设计

1) 模型部分的类(执行游戏功能的类)

游戏者的功能是：轮到自己时，从木棍堆中取走 1 个或 2 个或 3 个木棍。游戏的进行过程中，外界需要通过名字区分游戏者，因此游戏者需要知悉的信息包括自己的名字。他需要执行的操作是确定要移走的木棍数并从木棍堆中移走木棍。因为要移走的木棍数只在一次操作中使用,没有必要保存,因此,游戏者这个类只需要保存姓名,而需要具有的行为是:提供自己姓名的操作;确定要移走木棍的数量并通知木棍堆移走指定数量的木棍。创建游戏者对象时,需要赋予该对象名字。

木棍堆的功能是:根据游戏者的要求减少指定数量的木棍,并报告堆中木棍的数量,以便仲裁游戏的结果。因此,它要保存堆中当前的木棍数量;它的操作职责是移走木棍(减去一定数目的木棍),以及向其他对象提供堆中所剩木棍的数量。创建木棍堆对象时,需要赋予该对象初始的木棍数量。

2)接口部分的类

这个类是组织和控制游戏运行的类,或称为游戏类。它需要创建游戏场景,包括木棍堆、两个游戏者,并根据当前堆中木棍的数量终止游戏并给出游戏结果。因此,这个类需要保存堆中木棍的最新数量以及两个游戏者的名字,并要完成上述操作。

4. 类的规格说明

接下来,可以给出上述确定的各个类的规格说明,包括数据的含义,构造方法、行为方法的功能和约束等。

1)游戏者

```
public class Player{                              //参加 Nim 游戏的游戏者
  Attributes:
      name                                        //游戏者的姓名

  Constructors:
      public Player( String name)                 //创建一个具有指定姓名的游戏者

  Behaviors:
      public String getName()                     //提供游戏者的姓名
      public void takeTurn( Pile p, InputStream in)     /* 从终端接收游戏者要取走的木棍数
目 sticks(1,2,或 3 个),调用木棍堆使其移走数目为 sticks 的木棍 */
}
```

2)木棍堆

```
public class Pile {                               // Nim 游戏中的木棍堆
   Attributes:
      sticksLeft                                  // 当前堆中剩余的木棍数目

   Constructors:
      public Pile( intinitialSticks)              /* 创建一个具有指定数量(initialSticks)木棍的
木棍堆,要求木棍的数量为非零的正整数 */

   Behaviors:
      public int getSticks()                      //提供堆中还剩有的木棍数量;
      public void removeSticks( int num)    /* 从堆当前的木棍数目中减去指定数量(number)的
木棍。number 必须是{ 1,2,3}三个数中的一个,并且要小于或等于堆中剩余的木棍数量 */
}
```

3）游戏类

```
public classSimpleNim{
    Attributes:
        sticks                                  //木棍堆的最新木棍数量
        playerA, playerB                        //两个游戏者的姓名

    Behaviors:
        public void start()                     /* 从终端接收木棍堆中木棍的数目、两个游戏者的
名字,创建木棍堆、两个游戏者,使两个游戏者轮流取走木棍,并且在一个游戏者取走木棍后检查并
宣布堆中木棍的数量,判定游戏是否结束并确定获胜者 */
}
```

5. 类设计的验证

基于上述类的设计，用 UML 时序图描述出相关对象交互完成 Nim 游戏的过程，如图 15-2 所示，以验证上述设计的正确性。

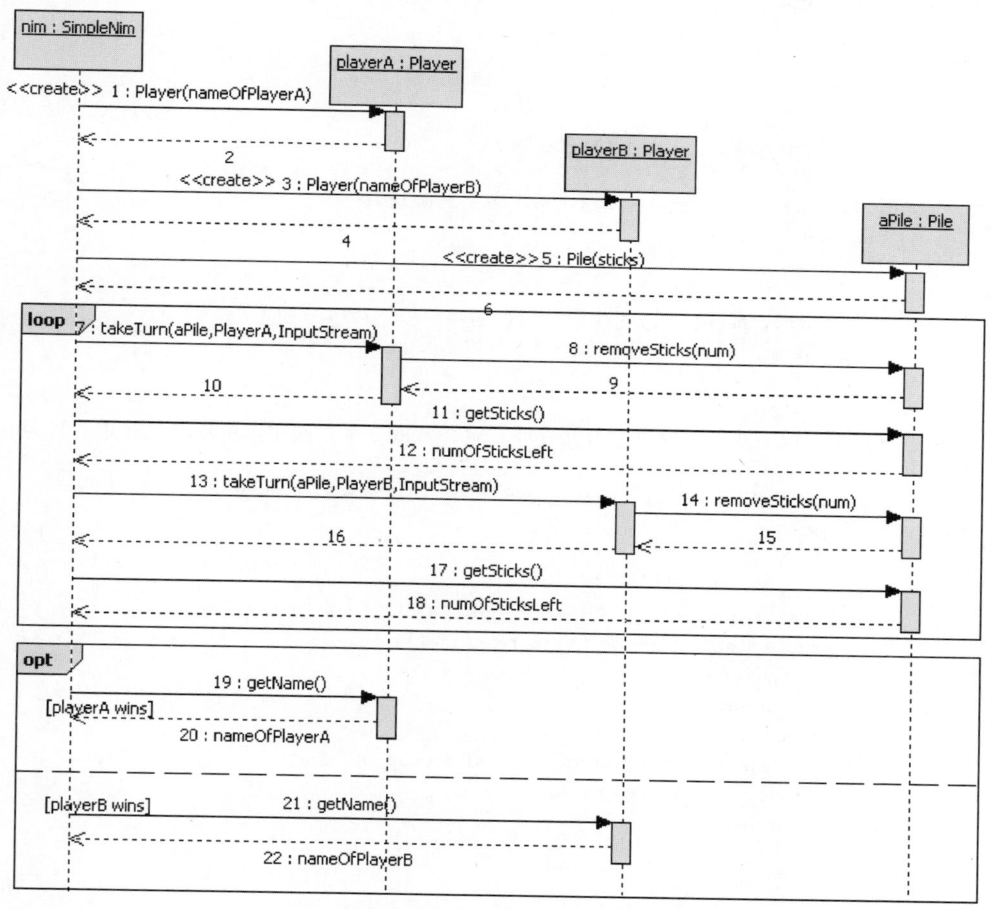

图 15-2　Nim 游戏的时序图

注：上述 UML 时序图中的符号说明：

- 矩形框：表示对象(Object)，带有对象名和类名的标签，如 nim:SimpleNim。
- 从对象图标向下延伸的一条虚线：称为生命线(Lifeline)，表示对象存在的时间。

- 生命线上的小矩形：称为控制焦点(Focus of Control)，表示时间段，在这个时间段内对象将执行相应的操作。
- 实线箭头：表示同步消息即调用消息(Synchronous Message)，即消息的发送者把控制传递给消息的接收者，然后停止活动，等待消息的接收者放弃或者返回控制，用来表示同步。
- 虚线箭头：表示返回消息(Return Message)，即表示从过程调用返回。
- 带有"loop"标签的矩形框：称为循环片段(Loop Fragment)，表示循环。
- 带有"opt"标签的矩形框：称为选择片段(Alternative Fragment)，表示条件选择。

6. 类的实现

Nim 游戏中各个类的实现代码如例 15-2 所示。程序运行时，提示用户输入木棍的数量，并输入两个游戏者的名字。然后使两个游戏者轮流输入要移走的木棍数量，直到游戏结束，最后给出游戏结果。

例 15-2 PlayNim.java。

```
import java.io.*;

class Player{
    private String name;        //游戏者的名字

    public Player( String name){//创建指定名字的游戏者
        this.name = name ;
    }

    public String getName(){ //提供游戏者的名字
        return name;
    }

    /* 从终端接收游戏者要取走的木棍数目 num(1,2,或 3 个),调用木棍堆使其移走数目为 num 的
木棍 */
    public void takeTurn( Pile p, BufferedReader in) throws IOException{
        int num;

         do {
             System.out.print(" Player " + name + "'s turn: ");
             num = Integer.parseInt(in.readLine());
             if (num == 1 || num == 2 || num == 3)
                 break;
             else
                 System.out.println("Illegal number, please input 1,2 or 3:");
        }while (num <= 0 || num > 3);
        p.removeSticks(num);
    }
}


class Pile { //Nim 游戏中的木棍堆
    private int sticksLeft; // 当前堆中剩余的木棍数目

    /* 创建具有指定数量(initialSticks)木棍的木棍堆,要求 initialSticks 为非零的整数 */
```

```
    public Pile( int initialSticks) {
        sticksLeft = initialSticks ;
    }


    public int getSticks(){      // 提供堆中剩余的木棍数量
        return sticksLeft ;
    }

/* 从堆当前的木棍数目中减去指定数量(number)的木棍 */
    public void removeSticks( int number) {
        sticksLeft -= number;
        if (sticksLeft < 0 )
            sticksLeft = 0 ;
    }

}

class SimpleNim{
    int sticks;                  //木棍堆的当前木棍数量
    final int NUM_OF_PLAYERS ;
    Pile aPile;
    String pName[] ;
    Player p[] ;

    public SimpleNim( int nums){
        NUM_OF_PLAYERS = nums;
        pName = new String[NUM_OF_PLAYERS];
        p = new Player[NUM_OF_PLAYERS];
    }

    public void start() throws Exception{
        int i;

        DataInputStream in = new DataInputStream (System.in) ;
        BufferedReader in2 = new BufferedReader(new InputStreamReader(in));

        System.out.println("Please input the number of sticks in the pile:");
        sticks = Integer.parseInt(in2.readLine());

        System.out.println("Please input " + NUM_OF_PLAYERS + " names of players:");
        for( i = 0; i < NUM_OF_PLAYERS; i++){
            pName[i] = in2.readLine();
            p[i] = new Player( pName[i] );
        }
        aPile = new Pile( sticks );
        System.out.println(" sitcks: " + sticks + " player A and player B are : "
                           + p[0].getName() + " , " + p[1].getName());
        i = 0;

        /* 开始游戏过程 */
```

```
        while ( sticks > 0 && i < NUM_OF_PLAYERS){
            p[i].takeTurn(aPile,in2);
            sticks = aPile.getSticks();
            if ( sticks == 0){
                System.out.println(" Nim is over, the looser is : "+ p[i].getName());
                break ;
            }
            System.out.println("There are " + sticks + " left.");
            i++;
            if (i == NUM_OF_PLAYERS )
                i= 0;
        }
    }
}

public class PlayNim{
    public static void main(String Args[]) throws Exception {
        SimpleNim nim = new SimpleNim(2);
        nim.start();
    }
}
```

例 15-1 的运行结果如图 15-3 所示。

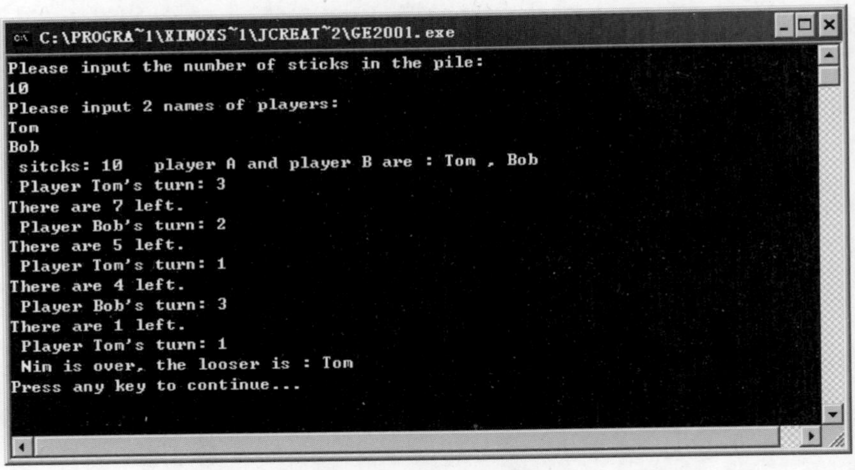

```
C:\PROGRA~1\XINOXS~1\JCREAT~2\GE2001.exe
Please input the number of sticks in the pile:
10
Please input 2 names of players:
Tom
Bob
 sitcks: 10   player A and player B are : Tom , Bob
 Player Tom's turn: 3
There are 7 left.
 Player Bob's turn: 2
There are 5 left.
 Player Tom's turn: 1
There are 4 left.
 Player Bob's turn: 3
There are 1 left.
 Player Tom's turn: 1
 Nim is over, the looser is : Tom
Press any key to continue...
```

图 15-3 例 15-1 的运行结果

15.7 小 结

本章介绍了一种功能驱动的 Java 程序设计方法。从拿到问题,到分析与理解问题和需求,给出详细的系统需求描述,然后利用名词/动词抽取法,并结合功能驱动设计的思路,初步确定系统类应包含的数据与行为,进而给出各个类的详细描述,最后用 Java 语言编码实现。应该指出的是,面向对象程序设计是迭代优化的过程,各个中间环节一般可以在其后续的过程中不断补充完善。

习　题　15

1．什么是面向对象程序的模型-外部接口-数据管理的架构模式？

2．功能驱动的系统架构设计方法的基本思路是什么？

3．面向对象程序中的封装有什么重要性，类的设计中如何提高封装性？

4．面向对象程序开发过程分为几个步骤？

5．在类的初步设计中，可以使用名词抽取法，什么是名词抽取法？

6．设计开发一个学生选课系统。学生登录系统后，能够看到所有课程并进行选课，对已选课程可以取消，可以查看自己所选课程的信息，也可以查看成绩。教师登录系统后，可以查询自己授课的课程选修情况，录入课程成绩。教师和学生都可以查看课程的上课时间、地点、授课教师等信息。

第3篇

实 践 篇

实训1

JDK与集成环境安装以及简单程序调试

练习1-1 Java编程环境部署

下载并安装Java SE 8或Java SE 11等JDK版本，下载Java API文档，安装Java编程调试环境Eclipse，编译并运行第1章中的例1-1。

【参考实现】

1. Java SE下载与安装

进入Java官方下载网站，网址是https://www.oracle.com/technetwork/java/javase/downloads/index.html，根据需要下载Java SE的相应版本，如Java SE 8、Java SE 11、Java SE 13、Java SE 14等，同时可以单击页面中的Documentation Download下载相应Java SE版本的文档，文档文件解压缩后，单击index.html即可访问Java SE API等信息。注意Java SE的位数要与Eclipse一致。运行Java SE安装文件，完成安装。

2. Eclipse下载、安装与配置

进入Eclipse官网，下载Eclipse。网址是https://www.eclipse.org/downloads/。运行安装文件，选择Eclipse IDE for Java Developers，如题图1-1所示。

题图1-1 Eclipse安装——IDE选择

分别配置 Java 环境路径与 Eclipse 安装路径,如题图 1-2 所示。

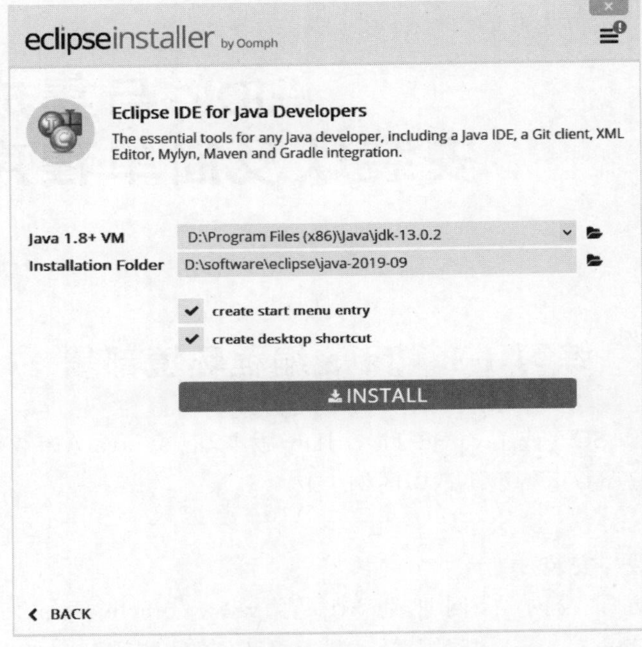

题图 1-2 Eclipse 安装——路径配置

安装完毕,运行 Eclipse,选择工作区位置。Java 程序所用到的代码、资源会储存在该位置,如题图 1-3 所示。

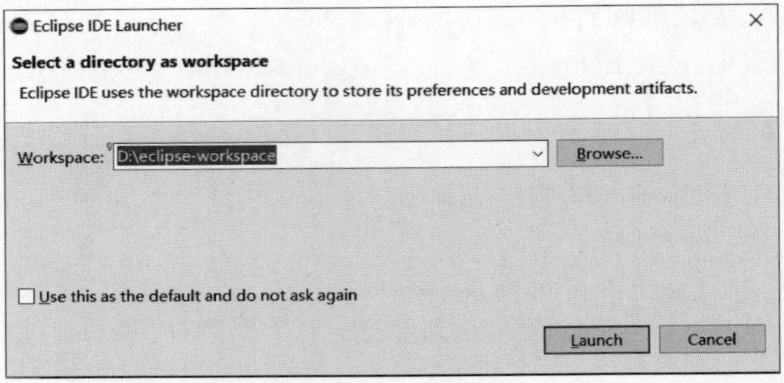

题图 1-3 Eclipse 安装——选择工作区目录

3. Eclipse 主要视图

Eclipse 界面由许多小视图组成,选择菜单 Window→Show View 中可看到所有可用视图。常用视图有 Console、ErrorLog、Outline、PackageExplorer 与代码视图。

4. 在 Eclipse 中创建运行 Java 程序

选择菜单 File→New→Java Project,新建工程。在工程的 src 目录上右击,弹出操作选项,选择 New→Package,新建包;在包上右击,选择 New→Class,新建类,即可编写相应代码,也可以选择 import 导入已经存在的 Java 源程序。

在左侧窗口的.java 源文件名称上右击,选择 Run As→Java Application,进行代码的编译与运行，如题图 1-4 所示。

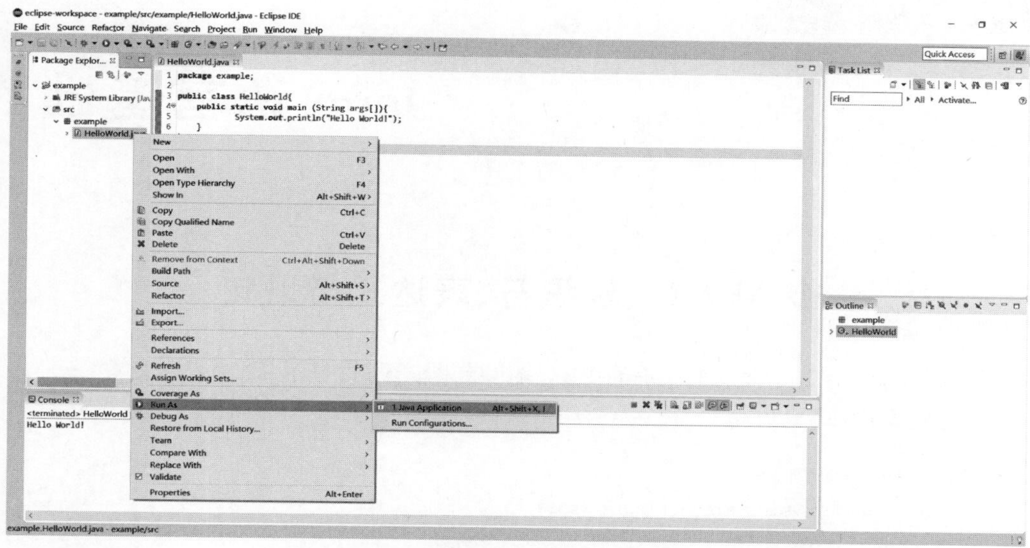

题图 1-4　Eclipse 中 Java 程序的建立与运行

练习 1-2　Java 程序基本结构与编程环境使用

编写一个 Java 程序，在屏幕上输出"欢迎学习 Java 语言！"的字符串。

【参考实现代码】

```
public class HelloJava{
    public static void main (String args[ ]){
        System.out.println("欢迎学习 Java 语言!");
    }
}
```

实训2

Java 语言基础

练习 2-1 标识符、表达式与语句

编写程序，输出 100 以内的所有奇数。输出结果中，每行显示 10 个奇数。

【参考实现代码】

```
public class Practice2_1 {
    public static void main(String[] args) {
        int j = 0;
        for(int i = 1; i < 100; i = i + 2) {
            j++;
            System.out.print(i + " ");
            if (j % 10 == 0){
                System.out.println();
                j = 0;
            }
        }
    }
}
```

程序运行结果如下：

```
1 3 5 7 9 11 13 15 17 19
21 23 25 27 29 31 33 35 37 39
41 43 45 47 49 51 53 55 57 59
61 63 65 67 69 71 73 75 77 79
81 83 85 87 89 91 93 95 97 99
```

练习 2-2 程序流控制

编写程序，输出下列结果：

```
1
1 2
1 2 3
1 2 3 4
1 2 3 4 5
1 2 3 4 5 6
```

【参考实现代码】

```
public class Practice2_2 {
    public static void main(String[] args) {
        for(int i = 1; i <= 6; i++) {
            for(int j = 1; j <= i; j++) {
                System.out.print(j + " ");
            }
            System.out.println();
        }
    }
}
```

练习 2-3　数组和程序流控制

编写程序，创建一个整型 5×5 矩阵，并将其输出显示。

【参考实现代码】

```
public class Practice2_3 {
    public static void main(String[] args) {
        int[][] aMatrix = new int[5][];

        for(int i = 0; i < aMatrix.length; i++) {
            aMatrix[i] = new int[5];
            for(int j = 0; j < aMatrix[i].length; j++) {
                aMatrix[i][j] = i + j;
            }
        }

        for(int i = 0; i < aMatrix.length; i++) {
            for(int j = 0; j < aMatrix[i].length; j++) {
                System.out.print(aMatrix[i][j] + " ");
            }
            System.out.println();
        }
    }
}
```

程序运行结果如下：

```
0 1 2 3 4
1 2 3 4 5
2 3 4 5 6
3 4 5 6 7
4 5 6 7 8
```

实训3

Java 面向对象特性

练习 3-1　对象与类的概念以及类的定义、对象的创建与使用

定义表示课程的类 Course。课程的属性包括课程名、编号、先修课号；方法包括设置课程名、设置编号、设置先修课号以及获取课程名、获取编号、获取先修课号。在测试类中创建 Course 类的对象，设置并打印输出该课程的编号、课程名以及先修课号。

【参考实现代码】

```
public class Practice3_1{
    public static void main (String args[ ]){
        Course cc = new Course("cs100","数据库系统原理","cs020");
        System.out.println("课程编号:" + cc.getNumber());
        System.out.println("课程名称:" + cc.getName());
        System.out.println("先修课号:" + cc.getPrerequisiteNumber());
    }
}

class Course{
    String number;
    String name;
    String  prerequisiteNumber;

    public Course(String num, String  cName, String  prenum){
        number = num;
        name = cName;
        prerequisiteNumber = prenum;
    }

    void setNumber(String num){
        number = num;
    }

    void setName(String CName){
        name = CName;
    }

    void setPrerequisiteNumber( String preNumber){
        prerequisiteNumber = preNumber;
    }
```

```
        String getNumber(){
            return number;
        }
        String getName(){
            return name;
        }
        String getPrerequisiteNumber(){
            return prerequisiteNumber;
        }
}
```

程序运行结果如下：

```
课程编号:cs100
课程名称:数据库系统原理
先修课号:cs020
```

练习 3-2　重载与继承

设计学生类 Student，以及它的子类：本科生 Undergraduate 和研究生 Graduate。各个类的要求如下：

(1) 定义类 Student，属性有学号、姓名、出生日期、所属院系，提供 getInfo () 方法输出学生的属性信息。

(2) 本科生 Undergraduate 和研究生 Graduate 是 Student 的子类，本科生增加辅导员 counselor 属性，研究生增加导师 supervisor 属性，要求在 Undergraduate 和 Graduate 中重写 Student 的方法 getInfo ()。

(3) 在测试类中创建 Undergraduate 和 Graduate 实例，调用这些实例的 getInfo() 方法。

【参考实现代码】

```
public class Practice3_2{
    public static void main (String args[ ]){
        Undergraduate su = new Undergraduate("B2016001","Tom","1998 - 10 - 5","Jerry");
        Graduate sg  =  new Graduate("Y2014008","Marry","1996 - 6 - 8","Prof. Gray");
        System.out.println("Undergraduate student:");
        su.getInfo();
        System.out.println();
        System.out.println("Graduate student:");
        sg.getInfo();
    }
}

class Student {
    String id;
    String name;
    String birth;
```

```
    public Student(String id, String name, String birth) {
        this.id = id;
        this.name = name;
        this.birth = birth;
    }

    public void getInfo(){
        System.out.println("id = " + id);
        System.out.println("name = " + name);
        System.out.println("birthday = " + birth);
    }
}

class Undergraduate extends Student{
    String counselor;

    public Undergraduate(String id, String name, String birth, String counselor){
        super(id, name, birth);
        this.counselor = counselor;
    }

    public void getInfo(){
        super.getInfo();
        System.out.println("counselor = " + counselor);
    }
}

class Graduate extends Student{
    String supervisor;

    public Graduate(String id, String name, String birth, String supervisor) {
        super(id, name, birth);
        this.supervisor = supervisor;
    }
    public void getInfo(){
        super.getInfo();
        System.out.println("supervisor = " + supervisor);
    }
}
```

程序运行结果如下：

```
Undergraduate student:
id = B2016001
name = Tom
birthday = 1998 - 10 - 5
counselor = Jerry

Graduate student:
id = Y2014008
```

```
name = Marry
birthday = 1996 - 6 - 8
supervisor  =  Prof. Gray
```

练习 3-3　继承与多态

有 Human,Chinese 和 American 三个类,类的继承关系如题图 3-1 所示:

Human 类具有姓、名和国籍 3 个属性,以及 showNameInNativeLanguage()方法,该方法输出国籍;Chinese 类中具有 showNameInNativeLanguage()方法,输出中国人的国籍,并用中文输出其姓、名;American 类中具有 showNameInNativeLanguage()方法,输出美国人的国籍,并用英文输出其姓、名。

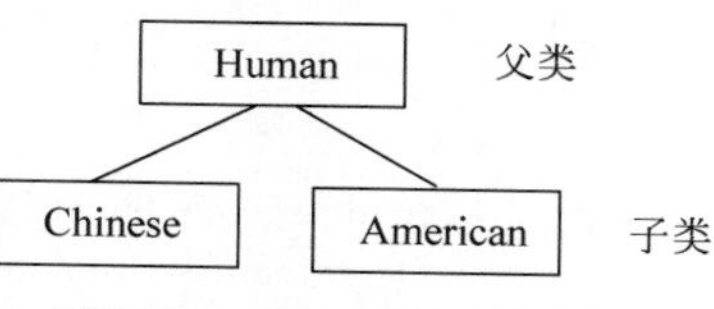

题图 3-1　练习 3-3 类关系图

要求编程实现这些类以及测试类,创建 Chinese 和 American 类的实例,并输出这些实例的属性信息。

【参考实现代码】

```
public class Practice3_3{
    public static void main (String args[ ]){

        Human e  =  new Chinese("章","三" );
        System.out.println("The first person: ");
        e.showNameInNativeLanguage();
        System.out.println();

        Human a  =  new American("Goodman","Tom");
        System.out.println("The second person: ");
        a.showNameInNativeLanguage();
    }
}

class Human{
    String surName;
    String givenName;
    String nationNal;

    public Human(String surName, String givenName ){
        this.surName  =  surName ;
        this.givenName  =  givenName;
    }

    public void showNameInNativeLanguage() {
        System.out.println("Nationnality: " + nationNal);
    }
}
```

```
class Chinese extends Human{
    public Chinese(String surName, String givenName){
        super(surName,givenName);
        nationNal = "China";
    }

    public void showNameInNativeLanguage() {
        super.showNameInNativeLanguage();
        System.out.println("姓名:" + surName + " " + givenName);
    }
}

class American extends Human{
    public American(String surName, String givenName){
        super(surName,givenName);
        nationNal = "USA";
    }

    public void showNameInNativeLanguage() {
        super.showNameInNativeLanguage();
        System.out.println("Givenname and Surname: " + givenName + " " + surName);
    }
}
```

程序运行结果如下:

```
The first person:
Nationnality: China
姓名:章 三

The second person:
Nationnality: USA
Givenname and Surname: Tom Goodman
```

实训 4

Java 高级特征

练习 4-1　类方法/静态方法以及抽象类的定义与使用

定义传播媒体类 Media 为抽象类，其属性包括：id 即书号或刊号，title 即名称。方法包括：抽象方法 showInformation()，显示当前对象的属性值；静态方法 showType()，显示当前对象的类型，如“Book”或“Newspaper”。类 Book、类 Newspaper 都是 Media 的子类，Book 类特有的属性包括：press 即出版社，authors 即作者。在测试类中创建 Book 和 Newspaper 的对象，显示每个对象的类型，并显示每个对象的信息。

【参考实现代码】

```
public class Practice4_1{
    public static void main (String args[ ]){
        Book.showType();
        Book b = new Book("ISBN 9787302437413","Java 语言程序设计",
                          "清华大学出版社","郎波");
        b.showInformation();
        System.out.println();
        Newspaper.showType();
        Newspaper n = new Newspaper("CN11 - 0101 ","北京日报");
        n.showInformation();
    }
}

abstract class Media{
    String id;
    String title;

    Media(String id,String title){
        this.id = id;
        this.title = title;
    }

    abstract void showInformation();
    static void showType(){};
}

class Book extends Media{
    String press;
    String authors;
```

```
    Book(String id,String title,String press,String authors){
        super(id, title);
        this.press = press;
        this.authors = authors;
    }

    static void showType(){
        System.out.println("Type:Book");
    }

    void showInformation(){
        System.out.println("ID: " + id + ", " + "Title: " + title
                                + ", Press: " + press + ", Authors: " + authors);
    }
}

class Newspaper extends Media{

    Newspaper(String id,String title){
        super(id, title);
    }

    static void showType(){
        System.out.println("Type: Newspaper");
    }

    void showInformation(){
        System.out.println("ID: " + id + ", " + "Title: " + title );
    }
}
```

程序运行结果如下：

```
Type:Book
ID: ISBN 9787302437413, Title: Java 语言程序设计, Press: 清华大学出版社, Authors: 郎波

Type: Newspaper
ID: CN11 - 0101 , Title: 北京日报
```

练习 4-2　泛型与集合类以及枚举类型

利用枚举类型重新编写书中例 5-13。题目要求是：用 ArrayList 保存 52 张扑克牌，并通过 Collections 类的 static 方法 shuffle()实现“洗牌”操作。最后利用 dealHand()方法为参加游戏的人每人生成一手牌，每手牌的牌数是指定的。该程序有两个命令行参数：参加纸牌游戏的人数以及每手牌的牌数。程序打印输出所生成的每一手牌。

例如，输入命令行参数：2　5，则程序的一次运行结果为：

```
[8 of spades, 9 of diamonds, 10 of clubs, 4 of spades, 4 of clubs]
[6 of spades, jack of clubs, 4 of hearts, 8 of hearts, 2 of clubs]
```

【提示】 在定义枚举类型 rank 表示牌的牌面大小时，可在 rank 中定义构造方法 rank()，这样可以使用"常量(参数 1)"的形式，如 A("ace")，NUM2("2")等定义各种牌面值。

【参考实现代码】

```
import java.util.*;

public class Practice4_3 {
    enum suit{
        spades, hearts, diamonds, clubs
    }
    enum rank{
        A("ace"), NUM2("2"), NUM3("3"), NUM4("4"), NUM5("5"),
            NUM6("6"), NUM7("7"), NUM8("8"), NUM9("9"), NUM10("10"),
            J("jack"), Q("queen"), K("king");
        private String name ;
        private rank(String name){
            this.name = name ;
        }
        public String toValue() {
            return name;
        }
    }
    public static void main(String[] args) {
        int numHands = Integer.parseInt(args[0]);
        int cardsPerHand = Integer.parseInt(args[1]);

        List<String> deck = new ArrayList<String>();
        for(suit es: suit.values())
            for(rank er: rank.values())
                deck.add(er.toValue() + " of " + es);
        Collections.shuffle(deck);
        for(int i = 0; i < numHands; i++)
            System.out.println(dealHand(deck, cardsPerHand));
    }
    public static List<String> dealHand(List<String> deck, int n) {
        int deckSize = deck.size();
        List<String> handView = deck.subList(deckSize - n, deckSize);
        List<String> hand = new ArrayList<String>(handView);
        handView.clear();
        return hand;
    }
}
```

实训5

异常处理

练习 5-1　异常的概念及异常处理方法

编写程序，程序中包含两个方法对命令行输入的两个整数进行运算。一个方法实现整数的整除运算，该方法捕获算数运算异常并进行处理；另一个方法实现两个整数的求余运算，该方法通过抛出异常的方式处理算数运算异常。

【提示】 从命令行读入整数，可以使用 java. util. Scanner 类，例如：

```
Scanner sc = new Scanner(System.in);
int i = sc.nextInt();
```

【参考实现代码】

```
import java.util.*;

public class Practice5_1{
    public static void main (String args[]){
        int a = 0,b = 0;
        Practice5_1 hh = new Practice5_1();
        Scanner sc = new Scanner(System.in);
        a = sc.nextInt();
        b = sc.nextInt();
        System.out.println("a  = " + a);
        System.out.println("b = " + b);
        int q = hh.myDivide(a,b);
        System.out.println("q = " + q);
        try {
            q = hh.myMode(a,b);
        }catch(ArithmeticException e){
            System.out.println("求余运算异常:" + "除数为 0");
        }
        sc.close();
    }

    int myDivide(int a, int b){
        int q = 0;
        try{
            q = a/b ;
            System.out.println(a + "/" + b + " = " + q);
        }catch(ArithmeticException e){
```

```
            System.out.println("整除运算异常:" + "除数为 0");
        }
        return q;
    }

    int myMode(int a, int b) throws ArithmeticException{
        int q = 0;
        q = a % b ;
        System.out.println(a + " % " + b + " = " + q);
        return q;
    }
}
```

程序一次运行结果如下：

```
在命令行输入:
            12
            5
则输出:
        a = 12
        b = 5
        12/5 = 2
        q = 2
        12 % 5 = 2
```

练习 5-2 自定义异常类的编写与使用

编写一个银行转账的程序，对于 A 和 B 两个账号，实现从 A 账号转账一定数量存款到 B 账号。当转账的账号不存在或转出账号的余额不足时，产生异常，程序需要进行异常处理。

【提示】 (1)自定义一个异常类，输出异常的具体信息；(2) 转账时，如果账户不存在或转出账户的余额不足时，则抛出异常，在测试类中处理异常。

【参考实现代码】

```
import java.io. * ;
import java.util. * ;

public class Practice5_2{
    public static void main (String args[ ]){
        String [ ] as = {"a1","a2","a3","a4"};  //合法账号
        int[ ] bs = {100,100,100,100};  //合法账号的余额
        Transfer tf = new Transfer(as, bs);
        try{
            tf.move("a1","a2",150);
        } catch(TransferException e){
            System.out.println("Exception occurs: " + e.getMessage());
        }
        System.out.println("a1   " + bs[0]);
        System.out.println("a2   " + bs[1]);
```

```
    }
}

class Transfer{
    String[] accs;
    int [] bals;

    public Transfer(String[] accounts,int [] balance){
        accs = accounts ;
        bals = balance ;
    }

    public void move(String from, String to, int total) throws TransferException{
        int i;
        boolean f = false, t = false;
        int indf = 0,indt = 0;

        for (i = 0; i < accs.length; i++){      //在合法账号中搜索转账账号
            if (f == false ){
                f = accs[i].equals(from);
                indf = i;
            }
            if (t == false){
                t = accs[i].equals(to);
                indt = i;
            }
            if (f == true && t == true)  break;
        }

        if (f == false) {
            throw new TransferException(" No such account: " + from);
            }
        if (t == false){
            throw new TransferException(" No such account: " + to);
        }
        bals[indf] -= total;
        if (bals[indf]< 0){
            throw new TransferException(from + " is insufficient ");
        }
        bals[indt] += total;
        return;
    }
}

class TransferException extends Exception{
    public TransferException(String string) {
        super(string);
    }
}
```

程序运行结果如下：

```
Exception occurs: a1 is insufficient
a1  -50
a2  100
```

实训 6

输入/输出

练习 6-1 流式输入/输出以及文件操作

编写程序,将 10 个整型数写入一个文件中保存,然后再从该文件中将这 10 个数读出并显示。

【参考实现代码】

```
import java.io.*;

public class Practice6_1 {
    public static void main(String[] args) throws IOException {
        File file = new File("mid.txt");

        FileOutputStream out = new FileOutputStream(file);
        DataOutputStream dout = new DataOutputStream(out);

        for(int i = 1000; i < 1010; i++) {
            dout.writeInt(i);
        }
        dout.close();

        FileInputStream in = new FileInputStream(file);
        DataInputStream din = new DataInputStream(in);

        while(din.available()> 0) {
            System.out.print(din.readInt() + " ");
        }
        din.close();
    }
}
```

程序运行结果如下:

```
1000 1001 1002 1003 1004 1005 1006 1007 1008 1009
```

练习 6-2 随机存取文件的创建与操作

利用 RandomAccessFile 类实现练习 6-1 的功能。

【参考实现代码】

```
import java.io.*;
```

```
public class Practice6_2 {
    public static void main(String[] args) throws IOException {
        long filePoint = 0;
        int i;
        RandomAccessFile file = new RandomAccessFile("mid2.txt", "rw");

        for(i = 1000; i < 1010; i++) {
            file.writeInt(i);
        }

        long fileLength = file.length();
        file.seek(0);
        while(filePoint < fileLength) {
            i = file.readInt();
            System.out.print(i + " ");
            filePoint = file.getFilePointer();
        }
        file.close();
    }
}
```

程序运行结果如下：

```
1000 1001 1002 1003 1004 1005 1006 1007 1008 1009
```

练习 6-3 标准 I/O

编写程序，从标准输入读取 5 个整数，求和并输出。

【提示】 从命令行读入整数，可以使用 java.util.Scanner 类的 nextInt()方法，例如：

```
Scanner sc = new Scanner(System.in);
data = sc.nextInt();
```

【参考实现代码】

```
import java.io.*;
import java.util.*;

public class Practice6_3 {
    public static void main(String[] args) throws IOException{
        int data = 0;
        int sum = 0;
        Scanner sc = new Scanner(System.in);

        System.out.println("Input data: ");
        for (int i = 0; i < 5;i++){
            data = sc.nextInt();
            System.out.print("     " + data);
            sum += data;
        }
```

```
        sc.close();
        System.out.println();
        System.out.println("sum:" + sum);
    }
}
```

程序运行结果如下：

```
在命令行输入:10 20 30 40 50
输出结果:
    10    20    30    40    50
    sum:150
```

实训7

基于 Swing 的图形化用户界面

练习 7-1　GUI 构建方法以及 GUI 中的事件处理

编写程序，创建一个按钮和一个文本域，当单击按钮时将按钮上的文字显示在文本域中。

【参考实现代码】

```
import java.awt.BorderLayout;
import java.awt.event.*;
import javax.swing.*;

public class Practice7_1 implements ActionListener {
    JFrame frame ;
    JTextArea label;
    JButton button;

    public Practice7_1(){
        frame = new JFrame();
        frame.setDefaultCloseOperation(WindowConstants.EXIT_ON_CLOSE);

        label = new JTextArea();
        button = new JButton("Button");
        button.addActionListener(this);

        frame.add(label, BorderLayout.NORTH);
        frame.add(button, BorderLayout.SOUTH);

        frame.pack();
        frame.setLocation(600, 300);
        frame.setVisible(true);
    }

    public static void main(String[] args){
        new Practice7_1();
    }

    public void actionPerformed(ActionEvent e) {
        label.setText(button.getText());
    }
}
```

程序运行结果如题图 7-1 所示。

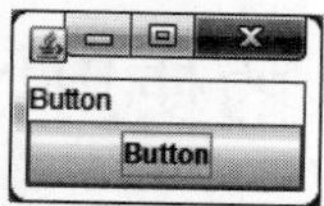

题图 7-1　练习 7-1 参考实现代码运行结果

练习 7-2　窗口和菜单组件以及 GUI 中的事件处理

编写程序，在窗口中包含一个菜单，当选择菜单中的 Exit 菜单项时，可以关闭窗口并结束程序的运行。

【参考实现代码】

```
import java.awt.event.*;
import javax.swing.*;

public class Practice7_2 {
    public static void main(String[] args){
        JFrame frame = new JFrame();
        frame.setSize(200,200);
        frame.setDefaultCloseOperation(WindowConstants.EXIT_ON_CLOSE);

        JMenuBar menuBar = new JMenuBar();
        JMenu menu = new JMenu("Menu");
        JMenuItem menuItem = new JMenuItem("Exit");
        menuItem.addActionListener(new ActionListener() {
            @Override
            public void actionPerformed(ActionEvent e) {
                System.exit(0);
            }
        });
        menu.add(menuItem);
        menuBar.add(menu);
        frame.setJMenuBar(menuBar);
        frame.setDefaultCloseOperation(JFrame.EXIT_ON_CLOSE);
        frame.setLocation(600, 300);
        frame.setVisible(true);
    }
}
```

程序运行结果如题图 7-2 所示。

题图 7-2　练习 7-2 参考实现代码运行结果

练习 7-3　Swing 中组件的使用以及 GUI 中的事件处理

编写程序,利用 JTextField 和 JPasswordField 分别接收用户输入的用户名和密码,并对用户输入的密码进行验证,对于每个用户名有三次密码输入机会。程序预先存储了两个用户及其密码数据,分别是:用户名 user1,密码 111;用户名 user2,密码 222。

【参考实现代码】

```
import java.awt.*;
import java.awt.event.*;
import java.util.Vector;
import javax.swing.*;

public class Practice7_3 extends JFrame{
    private Vector<User> userList = new Vector<User>();
    private JTextField tf_user =  new JTextField();
    private JPasswordField tf_pwd = new JPasswordField();
    private JButton jb = new JButton("login");
    private JButton je = new JButton("Exit");
    private JLabel jl = new JLabel();
    private JLabel lu = new JLabel("User name: ");
    private JLabel lp = new JLabel("Password:  ");

    public Practice7_3() {
        super("Login");
        setSize(300,200);
        setLocation(600, 300);
        setLayout(new GridLayout(4,2));

        //用户单击 login 按钮,执行用户名与密码验证
        jb.addActionListener(new ActionListener() {
            @Override
            public void actionPerformed(ActionEvent e) {
                int result = verifyUser(tf_user.getText(),
                                    String.valueOf(tf_pwd.getPassword()));
                if(result == -1) {
                    jl.setText("succeed");
                }else if(result == -2) {
                    jl.setText("Verification time run out");
                }else if(result == -3){
                    jl.setText("no such user");
                }else {
                    jl.setText("pwd error.  " + result + " time(s) left." );
                }
            }
        });
        je.addActionListener(new ActionListener(){
            public void actionPerformed(ActionEvent e) {
                System.exit(0);
```

```
            }
        });
        add(lu);
        add(tf_user);
        add(lp);
        add(tf_pwd);
        add(jb);
        add(je);
        add(jl);
    }

    public void addUser(String user, String pwd) {
        User nuser = new User(user, pwd);
        userList.add(nuser);
    }

    //验证用户名和密码
    public int verifyUser(String user, String pwd) {
        for(User i: userList) {
            if(i.getUser().compareTo(user) == 0) {
                return i.login(pwd);
            }
        }
        return -3;  //不存在此用户
    }

    public static void main(String[] args){
        Practice7_3 login = new Practice7_3();
        login.addUser("user1", "111");
        login.addUser("user2", "222");
        login.setVisible(true);
    }
}

class User{
    String user;
    String pwd;
    int testTime;

    public User(String user, String pwd) {
        this.user = user;
        this.pwd = pwd;
        this.testTime = 3;  //允许的密码试探次数
    }

    //进行用户的密码验证.
    public int login(String pwd) {
        if(testTime == 0) {
            return -2;                          //密码试探次数已经达到 3 次
        }
        if(this.pwd.compareTo(pwd) == 0) {
```

```
            testTime = 3;
            return -1;                          //密码验证成功
        }
        else {
            testTime--;
            return testTime;                    //密码验证失败,试探次数减少 1 次
        }
    }

    //返回用户名
    public String getUser() {
        return user;
    }
}
```

程序运行结果如题图 7-3 所示。

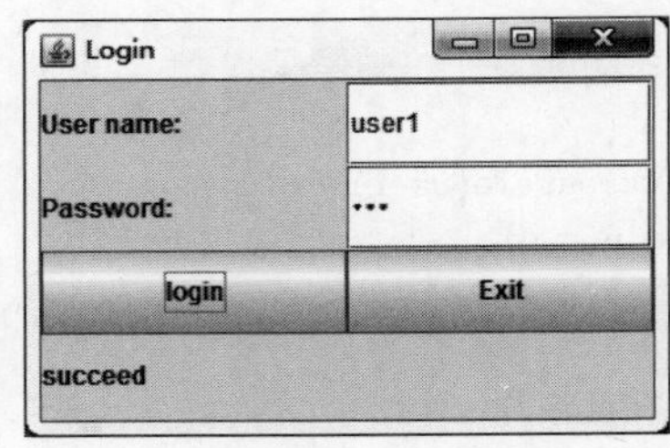

题图 7-3　练习 7-3 参考实现代码运行结果

实 训 8

线程

练习 8-1　线程的概念以及线程的创建方法

编写两个程序，分别用继承 Thread 类以及实现 Runnable 接口的两种方式实现下列功能：创建 5 个线程，每个线程将一个指定字符串重复输出 3 次。

【参考实现代码】

(1)继承 Thread 类的方式。

```
public class Practice8_1_1  {
    public static void main(String[] args){
        PrintString_1 ps1 = new PrintString_1("Thread1!");
        PrintString_1 ps2 = new PrintString_1("Thread2!");
        PrintString_1 ps3 = new PrintString_1("Thread3!");
        PrintString_1 ps4 = new PrintString_1("Thread4!");
        PrintString_1 ps5 = new PrintString_1("Thread5!");
        ps1.start();
        ps2.start();
        ps3.start();
        ps4.start();
        ps5.start();
    }
}

class PrintString_1 extends Thread{
    private String str;
    public PrintString_1(String str) {
        this.str = str;
    }
    public void run() {
        for (int i = 0; i<3; i++){
            System.out.print(str + " ");
        }
    }
}
```

(2)实现 Runnable 接口方式。

```
public class Practice8_1_2 {
    public static void main(String[] args){
        Thread ps1 = new Thread( new PrintString_2("Thread1!"));
```

```
        Thread ps2 = new Thread( new PrintString_2("Thread2!"));
        Thread ps3 = new Thread( new PrintString_2("Thread3!"));
        Thread ps4 = new Thread( new PrintString_2("Thread4!"));
        Thread ps5 = new Thread( new PrintString_2("Thread5!"));
        ps1.start();
        ps2.start();
        ps3.start();
        ps4.start();
        ps5.start();
    }
}

class PrintString_2 implements Runnable{
    private String str;
    public PrintString_2(String str) {
        this.str = str;
    }
    public void run() {
        for (int i =0; i<3; i++){
            System.out.print(str + " ");
        }
    }
}
```

两种方式的程序运行效果相同，方式(1)某次运行结果如下：

```
Thread1! Thread3! Thread3! Thread3! Thread2! Thread2! Thread2! Thread1! Thread4! Thread1!
Thread4! Thread4! Thread5! Thread5! Thread5!
```

练习 8-2 线程同步

编写生产者/消费者模式的程序。生产者每隔 100ms 随机产生 0～9 之间的一个整数，保存在一个 MyNumber 类型的对象中，该对象只能存储一个整型数，只要这个 MyNumber 对象中有了新的数字，消费者就将其取出并显示，共产生和取出 10 个数。试定义 MyNumber 类，编写消费者、生产者程序，编写主程序创建一个 MyNumber 对象、一个生产者线程、一个消费者线程，并将这两个线程启动运行。

【参考实现代码】

```
public class Practice8_2 {
    public static void main(String[] args){
        MyNumber mn = new MyNumber();
        Producer p = new Producer(mn);
        Consumer c = new Consumer(mn);
        p.start();
        c.start();
    }
}
```

```
class MyNumber{
    private boolean flag = false;                //标志是否有数据的信号灯
    private int data = 0;                        //存放数据的变量
    public synchronized void push(int i){
        while(flag){                             //flag 为 true,表示当前数据没有被取走
            try{
                wait();
            }catch (InterruptedException e) {}
        }
        notify();
        System.out.print("pushed " + i + ", ");
        data = i;
        flag = true;
    }

    public synchronized int pop() {
        while(!flag) {                           //flag 为 flase 表示没有新数据
            try {
                wait();
            } catch (InterruptedException e) {}
        }
        notify();
        flag = false ;
        return data;
    }
}

class Producer extends Thread{
    private MyNumber mn;
    public Producer(MyNumber mn) {
        this.mn = mn;
    }
    public void run() {
        int count = 0;
        while(count < 10) {
            int i = (int)(Math.random() * 10);
            mn.push(i);
            try {
                Thread.sleep(100);
            } catch (InterruptedException e) {}
            count++;
        }
    }
}

class Consumer extends Thread{
    private MyNumber mn;
    public Consumer(MyNumber mn) {
        this.mn = mn;
    }
    public void run() {
```

```
        int count = 0;
        while(count < 10) {
            int i = mn.pop();
            System.out.println("consume: " + i);
            count++;
        }
    }
}
```

程序的某次运行结果如下：

```
pushed 6, consume: 6
pushed 2, consume: 2
pushed 8, consume: 8
pushed 4, consume: 4
pushed 1, consume: 1
pushed 9, consume: 9
pushed 4, consume: 4
pushed 6, consume: 6
pushed 2, consume: 2
pushed 1, consume: 1
```

实训 9

Java 网络程序设计

练习 9-1　URL 通信方法

编写程序，从命令行读入一个文件的 URL，然后输出该 URL 的协议名称、主机名称以及文件名称，读取该文件并显示文件内容。

例如，输入 http://www.baidu.com/index.html，程序运行后显示：

```
Protocol: http
Host: www.baidu.com
File: /index.html
File contents:
<!DOCTYPE html>...
```

【参考实现代码】

```
import java.net.*;
import java.io.*;
import java.util.*;

public class Practice9_1 {
    public static void main(String[] args) throws Exception {
        Scanner sc = new Scanner(System.in);
        String l = sc.nextLine();
        URL url = new URL(l);

        System.out.println("Protocol: " + url.getProtocol());
        System.out.println("Host: " + url.getHost());
        System.out.println("File: " + url.getFile());

        InputStream is = url.openStream();
        byte[] b = new byte[1024];
        int len;
        System.out.println("File contents:");
        while((len = is.read(b)) != -1) {
            String str = new String(b, 0, len);
            System.out.println(str);
        }
        is.close();
        sc.close();
    }
}
```

练习 9-2　Socket 通信方法

编写一个客户/服务器程序，服务器端的功能是计算圆的面积。客户端将圆的半径发送给服务器端，服务器端计算得出圆面积并发送给客户端，在客户端显示。当客户端向服务器端发送“bye”时，通信结束。

【参考实现代码】

(1)Server 端代码。

```
import java.io.*;
import java.net.*;

public class Practice9_2_Server {
    public static void main(String[] args) throws
                                    UnknownHostException, IOException{
        ServerSocket server = new ServerSocket(1680);
        Socket socket = server.accept();
        PrintWriter out = new PrintWriter(socket.getOutputStream());
        BufferedReader in = new BufferedReader(new
                                InputStreamReader (socket.getInputStream()));
        String s;

        while(!(s = in.readLine()).equals("bye")) {
            try {
                double r = Double.valueOf(s);
                System.out.println("# Received from Client: " + r);
                out.println(r * r * Math.PI);
                out.flush();
            }catch(NumberFormatException e) {
                System.out.println("# Received from Client: " + s);
                out.println("Illegal value.");
                out.flush();
            }
        }

        out.close();
        in.close();
        socket.close();
        server.close();
        System.out.println("The connection is closed.");
    }
}
```

(2)Client 端代码。

```
import java.io.*;
import java.net.*;

public class Practice9_2_Client {
```

```
    public static void main(String[ ] args) throws UnknownHostException, IOException{
        Socket socket = new Socket("127.0.0.1", 1680);
        PrintWriter out = new PrintWriter(socket.getOutputStream());
        BufferedReader in = new BufferedReader(
                        new InputStreamReader(socket.getInputStream()));
        BufferedReader sin = new BufferedReader(
                                    new InputStreamReader(System.in));
        String s;

        do {
            s = sin.readLine();
            out.println(s);
            out.flush();
            if(!s.equals("bye")) {
                System.out.println("@ Server response:" + in.readLine());
            }
        }while(!s.equals("bye"));

        out.close();
        in.close();
        socket.close();
        System.out.println("The connection is closed.");
    }
}
```

程序某次运行结果如下：

Client 端输入了半径值，得到了 Server 端返回结果：

```
10
@ Server response:314.1592653589793
11
@ Server response:380.132711084365
12
@ Server response:452.3893421169302
bye
```

Server 端的输出：

```
# Received from Client: 10.0
# Received from Client: 11.0
# Received from Client: 12.0
The connection is closed.
```

实训 10

功能驱动的 Java 程序设计方法

练习 10　综合 Java 程序的设计与开发

设计开发一个简单的学生选课系统。系统用户有三类，分别是教务管理人员（教务员）、教师和学生，每个用户都有固定的类型。教务管理人员负责创建授课任务，一个授课任务以所讲授的课程表示，包含课程名称、授课教师和课程信息等属性；学生登录系统后，能够看到所有课程，进行选课或对已选课程进行退选；教师登录系统后，可以查询自己授课的课程选修情况，录入课程成绩。

程序运行后，输出示例如下：

（1）教务管理人员创建课程，如题图 10-1 所示。

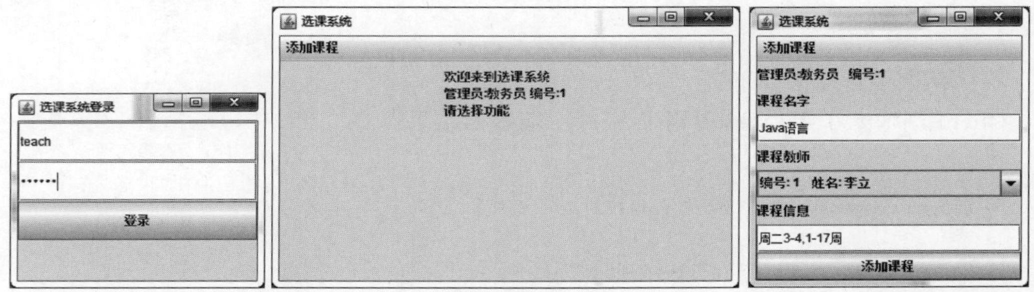

(a) 教务人员登录　　(b) 课程管理主界面　　(c) 创建课程

题图 10-1　练习 10——教务管理人员操作示例

（2）学生选课，如题图 10-2 所示。

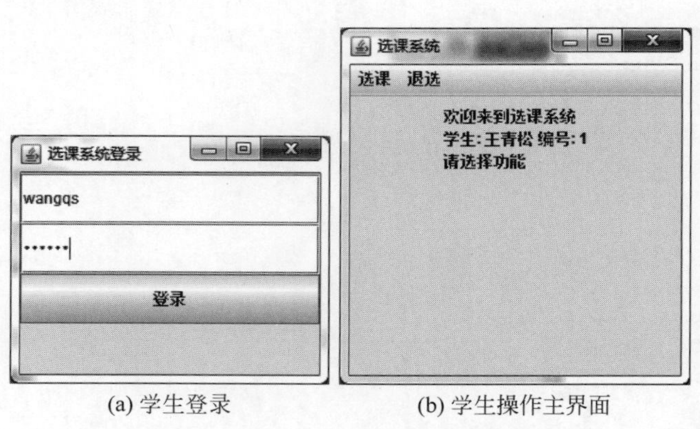

(a) 学生登录　　(b) 学生操作主界面

题图 10-2　练习 10——学生操作示例

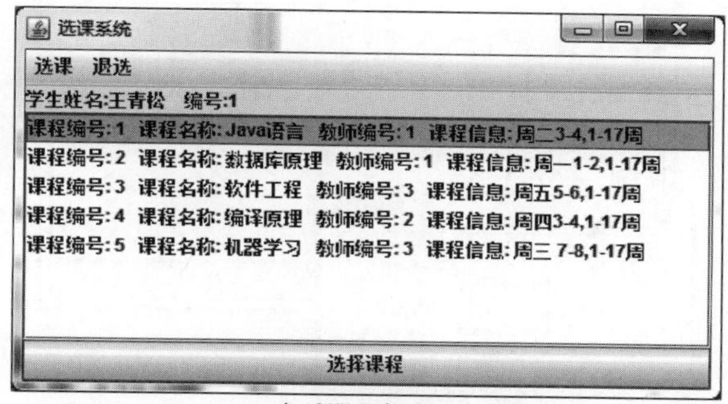

(c) 查看课程信息并选课

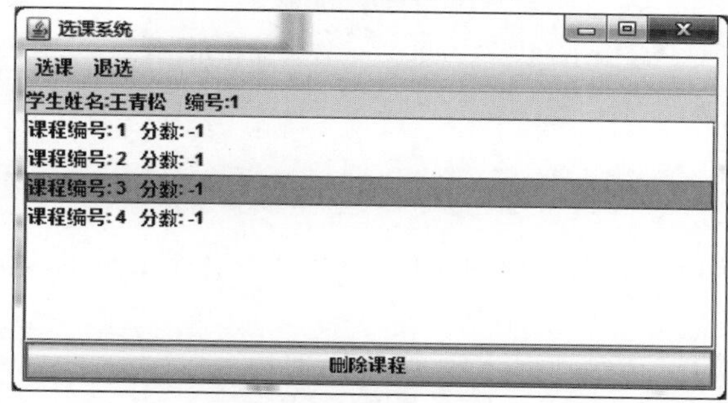

(d) 课程退选

题图 10-2　练习 10——学生操作示例(续)

(3) 教师管理教学任务,如题图 10-3 所示。

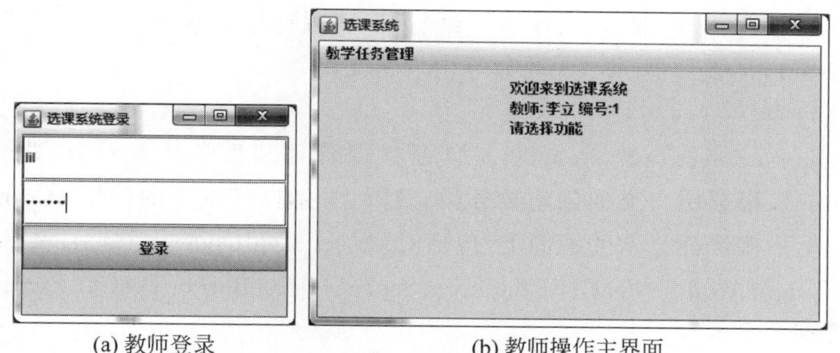

(a) 教师登录　　(b) 教师操作主界面

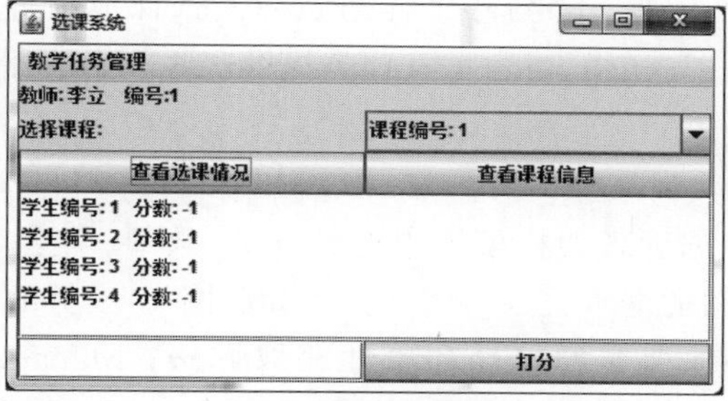

(c) 查看选课情况

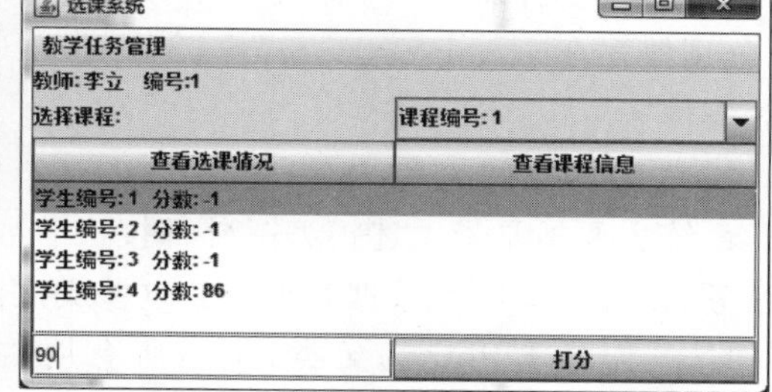

(d) 成绩录入

题图 10-3　练习 10——教师操作示例

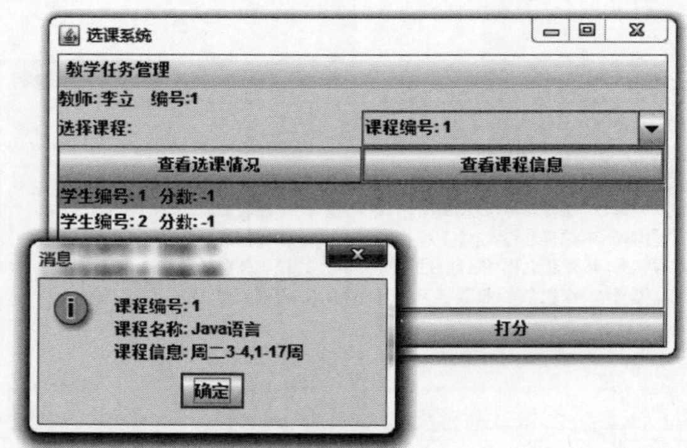

(e) 查看课程信息

题图 10-3 练习 10——教师操作示例(续)

【提示】

1. 类的设计

1) 系统架构设计

采用模型—外部接口—数据管理的架构模式,系统各个部分的类如下:

(1) 模型或功能类。

- 教务员(Manager),功能是创建授课任务/课程。
- 学生(Student),功能包括查看所有课程信息,进行选课,并可以对已选课程进行退选。
- 教师(Teacher),功能包括查看自己讲授课程选修情况,录入课程成绩,查看课程信息。
- 教学任务(Teach),功能是实现教务员、学生、教师等对授课任务的各种操作,包括创建课程、学生选课、退课、输入学生成绩、返回课程详细信息等。
- 用户(User),是教务员、学生、教师等用户的父类。

(2) 外部接口类。

系统主类 CourseSelectionSystem,负责创建数据管理和教学任务对象,建立用户登录界面(LoginFrame),根据用户类型创建教务员、教师、学生操作主界面(MainFrame)。

这部分还包括一些界面显示的辅助类,包括 CourseDelCellRenderer、CourseSelCellRenderer、CourseSelectionSystem、CourseTeaCellRenderer、ScoreCellRenderer、TeaCellRenderer 等。

(3) 数据管理类

数据管理类(Database),负责存取系统中的数据。系统中的账号、课程、选课成绩等数据,分别保存在 account. txt、course. txt 和 score. txt 中,由数据管理类提供这些数据的存和取等操作。

2) 主要类之间关系

系统主要类是指上述模型—外部接口—数据管理架构模式中的教务员、教师、学生、教学任务、系统主类以及数据管理类。这些类之间的继承关系与驱动关系如题图 10-4 所示。

User 为各类用户的父类,包括所有用户都拥有的属性和属性获取方法;Manager、Teacher、Student 等类继承 User,分别包含各自的方法。User 不直接操作 Database 对象,而是调用 Teach 对象的方法,通过这些方法向 Database 对象发消息,实现数据存取操作。

Teach 提供系统创建课程、选课、登录成绩、查询课程信息等与教学任务相关的操作,并

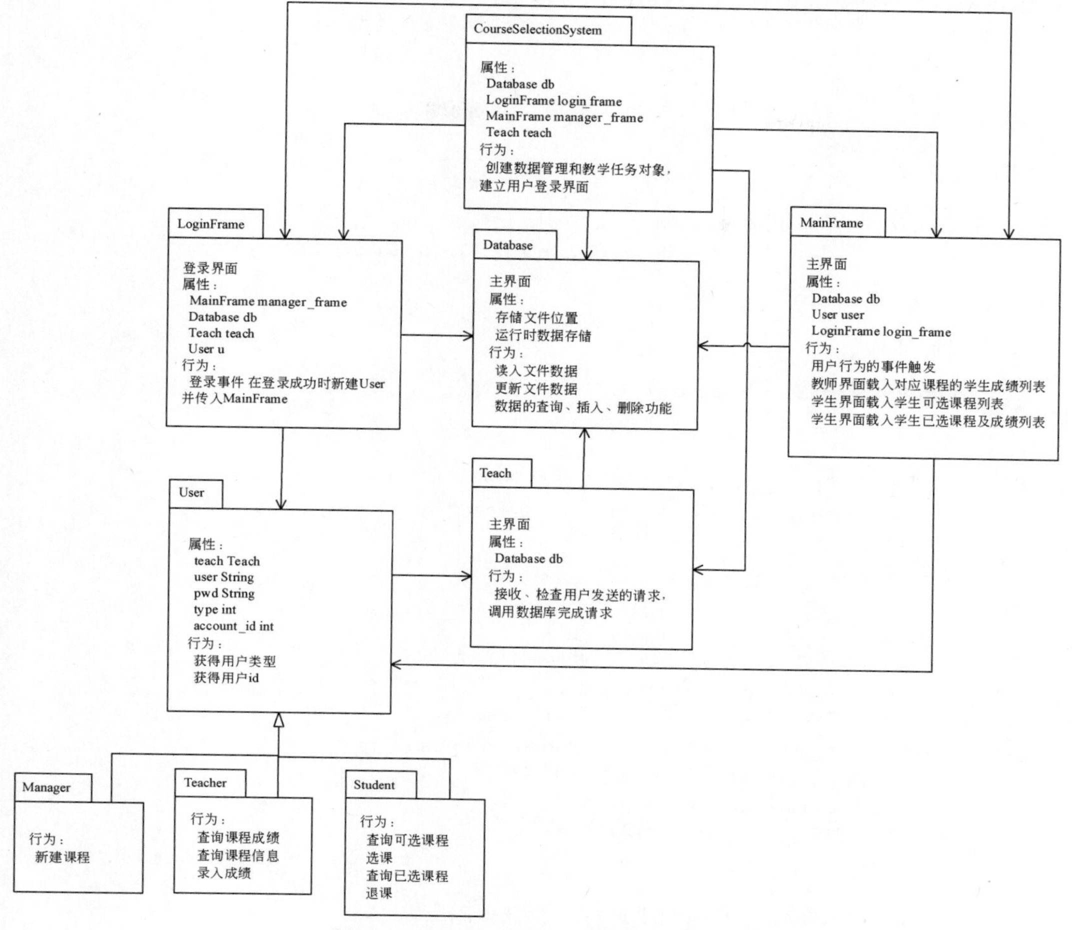

题图10-4　学生选课系统主要类关系图

进行操作的正确性检查。Teach类通过访问Database实现相关数据的存取。User通过Teach对数据库进行各类操作。

系统主类CourseSelectionSystem在程序启动时创建LoginFrame实例，建立用户登录界面，并进行数据管理类与Teach类等类的实例化。

LoginFrame在用户成功登录时创建当前User，并根据用户名、用户类型等信息建立相应类型用户的操作主界面MainFrame。用户在MainFrame中的操作，最终都会转化为调用该User子类的一个/多个方法，User再通过Teach获取相关数据或完成相关操作。

Database在实例化时从文件中完成账号、课程等数据的读取，存储在相应属性中，并提供各类查询、更新、删除操作，在用户退出MainFrame界面时进行对文件数据的更新。

2. 类的规格说明

1）功能类

（1）User用户类，是Manager、Student、Teacher的父类。

属性：

```
String user;                                    // 用户名
String pwd;                                     // 密码
```

```
int type;                                          // 用户类型
int account_id;                                    // 用户编号
String account_name;                               // 用户名字
Teach teach;                                       //教学任务
```

构造方法:

```
public User(String user, String pwd, int type, int account_id,
                        String account_name , Teach teach);
```

行为:

私有属性获取。

(2) Manager 教务员类,是 User 的子类。

行为:

```
// 新建授课任务,如果成功,返回课程编号,如果失败,返回 -1
public int newCourse(String course_name, int teacher_id , String course_info);
```

(3) Student 学生类,是 User 的子类。

行为:

```
// 学生选课,如果成功,返回 0,如果失败,返回 -1
public int selectStuCourse(int course_id);
// 查询学生可选课程.返回可选课程列表
public HashMap < Integer, List > getStuNotSelectedCourse();
// 学生退课,如果成功,返回 1,如果失败,返回 -1
public int delStuCourse(int course_id);
// 查询学生所选课程信息,返回所选课程列表
public ArrayList < List > getScoreStu();
```

(4) Teacher 教师类,是 User 的子类。

行为:

```
// 查询该课程选课情况与成绩,返回选课情况与对应成绩
public ArrayList < List > getScoreTeacher(int course_id);
// 查询选中课程详细信息,返回课程信息
public List getCourseInfo(int course_id);
// 教师对学生课程打分
public void scoreStuCourse(int student_id, int course_id, int student_score);
```

(5) Teach 教学类,提供各类课程操作功能、用户与数据库间的交互、参数检查与处理

行为:

```
// 管理员新建教学任务,进行检查并进行数据保存.如果成功,返回课程编号,
// 如果失败,返回 -1
public int newCourse(String course_name, int teacher_id , String course_info);
// 学生退课,进行检查并进行数据库存入.如果成功,返回 1,如果失败,返回 -1
public int delStuCourse(int account_id, int course_id);
// 学生选课,进行检查并进行数据库存入.如果成功,返回 1,如果失败,返回 -1
public int selStuCourse(int account_id, int course_id);
// 教师对学生课程打分,进行检查并进行数据库存入
public void scoreStuCourse(int student_id, int course_id, int student_score);
// 查询课程所有学生成绩,返回成绩列表
```

```
public ArrayList<List> getScoreTeacher(int course_id);
// 查询学生可选课程,返回可选课程列表
public HashMap<Integer, List> getCourseStuNotSelected(int account_id);
```

2) 外部接口类

(1) CourseSelectionSystem 系统主类，系统运行入口，包含 main()。

(2) LoginFrame 登录界面类。

主要属性：

```
private JButton login;                                //用户登录按钮,注册了登录事件处理器
```

主要行为：

```
// 验证用户名密码.如果正确,返回用户对象;如果错误,返回 null
public User verifyUser(String user, String pwd)
```

(3) MainFrame 系统主界面类。

主要属性(每个属性注册了相应的事件处理器)：

```
private JButton manager_new_course;          //管理者新建课程
private JButton student_select_course;       //学生选课
private JButton student_delect_course;       //学生退课
private JButton teacher_view_course          //教师查看课程选课信息
private JButton teacher_info_course          //教师查看课程详细信息
private JButton teacher_score                //教师给课程学生打分
```

主要行为：

```
// 更新学生界面中学生可选课程列表
public void reloadStuNotSelectedCourseList(Student s);
// 更新学生界面中学生已选课程列表
public void reloadScoreStuList(Student s);
// 更新教师界面中选中课程的选课信息
public void reloadScoreTea(Teacher t);
// 设置当前用户,由登录界面调用
public void setUser(User user);
// 清空该用户信息,退出界面时调用
public void clear();
```

(4) Database 数据类，提供账号、教学课程等数据存储、更新与查询功能。

主要属性：

```
// 存储文件
private File data_course;
private File data_score;
private File data_account;

// 运行时数据存储
private HashMap<Integer, List> course = new HashMap<Integer, List>();
private HashMap<String, List> account = new HashMap<String, List>();
private HashMap<Integer, String> manager = new HashMap<Integer, String>();
private HashMap<Integer, String> teacher = new HashMap<Integer, String>();
private HashMap<Integer, String> student = new HashMap<Integer, String>();
private ArrayList<List> score = new ArrayList<List>();
```

构造方法:

```
// 参数:存储文件位置
public Database(String file_course, String file_score, String file_account)
                throws IOException;
```

行为:

```
(各类数据查询方法略)
// 文件内容读入
public void readIn() throws IOException;
// 文件内容更新
public void updataAll() throws IOException;
```

3. 类设计的验证

系统以 CourseSelectionSystem 类为主类,在该类的对象中创建 LoginFrame 类的对象实现用户登录验证功能,继而通过创建 MainFrame 类的对象,提供各类用户的操作界面,接收用户操作请求和数据,通过调用 Teach 的课程操作方法实现各种选课操作。Teach 类与 Database 类交互,实现账号、课程等数据存取操作。

基于上述系统各个类的设计,可以实现各项系统功能。

1) 教务员操作流程

教务员功能主要是创建教学任务,即创建包含授课教师信息的课程,操作流程如题图 10-5 所示。

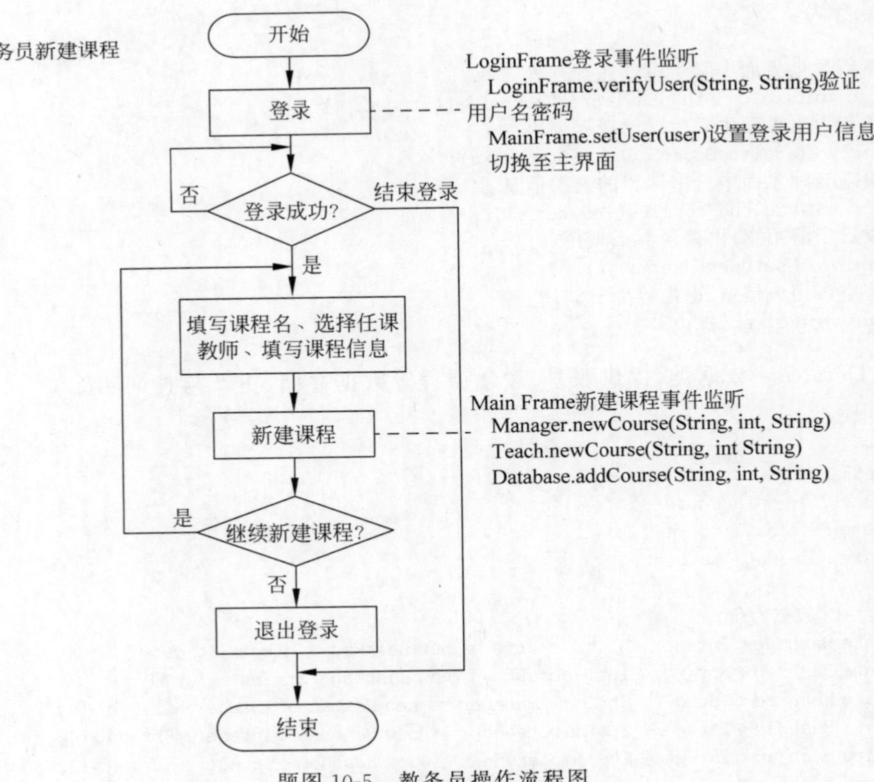

题图 10-5 教务员操作流程图

2）教师操作流程

教师的功能主要包括查看自己讲授课程选修情况，录入课程成绩，查看课程信息等，操作流程如题图 10-6 所示。

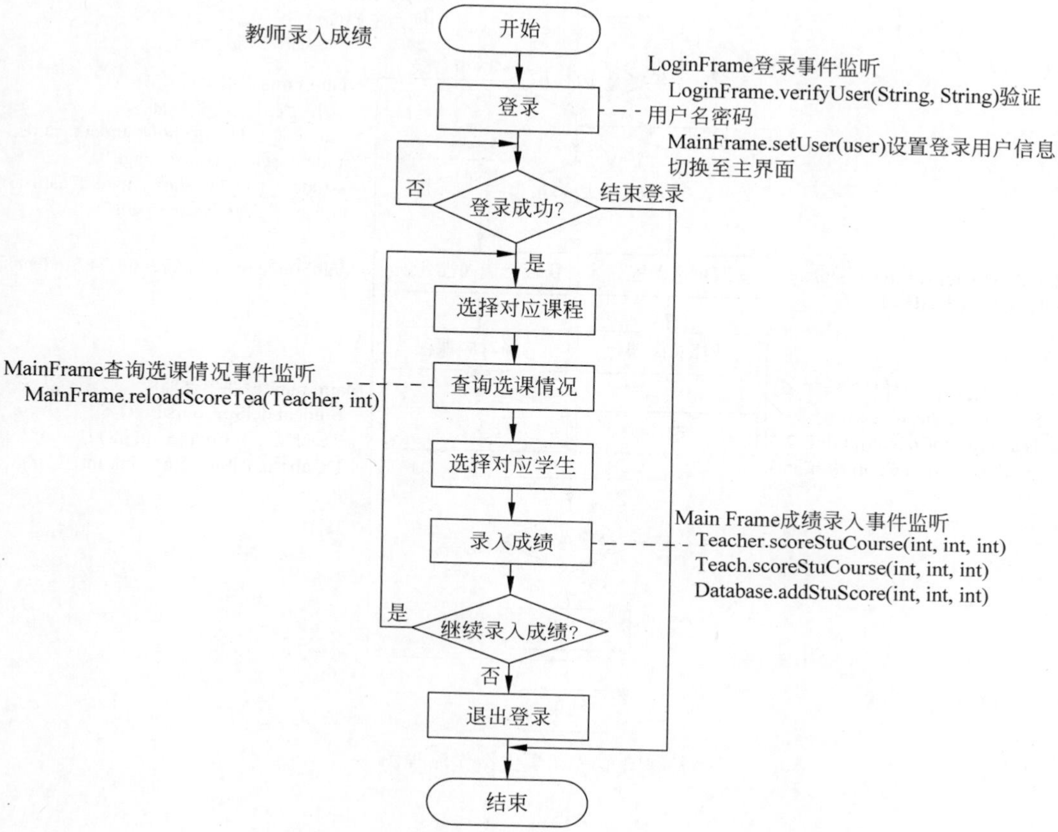

题图 10-6　教师操作流程图

3）学生操作流程

学生的功能主要包括查看所有课程信息，进行选课，并可以对已选课程进行退选，操作流程如题图 10-7 所示。

【主要类部分参考实现代码】

```
public class CourseSelectionSystem{
    Database db;
    LoginFrame login_frame;
    MainFrame manager_frame;
    Teach teach;

    public CourseSelectionSystem() throws IOException {
        db = new Database("course.txt","score.txt","account.txt");
        /* 利用下列 addAccount()方法可以增加新账号，参数的含义是:用户名、密码、类型(0 - 教
           务员, 1 - 教师, 2 - 学生)、用户名字. */
        db.addAccount("s4", "444", 2, "stu4");
```

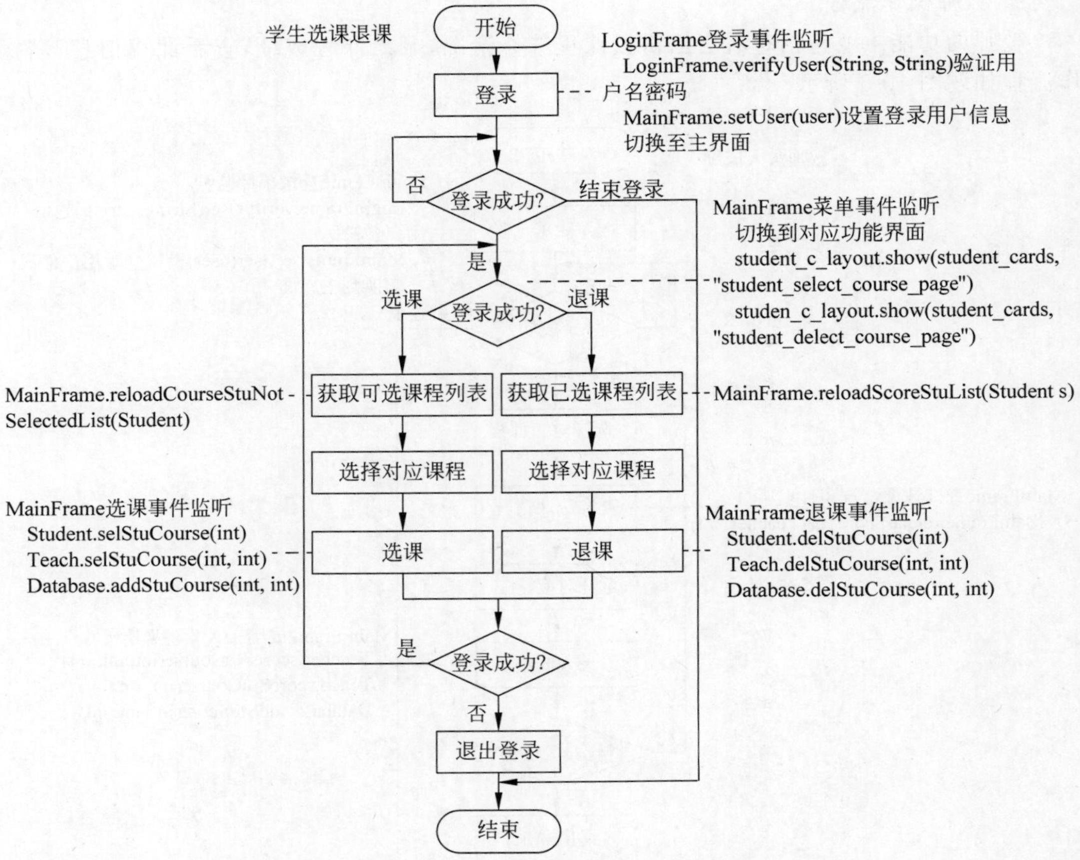

学生选课退课

开始

登录

LoginFrame登录事件监听
LoginFrame.verifyUser(String, String)验证用户名密码
MainFrame.setUser(user)设置登录用户信息
切换至主界面

否

登录成功?

结束登录

MainFrame菜单事件监听
切换到对应功能界面
student_c_layout.show(student_cards, "student_select_course_page")
studen_c_layout.show(student_cards, "student_delect_course_page")

是

选课

登录成功?

退课

MainFrame.reloadCourseStuNot-SelectedList(Student)

获取可选课程列表

获取已选课程列表

MainFrame.reloadScoreStuList(Student s)

选择对应课程

选择对应课程

MainFrame选课事件监听
Student.selStuCourse(int)
Teach.selStuCourse(int, int)
Database.addStuCourse(int, int)

选课

退课

MainFrame退课事件监听
Student.delStuCourse(int)
Teach.delStuCourse(int, int)
Database.delStuCourse(int, int)

是

登录成功?

否

退出登录

结束

题图 10-7　学生操作流程图

```
        ...
        teach = new Teach(db);
        login_frame = new LoginFrame(db, teach);
        manager_frame = new MainFrame(db);
        login_frame.initFrame(manager_frame);
        manager_frame.initFrame(login_frame);
    }

    public LoginFrame getLogin() {
        return login_frame;
    }

    public static void main(String[] args) throws IOException {
        CourseSelectionSystem css =  new CourseSelectionSystem();
        css.getLogin().setVisible(true);
    }
}

class MainFrame extends JFrame{
```

```
Database db;
LoginFrame login_frame;
private User user;
private JButton manager_new_course = new JButton("添加课程");
private JButton student_select_course = new JButton("选择课程");
private JButton student_delect_course = new JButton("删除课程");
private JButton teacher_view_course = new JButton("查看选课情况");
private JButton teacher_info_course = new JButton("查看课程信息");
...

public MainFrame(Database db) {
    super("选课系统");
    this.addWindowListener(new WindowAdapter() {
            public void windowClosing(WindowEvent e) {
                try {
                    db.updataAll();
                } catch (IOException e1) {
                    e1.printStackTrace();
                }
                setVisible(false);
                login_frame.setVisible(true);
                clear();
            }
    });
    this.db = db;
    setLayout(new BorderLayout());
    menu_cards.setLayout(menu_c_layout);
    content_cards.setLayout(content_c_layout);
    add("North",menu_cards);
    add("Center",content_cards);
    initManagerPage();
    initTeacherPage();
    initStudentPage();
    pack();
}

private void initTeacherPage() {
    ...
}
private void initStudentPage() {
    ...
}

private void initManagerPage() {
    ...
}

// 设置当前用户,由登录界面调用
```

```
public void setUser(User user) {
    this.user = user;
    if(user.getType() == 0) {
        setTeacherList();
        manager_jl_0.setText("管理员:" + user.getUsername() +
                                          "   编号:" + user.getUserId());
        ...
    }else if(user.getType() == 1) {
        setTeacherList_course();
        teacher_jl_0.setText("教师: " + user.getUsername() +
                                          "   编号:" + user.getUserId());
        ... ...
        }else if(user.getType() == 2) {
                student_jl_0_0.setText("学生姓名:" + user.getUsername() +
                                          "   编号:" + user.getUserId());
                    ...
        }
    }

class LoginFrame extends JFrame{
    private MainFrame manager_frame;
    private JTextField tf_user =   new JTextField();
    private JPasswordField tf_pwd = new JPasswordField();
    private JButton login = new JButton("登录");     // 用户登录
    private JLabel jl = new JLabel();
    private JLabel jl_login = new JLabel("");
    private Database db;
    private Teach teach;
    private User u;

    public LoginFrame(Database db, Teach teach) {
        super("选课系统登录");
        setDefaultCloseOperation(WindowConstants.EXIT_ON_CLOSE);
        this.db = db;
        this.teach = teach;
        setLayout(new GridLayout(0,1));
        setLocation(800,400);
        setSize(250,200);
        login.addActionListener(new ActionListener() {
            @Override
            public void actionPerformed(ActionEvent e) {
                User user = verifyUser(tf_user.getText(),
                        String.valueOf(tf_pwd.getPassword()));
                if(user == null) {
                    jl.setText("user or pwd error");
                }
                else {
                    ...
```

```
                    manager_frame.setUser(user);
                    manager_frame.setVisible(true);
                    jl.setText(null);
                }
            }

        });
        add(tf_user);
        add(tf_pwd);
        add(login);
        add(jl);
    }

    public void initFrame(MainFrame manager_frame) {
        this.manager_frame = manager_frame;
    }
    // 验证用户名密码.如果正确,返回用户对象;如果错误,返回 null
    public User verifyUser(String user, String pwd) {
        List account = db.getAccount(user);
        u = null;
        if(account == null) {
            return null;
        }
      ...
    }
}

class User{
    String user;                          // 用户名
    String pwd;                           // 密码
    int type;                             // 用户类型
    int account_id;                       // 用户编号
    String account_name;                  // 用户名字
    Teach teach;

    public User(String user, String pwd, int type, int account_id,
            String account_name, Teach teach) {
        ...
    }

    public int getType() {
        return type;
    }
    ...
}

class Student extends User{
    public Student(String user, String pwd, int type, int account_id,
```

```
                        String account_name, Teach teach) {
        super(user, pwd, type, account_id, account_name, teach);
    }
    // 学生选课,如果成功,返回 1,如果失败,返回 - 1
    public int selStuCourse(int course_id) {
        teach.selStuCourse(account_id, course_id);
        return 1;
    }
    // 查询学生可选课程,返回可选课程字典
    public HashMap<Integer, List> getCourseStuNotSelected(){
        return teach.getCourseStuNotSelected(account_id);
    }
    // 学生退课,如果成功,返回 1,如果失败,返回 - 1
    public int delStuCourse(int course_id) {
        teach.delStuCourse(account_id, course_id);
        return 1;
    }
    // 查询学生所选课程信息,返回所选课程列表
    public ArrayList<List> getScoreStu() {
        return teach.getScoreStu(account_id);
    }
}

class Teacher extends User{
    public Teacher(String user, String pwd, int type, int account_id,
                              String account_name, Teach teach) {
        super(user, pwd, type, account_id, account_name, teach);
    }
    // 查询课程所有学生成绩,返回成绩列表
    public ArrayList<List> getScoreTeacher(int course_id) {
        return teach.getScoreTeacher(course_id);
    }
    // 查询选中课程详细信息,返回课程信息
    public List getCourseInfo(int course_id) {
        return teach.getCourseInfo(course_id);
    }
    // 教师对学生课程打分
    public void scoreStuCourse(int student_id, int course_id,
                                         int student_score) {
        teach.scoreStuCourse(student_id, course_id, student_score);
    }
}

class Manager extends User{
    public Manager(String user, String pwd, int type, int account_id,
                              String account_name, Teach teach) {
        super(user, pwd, type, account_id, account_name,teach);
    }
```

```
    // 新建课程,如果成功,返回课程编号,如果失败,返回 - 1
    public int newCourse(String course_name, int teacher_id ,
                                             String course_info) {
        teach.newCourse(course_name, teacher_id, course_info);
        return 1;
    }
}

class Teach{
    private Database db;
    public Teach(Database db) {
        this.db = db;
    }
    // 新建课程,进行检查并保存.如果成功,返回课程编号,如果失败,返回 - 1
    public int newCourse(String course_name, int teacher_id ,
                                             String course_info) {
        db.addCourse(course_name, teacher_id, course_info);
        return 1;
    }
    // 学生选课,进行检查并进行数据库存入.如果成功,返回 1,如果失败,返回 - 1
    public int selStuCourse(int account_id, int course_id) {
        db.addStuCourse(account_id, course_id);
        return 1;
    }
    // 学生退课,进行检查并进行数据库存入.如果成功,返回 1,如果失败,返回 - 1
    public int delStuCourse(int account_id, int course_id) {
        db.delStuCourse(account_id, course_id);
        return 1;
    }
    // 教师对学生课程打分
    public int scoreStuCourse(int student_id, int course_id,
                                             int student_score) {
        if(student_score < - 1 | student_score > 100) {
            JOptionPane.showMessageDialog(null, "请输入 0 - 100 的整数");
            return - 1;
        }
        else {
            db.addStuScore(student_id, course_id, student_score);
            return 1;
        }
    }
    // 查询课程详细信息,返回课程信息
    public List getCourseInfo(int course_id) {
        return db.getCourse().get(course_id);
    }
    // 查询课程所有学生成绩, 返回成绩列表
    public ArrayList < List > getScoreTeacher(int course_id) {
        return db.getScoreCourse(course_id);
```

```
    }
    // 查询学生可选课程,返回可选课程列表
    public HashMap< Integer, List > getCourseStuNotSelected(int account_id){
        return db.getCourseNotSelected(account_id);
    }
    // 查询学生所选课程信息,返回所选课程列表
    public ArrayList< List > getScoreStu(int account_id) {
        return db.getScoreStu(account_id);
    }
}

class Database {
    // 存储文件
    private File data_course;
    private File data_score;
    private File data_account;
    // 各类用户当前最大编号
    private int course_id = 0;
    private int student_id = 0;
    private int teacher_id = 0;
    private int manager_id = 0;
    // 运行时数据存储
    private HashMap< Integer, List > course = new HashMap< Integer, List >();
    private HashMap< String, List > account = new HashMap< String, List >();
    private HashMap< Integer, String > manager = new HashMap< Integer, String >();
    private HashMap< Integer, String > teacher = new HashMap< Integer, String >();
    private HashMap< Integer, String > student = new HashMap< Integer, String >();
    private ArrayList< List > score = new ArrayList< List >();
    // 参数为存储文件位置
    public Database(String file_course, String file_score,
                        String file_account) throws IOException {
        this.data_course = new File(file_course);
        this.data_score = new File(file_score);
        this.data_account = new File(file_account);
        this.readIn();
    }

    public HashMap< Integer, List > getCourse() {
        return course;
    }

    public HashMap< Integer, List > getCourseNotSelected(int student_id) {
        …
    }

    public List getTeacherCourse(int teacher_id) {
        …
    }
```

```
    …
    //从文件中读入课程、用户名等数据
    public void readIn() throws IOException {
        RandomAccessFile raf_course = new RandomAccessFile(data_course,"rw");
        RandomAccessFile raf_score = new RandomAccessFile(data_score,"rw");
        RandomAccessFile raf_account = new
                                RandomAccessFile(data_account,"rw");
        …
    //创建用户
    public void addAccount(…){
        …
    }
        …
    //更新课程数据
    private void updateCourseData() throws IOException {
        clearFile(data_course);
        RandomAccessFile raf_course = new RandomAccessFile (data_course, "rw" );
        raf_course.writeBytes(course_id + "\n");
        …
    }
        …
    //保存数据
    public void updataAll() throws IOException {
        updateCourseData();
        updateScoreData();
        updateAccountData();
        System.out.println("update finish");
    }
}
```

参考文献

[1] Sun Microsystems, Inc. JDK6 Documentation[EB/OL]. http://java. sun. com/.

[2] Sun Microsystems, Inc. The Java Tutorial[EB/OL]. http://java. sun. com/docs/books/tutorial/index. html.

[3] James Gosling, Bill Joy, et al. The Java Language Specification[R]. Third Edition, 2005.

[4] Douglas Kramer, The Java Platform-A White Paper[R]. 1996.

[5] Eric Armstrong, Jennifer Ball, et al. The J2EE 1. 4 Tutorial, March 31, 2004.

[6] Sun Microsystems, Inc. The Java EE 5 Tutorial, 2008.

[7] Sun Microsystems, Inc. The Java EE 6 Tutorial, 2009.

[8] Bruce Eckel, Thinking in Java[M]. Third Edition, Prentice Hall PTR, 2012.

[9] Bruce Eckel, Thinking in Java[M]. Fourth Edition Edition, 机械工业出版社, 2007.

[10] Sun Microsystems, Inc. Java Programming Language[R]. SL-275, Student Guide, 2001.

[11] Sun Microsystems, Inc. Java Programming Language[R]. SL-275-SE6, 2007.

[12] Sun Microsystems, Inc. Java Programming Student Guide[R]. SL-276, 1998.

[13] Gilad Bracha, Generics in the Java Programming Language[R]. 2004.

[14] 计算机等级考试教材-Java 语言程序设计[M]. 北京：高等教育出版社，2004.

[15] 尉哲明，李慧哲. Java 技术教程[M]. 北京：清华大学出版社，2002.

[16] 印旻. Java 语言与面向对象程序设计[M]. 北京：清华大学出版社，2000.

[17] 耿祥义，张跃平. Java 2 实用教程[M]. 北京：清华大学出版社，2001.

[18] Oracle, Java SE8 Documentation[EB/OL]. http://docs. oracle. com/javase/8.

[19] Oracle, Java SE14 Documentation[EB/OL]. https://docs. oracle. com/en/java/javase/14/.

[20] Oracle, Java SE11 Documentation[EB/OL]. https://docs. oracle. com/en/java/javase/11/.

[21] Oracle, The Java Tutorials[EB/OL]. https://docs. oracle. com/javase/tutorial/.

[22] Oracle, Java Platform, Standard Edition Java Language Updates[EB/OL]. Release 13, 2019. 9.

[23] JEP 361: Switch Expressions (Standard)[EB/OL]. https://openjdk. java. net/jeps/361.

图书资源支持

感谢您一直以来对清华版图书的支持和爱护。为了配合本书的使用，本书提供配套的资源，有需求的读者请扫描下方的“书圈”微信公众号二维码，在图书专区下载，也可以拨打电话或发送电子邮件咨询。

如果您在使用本书的过程中遇到了什么问题，或者有相关图书出版计划，也请您发邮件告诉我们，以便我们更好地为您服务。

我们的联系方式：

地　　址：北京市海淀区双清路学研大厦 A 座 714

邮　　编：100084

电　　话：010-83470236　010-83470237

客服邮箱：2301891038@qq.com

QQ：2301891038（请写明您的单位和姓名）

资源下载：关注公众号“书圈”下载配套资源。

书圈

获取最新书目

观看课程直播